Der Wert von Methoden

Marcus B. Carrier

Der Wert von Methoden

Forensische Toxikologie
des 19. Jahrhunderts
im deutsch-französischen Vergleich

 Springer VS

Marcus B. Carrier
Abteilung Geschichtswissenschaft
Universität Bielefeld
Bielefeld, Deutschland

Zugl.: Bielefeld, Univ., Diss., 2022.

ISBN 978-3-658-41632-4   ISBN 978-3-658-41633-1   (eBook)
https://doi.org/10.1007/978-3-658-41633-1

Die Deutsche Nationalbibliothek verzeichnet diese Publikation in der Deutschen Nationalbibliografie; detaillierte bibliografische Daten sind im Internet über http://dnb.d-nb.de abrufbar.

Planung/Lektorat: Stefanie Probst
Springer VS ist ein Imprint der eingetragenen Gesellschaft Springer Fachmedien Wiesbaden GmbH und ist ein Teil von Springer Nature.
Die Anschrift der Gesellschaft ist: Abraham-Lincoln-Str. 46, 65189 Wiesbaden, Germany

Danksagung

Ich danke meinen Kolleg*innen in der Arbeitsgruppe *Historische Wissenschafts-forschung* der Universität Bielefeld, die mehrfach wertvolle Anmerkungen zu ersten Entwürfen von Kapiteln oder zu allgemeinen Überlegungen dieser Arbeit beigesteuert haben. Vor allem gilt mein Dank Julia Engelschalt, Paulina Genner-mann, Gina Klein und Rebecca Mertens, deren Anregungen ganz besonders in diese Arbeit eingeflossen sind. Für Unterstützung außerhalb Bielefelds bedanke ich mich bei Christopher Halm. Christopher Hamlin, Christoph Meinel und Bet-tina Wahrig danke ich für die Einladung für Vorträge, für ihre Nachfragen und Anregungen.

Besonders möchte ich mich bei meinem Carsten Reinhardt für seine ununter-brochene Unterstützung und seine wichtigen Rückmeldungen während der Bearbeitung dieser Dissertation bedanken. Außerdem gilt mein Dank Bettina Bock von Wülfingen, die sich nach dem viel zu frühen Tod von Thomas Wels-kopp sehr kurzfristig bereit erklärt hat, die Zweitbetreuung dieser Arbeit zu übernehmen.

Des Weiteren gilt mein Dank den vielen Mitarbeiter*innen in den deutschen und französischen Archiven, die mich bei der Suche nach geeignetem Quellen-material tatkräftig unterstützt haben. Dem Evangelischen Studienwerk Villigst danke ich für die Unterstützung durch ein Promotionsstipendium und der DFG für die anschließende Finanzierung meiner Mitarbeiterstelle über das Projekt „Forensische Toxikologie in Deutschland und Frankreich im 19. Jahrhundert: Methodenentwicklung im juristischen Kontext" (391910812).

Die Arbeit an dieser Dissertation wäre nicht möglich gewesen ohne die Unter-stützung meiner Familie. Hier danke ich besonders meinen Eltern, Gabriele und Martin Carrier. Bianka Wartig danke ich für ihre emotionale Unterstützung.

Inhaltsverzeichnis

Abkürzungsverzeichnis

ADY	*Archives départementales des Yvelines*
Carolina	*Constitutio Criminalis Carolina*
CIC	*Code d'instruction criminelle*
CP	*Code pénal*
LABW LB	Landesarchiv Baden-Württemberg, Staatsarchiv Ludwigsburg
LAV NRW OWL	Landesarchiv Nordrhein-Westfalen, Abteilung Ostwestfalen-Lippe
NLA HA	Niedersächsisches Landesarchiv, Abteilung Hannover
NLA OS	Niedersächsisches Landesarchiv, Abteilung Osnabrück
Ordonnance	*Ordonnance criminelle de 1670*
PrALR	Allgemeines Landrecht für die Preußischen Staaten
RStGB	Strafgesetzbuch für das Deutsche Reich
StPO	Strafprozessordnung

Abbildungsverzeichnis

Einleitung

1

Forensische Expertise jeglicher Art hat in den letzten Jahren verstärkt öffentliche Aufmerksamkeit erfahren. Von massenmedialen Unterhaltungsserien wie *CSI: Crime Scene Investigation* über populärwissenschaftliche Themenhefte[1] bis hin zu Fernsehdokumentationen – der wissenschaftliche Beitrag zur Untersuchung von Verbrechen hat seinen festen Platz in der öffentlichen Wahrnehmung und im öffentlichen Interesse. Dieses Interesse bzw. die idealisierte Darstellung naturwissenschaftlicher Expertise hat dabei nicht ausschließlich positive Effekte. Soziolog*innen sprechen inzwischen vom so genannten *CSI-Effect*[2] und bezeichnen damit die Tendenz, dass erstens forensische Beweise in jedem Fall als vermeintlich sichere Evidenz erwartet und von einigen sogar als notwendig für eine Verurteilung betrachtet würden und dass zweitens die Glaubwürdigkeit und Sicherheit solcher Beweise eher überschätzt würde. Es entbehrt nicht einer gewissen Ironie, dass der *CSI-Effect* seinerseits ebenfalls massenmedial aufgenommen wurde, so z. B. in der amerikanischen Late-Night-Show *Last Week Tonight*.[3]

---

[1] Vgl. z. B. ZEIT Geschichte 01/18: Mörder und Gendarm. Die Geschichte der Kriminalität von 1500 bis heute.

[2] Vgl. z. B. Steven M. Smith/Marc W. Patry/Veronica Stinson: But What is the CSI Effect? How Crime Dramas Influence People's Beliefs About Forensic Evidence, in: The Canadian Journal of Police & Security Services 5.3/4 (2007), S. 187–195; sowie kritisch besonders Simon A. Cole/Rachel Dioso-Villa: CSI and its effects: Media, juries, and the burden of proof, in: New Eingland Law Review 41 (2007), S. 701–735.

[3] Last Week Tonight with John Oliver: Forensic Science, gesendet am 1. Oktober 2017, HBO, url: https://www.youtube.com/watch?v=ScmJvmzDcG0 (besucht am 27.09.2018).

Prominentere Beispiele für eine solche systematische Fehlbewertung forensischer Beweise wurden 2015 in den Medien diskutiert als eine Neubewertung von durch das FBI zwischen 1980 und 2000 vorgenommenen Haaranalysen durch das so genannte *Innocence Project* ergab, dass diese in 96 % der untersuchten Fälle fehlerhaft waren.[4] Bei einer solchen Haaranalyse werden Strukturen der Haare mikroskopisch verglichen. Bei den Proben handelte es sich in diesen Fällen um Haare, die an Tatorten gefunden worden waren, die mit Haaren von Verdächtigen verglichen wurden. Bei Haarstrukturen handelt es sich allerdings um ein so genannten Gruppenmerkmal, d. h. sie sind nicht einzigartig, sondern Strukturen verschiedener Individuen können sich stark ähneln. Ein solches Merkmal eignet sich entsprechend ausgezeichnet, um Individuen als Täter auszuschließen: sind die Haarstrukturen nicht hinreichend ähnlich, kann das Haar vom Tatort nicht von der verdächtigten Person stammen. In den bemängelten Fällen wurde es aber gerade nicht hierfür genutzt. Stattdessen wurden Haare benutzt, um Personen eindeutig mit einem Tatort in Verbindung zu bringen. Als besonders absurd stellt sich diese Strategie im Nachhinein im Fall des Mordes an einem Taxifahrer aus Washington D.C. im Jahre 1978 dar, in dem nicht nur keine der Haarproben vom ‚überführten',

---

[4] Vgl. Anonym: FBI/DOJ Microscopic Hair Comparison Analysis Review, Pressemitteilungen des FBI, 2015, URL: www.fbi.gov/about-us/lab/scientific-analysis/fbi-doj-microscopic-hair-comparison-analysis-review (besucht am 19.05.2015).; ders.: FBI Testimony on Microscopic Hair Analysis Contained Errors in at Least 90 Percent of Cases in Ongoing Review. 26 of 28 FBI Analysts Provided Testimony or Reports with Errors, Pressemitteilungen des FBIs, 2015, URL: www.fbi.gov/news/pressrel/press-releases/fbi-testimony-on-microscopic-hair-analysis-contained-errors-in-at-least-90-percent-of-cases-in-ongoing-review (besucht am 19.05.2015); ders.: Skandal erschüttert FBI: Haaranalysen lagen meist daneben, Zeit Online, Apr. 2015, URL: www.zeit.de/news/2015-04/20/kriminalitaet-fbi-lieferte-jahrzehntelang-falsche-forensische-analysen-20084608 (besucht am 19.05.2015); Ulrich u. a.: Um ein Haar, Die Zeit, 17. Apr. 2015, URL: www.zeit.de/2015/17/dna-haaranalyse-forensik-gutachten (besucht am 19.05.2015); Spencer S. Hsu: Convicted defendants left uninformed of forensic flaws found by Justice Dpt. The Washington Post, 16. Apr. 2012, URL: http://www.washingtonpost.com/local/crime/convicted-defendants-left-uninformed-of-forensic-flaws-found-by-justice-dept/2012/04/16/gIQAWTcgMT_story.html (besucht am 30.10.2018); ders.: FBI Admits Flaws in Hair Analysis Over Decades, The Washington Post, 18. Apr. 2015, URL: http://www.washingtonpost.com/local/crime/fbi-overstated-forensic-hair-matches-in-nearly-all-criminal-trials-for-decades/2015/04/18/39c8d8c6-e515-11e4-b510-962fcfabc310_story.html (besucht am 30.10.2018); Sabine Rückert: Irrtum mit Methode, Die Zeit, 17. Apr. 2015, URL: www.zeit.de/2015/17/unschuldsprojekt-fehlurteil-justiz-usa (besucht am 19.05.2015); Ragnar Vogt: FBI lieferte jahrzehntelang falsche Haaranalysen, Zeit Online, Apr. 2015, URL: www.zeit.de/gesellschaft/zeitgeschehen/2015-04/usa-rechtsmedizin-fbi-justizskandal (besucht am 19.05.2015).

damals 17jährigen Santae Tribble stammte, sondern sich zusätzlich eines der Haare in einer nachträglichen genetischen Untersuchung nicht einmal als menschliches Haar, sondern als Hundehaar herausstellte. Die Staatsanwaltschaft hatte in diesem Fall zusätzlich die Wahrscheinlichkeit für eine Fehlidentifikation, also dass es sich um eine zufällige Übereinstimmung handeln könnte, mit „one in a million"[5] geradezu hemmungslos untertrieben. Die Aussage des Sachverständigen zusammen mit der (frei erfundenen) Statistik zur Untermauerung der Sicherheit des forensischen Verfahrens der Staatsanwaltschaft galten in diesem Fall dem Gericht auch mehr als die Aussagen von insgesamt sechs Zeug*innen, nach denen sich Tribble zum Zeitpunkt der Tat nicht in der Stadt aufgehalten habe. Tribble wurde zu einer Haftstrafe von „20 years to life" verurteilt und kam 2003 auf Bewährung frei.[6]

Es ist aber interessant, dass gerade nicht forensische Expertise als ganzes durch diese erschreckende Statistik angegriffen oder in Frage gestellt wird. Ganz im Gegenteil: mit der DNA-Analyse wurde ein sehr prominentes Beispiel forensischer Methoden angewandt, um zu demonstrieren, dass die Haaranalysen nicht vertrauenswürdig waren. Alte Methoden werden nicht durch grundsätzliche Überlegungen unglaubwürdig, obwohl die Einschränkungen der Haaranalysen auch 1980 bekannt waren, sondern durch widersprechende Ergebnisse einer neuen, für glaubwürdig gehaltenen Methode. Die DNA-Analyse wird so auch als Standard für Identifizierung reproduziert. Dabei ist auch sie keineswegs frei von Skandalen. Das so genannte „Phantom von Heilbronn", das über Jahre hinweg sein Unwesen in der Bundesrepublik trieb, dessen DNA sich an völlig unzusammenhängenden Tatorten vom Mord – darunter besonders prominent der Heilbronner Polizistenmord, der inzwischen dem so genannten „Nationalsozialistischem Untergrund" zugeordnet wird[7] – bis zum Gartenhauseinbruch fand und das sich schließlich als die Mitarbeiterin einer Firma für Wattestäbchen herausstellte, mit denen die Proben an den Tatorten genommen

---

[5] The Innocence Project: Santae Tribble, URL: www.innocenceproject.org/cases-false-imprisonment/santae-tribble (besucht am 19.05.2015).

[6] Ebd.

[7] Bundesanwaltschaft: Bundesanwaltschaft übernimmt Ermittlungen wegen des Mordanschlags auf zwei Polizisten in Heilbronn sowie der bundesweiten Mordserie zum Nachteil von acht türkischstämmigen und einem griechischen Opfer. Presserklärung des Generalbundesanwalts vom 11.11.2011, Nov. 2011, URL: http://www.generalbundesanwalt.de/de/showpress.php?themenid=13&newsid=417 (besucht am 27.09.2018).

worden waren, kann auch hier auf praktische Probleme der DNA-Proben hinweisen.[8] Die Diskussion um so genannte erweiterte DNA-Analysen stellt ihrerseits
dar, wie schnell die DNA-Analyse in ihren technischen Möglichkeiten überschätzt
werden kann.[9]

Wie forensische Expertise eine solche Autorität in den Augen der Öffentlichkeit
und im Strafprozess erlangen konnte, ist Gegenstand dieser Arbeit. Für die deutschen Staaten und Frankreich, in denen diese Entwicklung hier untersucht werden
soll, liegen die Wurzeln dieser Autorität – so die These, die dieser Arbeit zugrunde
liegt – im 19. Jahrhundert, in dem die Entwicklung moderner wissenschaftlicher
Disziplinen zusammentraf mit geforderten und in Teilen umgesetzten Reformen
des Strafprozesses. Forensische Expertise wird hier als ein Beispiel für die sich
entwickelnde Wissen(schaft)sgesellschaft verstanden.[10] War vor dem 19. Jahrhundert das Geständnis als einziger als sicher angenommene Beweis der Maßstab an
dem sich alle anderen Beweise messen lassen musste, übernehmen – so legen die
oben beschriebenen Beobachtungen nahe – diese Rolle in modernen Gesellschaften
zunehmend die Natur- und Lebenswissenschaften.

Der Untersuchungsgegenstand ist dabei die forensische Toxikologie. Dabei handelte es sich im 19. Jahrhundert keineswegs um eine klar abgegrenzte Disziplin,
vielmehr geht es um eine Verknüpfung medizinischen Wissens über Gifte mit
chemisch-analytischen Methoden zur Ermittelung einer Todesursache. Aufbauend
auf die bereits in der Vormoderne und spätestens in der Frühen Neuzeit etablierten

---

[8] Anonym: „Phantom-Mörderin" ist ein Phantom, Spiegel Online, 27, März 2009,
url: http://www.spiegel.de/panorama/justiz/ermittlungspanne-phantom-moerderin-ist-ein-
phantom-a-615969. html (besucht am 27.09.2018).

[9] Vgl. zur Debatte um erweiterte DNA-Analysen Veronika Lipphardt: Vertane Chancen?
Die aktuelle politische Debatte um Erweiterte DNA-Analysen in Ermittlungsverfahren,
in: Berichte zur Wissenschaftsgeschichte 41.3 (2018), S. 279–301; sowie allgemein zur
Geschichte und zu Schwierigkeiten der DNA-Analyse Michael Lynch u. a.: Truth Machine.
The Contentious History of DNA Fingerprinting, Chicago 2008.

[10] Vgl. grundlegend Nico Stehr: Arbeit, Eigentum und Wissen. Zur Theorie von Wissensgesellschaften, Frankfurt a. M. 1994; Peter Weingart: Die Stunde der Wahrheit? Zum Verhältnis der Wissenschaft zu Politik, Wirtschaft und Medien in de Wissensgesellschaft, Weilerswist 2001; vgl. auch für die übernahme des Konzepts in die Geschichtswissenschaften
Lutz Raphael: Die Verwissenschaftlichung des Sozialen als methodische und konzeptionelle Herausforderung für eine Sozialgeschichte des 20. Jahrhunderts, in: Geschichte und
Gesellschaft 22 (1996), S. 165–193; Margit Szöllösi-Janze: Wissensgesellschaft in Deutschland: Überlegungen zur Neubestimmung der deutschen Zeitgeschichte über Verwissenschaftlichungsprozesse, in: Geschichte und Gesellschaft 30 (2004), S. 277–313; für einen aktuellen
überblick vgl. Stefan Böschen: Wissensgesellschaft, in: Marianne Sommer/Staffan Müller-
Wille/Carsten Reinhardt (Hrsg.): Handbuch Wissenschaftsgeschichte, Stuttgart 2017, S. 324–
332.

Tradition, in bestimmten Gerichtsfragen, wie der Beurteilung der Schwere von Verletzungen, Mediziner hinzuzuziehen, benutzte die forensische Toxikologie neuere
chemische Methoden, um den vorher nicht eindeutig nachweisbaren Tod durch Gift
juristisch greifbar zu machen. Damit nahm die forensische Toxikologie eine Schlüs-
selrolle darin ein, das gerichtliche Expertenwesen für nicht ausschließlich medizi-
nisches und juristisches Wissen zu öffnen. Analog zur Ausbildung und Ausdifferenzierung verschiedener Disziplinen waren und sind bestimmte Wissenschaften für
die Beantwortung verschiedener Fragen zuständig.

Die Möglichkeit, chemische Methoden für den Strafprozess nutzbar zu machen,
ist keineswegs eine schlichte notwendige Folge der Entwicklung der Naturwissenschaften. Wie im Folgenden gezeigt werden wird, ist die Entwicklung der forensischen Toxikologie geprägt von Anpassungsprozessen. Der entscheidende Anpas-
sungsprozess liegt dabei in der Methodenwahl, denn es waren praktische Methoden,
nicht (explizierte) theoretische Vorstellungen, die die forensische Toxikologie zum
Strafprozess beitrug. Methodenwahl ist eine der entscheidenden Tätigkeiten der wissenschaftlichen Gemeinschaften der Experimentalwissenschaften. Inwiefern diese
Entscheidung als kontextabhängig verstanden werden kann, ist also Gegenstand dieser Arbeit. Die Kontextabhängigkeit anderer forensisch eingesetzter Wissenschaften, insbesondere der Psychiatrie, ist in der Forschungsliteratur bereits ausgiebig
behandelt worden. Durch die Fokussierung auf Lebenswissenschaften kann aber
leicht der Eindruck entstehen, dass erstens die Kontextabhängigkeit der physikalischen Wissenschaften geringer sei und zweitens der gesellschaftliche und juristische Kontext Wissenschaften nur im negativen Sinne beeinflussen würde, etwa
durch Geschlechterstereotypen oder rassistische Vorstellungen.[11] In dieser Arbeit
soll aber die gesellschaftliche und kulturelle Beeinflussung gerade der chemischen
Methodenwahl im forensischen Kontext gezeigt werden. Das Ziel ist dabei nicht,
die Glaubwürdigkeit von (forensischer) Wissenschaft zu untergraben, vielmehr geht
es darum im Sinne eines Symmetriearguments die kulturelle Prägung forensischer
Wissenschaft nicht nur in rassistischen Ressentiments und Geschlechtsstereotypen
zu sehen. Auch ,gute' forensische Expertise ist kulturell geprägt und tatsächlich
sind es die Anpassungen an diese kulturellen Prägungen, die die Expertise überhaupt erst nutzbar und damit erfolgreich im Sinne einer Durchsetzung der Autorität
der Expert*innen macht.

Der Rest dieser Einleitung ist in vier Abschnitte untergliedert. Zunächst wird
in Abschnitt 1.1 der oben bereits angedeutete Forschungsstand dargestellt und ausführlicher erklärt, wie sich diese Arbeit darin positioniert. Anschließend soll die
hier verwendete theoretische Perspektive im Abschnitt 1.2 erläutert werden. Die

---

[11] Vgl. für diesen Punkt ausführlicher den Abschnitt 1.1

Grundlage hierfür bietet die aus der Wissenschaftstheorie stammende Diskussion um Wissenschaft und Werte, wobei hier hauptsächlich auf Thomas Kuhns Verständnis von dem Einfluss von Werten auf die Theoriewahl in der Wissenschaft eingegangen wird. Ziel ist es, Kuhns Ideen auf das deskriptive Verständnis von Methodenentscheidungen zu übertragen. Im Abschnitt 1.3 wird mithilfe der theoretischen Vorüberlegungen die Fragestellung dieser Arbeit präzisiert und auf den historischen Vergleich als Perspektive zur Beantwortung der Fragen eingegangen. In diesem Abschnitt werden ebenfalls die hier verwendeten Quellenarten erläutert und die Wahl des Untersuchungszeitraums erklärt. Schließlich wird im Abschnitt 1.4 die Gliederung des Rests dieser Arbeit dargestellt.

1.1   Forschungsstand

Die Geschichte forensischer Toxikologie ist in erster Linie mit der Geschichte von Giften im Allgemeinen verbunden. Die Forschungsliteratur zu diesem Thema ist inzwischen selbst so weitreichend, dass erst vor kurzem zwei Essays erschienen, die versuchen, einen Überblick über Forschungstrends geben, wobei sie selbst durchaus verschiedene Schwerpunkte setzen. Der Fokus in Claas Kirchhelles Essay *Toxic Tales* (2018)[12] liegt etwa auf Studien, die sich mit der Regulierung von Giften bzw. giftigen Stoffen in der Industrie beschäftigen. In seiner sich darauf konzentrierenden Chronologie kommen Vergiftungen als individuelle kriminelle Akte höchstens am Rande vor und spielen keine bedeutende Rolle.[13] Kirchhelle verkürzt so die Geschichte von Giften auf die (durchaus berechtigten) Themen von *Public Health* und Regulierungswissen, wodurch insbesondere seine vorgeschlagene Chronologie zum Umgang mit Giften eher mit breitem Pinselstrich gezogen wird: die erste Phase der Normalisierung umfasst im Grunde das gesamte 19. Jahrhunderts, während er das 20. Jahrhundert immerhin in drei Phasen des Umgangs mit Giften einteilt.[14]

Einen deutlich breiteren – und für die Zwecke dieser Arbeit nützlicheren – Überblick bieten José Ramón Bertomeu-Sánchez und Ximo Guillem-Llobat in ihrem

---

[12] Claas Kirchhelle: Toxic Tales–Recent Histories of Pollution, Poisoning, and Pesticides (ca. 1800–2010), in: NTM Zeitschrift für Geschichte der Wissenschaften, Technik und Medizin 26.2 (2018), S. 213–229.

[13] Ebd., S. 215

[14] Ebd., S. 214–218.

2016 erschien Aufsatz *Following Poisons in Society and Culture (1800–2000)*.[15] Hier ist die Geschichte der Kriminalität ("history of crime"[16]) neben der Geschichte von Nahrungsmitteln, der Geschichte der Gesundheit und der Umweltgeschichte eine von vier tragenden Säulen der Geschichte des Gifts. Gerade für das 19. Jahrhundert ist die Geschichte der Toxikologie als Wissenschaft über Gifte untrennbar mit Rechtsprozessessen verbunden: "Nineteenth-century toxicology was a science made for and in courts."[17]

Dabei konzentriert sich die Literatur zu diesem Thema hauptsächlich auf den angelsächsischen Raum.[18] Ein Grund für diese Konzentration liegt meines Erachtens in dem adversalen Gerichtssystem des Vereinigten Königreichs und der USA, das Gerichtsexpertise vor besondere Glaubwürdigkeitsprobleme in der öffentlichen Wahrnehmung zu stellen vermag. Wenn Expert*innen von den Konfliktparteien selbst gestellt werden können, ist der Vorwurf der Käuflichkeit von Expertise nicht weit entfernt und die Untersuchung von Ursprüngen solcher Probleme stellt eine legitime Motivation für wissenschaftshistorische Forschung zur Gerichtsexpertise dar. So ist die ausdrückliche Motivation des wichtigen Aufsatzes *Forensic Method and Expert Witnessing*[19] (1986) von Christopher Hamlin eine Neubewertung des Expertendissenses vor Gericht. Anstatt die Uneinigkeit vor Gericht als problematisch für die Glaubwürdigkeit der Wissenschaft als Ganzes zu verstehen, versuchte Hamlin zu zeigen, dass Dissens ein grundlegendes Merkmal für Wissenschaft sei. Der Problematisierung von Uneinigkeit liege ein irreführendes Verständnis von

---

[15] José Ramón Bertomeu-Sánchez/Ximo Guillem-Llobat: Following Poisons in Society and Culture (1800–2000): A Review of Current Literature, in: Actes d'Història De La Ciència I De La Tècnica 9 (2016), S. 9–36.

[16] Ebd., S. 11

[17] Ebd., S. 12

[18] Vgl. z. B. Ian Burney: Poison, Detection and the Victorian Imagination, Manchester, New York 2012; Noel G. Coley: Forensic Chemistry in 19th-Century Britain, in: Endeavour 22.4 (1998), S. 143–147; Tal Golan: Laws of Men and Laws of Nature. The History of Scientific Expert Testimony in England and America, Cambridge, MA / London 2004; Christopher Hamlin: Scientific Method and Expert Witnessing: Victorian Perspectives on a Modern Problem, in: Social Studies of Science 16.3 (1986), S. 485–513; James C. Mohr: Doctors and the Law. Medical Jurisprudence in Nineteenth-Century America, Baltimore 1993; Katherine D. Watson: Poisoned Lives. English Poisoners and their Victims, London/New York 2004; dies.: Medical and Chemical Expertise in English Trials for Criminal Poisoning, 1750–1914, in: Medical History 50 (2006), S. 373–390; dies.: Forensic Medicine in Western Society: A History, New York 2011; James C. Whorton: The Arsenic Century. How Victorian Britain was Poisoned at Home, Work, and Play, Oxford 2010; für die Geschichte von Giften im Allgemeinen stellt Kirchhelle eine ähnliche Tendenz fest: Kirchhelle: Tales, S. 219.

[19] Hamlin: Method.

Wissenschaft insgesamt zugrunde und tatsächlich sei Kritik und Kontroverse die Grundlage für die Glaubwürdigkeit der Wissenschaft statt eine Bedrohung derselben. Der historische Rückblick dient also in diesem Aufsatz – wie der Untertitel schon suggeriert – der Gewinnung einer neuen (oder eher alten) Perspektive auf ein modernes Problem.[20] Und auch James Mohrs *Doctors and the Law* untersucht medizinische (das heißt verstärkt toxikologische und psychiatrische) Gerichtsexpertise in den USA des 19. Jahrhunderts mit der Motivation, die Anfänge einer solchen käuflichen Expertise zu untersuchen und zu verstehen. Mohr kommt dabei allerdings zu einer deutlich pessimistischeren Einschätzung als Hamlin, wenn er die großen Probleme der Gerichtsmedizin in den USA in der Mitte des 19. Jahrhunderts auflistet:

> Experts still disagreed. Professional ambition still influenced behavior. An expert consensus seemed impossible to determine [...]. Government authorities, elected in large part to implement their constituents' circumstantial sense of fairness, found themselves in conflict with the opinions of their own experts. Appropriately enough, in the face of professional doubt and confusion, those officials sided with their constituents.[21]

Auch die seit kürzerem stattfindende Perspektiverweiterung auf den außereuropäischen Raum konzentriert sich auf das ehemalige Britische Kolonialreich, insbesondere auf das Gebiet Britisch-Indiens.[22] Dabei wird klar, dass Forensik im kolonialen Kontext insbesondere eine kontrollierende Funktion ausüben konnte. So zeigte zum Beispiel Mitra Sharafi, dass Blutanalysen in Britisch-Indien in Form eines *Imperial Serologist* hochgradig institutionalisiert waren. Dabei ging es aber auch darum, (reale und imaginierte) Versuche der indigenen Bevölkerung, lokale Gruppenkonflikte mit Hilfe von fingierten Gewalttaten und der Kolonialmacht zu lösen, zu unterbinden und zu kontrollieren.[23] Dies macht auch deutlich, dass forensische Praktiken in den Kolonien eigenen Logiken folgten und eigenen Analysen bedürfen, denen in dieser Arbeit nicht nachgegangen wird.

---

[20] Ebd., S. 485–488

[21] Mohr: Doctors, S. 138 f.

[22] Vgl. David Arnold: Toxic Histories. Poison and Pollution in Modern India, Cambridge 2016.

[23] Mitra Sharafi: The Imperial Serologist and Punitive Self-Harm: Bloodstains and Legal Pluralism in British India, in: Christopher Hamlin und Ian Burney (Hrsg.): Global Forensic Cultures. Making Fact and Justice in the Modern Era, Baltimore 2019, S. 60–85.

Für den kontinentaleuropäischen Raum mit seinem inquisitorischen Rechtssystem liegen hingegen für die Moderne kaum Studien vor. Einige wichtige Arbeiten über Frankreich bilden die Ausnahme: Für die Toxikologie im engeren Sinne ist hier insbesondere der 2006 erschienene Sammelband *Chemistry, Medicine, and Crime* herausgegeben von José Ramón Bertomeu-Sánchez und Agustí Nieto-Galan.[24] Mit dem Fokus auf Mathieu (oder in seiner ursprünglichen Schreibweise: Mateu) Orfila (1787–1853) konzentriert sich dieser Sammelband auf den wohl wichtigsten Toxikologen inner- und außerhalb Frankreichs. Bertomeu-Sanchez hat auch eine Monographie verfasst, die sich mit einem der vielleicht wichtigsten Fälle für forensische Toxikologie im Frankreich des 19. Jahrhunderts beschäftigte, in der Orfila auch selbst als Experte auftrat: die so genannte Lafarge-Affäre.[25] Auf diesen Fall wird in Abschnitt 3.3 näher eingegangen werden. Für Expertise vor Gericht im weiteren Sinne, die aber medizinische und toxikologische Expertise durchaus mit einbezieht, sind insbesondere die Bücher von Frédéric Chauvaud und Laurence Dumoulin zu nennen.[26]

Dieser relative Mangel an Studien, die sich mit der kontinentaleuropäischen Situation der Toxikologie beschäftigen, ist insofern interessant, als die Stellung des Experten im inquisitorischen System in einigen Studien durchaus als Vergleichsfolie zum angelsächsischen System genutzt wird. Dabei wird aber hauptsächlich die formale Rechtsordnung der *Constitutio Criminalis Carolina* (Carolina), die 1532 von Kaiser Karl V. erlassen wurde, betrachtet; die Praxis der Rechtsprechung und des Experteneinsatzes steht nicht im Vordergrund. In dem grundlegenden Aufsatz von Catherine Crawford etwa, der die Rolle des Experten in angelsächsischen (kontradiktorischen) und kontinentaleuropäischen (inquisitorischen) Systemen vergleicht, kommen alle Beispiele für tatsächliche Praxis aus England.[27] In der dem Anspruch

---

[24] José Ramón Bertomeu-Sánchez/Agustí Nieto-Galan (Hrsg.): Chemistry, Medicine, and Crime. Mateu J.B. Orfila (1787–1853) and His Times, Sagamora Beach, MA 2006.

[25] José Ramón Bertomeu-Sánchez: La verdad sobre el caso Larfage. Ciencia, justicia y ley durante el siglo XIX, Barcelona 2015.

[26] Frédéric Chauvaud: Les experts du crime. La médecine légale en France au XIXe siècle, Paris 2000; Frédéric Chauvaud/Laurence Dumoulin: Experts et expertise judiciaire. France, XIXe et XXe siècles, Rennes 2003; Laurence Dumoulin: L'expert dans la justice. De la genèse d'une figure à ses usages, Paris 2007.

[27] Vgl. Catherine Crawford: Legalizing Medicine: Early Modern Legal Systems and the Growth of Medico-Legal Knowledge, in: Michael Clark und Catherine Crawford (Hrsg.): Legal Medicine in History, New York 1994, S. 89–116; sowie ähnlich Christopher Hamlin: Forensic Cultures in Historical Perspective: Technologies of Witness, Testimony, Judgment (and Justice?), in: Studies in History and Philosophy of Science Part C: Studies in History and Philosophy of Biological and Biomedical Sciences 44.1 (2013), S. 4–15.

nach die Geschichte der forensischen Medizin im ganzen Westen umfassenden Monographie von Katherine Watson – *Forensic Medicine in Western Society* (2011) – ist der kontinentaleuropäische Raum zwar wichtig, der Schwerpunkt liegt aber auch hier hauptsächlich auf England und den USA. Insbesondere der deutschsprachige Raum im Zeitraum zwischen der Auflösung des Heiligen Römischen Reichs 1806 und der Gründung des Deutschen Kaiserreichs 1870/71 wird so gut wie nicht behandelt.[28] Diese Auslassung ist insofern nachvollziehbar, als spätestens 1806 die Carolina endgültig ihre Gültigkeit verlor und bis zum Erlass der Strafprozessordnungen (StPOs) in Österreich (1873) und dem Deutschen Kaiserreich (1877) kein einheitliches oder zumindest flächendeckendes Strafprozessrecht existierte.[29] Die Unübersichtlichkeit der rechtlichen Situation im deutschsprachigen Raum macht es schwierig, diese in einem konzisen Überblickswerk zu behandeln, wie Watson es vorgelegt hat. Stattdessen beschränken sich ihre Beispiele für den deutschsprachigen Raum auf Preußen und Österreich als den politisch wichtigsten deutschen Staaten der Zeit.

Arbeiten zum deutschsprachigen Raum gibt es zwar nicht für naturwissenschaftliche Expertise vor Gericht, allerdings für Expertise im Allgemeinen. Der Historiker Lutz Raphael stieß mit seinem Aufsatz *Die Verwissenschaftlichung des Sozialen*[30] (1996) eine Forschungsrichtung an, die sich gerade explizit mit dem steigenden Einfluss von Expertise auf die Gesellschaft auseinandersetzt. Margit Szöllösi-Janze schlug darauf aufbauend 2004 sogar eine Neudefinition der bisherigen Zeitgeschichte als Geschichte der Wissensgesellschaft vor, in der die Geschichte der Expertise einen besonderen Schwerpunkt einnimmt.[31] Der Fokus liegt dabei allerdings ausdrücklich auf den so genannten Humanwissenschaften – Soziologie, Medizin, Kriminologie, Psychologie etc. – und klammert klassische Naturwissenschaften bewusst aus. Außerdem liegt der zeitliche Schwerpunkt dieser Forschungsrichtung auf der Zeit nach 1880 und ist eng mit der Geschichte des Sozial- oder

---

[28] Watson: Forensic Medicine.

[29] Vgl. Enno Poppen: Die Geschichte des Sachverständigenbeweises im Strafprozeß des deutschsprachigen Raumes (Göttinger Studien zur Rechtsgeschichte, 16), Göttingen 1984. S. 221–223.

[30] Raphael: Verwissenschaftlichung.

[31] Szöllösi-Janze: Wissensgesellschaft in Deutschland: Überlegungen zur Neubestimmung der deutschen Zeitgeschichte über Verwissenschaftlichungsprozesse.

Wohlfahrtsstaats verknüpft.[32] Naturwissenschaftliche Expertise im 19. Jahrhundert vor 1880 spielt hingegen keine nennenswerte Rolle.

Auch aus rechtshistorischer Perspektive liegt wenig zur Geschichte vom Verhältnis zwischen wissenschaftlicher Expertise und deutschen Rechtssystemen vor. Das wichtigste Buch zu diesem Themenkomplex ist sicherlich Enno Poppens 1984 vorgelegte Dissertation, *Die Geschichte des Sachverständigenbeweises im Strafprozeß des deutschsprachigen Raumes.*[33] Poppen beschreibt hier auf Grundlage von innerrechtswissenschaftlichen Diskussionen zur Stellung von Expertise und den sich wandelnden Rechtsnormen eine Rechtsgeschichte vom frühen Mittelalter bis zum Erlass der Strafprozessordnung 1877.

1.2 Theorie

Um die Frage nach der Begründung der Methodenentscheidung zu operationalisieren, wird auf das Konzept der Werte in der Wissenschaft zurückgegriffen. Hiermit können die für die Wahl entscheidenden Gründe rekonstruiert und damit besser verstanden werden. Außerdem sollen in Auseinandersetzung mit dem verwandten Konzept epistemischer Tugenden (Daston/Galison) nicht nur Anforderungen an Methoden, sondern auch Anforderungen an die Experten selbst thematisiert werden, die ebenfalls für die zu untersuchende Professionalisierung der forensischen

---

[32] Vgl. z. B. Peter Becker: Dem Täter auf der Spur. Eine Geschichte der Kriminalistik, Darmstadt 2005; Kerstin Brückweh u. a. (Hrsg.): Engineering Society. The Role of the Human and Social Sciences in Modern Societies, 1880–1980, New York 2012; Marcus B. Carrier: Geschlechternormen und Expertise. Geschlechterkonstruktionen in psychiatrischen Gutachten im Deutschen Kaiserreich 1871–1914, in: NTM Zeitschrift für Geschichte der Wissenschaften, Technik und Medizin 25.2 (2017), S. 211–236; Silviana Galassi: Kriminologie im Deutschen Kaiserreich. Geschichte einer gebrochenen Verwissenschaftlichung (Pallas Athene. Beiträge zur Universitäts und Wissenschaftsgeschichte, 9), Stuttgart 2004; Germann, Urs: Psychiatrie und Strafjustiz. Entstehung, Praxis und Ausdifferenzierung der forensischen Psychiatrie in der deutschsprachigen Schweiz 1850–1950, Zürich 2004; Christian Müller: Verbrechensbekämpfung im Anstaltsstaat. Psychiatrie, Kriminologie und Strafrechtsreform in Deutschland 1871–1933 (Kritische Studien zur Geschichtswissenschaft, 160), Göttingen 2004; Karsten Uhl: Das „verbrecherische Weib". Geschlecht, Verbrechen und Strafen im kriminologischen Diskurs 1800–1945 (Geschlecht – Kultur – Gesellschaft, 11), Münster / Hamburg / London 2003; Richard F Wetzell: Inventing the Criminal. A History of German Criminlogy, 1880–1945, Chapel Hill / London 2000; vgl. außerdem für diese Froschungsrichtung in Frankreich Philippe Robert/Laurent Mucchielli (Hrsg.): Crime et sécurité, l'état des savoirs, Paris 2002; Laurent Mucchielli (Hrsg.): Histoire de la Criminologie Française, Paris 1994.

[33] Poppen: Geschichte.

Toxikologie eine große Rolle spielen. Da Tugenden und Werte sich, so wie sie hier verstanden werden, als Anforderungen an verschiedene Dinge und Akteure beziehen und entsprechend (potentiell) andere Funktionen für die Professionalisierung übernehmen, plädiere ich dabei für eine schärfere begriffliche Trennung als sie in der Wissen(schaft)sgeschichte ansonsten häufig anzutreffen ist.

Das Konzept von Werten in der Wissenschaft geht im Wesentlichen in der hier verwendeten Form auf Thomas S. Kuhn zurück. In seinem 1973 gehaltenen und 1977 erschienen Vortrag *Objectivity, Value Judgment, and Theory Choice* reagierte Kuhn auf Kritik, die nach seinem Buch *The Structure of Scientific Revolutions* (1962)[34] an ihn gerichtet wurde.[35] Besonders emphatisch und von Kuhn auch explizit erwähnt[36] hatte der Philosoph Imre Lakatos kritisiert, dass Kuhn die Rationalität der Wissenschaft einer „*mob psychology*" opfere. Bei Kuhn – so Lakatos' Kritik – sei die Wahl für bestimmte Theorien oder Paradigmen (Kuhns Terminologie) letztlich beliebig. Die rigorose empirische Prüfung, bei der sich letztlich die beste Theorie durchsetzen musste und die Lakatos in Weiterentwicklung von Ideen Karl Poppers vertrat, werde bei Kuhn durch persönliche Präferenz einzelner Wissenschaftler*innen bzw. den Präferenzen der Mehrheit innerhalb einer wissenschaftlichen Gemeinschaft ersetzt. Lakatos versteht Kuhn'sche Theoriewahl also als willkürlich, als frei von guten Gründen, die über persönliche Vorlieben hinausgehen.[37]

Dieser Interpretation widersprach nun Kuhn in seinem Aufsatz *Objectivity* vehement. Natürlich gebe es Gründe für eine Theoriewahl, diese hätten nur nicht die Form von harten Kriterien, wie sie Lakatos und andere gerne hätten. Kuhn beschrieb hier, dass eine Theorieentscheidung keine Ähnlichkeit mit einem mathematischen Algorithmus habe, dass also nicht einfach verschiedene Theorien an einem eindeutigen und rationalen Kriterienkatalog gemessen werden könnten, um die eindeutig beste Theorie zu bestimmen. Vielmehr ähnele Theoriewahl einer Wertentscheidung. Das heißt, dass es durchaus gute Gründe für Wissenschaftler*innen gebe, sich für eine bestimmte Theorie zu entscheiden. Diese Gründe seien letztlich die Werte, die eine Theorie erfülle und die auch von der wissenschaftlichen Gemeinschaft im Wesentlichen geteilt würden. Allerdings seien diese Gründe selbst nicht eindeutig, würden also von unterschiedlichen Wissenschaftler*innen unterschiedlich interpretiert und könnten außerdem für eine bestimmte Theorie unterschiedlich beurteilt

---

[34] Thomas S. Kuhn: The Structure of Scientific Revolutions, 4. Auflage, Chicago 2012.

[35] Vgl. ders.: Objectivity, Value Judgment, and Theory Choice, in: The Essential Tension: Selected Studies in Scientific Tradition and Change, Chicago 1977, S. 320–339.

[36] Vgl. ebd., S. 321.

[37] Vgl. für Lakatos' gesamte Kritik Imre Lakatos: Falsification and the Methodology of Scientific Research Programmes, in: Imre Lakatos und Alan Musgrave (Hrsg.): Criticism and the Growth of Knowledge, Cambridge 1970, S. 91–195, Zitat: S. 178. Hervorhebung im Original.

werden. Schließlich seien nie alle Werte von einer Theorie gleich gut abgedeckt. Bei der Wahl zwischen zwei konkurrierenden Theorien oder Paradigmen müssten also immer verschiedene Werte gegeneinander abgewogen und hierarchisiert werden. Kuhn macht dies mit Beispielen deutlicher, von denen zwei zur Nachvollziehbarkeit kurz wiedergegeben werden sollen. Er identifizierte (oder postulierte) hierfür fünf Werte, die der Methodenwahl zugrunde lägen: Genauigkeit, Reichweite, (innere und äußere) Widerspruchsfreiheit, Einfachheit und Fruchtbarkeit.[38] Die Uneindeutigkeit der einzelnen Werte verdeutlichte er unter anderem mit der Frage nach der Genauigkeit („accuracy") in den konkurrierenden Verbrennungstheorien in der Chemie am Ende des 18. Jahrhunderts. So habe die Phlogistontheorie der Verbrennung, nach der die Verbrennung als Abgabe des Stoffes Phlogiston verstanden wurde, die Ähnlichkeiten zwischen Metallen besser erklären können als die konkurrierende Sauerstofftheorie der Verbrennung, nach der die Verbrennung durch die chemische Aufnahme von Sauerstoff verstanden wurde. Wenn Metalle chemisch zusammengesetzt sind, lassen sich ihre beobachtbaren Gemeinsamkeiten (metallischer Glanz, Verformbarkeit, Wärmeleitfähigkeit, später auch elektrische Leitfähigkeit) durch die allen gemeinsame Bindung zu Phlogiston erklären. In der Sauerstofftheorie der Verbrennung hingegen sind Metalle letztlich elementare Stoffe, während die Verbrennungsprodukte zusammengesetzte Stoffe bestehend aus Metallen und Sauerstoff sein sollten. Die qualitativen Gemeinsamkeiten der unterschiedlichen Metalle lassen sich so allerdings nicht mehr erklären.[39] Auf der anderen Seite machte die Sauerstofftheorie der Verbrennung die Zunahme des Gewichts bei der Verbrennung erklärlich. Wenn die Verbrennungsprodukte (Metalloxide) zusammengesetzt waren aus elementaren Metallen und elementarem Sauerstoff, war eine Gewichtszunahme zu erwarten. Wenn hingegen Phlogiston bei der Verbrennung abgegeben würde, war eben diese beobachtete Gewichtszunahme überraschend. Wenn aber nun beide Theorien unterschiedliche Aspekte desselben Phänomens unterschiedlich gut beschrieben, das heißt in Bezug auf (messbare) Erfahrungen der Wissenschaftler unterschiedlich genau waren, dann ist nicht klar zu entscheiden, welche der beiden Theorien dem Wert der Genauigkeit besser entsprach. Die Wissenschaftler mussten letztlich eine Entscheidung darüber treffen, welches Problem (die qualitativen Gemeinsamkeiten oder die quantitative Gewichtszunahme) als das drängen-

---

[38] Vgl. Kuhn: Objectivity, S. 322.

[39] Tatsächlich blieben diese qualitativen Gemeinsamkeiten über das ganze 19. Jahrhundert unerklärlich, was Hasok Chang als Beispiel dafür verstand, dass eine Unterdrückung eines Theorienpluralismus letztlich die Wissenschaft behindere. Vgl. Chang, Hasok: Is Water H2O? Evidence, Pluralism and Realism (Boston Studies in the Philosophy of Science), Dordrecht 2012, S. 43.

dere und wichtigere gelten sollte. Diese Entscheidung sei subjektiv und keineswegs von den Phänomenen vorgegeben.[40] Durch mehrere verschiedene Werte, die unter Umständen in verschiedene Richtungen bei solchen Entscheidungen weisen, wird die Situation für die einzelnen Wissenschaftler*innen und die wissenschaftliche Gemeinschaft insgesamt nicht einfacher. So war – und dies ist auch das zweite Beispiel von Kuhn – das ptolemäische geozentrische Weltsystem konsistenter mit dem Gesamtsystem der aristotelischen Physik als das kopernikanische Weltbild. Die Mittelpunktstellung der Erde erklärte etwa, warum Dinge zu Boden fallen sollten. Eine solche Erklärung konnte das kopernikanische, heliozentrische System (zunächst) nicht liefern. Das ptolemäische System war also im Wert der Konsistenz überlegen. Im Wert der Einfachheit aber keineswegs, denn in Kopernikus' System war nur ein Kreis statt vieler Hilfskreise vonnöten, um zumindest qualitativ die Bewegungen eines Planeten zu bestimmen und zu beschreiben. Zumindest für Galilei und Kepler – so Kuhns Argument – war dies anscheinend ausreichend, um die mangelnde Konsistenz zu ignorieren und die Annahme eines heliozentrischen Systems für ihre weitere Forschung aufzunehmen. Dies sei aber keineswegs eine selbstverständliche Folge, die sich etwa aus den Phänomenen oder aus der Wissenschaft selbst ergebe, sondern Entscheidungen zunächst dieser einzelnen Wissenschaftler und letztlich der wissenschaftlichen Gemeinschaft, Einfachheit in diesem speziellen Fall und zumindest temporär höher zu bewerten als Konsistenz.[41]

Kuhn unterschied bei seinen Werten nicht zwischen innerer und äußerer Widerspruchsfreiheit, die er beide nur als „consistency"[42] bezeichnete. Anders sah dies der Philosoph Ernan McMullin. McMullin beschränkte außerdem Wertekonflikte nicht auf Kuhnsche Paradigmenwechsel, sondern sah Wissenschaft in einem Zustand ständiger innerer Konkurrenz und Kritik zwischen verschiedenen Schulen.[43] Es handelte sich dabei also letztlich um einen Versuch der Zusammenführung Kuhn'scher Paradigmen und Lakatos'scher Forschungsprogramme. Unterschiedliche Werte bzw. ein unterschiedliches Verständnis und eine auseinandergehende Hierarchisierung

---

[40] Kuhn: Objectivity, S. 323; Vgl. auch Chang: Water, S. 19–29.

[41] Kuhn: Objectivity, S. 323 f. Kuhns Argument mag entgegengehalten werden, dass gerade die von ihm genannten Nachfolger Kepler und Galilei (wie auch wohl Kopernikus selbst) dem Ideal einer realistisch orientierten Astronomie verpflichtet waren und sie sich nicht so einfach mit praktischer Einfachheit zufrieden gaben wie Kuhn nahelegt. Allerdings stimmt es, dass viele andere Fachastronomen und vor allem auch Astrologen instrumenteller dachten und zuallererst an einer einfacheren Mathematik mit möglichst guten Ergebnissen interessiert waren. Vgl. Martin Carrier: Nikolaus Kopernikus, München 2001, S. 127–173.

[42] Kuhn: Objectivity, S. 322.

[43] Vgl. Ernan McMullin: Values in Science, in: PSA: Proceedings of the Biennial Meeting of the Philosophy of Science Association 2 (1982), S. 3–28.

derselben Werte sind dann die wesentlichen Unterscheidungsmerkmale zwischen konkurrierenden Ansätzen.[44] Ich möchte mich hier konzeptuell McMullin anschließen. Werte verstehe ich also in einem ständigen Prozess einer Aushandlung, durchaus durch disziplinäre Ausbildungsmaßnahmen institutionalisiert, aber dennoch nicht festgeschrieben und beweglicher, als Kuhn sie sich für die wissenschaftliche Gemeinschaft vorgestellt hat. Nur unter dieser Annahme werden sie letztlich interessant für die Betrachtung der mehr oder weniger alltäglichen Praxis der Wissenschaft, losgelöst von den großen Umwälzungen einiger Großtheorien.

Auch wenn die Theoriewahl auf diese Weise subjektive Elemente in ihrem Kern behält, ist sie nach Kuhn keineswegs irrational. Insbesondere verbleibt Kuhn mit der Bestimmung seiner Werte auf einer wissenschaftsinternen Ebene. Was Theorien ‚gut' oder ‚schlecht' macht, bleibt auf ein Ideal der Wahrheit ausgerichtet – alle Kuhn'schen Werte können mehr oder weniger als Proxy für Wahrheit verstanden werden – und wird allein von den Wissenschaftler*innen selbst bestimmt, es gibt bei Kuhn also keine relevanten Akteure außerhalb der Wissenschaft, die über die Ablehnung oder Annahme von Theorien mitentscheiden könnten. Darum werden Kuhns Werte auch gerne als ‚epistemische Werte' bezeichnet in Abgrenzung zu etwa ethischen oder sozialen Werten.

Dies gilt nicht für alle wissenschaftsphilosophischen Strömungen, die sich mit Werten in der Wissenschaft auseinandersetzen. Eine Richtung, die insbesondere auf Richard Rudner zurückgeht, betont gerade die Wichtigkeit nicht-epistemischer Werte in der Wissenschaft. Rudners Argument, das er in seinem 1953 veröffentlichten Aufsatz *The Sientist Qua Scientist Makes Value Judgments*[45] ausführte, basiert ähnlich wie Kuhns Argument auf der Unterbestimmtheit von Theorie durch Empirie. Empirische Daten legen niemals immer nur genau eine Theorie fest, sondern es können (zumindest theoretisch) immer mehrere Theorien gefunden werden, die sich zwar gegenseitig widersprechen, aber die empirischen Daten gleich gut erfassen. Bei der Entscheidung für oder gegen eine Theorie gibt es also immer ein nicht zu

---

[44] Diese Zusammenführung geht natürlich mit einem gewissen Verlust einher. Kuhns Phase der Normalwissenschaft, die Arbeit also in einem und nur einem bestehenden Paradigma in den „mature sciences" wird so in Kuhns Terminologie zu einem Zustand permanenter Krise. Vgl. Kuhn: Structure; positiver gewendet versteht auch Hasok Chang einen solchen dauerhaften pluralistischen Zustand als eigentlichen Normalzustand und im Gegenteil das Streben nach einem und nur einem leitenden Paradigma in der Wissenschaft oder auch nur in einer Disziplin als schädlich für die Wissenschaft, wobei er Interaktion allerdings nicht nur auf Kritik und Konkurrenz beschränkt, sondern auch Modi der Zusammenarbeit und der Übernahme vorschlägt. Vgl. Chang: Water.

[45] Richard Rudner: The Scientist Qua Scientist Makes Value Judgments, in: Philosophy of Science 20.1 (1953), S. 1–6.

vernachlässigendes Risiko – das so genannte „inductive risk"[46] – falsch zu liegen.
Rudners Argument ist nun, dass eine solche fälschliche Annahme oder Ablehnung
Konsequenzen habe, die in die Theorieentscheidung einfließen müssten. Diese Risi-
ken oder Konsequenzen sind dabei nicht nur auf das Verhältnis der Theorien zur
Wahrheit beschränkt, wie dies bei epistemischen Werten der Fall wäre, sondern
können auch realweltliche, gesellschaftliche Risiken umfassen. An solche realen
Folgen sollte angepasst werden, wie viele bestätigende Daten vorliegen müssten,
um eine Theorie zu akzeptieren:

> Thus, to take a crude but easily managable example, if the hypothesis under considera-
> tion were to the effect that a toxic ingredient of a drug was not present in lethal quantity,
> we would require a relatively high degree of confirmation or confidence before accept-
> ing the hypothesis–for the consequences of making a mistake here are exceedingly
> grave by our moral standards. On the other hand, if say, our hypothesis stated that, on
> the basis of a sample, a certain lot of machine stamped belt buckles was not defective,
> the degree of confidence we should require would be relatively not so high. *How sure
> we need to be before we accept a hypothesis will depend on how serious a mistake
> would be.* [47]

Für den Kontext dieser Arbeit erscheint es nicht sinnvoll, streng zwischen epistemischen und nicht-epistemischen Werten zu trennen. Die Motivation für eine solchen
Trennung ist in der Regel der Anspruch, ein normatives Urteil über die Angemessenheit des Einflusses bestimmter Werte zu fällen. In dieser Arbeit soll aber nicht
die normative Frage geklärt werden, welche Werte einen Einfluss auf die Wissenschaft gehabt haben sollten. Vielmehr geht es darum, die deskriptive Frage zu klären,
welche Werte einen Einfluss gehabt haben oder haben konnten. Werte dienen hier
nur der besseren Beschreibung von Entscheidungen von Akteuren und der wissenschaftlichen Gemeinschaft und nicht der Beurteilung dieser Entscheidung. Ziel ist
es nicht, eine Liste von für die (forensische) Wissenschaft bindenden Werten aufzustellen, wie etwa Helen Longino dies für die Wissenschaft im Allgemeinen aus einer
feministischen Perspektive heraus versucht hat.[48] Unter der Annahme, dass Werte
in der Wissenschaft – ob bewusst oder unbewusst – immer eine Rolle spielen und

---

[46] Vgl. für die philosophische Diskussion zu „inductive risk" Justin B. Biddle: Inductive Risk,
Epistemic Risk, and Overdiagnosis of Disease, in: Perspectives on Science 24.2 (2016), S.
192–205. Für die Zwecke dieser Arbeit ist aber eine tiefere Abgrenzung und Auseinandersetzung, wie sie hier vorgeschlagen wird, nicht notwendig.

[47] Rudner: The Scientist Qua Scientist Makes Value Judgments, S. 2. Hervorhebung im Original

[48] Helen E. Longino: Gender, Politics, and the Theoretical Virtues, in: Synthese 104 (1995),
S. 383–397.

auch normative und disziplinierende Wirkung auf die wissenschaftliche Gemein-
schaft(en) ausüben, sollen diese vielmehr der historischen Wissenschaftsforschung
empirisch zugänglich gemacht werden. Die Diskussion, ob es aus heutiger Sicht
,gute' oder ,richtige' Werte waren, die die Entscheidung der relevanten Akteure
beeinflusste, ist nicht Teil dieser Arbeit. Entsprechend wird in dieser Arbeit nur von
,Werten' im Allgemeinen ohne einschränkendes Adjektiv die Rede sein.

Im Gegensatz zur Wissenschaftsphilosophie (und auch zur Wissenschaftssozio-
logie in der Nachfolge Robert Mertons[49]) ist das Konzept von epistemischen Werten
in der Wissenschaftsgeschichte bisher kaum zum Einsatz gekommen. Wichtige Vor-
arbeiten, die diesem Konzept aber zumindest ähnlich sind, haben allerdings Lorraine
Daston und Peter Galison in ihrem Buch *Objektivität*[50] (2007), sowie Ernst Homburg in seinem Aufsatz *The Rise of Analytical Chemistry*[51] (1999) geleistet. Daston
und Galison sprechen nicht von ,epistemischen Werten', sondern von ,epistemi-
schen Tugenden'. In *Objektivität* zeichneten sie die Entwicklung einer konkreten
epistemischen Tugend, der Objektivität nach. Dabei grenzten sie sich zunächst von
normativ-kritischen Ansätzen ab, die infrage stellten, ob Objektivität überhaupt
möglich oder wünschenswert sei:

> Wir müssen erst wissen, was Objektivität überhaupt sein soll – wie sie in der Praxis
> der Wissenschaft funktioniert, bevor wir entscheiden können, ob sie existiert und ob
> sie etwas Gutes oder Schlechtes ist. Die meisten – philosophischen, soziologischen,
> politischen – Arbeiten über Objektivität behandeln sie als einen Begriff. Ob als Blick
> von nirgendwo verstanden oder als Befolgung algorithmischer Regeln, ob als die Seele
> wissenschaftlicher Integrität gepriesen oder als seelenlose Ferne von allem Mensch-
> lichen verurteilt – immer wird vorausgesetzt, Objektivität sei abstrakt, zeitlos und
> monolithisch.[52]

---

[49] Vgl. Robert K. Merton: The Normative Structure of Science, in: The Sociology of Science.
Theoretical and Empirical Investigations, Chicago / London 1973, S. 267–278.

[50] Lorraine Daston/Peter Galison: Objektivität, Frankfurt a. M. 2007.

[51] Ernst Homburg: The Rise of Analytical Chemistry and its Consequences for the Development of the German Chemical Profession (1780–1860), in: Ambix 46.1 (1999), S. 1–32.

[52] Daston/Galison: Objektivität, S. 55; dabei ist allerdings keineswegs klar, gegen welche
Arbeiten konkret sich diese Kritik überhaupt richtet. Mir scheint, als verkennen Daston und
Galison hier die Stoßrichtung vieler Arbeiten, besonders aus der feministischen Wissen-
schaftsphilosophie, die überhaupt keine Erwähnung findet. Zwar wird dort tatsächlich der
Begriff der ,Objektivität' vorausgesetzt, ist aber keineswegs immer unwandelbar. So ging es
etwa Sandra Harding darum, ein bestimmtes (vorausgesetztes) Verständnis von ,Objektivi-
tät' zu kritisieren und durch ein anderes zu ersetzen. Vgl. Sandra Harding: Geschlecht des
Wissens. Frauen denken die Wissenschaft neu, Frankfurt a. M. 1991, S. 155–180.

Stattdessen müsse Objektivität nicht nur als Begriff, sondern auch als Ansammlung konkreter Handlungen verstanden werden. Als Beispiel dienten ihnen Repräsentationspraktiken in Form von Zeichnungen und Fotos sowie die mit wechselnden Praktiken sich ändernden Anforderungen an dieselben, um als objektiv gelten zu können. Diese Anforderungen seien dabei immer auch an ethische und moralisierende Sprache und Überlegungen geknüpft; die Wahl der richtigen Repräsentation sei damit nicht nur epistemisch, sondern auch moralisch gut. In diesem Sinne sei also von ‚Objektivität‘ als ‚epistemischer Tugend‘ zu sprechen.[53]

Der Begriff der ‚epistemischen Tugenden‘ ist allerdings von Seiten der Erkenntnistheorie keineswegs unbelastet, und zwar in einer Weise, wie Daston und Galison ihn sicherlich nicht verstanden wissen wollten. Die Tugendepistemologie (oder virtue epistemology) ist als eine der Reaktionen auf das so genannte Gettier-Problem hervorgetreten. Edmund L. Gettier hatte 1963 in einem gerade einmal dreiseitigen Aufsatz das Verständnis der klassischen Epistemologie von ‚Wissen‘ als wahre, gerechtfertigte Überzeugung angegriffen. Sein Punkt war, dass es möglich sei, dass ein Subjekt eine Überzeugung habe, die sowohl wahr als auch gerechtfertigt sei, die Rechtfertigung aber nur zufällig zum richtigen Ergebnis führe und selbst eigentlich falsch sei.[54] Nach dem klassischen Verständnis müsse eine solche Überzeugung aber dennoch als ‚Wissen‘ bezeichnet werden, was Gettier als kontraintuitiv ablehnte.[55] Die Tugendepistemologie versucht nun, den Wissensbegriff größtenteils zu erhalten, indem sie spezifiziert, unter welchen Bedingungen angenommen werden kann, dass die Rechtfertigung für eine Überzeugung von hinreichender Qualität ist. Dies sei dann der Fall, wenn das Subjekt die richtigen epistemischen Tugenden verinnerlicht habe. Epistemische Tugenden sind dabei zum Beispiel intellektuelle Neugier oder Offenheit für Gegenargumente.[56]

Dieser Begriff von ‚epistemischen Tugenden‘ unterscheidet sich aber stark von dem, den Daston und Galison vorstellen. Erstens können sich die Tugenden von Daston und Galison widersprechen und müssen im Zweifelsfall gegeneinander

---

[53] Vgl. Daston/Galison: Objektivität, S. 42–44, 56–58.

[54] Ein Beispiel für einen solchen Fall wäre etwa eine defekte Uhr, die in einem bestimmten Augenblick zufällig die richtige Zeit anzeigt. Eine Person kann durch den Blick auf die defekte Uhr die überzeugung haben, dass es z. B. genau 12 Uhr ist. Diese Überzeugung ist gerechtfertigt, da eine Uhr normalerweise die richtige Uhrzeit anzeigt, und zufällig wahr, wenn es genau 12 Uhr ist.

[55] Vgl. Edmund L. Gettier: Is Justified True Belief Knowledge?, in: Analysis 23.6 (1963), S. 121–123.

[56] Vgl. z. B. Linda Zagzebski: Knowledge and the Motive for Truth, in: Matthias Steup, John Turri und Ernest Sosa (Hrsg.): Contemporary Debates in Expistemology, Zweite Auf, Hoboken, NJ 2014, S. 140–145.

abgewogen werden. So sprechen Daston und Galison davon, dass Objektivität gegenüber Wahrheit abgewogen werden müsse.[57] In einem Beispiel hierfür, auf das Daston und Galison selbst verweisen, hat Nancy Cartwright erklärt, wie sich in der Physik das Streben nach möglichst genauen (Vorhersage-)Ergebnissen auf der einen und nach möglichst starker Verallgemeinerbarkeit in Form von Naturgesetzen auf der anderen Seite gegenseitig ausschließen beziehungsweise in Konkurrenz zueinander stehen.[58] Die Tugenden der Tugendepistemologie hingegen können sich nicht gegenseitig ausschließen. Im Gegenteil: für die qualititav beste Rechtfertigung ist es notwendig, dass *alle* epistemischen Tugenden im Subjekt vereint sind.

Zweitens sind die epistemischen Tugenden von Daston und Galison explizit mit ethischen Normen, Werten und Tugenden verknüpft. Epistemische Überlegungen werden moralisiert; moralische Grundsätze haben Einfluss auf entstandene Überzeugungen. In der Tugendepistemologie ist dies nicht der Fall. Zwar gibt es eine Verbindung zur Ethik, allerdings nur im Sinne eines Analogieschlusses. Die Tugendepistemologie orientiert sich dem Aufbau nach an der Aristotelischen Tugendethik. Wie bei Aristoteles moralische Bewertungen von Handlungen von den Tugenden der*des Handelnden abhängen, hängt in der Tugendepistemologie die Bewertung von Rechtfertigungen von Überzeugungen von den Tugenden der*des Rechtfertigenden ab. Ethische und epistemische Tugenden sind zwar beide normativ und in Subjekten realisiert, bleiben aber strikt getrennt.

Daston und Galison gehen auf diese Gegensätzlichkeit nicht ein. Auf einer Konferenz zu epistemischen Tugenden, die 2014 in Zürich stattfand, grenzten sich die Teilnehmenden (zu denen Daston und Galison nicht gehörten) aber explizit vom Verständnis der Tugendepistemologie ab. Dies zeigt, dass diese Konnotation auch in der Wissenschaftsgeschichte grundsätzlich wahrgenommen worden ist.[59] Nun ist eine solche Abgrenzung von Begriffen einer benachbarten Disziplin sicherlich möglich und legitim, aber vielleicht nicht nötig. Sie ist dann nicht notwendig, wenn bereits ein Begriff existiert, der dem eigenen näher liegt und der nicht potentiell für Missverständnisse im interdisziplinären Austausch innerhalb der Wissenschaftsforschung sorgt. Um also Missverständnisse zu vermeiden – und nicht als strenge Abgrenzung von Daston und Galison – wird in dieser Arbeit vorgezogen, von ‚Werten‘ zu sprechen. Wie dargestellt hat der Begriff der Werte den Vorteil, dass ihm

---

[57] Vgl. Daston/Galison: Objektivität, S. 35.

[58] Vgl. dies.: Objektivität, Fußnote 19 auf S. 35; sowie Nancy Cartwright: How the Laws of Physics Lie, Oxford 1983.

[59] Oliver Nievergelt: Tagungsbericht: Epistemische Tugenden – zur Geschichte und Gegenwart eines Konzepts, 17.10.2013–18.10.2013, Zürich, in: H-Soz-Kult, 06.02.2014, URL: https://www.hsozkult.de/conferencereport/id/tagungsberichte-5223 (besucht am 22.10.2018).

(anders als den epistemischen Tugenden) bereits die Widersprüchlichkeit und die Notwendigkeit zur Abwägung inhärent sind. Die enge Verbindung zwischen Ethik und wissenschaftlicher Praxis, die Daston und Galison betonten, findet sich in den philosophischen Diskussionen ebenfalls hauptsächlich in den Diskussionen um epistemische Werte, nicht um epistemische Tugenden, wie oben mit Verweis auf Rudner bereits erläutert wurde.

Daston und Galison selbst benutzen teilweise auch ‚Werte‘ synonym mit ‚Tugenden‘.[60] Noch deutlicher wird dies allerdings in einem älteren Aufsatz von Daston, in dem sie versucht den – ursprünglich von E. P. Thompson geprägten – Begriff der ‚moral economies‘ für die Wissenschaftsgeschichte nutzbar zu machen. Werte sind hier explizit Teil dieser moralischen Ordnungen.[61] Insofern scheint die Verwendung des Begriffs der ‚Werte‘ in dieser Arbeit mit dem der ‚Tugenden‘ bei Daston und Galison nicht im Widerspruch zu stehen, sondern deckungsgleich zu sein. Es geht hier aber auch darum, einen Begriff zu wählen, der über den engen Gebrauch in der Historischen Wissenschaftsforschung hinausgeht und das Verständnis über Disziplingrenzen innerhalb der Wissenschaftsforschung nicht erschwert. Hierfür erscheinen mir die ‚Werte‘ geeigneter als die ‚Tugenden‘.

Darüber hinaus kann sich eine begriffliche Trennung zwischen den ‚Tugenden‘ und den ‚Werten‘ als nützlich erweisen. Wie oben dargestellt, unterscheiden Daston und Galison nicht zwischen diesen Begriffen, sondern benutzen sie – soweit ‚Werte‘ überhaupt vorkommen – synonym. Ein wichtiger begrifflicher Unterschied scheint aber doch zu sein, dass ‚Tugenden‘ Eigenschaften von Personen sind, ‚Werte‘ hingegen in diesem Kontext wünschenswerte Eigenschaften sind, die von Methoden oder Handlungen realisiert werden können. Aber gerade die Ansprüche, die an die Methoden gestellt wurden, sind das Erkenntnisinteresse dieser Arbeit. Eine solche Unterscheidung zwischen ‚Tugenden‘ und ‚Werten‘, die Daston und Galison nicht vornahmen, dient also auch der Präzisierung des analytischen Rahmens.

Der hier verwendeten Bedeutung von ‚Werten‘ kommt dafür der Aufsatz von Ernst Homburg sehr nahe, allerdings ohne den Begriff zu verwenden. Homburg legte dar, dass analytische Chemie in der chemischen Industrie, zum Beispiel zum Zweck von Reinheitskontrollen etc., erst sehr spät zum Einsatz kam im Vergleich zu der Aufmerksamkeit, die dieser Subdisziplin im akademischen Kontext zuteil wurde. Sein Argument ist, dass dies auf konfligierende Zielvorstellungen der akademischen analytischen Chemie auf der einen und der Industrie auf der anderen Seite zurückzuführen sei. Während die analytische Chemie immer genauere Verfahren entwickelte,

---

[60] Vgl. Daston/Galison: Objektivitat, S. 43.

[61] Vgl. Daston, Lorraine: The Moral Economy of Science, in: Osiris 10 (1995), S. 3–24, hier S. 26.

verlangte die Industrie hauptsächlich schnelle Methoden. Immer genauere Verfahren waren für die Industrie uninteressant, wenn dafür die Produktionskette still stehen musste. Dieser Konflikt wurde erst mit einer fortschreitenden Methoden- und vor allem Instrumentenentwicklung entschärft, als es möglich wurde, eine ausreichende Genauigkeit von analytischen Verfahren in einer Geschwindigkeit durchzuführen, die ökonomisch sinnvoll war. In der Terminologie dieser Arbeit, lässt sich Homburgs Argument als ein Wertekonflikt zwischen den Werten der ‚Genauigkeit' und der ‚Geschwindigkeit' beschreiben. So lange keine Methoden zur Verfügung standen, die zumindest in einem gewissen Maße beide Werte gleichermaßen erfüllen konnten, blieb die analytische Chemie für die Industrie uninteressant und dies erklärt den vergleichsweise späten Einsatz analytischer Methoden im industriellen Kontext.[62]

In erster Linie geht es bei den Werten um das Sprechen *über* Methoden. Daher muss an dieser Stelle auch Jutta Schickores *About Method* (2017)[63] als wichtige konzeptionelle Grundlage genannt werden. Ähnlich wie bei der von ihr untersuchten Forschung zu Schlangengift werden hier die Reflexionen der Akteure selbst über die Angemessenheit der Methoden untersucht und analysiert. Wie sie dabei richtig feststellt, sind Reflexionen über Methoden selbst auch ein Mittel zur Überzeugung.[64] Es geht weniger darum nachzuweisen, welche Methoden tatsächlich im Labor benutzt wurden. Es wird zwar unterstellt, dass die forensischen Toxikologen in ihren Gutachten die Wahrheit über ihre Methoden schreiben, aber das ist nicht der Kern der Frage. Es geht vielmehr darum, welche Methoden aus welchen Gründen für angemessen gehalten wurden, um die eigene Arbeit zu legitimieren und welchen Einfluss der konkrete praktische Kontext auf diese Begründungen hatte.

Wie ich an anderer Stelle argumentiert habe, liegt die Stärke des Ansatzes dabei meines Erachtens darin, dass die Kontextgebundenheit wissenschaftlicher Expertise auch und gerade für die so genannten physikalischen Wissenschaften klarer greifbar wird.[65] Dies ermöglicht die Verknüpfung mit und die Erweiterung von kulturhistorischer Forschung zu forensischer Expertise. Die bisherige Forschung zu kultureller Abhängigkeit forensischer Expertise beschäftigte sich – zu einem

---

[62] Homburg: Rise; vgl. auch Abschnitt 4.2.

[63] Jutta Schickore: About Method: Experimenters, Snake Venom, and the History of Writing Scientically, Chicago 2017.

[64] Vgl. besonders ebd., S. 5–8.

[65] Vgl. Marcus B. Carrier: The Value(s) of Methods in the Courtroom: Values for Method Selection in Forensic Toxicology in Germany in the Second Half of the Nineteenth Century, in: Ian A. Burney und Christopher Hamlin (Hrsg.): Global Forensic Cultures. Making Fact and Justice in the Modern Era, Baltimore 2019, S. 37–59; hier: S. 52–54.

großen Teil subsummierbar unter dem Schlagwort der „forensic cultures"[66] – auf forensische Expertise zu Fragen nach Täter*innen, nach Abhängigkeiten von Beurteilungen an Themen wie Ethnizität und Geschlecht.[67] Hier geht es hingegen im Wesentlichen gerade nicht um Fragen nach Täter*innen, sondern um grundlegende Fragen nach Taten: Was ist passiert? Welcher Stoff wurde für die Tat verwendet? Ist die Tat an sich (unabhängig davon, wer sie begangen hat) strafbar? Die Werte, hier genutzt als Erweiterung des Konzepts der *forensic cultures*, ermöglichen es, auch die Kontextabhängigkeit dieser auf den ersten Blick vergleichsweise einfachen und unmissverständlich formulierten Fragen zu zeigen. Dabei geht sozusagen um den harten Kern von wissenschaftlicher Expertise: die Fähigkeit, Entscheidungen über Methoden zu treffen.

1.3 Fragestellung und Vergleich

Nach der Klärung verschiedener in dieser Arbeit zum Einsatz kommender Konzepte (vgl. Abschnitt 1.2), kann nun die eingangs nur grob skizzierte Fragestellung dieser Arbeit präzisiert werden: Auf welchen Werten basierte die Wahl von Methoden von Praktikern bzw. die Empfehlung von Methoden durch Theoretiker der forensischen Toxikologie in Deutschland und in Frankreich? Wie hingen die Professionalisierung, also die Abgrenzung zu restlichen Bereichen der Medizin und der Chemie, auf der einen Seite und die Begründung der eigenen Autorität gegenüber der Gerichte von diesen Werten der Methoden ab? Inwieweit konstituiert sich also erst die Gruppe der forensischen Toxikologen über die Kompetenz der Methodenwahl?

Um diese Fragen zu beantworten wird der Weg eines Vergleichs zwischen den deutschen Staaten einerseits und Frankreich andererseits gewählt. Für einen Vergleich im Generellen spricht die dieser Arbeit zugrunde liegende Annahme, dass

---

[66] Vgl. z. B. Ian Burney/David A. Kirby/Neil Pemberton (Hrsg.): Forensic Cultures (Special Issue von: Studies in History and Philosophy of Science Part C: Studies in History and Philosophy of Biological and Biomedical Sciences 44.1), 2013, S. 1–118. Ian Burney/Christopher Hamlin (Hrsg.): Global Forensic Cultures. Making Fact and Justice in the Modern Era, Baltimore 2019; sowie besonders die darin enthaltendenen Aufsätze Ian Burney/David A. Kirby/Neil Pemberton: Introducing ‚Forensic Cultures', in: Studies in History and Philosophy of Science Part C: Studies in History and Philosophy of Biological and Biomedical Sciences 44.1 (2013), S. 1–3; Hamlin: Forensic Cultures; und ders.: Introduction: Forensic Facts, the Guts of Rights, in: Ian Burney und Christopher Hamlin (Hrsg.): Global Forensic Cultures. Making Fact and Justice in the Modern Era, Baltimore 2019, S. 1–33.

[67] Vgl. neben den gerade genannten Aufsatzsammlungen auch den Abschnitt 1.1 dieser Arbeit. Auch der folgende Aufsatz von mir lässt sich in diese Forschungsrichtung einordnen: Carrier: Geschlechternormen.

die Praxis der Gerichtsexpertise geprägt und bestimmt ist vom juristischen und kulturellen Kontext. In Anschluss an Ian Burney und andere ist deshalb hier von forensischen Kulturen („*forensic cultures*") die Rede. Auch wenn diese Abhängigkeiten in vielen Einzelfällen gezeigt worden sind, so blieb ein systematischer Vergleich bisher aus.[68] Wenn es aber spezifische forensische Kulturen zu beschreiben gibt, so sind diese wohl besser durch einen systematischen Vergleich zu erschließen als durch die Aneinanderreihung von (im einzelnen natürlich überaus wertvollen) Fallstudien. Diese Arbeit steht zwischen einem individualisierenden Vergleich, der die Eigenheiten und Unterschiede dieser forensischen Kulturen in den Vordergrund stellen soll, und einem generalisierendem Vergleich, in dem die grenzübergreifenden Gemeinsamkeiten der forensischen Toxikologie herausgearbeitet werden sollen.[69] An diese Leerstelle in dem ansonsten fruchtbaren Bereich der Studien über forensische Wissenschaft (siehe Abschnitt 1.1) soll diese Arbeit anknüpfen.

Verglichen werden in dieser Arbeit Frankreich und die deutschen Staaten. Auch wenn hier auf der einen Seite ein Nationalstaat und auf der anderen Seite ein mehr oder wenig locker organisierter Staatenbund mit wechselnden Bündnissen und Feindseligkeiten untereinander steht, so sind sie auf der rechtlichen Ebene durchaus als Vergleichseinheiten geeignet. Wie die Unterkapitel 2.1 und 4.1 zeigen werden, standen die deutschen Staaten insgesamt in der Tradition der Carolina und dem dort definierten Inquisitionsprozess für Strafprozesse. Frankreich brach bereits während der Französischen Revolution mit dem Inquisitionsprozess und führte unter Napoleon einen neue Form des Strafprozesses ein, die im Zuge der Revolution von 1848 auch in den meisten deutschen Staaten Einzug hielt. Die deutschen Staaten und Frankreich kamen also aus einer ähnlichen Tradition des Strafprozesses und führten beide, wenn auch zeitversetzt, eine ähnliche neue Form des Strafprozesses ein. Spezifische Anpassungsprozesse an diese neue Form des Prozesses sind in diesem Vergleich also besonders gut zu erkennen.

Eine wichtige Kritik am historischen Vergleich ist, dass Vergleiche dazu neigen können die Vergleichseinheiten als abgeschlossene Blöcke zu verstehen, die ohne

---

[68] Einen ersten Ansatz bietet der Sammelband *Legal Medicine in History* von Michael Clark und Catherine Crawford, der aber auch nur Hinweise liefert und in dem Format eines Sammebands eine systematische vergleichende Arbeit nicht leisten kann: Michael Clark/Catherine Crawford (Hrsg.): Legal Medicine in History, New York 1994.

[69] Vgl. Hartmut Kaelble: Der historische Vergleich: Eine Einführung zum 19. und 20. Jahrhundert, Frankfurt a. M. 1999. S. 26 f. sowie grundlegend für den historischen Vergleich und die Unterscheidung zwischen individualisierendem und generalisierendem Vergleich Marc Bloch: Pour une histoire comparée des sociétés européennes (1928), in: Mélanges historiques, Bd. 1, Paris 1963, S. 16–40.

Interaktionen nebeneinander stehen.[70] Schon die oben angedeutete Geschichte des Strafprozessrechts macht deutlich, dass dies auch dem hier behandelten Gegenstand nicht gerecht wird. Die juristischen Kontexte waren geprägt durch Austausch- und Rezeptionsprozesse. Dasselbe gilt, wie in späteren Kapiteln gezeigt werden wird, für die forensische Toxikologie als Wissenschaft. Lehrbücher wurden wechselseitig rezipiert, wichtige Fälle auch in den Nachbarländern diskutiert. Solche Austauschbeziehungen dürfen nicht aus dem Blick fallen. Dennoch können sie als Vergleichsgegenstände einfach analytisch voneinander abgegrenzt werden, ohne die inneren Unterschiede aus dem Blick zu verlieren. Bei aller Binnendiversität und allem Transfer handelt es sich doch letztlich um vergleichbare klar definierte Rechtsräume. Lediglich im Zeitraum zwischen den nicht flächendeckenden bzw. teilweise nicht dauerhaften Reformen von 1848 und der Einführung der beiden StPOss von 1873 (Österreich) und 1877 (Deutschland) herrschte in Bezug auf das Strafprozessrecht starke Uneinigkeit zwischen einzelnen deutschen Staaten.[71]

Um die Werte herauszuarbeiten, werden nun systematisch der französische und deutsche Diskurs über Methoden verglichen. In Anlehnung an Michel Foucault wird ein Diskurs im weiteren Sinne verstanden als „Praktiken [...], die systematisch die Gegenstände bilden, von denen sie sprechen."[72] Die Gegenstände, die im forensisch-toxikologischen Diskurs gebildet werden, sind hier ‚gute' analytische Methoden. Es geht also zum Beispiel um Begründungen für die Wahl bestimmter analytischer Methoden oder für Entscheidungen gegen andere sowie um grundlegende Überlegungen darüber, was analytische Methoden vor Gericht leisten müssten. Diese Aussagen wurden gesammelt und mit thematisch ähnlichen Aussagen über Merkmale ‚guter' Methoden zur analytischen Strukturierung des Diskurses zusammengefasst. Es sind genau diese Merkmale, die in dieser Arbeit als Werte bezeichnet werden und in den folgenden Kapiteln behandelt werden. Dabei gab es prinzipiell kein quantitatives Kriterium, wie oft etwa ein Kriterium bzw. Wert im Diskurs aufkommen musste, um in dieser Arbeit aufgenommen zu werden. Die Wiederholung zeigt zwar durchaus auch die Wichtigkeit eines Wertes im Diskurs an, aber auch die Grenzen des Diskurses, die sich vielleicht gerade in nur vereinzelten

---

[70] Vgl. Kaelble: Vergleich, S. 20f.

[71] Es kann nicht oft genug betont werden, dass dabei nur vom Strafprozessrecht, nicht vom Strafrecht selbst die Rede ist. Es geht um die Art der Prozessführung, die für toxikologische Expertise vor Gericht die große Rolle spielt. Fragen der Strafbarkeit und vor allem des Strafmaßes hingegen spielen hier eine untergeordnete Rolle.

[72] Michel Foucault: Archäologie des Wissens, 19. Aufl. (Suhrkamp-Taschenbuch Wissenschaft 356), Frankfurt am Main 2020. S. 74; vgl. außerdem zur Diskursanalyse in der Wissenschaftsgeschichte Philipp Sarasin: Diskursanalyse, in: Marianne Sommer/Staffan Müller-Wille/Carsten Reinhardt (Hrsg.): Handbuch Wissenschaftsgeschichte, Stuttgart 2017, S. 45–54.

Sprechakten zeigen, wären von Interesse gewesen. Praktisch kam dies allerdings in dieser Analyse nicht vor; alle hier behandelten Werte kamen regelmäßig in den Methodendiskussionen vor.

Der Untersuchungszeitraum zur Bearbeitung der eingangs erläuterten Fragestellungen ergibt sich zum einen aus dem rechtshistorischen Kontext und beginnt mit der Einführung des neuen napoleonischen Strafprozesses im *Code d'instruction criminelle* (CIC) von 1808. Es ist dieser neue Strafprozess, der im Zuge der 1848er Revolution in den deutschen Staaten ankommt und auch dort den Inquisitionsprozess spätestens zwischen 1848 und den 1870er Jahren verdrängt. Das Ende des Untersuchungszeitraums ca. 1900 ergibt sich aus bisherigen Arbeiten zur Geschichte der Forensik. Gegen Ende des 19. Jahrhunderts war der Bereich der Gerichtsexpertise endgültig geöffnet für Fragen und Disziplinen jenseits der klassischen Gerichtsmedizin. Tatortanalyse und Spurensicherung begannen eine immer größere Rolle einzunehmen, während die Autorität der Gerichtsmedizin, vom Sonderfall der forensischen Psychiatrie abgesehen, gesichert war.[73] Auch in der Entwicklung von neuen analytischen Methoden ergaben sich in dieser Zeit wenig Neuerungen. Die analytische Arbeit der Chemiker änderte sich erst wieder massiv nach 1930 als in der so genannten „instrumentellen Revolution" physikalische Methoden und Messgeräte Einzug ins Chemielabor hielten.[74] Um 1900 kann also von einer Art Normalisierung im Verhältnis von Toxikologie und Recht gesprochen werden, die diese Untersuchung beendet.

Als Quellen bieten sich hauptsächlich zwei Quellengattungen an: bei der ersten handelt es sich um Lehrbücher zur forensischen Chemie, bei der zweiten um Gerichtsakten. In den Lehrbüchern werden nicht nur praktische Anleitungen und Hinweise zur Durchführung von Analysen gegeben, sondern auch die Stellung und Aufgaben der forensischen Toxikologen vor Gericht diskutiert. Über die Gerichtsakten und die darin enthaltenen Gutachten kann die Praxis der Methodenwahl, d. h. welche Methoden praktisch auch durchgeführt wurden, nachvollzogen werden, sowie über Urteilsbegründungen in Einzelfällen der Stellenwert, der solchen toxikologischen Gutachten beigemessen wurde, näher bestimmt werden. Die Gerichtsakten kommen aus Recherchen in den *Archives départementales des Yvelines* in Versailles für Frankreich, und verschiedenen Standorten der Landesarchive Nordrhein-Westfalen und Niedersachsen und schließlich aus dem Staatsarchiv Ludwigsburg für

---

[73] Vgl. Ian Burney/Neil Pemberton: Murder and the making of English CSI, Baltimore 2016; Dumoulin: L'expert; Becker: Täter.

[74] Vgl. Sacha Tomic: Aux origines de la chimie organique : Méthodes et pratiques des pharmaciens et des chimistes (1785–1835), Rennes 2010, S. 23–91; Carsten Reinhardt: Shifting and rearranging. Physical methods and the transformation of modern chemistry, Sagamora Beach 2006.

die deutschen Staaten. Es wurde durch die Wahl der Archive versucht, sowohl nord-
als auch süddeutsche Staaten in die Untersuchung einzubeziehen. In Zitaten aus
den handgeschriebenen Quellen wurden Falschschreibungen und Zeichensetzung
behutsam korrigiert, soweit sie nicht charakteristisch für die Zeit sind und durch
die Korrektur die Lesbarkeit erhöht wurde. Insbesondere bei den handgeschriebenen Namen kann eine korrekte Transkription meinerseits nicht immer garantiert
werden, das gilt vor allem für Unterschriften. Soweit es nicht durch die Angabe
einer Funktion anders gelöst werden konnte, wurde in Fällen, in denen die Namen
insbesondere der Gutachter nicht entzifferbar waren, als Autor „N. N." angegeben. Anders als bei den mit „Anonym" gekennzeichneten Literatureinträgen, lassen
sich die Namen in diesen Fällen also grundsätzlich in den Akten finden, sie waren
lediglich für mich unleserlich.

1.4   Gliederung der Arbeit

Die folgende Arbeit ist im groben in zwei Teile mit jeweils zwei Kapiteln geteilt.
In den Kapiteln 2 und 4 werden jeweils die Strafprozessrechte und ihre Änderungen (Abschnitt 2.1 und 4.1), sowie die Entwicklungen der analytischen Chemie
(Abschnitt 2.2 und 4.2) vor und nach 1848 erläutert. Wie in den entsprechenden
Kapiteln dargestellt werden wird, bilden insbesondere die Strafprozessreformen in
den deutschen Staaten den Grund für diese Zweiteilung. Hier wurde insbesondere
ein Strafprozess nach französischem, napoleonischen Vorbild eingeführt, wie er in
Frankreich seit 1808 existierte. Während also der Vergleich vor 1848 den Umgang
von forensischen Toxikologen mit zwei deutlich unterschiedlichen Strafprozesssys-
temen betrachtet, glichen sich diese Systeme nach 1848 tendenziell an.

In den Kapiteln 3 und 5 werden dann die einzelnen Werte für die Methodenwahl
jeweils vor und nach 1848 diskutiert. Dabei wird deutlich werden, dass die Werte an
sich deutlich stabiler waren, als es die sich unterscheidenden juristischen Umstände
zuerst vermuten ließen. Während des gesamten Untersuchungszeitraums waren es
sechs Werte, die im Wesentlichen die Methodenwahl sowohl in Frankreich als auch
in den deutschen Staaten bestimmten: Sensitivität, Selektivität, Einfachheit, Sparsamkeit, Redundanz und Anschaulichkeit. Bei aller Stabilität gab es im Detail aber
durchaus unterschiedliche Gewichtungen der einzelnen Werte zwischen den deutschen Staaten und Frankreich und auch im Kontext der Rechtsreformen um 1848 gab
es deutliche Verschiebungen, insbesondere beim Stellenwert oder vielmehr bei der
Begründung des Stellenwerts der Anschaulichkeit. Diese Entwicklungen werden
am Ende dieser beiden Kapitel jeweils noch einmal in Zwischenfazits zusammengefasst. Abschließend werden die übergreifenden Ergebnisse dieser Arbeit noch
einmal in Kapitel 6 präsentiert.

Vom Napoleonischen Strafprozess bis zu den deutschen Strafprozessreformen (1808–1848/49)

Als zentraler Punkt der chronologischen Ordnung dieser Arbeit steht die Revolution von 1848 beziehungsweise die mit ihr durchgesetzten Reformen des Strafprozesses in den deutschen Staaten. In der Zeit vor 1848, die den Fokus dieses Kapitels ausmacht, stehen sich zwei sehr unterschiedliche Systeme des Strafprozesses gegenüber, die in Abschnitt 2.1 näher erläutert werden. Ausgangspunkt sind die Napoleonischen Rechtsreformen, insbesondere die Einführung des CIC 1808.

Die Darstellung der unterschiedlichen Normen und ihrer Veränderungen dient dabei auch der Begründung und der Rechtfertigung der Vergleichseinheiten, in diesem Fall Frankreich auf der einen und die deutschen Staaten beziehungsweise das Deutsche Kaiserreich nach der Reichsgründung auf der anderen Seite. Dies ist insbesondere in diesem Fall deshalb besonders relevant, da das post-revolutionäre Frankreich und die deutschen Staaten historisch völlig unterschiedliche historische Konstellationen darstellen, deren Vergleichbarkeit durchaus bestritten werden kann. Während es sich bei Frankreich um einen Nationalstaat handelte, waren die verschiedenen deutschen Staaten lediglich durch wechselnde Bündnisse miteinander verbunden. Für den Gegenstand dieser Arbeit besonders relevant sind auch die Rechtssysteme: In Frankreich herrschte spätestens unter Napoleon ein einheitliches Rechtssystem, in den deutschen Staaten galt Souveränität der Landesfürsten, also kein einheitliches Recht. Wie aber im folgenden dargestellt werden wird, gab es – zumindest was den sehr speziellen Bereich des Strafprozessrechts, also die Frage, wie genau ein Prozess geführt werden soll, angeht – klare Überschneidungen und Parallelen und mehr Einheitlichkeit, als es auf den ersten Blick den Anschein hat.

Relevant ist dafür aber auch die Frage, was in dieser Arbeit als ‚deutscher Staat' verstanden wird. Die pragmatische Definition dieser Arbeit subsumiert unter dieser Bezeichnung alle Staaten oder Gebiete, die zwischen 1815 und 1866 Teil des Deutschen Bundes waren. Das schließt also insbesondere auch Österreich, das Königreich Württemberg, das Königreich Bayern und die anderen süddeutschen Staaten auch noch nach der Auflösung des Deutschen Bundes 1866 mit ein.

2.1 Ein Nebeneinander mit Überschneidungen: Strafprozessrecht in Frankreich und den deutschen Staaten vor 1848

1815/16 wurde im Amt Ehrenburg im Königreich Hannover eine Untersuchung gegen den in Ellinghausen (heute der Stadt Twistringen zugehörig) lebenden Schuster Johann Christoph Hilmering wegen Giftmordes geführt. Obwohl in den Akten nur ein zusammenfassender Bericht (die so genannte *species facti cum voto*) dieser Untersuchung und insbesondere kein Gutachten überliefert ist[1], eignet sich dieser Fall im Folgenden ausgezeichnet dafür, die rechtlichen Normen auch im Hinblick auf die Stellung von Expertisen im Strafprozess vor 1848 darzustellen, die aus verschiedenen Gründen in diesem Fall sehr ausführlich diskutiert worden sind.

Am 7. August 1815 war in Ellinghausen der Schmied Johann Heinrich Branding verstorben. Vor seinem Tode hatte dieser unter heftiger Übelkeit, unter Magenkrämpfen und Angstzuständen gelitten. Wie Brandings Vater, der Altenteiler Behrend Heinrich Branding, im September 1815 bei der Anzeige zu Protokoll gab, habe Hilmering von seiner Schwiegertochter, Marie Rebecka Branding, den Auftrag erhalten in die Stadt Bassum zu gehen, um für den Kranken einen Arzt zu holen. Stattdessen habe aber Hilmering am Tage vor Brandings Tod nur die Apotheke in Bassum aufgesucht und sei mit zwei Pulvern, die er als Abführmittel beschrieb, wiedergekommen. Der Apotheker habe ihm gesagt, ein Abführmittel sei ausreichend und ein Arzt müsse nicht aufgesucht werden. Eines der Pulver habe Hilmering dann bei den Brandings gelassen, das andere mitgenommen. Außerdem, und darauf legte der Verfasser der *species* großen Wert, habe Hilmering erklärt, Branding solle bei der Einnahme des Abführmittels auf süße Milch verzichten. Nach der Einnahme des Abführmittels – so erklärte Brandings Vater – habe Branding

> geklagt, daß er eine große Angst bekommen, und es nicht anders sey, als wenn ihm das Herz im Leibe brenne, auch habe er hinzugefügt: es müße sich unter dem Pulver Gift befinden. Bald darauf habe sein Sohn angefangen, stark zu vomieren, und über heftige Schmerzen im Leibe und allen Knochen, auch über zunehmende Beängstigung geklagt.

---

[1] Königlich Großbritannisch-Hannoversche Justiz-Canzley: Species facti cum voto im Fall Hilmering vom 14. Juni 1816, Niedersächsisches Landesarchiv, Abteilung Hannover (NLA HA), Hann. 26a, Nr. 7530/3, S. 11–135.

Nachdem das Erbrechen aufgehört, sey ein heftiger Stuhlgang eingetreten, und gegen 6–7 Uhr Morgens am Montage den 7ten August 1815 sey der Patient verschieden.[2]

Am 16. August dann verstarb Hilmerings Ehefrau, anscheinend an ähnlichen Symptomen. Da im Dorf Gerüchte kursierten, dass Hilmering ein Verhältnis mit der Ehefrau des verstorbenen Branding gehabt haben soll, war nun der Vater Branding davon überzeugt, dass die Tode nicht zufällig kurz hintereinander stattgefunden haben könnten und erstattete am 5. September Anzeige gegen Hilmering wegen eines Verdachts auf zweifachen Giftmord.[3]

Am Anfang der Untersuchung stand die Anzeige, im Wesentlichen bestehend aus einem Gerücht. Dem Vater des verstorbenen Branding war bei der Anzeige wichtig erschienen, dass seine Schwiegertochter ein Verhältnis mit Hilmering gehabt haben soll, wobei er der Zusammenfassung der Akten nach nicht auf eigene Beobachtungen oder ähnliches verwies, sondern auf Gerüchte, die im Dorf die Runde machten. Dass er mit der Anzeige des Verdachts einen Monat wartete und seine Schwiegertochter später aussagte, dass er selbst versucht habe, sich ihr nach dem Tod seines Sohnes sexuell zu nähern[4], störte seine Glaubwürdigkeit dabei keineswegs. Der Verteidiger, der schriftlich nach der Untersuchung zu den Akten Stellung nahm und dessen Verteidigung sich ebenfalls in der Zusammenfassung findet[5], wies aber durchaus darauf hin:

Die Denunciation des Altentheilers Branding habe die schmutzigste Veranlassung, denn nicht gleich nach dem Tode seines Sohnes, sondern erst vier Wochen nachher, nachdem er seiner Schwiegertochter vergebens angetragen, bey ihr zu schlafen, wie solches bey den sehr speciellen Angaben der Wittwe Branding höchst wahrscheinlich sey, habe er aus Rachbegier dem Gerichte die Anzeige gethan.[6]

Das Gericht hielt dies für keine gute Verteidigung, denn die Motive, die zur Anzeige geführt hatten, seien nicht relevant. Wichtig sei lediglich, was bei der Untersuchung herausgekommen sei, nicht was zur Untersuchung Anlass gegeben hatte.[7] Das Gericht nahm die Gerüchte im Dorf auch durchaus ernst. Obwohl niemand Beweise für ein Verhältnis vorlegen konnte und beide Beteiligten ein solches Ver-

---

[2] Ebd., S. 17.
[3] Ebd., S. 17 f.
[4] Ebd., S. 88–90.
[5] Ebd., S. 93–98
[6] Ebd., S. 97.
[7] Ebd., S. 131.

hältnis abstritten[8], nahm das Gericht die Wahrheit des Gerüchts explizit an. Denn
das „allgemeine Gerücht, welches in Fällen dieser Art selten trügt"[9], sowie andere
Beobachtungen von Zeugen, die Hilmering als zur Schau gestellte Eifersucht aus-
gelegt wurden, „berechtigen zu der Folgerung, daß der Inquisit [d. h. Hilmering]
eine mehr als freundschaftliche Zuneigung zu der Branding gehegt, wenn gleich
ein unerlaubtes zwischen ihnen statt gefundenes Verhältnis überall nicht bewiesen
ist."[10]

Die Annahme der Wahrheit dieses Gerüchts war in diesem Fall besonders rele-
vant, weil ohne ein Verhältnis zwischen Hilmering und der Witwe Branding kein
Motiv erkennbar war, weswegen Hilmering Branding hätte umbringen sollen. Die
zur Sache befragten Zeug*innen gaben an, dass zwischen den beiden Ehepaaren ein
freundschaftliches Verhältnis geherrscht habe und kein Streit stattgefunden habe.[11]
Ein Motiv war aber dringend notwendig für die Anwendung des Artikels 37 der
Constitutio Criminalis Carolina (Carolina), die den Umgang mit Giftmord regelte.[12]
Dort hieß es im ersten Absatz:

> Item so der verdacht überwiesen würde, dass er gift kaufft, oder sunst damit umgangen,
> und der verdacht, *mit dem vergifften, inn uneynigkeyt gewest, oder aber vonn seinem
> todt vortheyls oder nutz wartend wer*, oder sunst eyn leichtfertig person, zu der man
> sich der that versehen möcht, das macht eyn redlich anzeygung, der missthat er kündt
> dann mit glaublichem schein anzeygen, dass er solch gift zu andern unstrafflichen
> sachen gebraucht hett, oder gebrauchen wollen.[13]

Die Carolina, üblicherweise übersetzt als *Peinliche Gerichtsordnung Kaiser Karls
V.*, wurde 1532 auf dem Reichstag in Regensburg verabschiedet. Beratungen über
ein einheitliches Straf(prozess)recht für das Heilige Römische Reich hatten bereits
1521 begonnen. Die wichtigste Quelle für eine solche Kodifikation stellte dabei die
so genannte Bambergensis von 1507 dar. In dieser hatte der Jurist Johann Freiherr
von Schwarzenberg (1463–1528) erfolgreich italienische und süddeutsche Rechts-
quellen zusammengefasst. Neben theoretischen Quellen ließ er ebenfalls die bam-
bergische Gerichtspraxis in die Bambergensis einfließen. Sie gewann nicht nur im

[8] Ebd., S. 62 f.
[9] Ebd., S. 117.
[10] Ebd., S. 118; Hinzufügung MC.
[11] Ebd., S. 51.
[12] Dies war auch dem Verfasser des Urteils im Fall Hilmering bewusst und wird explizit so benannt. Vgl. ebd., S. 116 f.
[13] Zitiert nach: Heinrich Zoepfl (Hrsg.): Die Peinliche Gerichtsordnung Kaiser Karl's V. nebst der Bamberger und der Brandenburger Halsgerichtsordnung, Leipzig / Heidelberg 1876, S. 43. Hervorhebung MC.

süddeutschen Raum Bedeutung, sondern wurde auch 1516 im Kurfürstentum Bran-
denburg mit nur wenigen Veränderungen übernommen. Auf dieser Basis wurde
also die Carolina als überarbeitete Fassung der Bambergensis erarbeitet.[14] Ver-
handlungspraktisch setzte die Carolina eine vorherige Entwicklung fort, in der im
Strafrecht der mittelalterliche Akkusationsprozess durch einen Inquisitionsprozess
verdrängt wurde. Im Akkusationsprozess ging weder die Anklage noch die Untersuchung von amtlichen Personen aus, sondern es handelte sich um Prozesse, die
von privaten Klägern geführt wurden. Im Inquisitionsprozess hingegen wurden die
Untersuchung und die Anklage von Amts wegen geführt. Zwar wurde der Inquisitionsprozess in der Carolina anscheinend eher als eine neben- oder sogar untergeordnete Prozessform betrachtet (Art. 6–10), tatsächlich war aber auch der Akkusationsprozess in der Carolina ein inquisitorisches Verfahren, da Privatpersonen
lediglich für die Einleitung des Verfahrens sorgen konnten.[15] Dies war genau der
Grund dafür, weswegen das Gericht im Fall Hilmering die Umstände der Anzeige
ignorierte. Der Charakter des Anzeigestellers spielte kein Rolle mehr, sobald die
qua Amt durchgeführte Untersuchung die Anzeige bestätigt hatte.

Praktisch wurde der Inquisitionsprozess aufgeteilt in die so genannte Generalinquisition, in der der so genannte *objektive Tatbestand*, also die Tat selbst, festgestellt
und benannt wurde, und die so genannte Spezialinquisition, die daraufhin versuchte,
den so genannten *subjektiven Tatbestand* festzustellen, also diese Tat einem*r speziellen Täter*in zuzuordnen.[16] Wie gerade zitiert sah die Carolina für den subjektiven
Tatbestand vor, dass eine Person entweder einen Streit mit dem Opfer hatte oder
von dem durch Gift herbeigeführten Tod in einer anderen Weise profitierte. Deshalb
war das Motiv und das mutmaßliche Verhältnis zwischen Hilmering und der Witwe
Branding so wichtig, denn nur so konnte erklärt werden, wie der Angeklagte von
Brandings Tod und dem Tod seiner eigenen Ehefrau profitierte, obwohl er keinen
Streit mit ihnen gehabt hatte und sich – zumindest der Zusammenfassung der Akten
nach – keinen direkten Vorteil anderer Art durch ihren Tod erhoffen konnte.

In diesem speziellen Fall kam erschwerend hinzu, dass Hilmering die Tat nicht
gestand, sondern konsequent seine Unschuld beteuerte. Ein Geständnis war aber
im Strafprozess der Carolina besonders wichtig für eine Verurteilung. Die strengen
Beweisregeln der Carolina sahen strenggenommen das Geständnis als notwendige
Bedingung für eine Verurteilung (Art. 22) vor. Gestand die*der Angeklagte nicht
freiwillig, legten die Beweisregeln fest, wann der Verdacht ausreichte, um Folter,
die so genannte peinliche Befragung, vorzunehmen. Genau dies war die Frage, die

---

[14] Vgl. Poppen: Geschichte, S. 60.

[15] Vgl. ebd., S. 71–73.

[16] Vgl. ebd., S. 73 f.

das Gericht im Fall Hilmering hauptsächlich beantworten sollte: reichten die Indizien aus, um Hilmerung durch Folter zum Geständnis zu bringen? Die Carolina sah hierfür im Allgemeinen die Aussage zweier gut beleumundeter Zeugen vor (Art. 22, 67). Im Fall Hilmering gab es solche Zeugen nicht. Niemand hatte gesehen, dass Hilmering seine Frau oder Branding umgebracht hatte. Das Gericht konnte sich also nur auf so genannte halbe Beweise („eyn halb beweisung"[17]) stützen, wenn sie denn in hinreichender Zahl vorliegen sollten. Bei halben Beweisen konnte es sich im Allgemeinen um zum Beispiel die Aussage nur eines gut beleumundeten Zeugens (Art. 23) handeln. Darüber hinaus gab es für einzelne Verbrechen geregelte hinreichende Indizien. Im Falle der Vergiftung bestanden diese, wie oben zitiert, aus einem verdächtigen Ankauf von Gift, einem bestehenden Streit zwischen mutmaßlichem*r Täter*in und Opfer, oder dass der*die Täter*in in sonst irgendeiner Weise von dem Tod des Opfers profitierte (Art. 37, 45). Die genaue Durchführung der Folter und welche Fragen gestellt werden sollten, wurde ebenfalls geregelt (Art. 46–61). Indem das Gericht also Gerüchte über eine außereheliche Beziehung zwischen Hilmering und der Witwe Branding als wahr annahmen, etablierte es nichts weniger als das Vorliegen mindestens eines halben Beweises für die Vergiftung Brandings.

Viel relevanter blieb allerdings die Frage, ob Hilmering eigentlich im Besitz von Gift gewesen war, was er vehement abstritt.[18] Allerdings meldete sich bei der Untersuchung die Ehefrau des Apothekers Koch aus Twistringen und erklärte, dass ihr Mann Hilmering im Juni oder Juli 1815 etwa ein Lot[19] Arsenik verkauft habe, was ausreichend sei, um zwei Menschen zu töten. Hilmering habe angegeben, dies als Rattengift verwenden zu wollen und den Apotheker, den er anscheinend persönlich kannte, überredet, ihm ausnahmsweise das Arsenik ohne einen Giftschein auszuhändigen, allerdings versprochen, einen solchen Giftschein nachzureichen, was er allerdings nie getan habe.[20]

Apotheker durften einige giftige Substanzen, darunter verschiedene Arsenverbindungen, aber auch Opium oder Tollkirschen, nur gegen die Vorlage eines Giftscheines aushändigen, der zunächst bei örtlichen Beamten einzuholen war. Darüber hinaus durfte der Apotheker auch bei Vorlage eines Giftscheins den giftigen Stoff nur an ihm bekannte Personen aushändigen. Diese Regelungen waren nicht Teil der

---

[17] Zoepfl (Hrsg.): Peinliche Gerichtsordnung, Art. 23, S. 31.

[18] Königlich Großbritannisch-Hannoversche Justiz-Canzley: Species facti im Fall Hilmering, NLA HA, Hann. 26a, Nr. 7530/3, S. 66 f.

[19] Ca. 15 g.

[20] Königlich Großbritannisch-Hannoversche Justiz-Canzley: Species facti im Fall Hilmering, NLA HA, Hann. 26a, Nr. 7530/3, S. 65 f.

Carolina, sondern oblagen den einzelnen Landesfürsten. Im Königreich Hannover zum Beispiel war die Abgabe von Giften in der Verordnung vom 15. Januar 1798 geregelt.[21] Hiernach hatte sich der Apotheker also bei der Abgabe von Arsenik ohne Giftschein an Hilmering selbst strafbar gemacht. Arsenik, oder modern Diarsentrioxid, manchmal auch als weißes Arsen bezeichnet war eines der bekanntesten Mordgifte des 19. Jahrhunderts. In Form von so genannter Mäusebutter oder Ratzenkraut war es als Ratten- und Mäusegift in Verwendung und entsprechend leichter zu bekommen als andere Gifte.[22] Das Argument der Verteidigung, dass Hilmering wohl kaum bei einem ihm bekannten Apotheker Gift eingekauft hätte, wenn er vorgehabt hätte, einen Mord zu begehen, ließ das Gericht nicht gelten. Hilmering habe nur bei diesem ihm bekannten Apotheker die Hoffnung gehabt, auch ohne Giftschein Arsenik zu erhalten. Außerdem habe Hilmering vermutlich darauf gehofft, dass der Apotheker nicht aussagen würde, da er sich durch die Abgabe selbst strafbar gemacht hatte.[23] Dass Hilmering den Kauf von Gift erst einräumte, als er mit der Aussage des Apothekers konfrontiert wurde, und erklärte, er habe bis dahin vergessen, jemals Gift gekauft zu haben, machte ihn in den Augen des Gerichts ebenso wenig glaubwürdiger wie seine Aussage, er habe das Gift eigentlich nicht für sich, sondern ausgerechnet als Gefallen für den verstorbenen Branding gekauft, da dieser damit Mäuse vergiften wollte. Dies wiesen allerdings alle Bewohner des Hauses Branding als vermutlich falsch zurück.[24] Hilmering hatte also nun in der Darstellung des Gerichts nicht nur ein Motiv, sondern auch Gift gekauft, was wie oben erläutert zwei halbe Beweise für den Giftmord darstellte.

In der bisherigen Erzählung des Falles Hilmering ging es hier hauptsächlich um den subjektiven Tatbestand oder die Spezialinquisition, also um den Versuch, Hilmering mit dem Verbrechen in Verbindung zu bringen. Ausgeklammert wurde der in der Logik des Verfahrens erste Schritt, nämlich die Feststellung des objektiven Tatbestandes: hatte überhaupt eine Vergiftung stattgefunden? Die Untersuchung begann nach der Anzeige des Vaters Brandings mit der Exhumierung der beiden Leichen und einer medizinischen Sektion. Das Protokoll dieser Sektion und der

---

[21] Königreich Hannover: Verordnung vom 15. Januar 1798, NLA HA, Hann. 74 Fallingostel, Nr. 1318.

[22] Vgl. allgemein aber besonders für Großbritannien Whorton: Arsenic Century; vgl. für Frankreich insbesondere Bertomeu Sánchez, José Ramón: Arsenic in France. The Cultures of Poison During the First Half of the Nineteenth Century, in: Lissa Roberts und Simon Werrett (Hrsg.): Compound Histories. Materials, Governance and Production, 1760–1840, Leiden / Boston 2018, S. 131–158.

[23] Königlich Großbritannisch-Hannoversche Justiz-Canzley: Species facti im Fall Hilmering, NLA HA, Hann. 26a, Nr. 7530/3, S. 94 f.

[24] Ebd., S. 67 f., 70–75.

nachfolgenden chemischen Analysen findet sich zwar nicht in den Akten, allerdings wurde es anscheinend fast vollständig für die Zusammenfassung abgeschrieben.[25]

Die Carolina sah in der Generalinquisition für einige Verbrechen explizit die Hinzuziehung von Expert*innen vor. Dies waren der Kindsmord (Art. 35 und 36), die unbeabsichtigte Tötung durch einen Arzt (Art. 134) und die Verletzung mit Todesfolge (Art. 147 und 149). In allen diesen Fällen konnte der Augenschein des Inquisitors nicht darüber entscheiden, ob eine Tat vorlag oder nicht. So war bei des Kindsmords verdächtigen Frauen die Untersuchung durch Hebammen („verstendig frawen"[26]) notwendig, um zu klären, ob die Verdächtige überhaupt schwanger gewesen war.[27] Für den speziellen Fall des Verdachts einer Vergiftung sah die Carolina nicht ausdrücklich die Befragung von Sachverständigen vor. In der Praxis gab es laut Poppen einige juristische und medizinische Autoren, die in zweifelhaften Fällen Sektionen und teilweise auch chemische Untersuchungen forderten, diese blieben aber in der Minderheit, während die meisten Juristen anscheinend die Indizien der Carolina für ausreichend befanden.[28] Poppen versteht den Giftmord dennoch als Beispiel dafür, dass sich die Befragung von Ärzten als Gutachtern nicht auf die ausdrücklich in der Carolina geregelten Situationen beschränkte, sondern durchaus in der Praxis darüber hinausgehen konnte.[29] Dies war also auch im Fall Hilmering der Fall.

Ebenso zeige nach Poppen die Gerichtspraxis bei Sektionen, dass den Gutachtern im Allgemeinen eine höhere Selbstständigkeit und Autorität zugemessen wurde, als es die entsprechenden Artikel vermuten ließen. So regelte Artikel 149, dass die Begutachtung der Leiche durch den „Richter sampt zweyen schöffen dem gerichtsschreiber und eynem oder mer wundtärzten"[30] vorzunehmen sei. Ärzte waren in dieser Norm also dem Richter unterstellt, dessen eigene Anschauung des Toten ausschlaggebend sein sollte. In der Praxis – so Poppen – hätten sich die Richter aber oft vertreten lassen, so dass dem Gutachten der Ärzte ein größeres Gewicht zufiel, als es die Carolina ursprünglich vorgesehen habe.[31] Im Fall Hilmering wurde zumindest

---

[25] Ebd., S. 22–27.

[26] Zoepfl (Hrsg.): Peinliche Gerichtsordnung, Art. 35, S. 41.

[27] Vgl. Poppen: Geschichte, S. 61–70.

[28] Vgl. ebd., S. 160–173.

[29] Vgl. ebd., S. 208

[30] Zoepfl (Hrsg.): Peinliche Gerichtsordnung, Art. 149, S. 127 und 129.

[31] Vgl. Poppen: Geschichte, S. 208.

nicht erwähnt, dass ein Gerichtsvertreter während der Sektion anwesend gewesen ist.[32]

Letztlich seien es laut Catherine Crawford gerade die strengen Beweisregeln der Carolina gewesen, die dafür sorgten, dass „Britain lagged nearly two centuries behind continental Europe in developing a science of forensic medicine".[33] Die Beweisregeln legten dabei – so Crawford – nicht nur fest, dass bestimmte Untersuchungen oder die Hinzuziehung von Sachverständigen geboten sei, sondern lieferten auch juristische Vorbilder für medizinische Gutachten in Form der so genannten Aktenversendung. In der Aktenversendung, die in der Carolina im Artikel 219 geregelt war, wurde der juristische Sachverstand von hohen Angehörigen von juristischen Fakultäten eingefordert, um Unsicherheiten bei bestimmten Fällen zu klären. Medizinische Sachverständige wurden in einer solchen Tradition verstanden[34]:

> In other words, just like legal treatises, texts on forensic medicine were commentaries on law. Just as the Carolina article about proving unwittnessed homicide [Art. 33] was elaborated and qualified in legal treatises, so the content of the statute on childmurder was treated in detail by appropriate authorities – in medico-legal treatises.[35]

Die im Fall Hilmering bei der Obduktion entnommenen Inhalte des Magens und des Darms wurden zur chemischen Analyse gegeben. In einer ersten Analyse, die in Hoya stattgefunden hat, wurde in den Organen der beiden Toten Arsen gefunden. Die genaue Durchführung der Analyse bleibt in der Zusammenfassung unerwähnt. Hier war ein Gerichtsbeamter vor Ort, allerdings nicht des untersuchenden Gerichts, sondern des lokalen Gerichts in Hoya. Diese erste Gutachten scheint empfohlen zu haben, eine zweite Meinung einzuholen.[36] Es bleibt unklar, weshalb ein solches zweites Gutachten vom Sachverständigen selbst empfohlen wird, allerdings kommt das Gericht dieser Empfehlung nach und bittet den Apotheker Schroeder in Hannover um eine weitere chemische Analyse. Dieser stellt nur in den Proben aus der Leiche Brandings Arsen fest, nicht aber in den Organen der verstorbenen Frau Hilmering.[37] Keineswegs veranlasste allerdings dieses negative Ergebnis ihn oder das

---

[32] Königlich Großbritannisch-Hannoversche Justiz-Canzley: Species facti im Fall Hilmering, NLA HA, Hann. 26a, Nr. 7530/3, S. 22.

[33] Crawford: Legalizing Medicine, S. 89.

[34] Vgl. ebd., S. 95–100; sowie ähnlich Watson: Forensic Medicine, S. 38 f.; und Hamlin: Forensic Cultures, S. 6–8.

[35] Crawford: Legalizing Medicine, S. 99 f.; Hinzufügung MC.

[36] Königlich Großbritannisch-Hannoversche Justiz-Canzley: Species facti im Fall Hilmering, NLA HA, Hann. 26a, Nr. 7530/3, S. 25 f.

[37] Ebd., S. 26 f.

Gericht zu einer Verwerfung des ersten Gutachtens, vielmehr sei es möglich, dass zufällig alles enthalten gewesene Arsen in dem Teil der Probe gewesen sei, der für das erste Gutachten verbraucht worden sei. Wenn also im ersten Versuch Arsen gefunden worden sei, so könne dieses zweite negative Ergebnis das erste nicht in Frage stellen.[38] Es stellt sich schnell die Frage, wozu dann ein zweites Gutachten angefertigt wurde, wenn denn ein abweichendes Ergebnis ignoriert wurde, und auch der Verteidiger Hilmerings geht hierauf ein. Aus seiner Sicht war nämlich der objektive Tatbestand im Falle von Hilmerings Frau keineswegs geklärt. Zumindest werfe das zweite Gutachten Zweifel auf, ob sie denn überhaupt vergiftet worden war.[39] Ferner war das zweite Gutachten ohne die Anwesenheit eines Gerichtsbeamten angefertigt worden, was in den Augen des Verteidigers ein grundsätzlicher Formfehler sei, der das ganze Verfahren infrage stelle.[40] Das Gericht verwarf auch diese Einwände. Die Pflicht zur Anwesenheit eines Gerichtsbeamten oder gar des Richters bei der chemischen Analyse, sei in den Gesetzen nicht erwähnt, lediglich bei der Obduktion sei diese Anwesenheit notwendig. Überhaupt wurde die chemische Analyse nur zusätzlich und nicht gemäß irgendeiner Pflicht durchgeführt, denn weder in der Carolina noch in den Hannoverschen Landesgesetzen seien chemische Analysen erwähnt.[41]

Dieses Beispiel zeigt, dass Aussagen von Sachverständigen in den formalisierten Beweisregeln der Carolina eine etwas untergeordnete Rolle spielten. Die Feststellung des objektiven Tatbestandes beschränkte sich in den Regeln der Carolina auf die Zuordnung von Symptomen zu einer Vergiftung. Vergiftungssymptome bleiben allerdings unspezifisch; weder konnte aus den Symptomen das wahrscheinlich genutzte Gift sicher eingegrenzt, noch überhaupt sicher zwischen einer Vergiftung und einer Krankheit unterschieden werden. Im Falle von Arsenik etwa ähneln die Symptome deutlich einer Choleraerkrankung. Die Praxis der Rechtsprozesse reagierte hierauf, indem sie der medizinischen Praxis folgte und chemische Analysen durchführen ließ. Die formalen Gesetze blieben allerdings starrer, worauf sich die Richter in diesem Fall bezogen. Chemische Analysen, so legt dieser Fall nahe, konnten nur auf anderem Wege erlangte Erkenntnisse bestätigen, nicht jedoch widerlegen. Dies galt anscheinend in diesem Fall auch für die Tatwaffe, denn die chemische Analyse des Pulvers, dessen Reste der Vater Brandings dem Gericht übergeben hatte,

---

[38] Ebd., S. 27.
[39] Ebd., S. 94.
[40] Ebd., S. 93.
[41] Ebd., S. 109–116.

ergab kein Arsenik.[42] Es genüge aber zu wissen, dass Hilmering Arsenik besessen habe, was nach der Aussage des Apothekers aus Twistringen der Fall gewesen sei.[43]

Hilmerings Verteidiger war auch nicht entgangen, dass nach allen Erzählungen Branding bereits krank gewesen war, bevor er das von Hilmering geholte Pulver bekam. Selbst wenn Branding also vergiftet worden war, und selbst wenn Hilmering ihm Gift gegeben hätte – so argumentierte der Verteidiger –, sei doch nicht sicher zu beweisen, dass Branding auch tatsächlich an der Wirkung des Gifts gestorben und nicht etwa zuerst durch seine schwere Krankheit getötet worden sei.[44] Hier verwies das Gericht nicht auf die Carolina, sondern auf die wesentlich härteren Hannoverschen Landesgesetze. In der Verordnung vom 22. April 1774 hieß es, dass eine Person mit dem Tode bestraft werden sollte,

> welche einem Menschen in der Absicht würklich Gift beygebracht, daß er davon sterben, oder auch nur, daß solches ihm an seinem Leibe Schaden thun solle, wenn gleich der Todt oder ein merklicher Schaden an der Gesundheit darauf nicht erfolget, da das Gift entweder durch dienliche Mittel aus dem Körper wieder weggeschaffet, oder das eingegebene Gift nicht stark genug gewesen, oder sonst die Natur und Leibesbeschaffenheit des Beleidigten verhindert hat, daß solches die verlangte Würkung nicht thun können […].[45]

Wichtig war also lediglich, dass Gift verabreicht worden war, nicht dass dieses Gift die gesicherte Todesursache war, ja nicht einmal, dass es wirklich zum Tode kam. Die Argumentation des Verteidigers war also in diesem Sinne ohne rechtliche Grundlage, wie das Gericht auch direkt feststellte.[46]

All diese Überlegungen brachten das Gericht dazu, gemäß der Carolina die peinliche Befragung anzuordnen, da Hilmering sich weigerte zu gestehen.[47] Die Abschaffung der Folter in den deutschen Staaten hatte bereits im 18. Jahrhundert noch im Heiligen Römischen Reich begonnen (Preußen machte 1740 den Anfang), zog sich aber bis weit ins 19. Jahrhundert hin (als letzter Staat schaffte Baden 1831 die Folter ab).[48] Das Königreich Hannover schaffte die Folter 1822 ab.[49] Der Fall

---

[42] Ebd., S. 41 f.

[43] Ebd., S. 116 f., 125 f.

[44] Ebd., S. 94.

[45] Königreich Hannover: Verordnung vom 22. April 1774, NLA HA, Hann. 26a, Nr. 45; vgl. auch Königlich Großbritannisch-Hannoversche Justiz-Canzley: Species facti im Fall Hilmering, NLA HA, Hann. 26a, Nr. 7530/3, S. 105

[46] Dies.: Species facti im Fall Hilmering, NLA HA, Hann. 26a, Nr. 7530/3, S. 105 f.

[47] Ebd., S. 134 f.

[48] Dieter Baldauf: Die Folter. Eine deutsche Rechtsgeschichte, Köln 2004, S. 201.

[49] Ebd., S. 201.

Hilmering zeigt allerdings, dass Folter in der Praxis bereits früher eingeschränkt wurde. Die verordnete Folter wurde nämlich nachträglich durch das Hannoversche Justizministerium eingeschränkt in die Realterrition[50], in der die Folterinstrumente zwar angelegt, aber nicht wirklich eingesetzt wurden. Dies führte zu einigem Widerspruch des Gerichts, das argumentierte, dass die abschreckende Wirkung von Folter verloren ginge und letztendlich die Justiz geschwächt würde, wenn die Tortur praktisch abgeschafft werden würde, ohne gleichzeitig das Strafgesetz zu ändern[51], was aber durch das Ministerium zurückgewiesen wurde.[52] Ob Hilmering unter der Realterrition letztlich gestand und zum Tode verurteilt wurde, geht aus dieser Akte nicht hervor.

Wie John Langbein gezeigt hat, ging der formalen Abschaffung der Folter ab dem 18. Jahrhundert die praktische Abschaffung derselben in der Rechtssprechung ab dem 17. Jahrhundert voraus. Grundlage war die Einführung einer *poena extraordinaria*, die – ausgehend von französischer Rechtspraxis – mit dem Fall umgehen sollte, dass der*die Angeklagte auch unter Folter nicht gestand oder dass zwar genug Indizien oder indirekte Beweise vorhanden waren, um die Inquisitoren von der Schuld des*der Angeklagten zu überzeugen, ohne hinreichend für die Anordnung der Folter zu sein. In diesem Fall konnte eine abgemilderte Strafe verhängt werden, eben die *poena extraordinaria*.[53] Bereits zu Beginn des 18. Jahrhunderts war es durch die Ausweitung des Geltungsbereichs der *poena extraordinaria* in der Praxis möglich, jede Strafe außer der Todesstrafe unabhängig von den so genannten vollen Beweisen und auf Grundlage von Indizien zu verhängen.[54] Lediglich für die Todesstrafe blieb das Geständnis notwendige Bedingung bis zur formalen Abschaffung der Folter. Mit dem Verbot oder zumindest der Einschränkung der Folter im Fall Hilmering sei die Todesstrafe für Hilmering nicht mehr zu befürchten und – so anscheinend die Befürchtung des Gerichts – im Allgemeinen die Todesstrafe de facto wenn nicht abgeschafft, so doch real ausgesetzt.[55]

---

[50] Königliches Cabinetts-Ministerium Hannover: Brief an die Justiz-Canzley vom 6. Juli 1816, NLA HA, Hann. 26a, Nr. 7530/3, S. 1.

[51] Königlich Großbritannisch-Hannoversche Justiz-Canzley: Brief an das Königliche Cabinetts-Ministerium Hannover vom 12. Juli 1816, NLA HA, Hann. 26a, Nr. 7530/3, S. 3 f.

[52] Königliches Cabinetts-Ministerium Hannover: Brief an die Justiz-Canzley vom 18. Juli 1816, NLA HA, Hann. 26a, Nr. 7530/3, S. 5 f; dass.: Brief an die Justiz-Canzley vom 25. Juli 1816, NLA HA, Hann. 26a, Nr. 7530/3, S. 7–9.

[53] John H. Langbein: Torture and the Law of Proof. Europe and England in the Ancien Régime, Chicago / London 2006, S. 47.

[54] Ebd., S. 50–55.

[55] Königlich Großbritannisch-Hannoversche Justiz-Canzley: Brief vom 12. Juli 1816, NLA HA, Hann. 26a, Nr 7530/3.

Auch wenn, wie Katherine Crawford beschreibt, der Status der forensischen Expertise und der Gerichtsmedizin in den deutschen Staaten sicher ein höherer war als etwa in Großbritannien im 19. Jahrhundert[56], war die Stellung des Sachverständigen vor Gericht im Inquisitionsprozess der Carolina formal dennoch deutlich eingeschränkt. Wie die Juristen im Fall Hilmering betonten, war für den Tatbestand der Vergiftung eine chemische Analyse nicht notwendig. Deshalb konnten auch die negativen Befunde im Fall Hilmering, bei denen weder in der Leiche der verstorbenen Ehefrau Hilmering noch in dem mutmaßlich für die Morde eingesetzten Pulver Gift aufgefunden wurde, den Angeklagten nicht entlasten. Die (Un-)Sicherheit negativer Befunde bei chemischen Analysen beschäftigte insbesondere Verfasser von Lehrbüchern der forensischen Toxikologie stark im 19. Jahrhundert und wird in späteren Kapiteln eine größere Rolle spielen.[57] Die chemische Analyse konnte jedenfalls im Inquisitionsprozess nur be- nicht entlasten. Entscheidend blieben der (heimliche) Ankauf von Gift und das Profitieren vom Tod des Opfers als Verdachtsmomente und als belastende Beweise.

Der Status der Sachverständigen änderte sich im Inquisitionsprozess und in der Rechtswissenschaft formal erst klar durch die Abschaffung der Folter in den deutschen Staaten, die eine Neuevaluation von Indizien im Allgemeinen gegenüber dem Geständnis als notwendige Bedingung einer Verurteilung notwendig machten. Ohne die peinliche Befragung wurde es schwierig an diesem Grundsatz festzuhalten. Der Briefwechsel zwischen der Justizkanzlei in Hannover und dem Hannoverschen Justizminister macht deutlich, dass diese Problematik den Juristen sehr klar war. Die Sorge, die Kraft der Justiz könnte durch eine stillschweigende Abschaffung der Folter geschwächt werden, stützt sich letztlich darauf, dass Täter*innen sorglos ihre Schuld leugnen und damit letztlich eine Verurteilung verhindern konnten, obwohl die Schuld doch eigentlich in den Augen der Richter klar erwiesen war und lediglich das notwendige Geständnis fehlte. Aber auch die Demonstration von Folterwerkzeugen, selbst das Anlegen derselben, müsse die abschreckende Wirkung verfehlen, wenn die Folter nicht wirklich durchgeführt werden dürfe.

Die Abschaffung der Folter erforderte also eine Reform des Inquisitionsprozesses mit der zentralen Bedeutung des Geständnisses. Die Aussage der zwei gut beleumundeten Zeugen wurde für hinreichend für eine volle Strafe anerkannt. Wenn kein voller Beweis, aber eine hinreichende Menge anderer Indizien vorlag, konnte eine – abgemilderte – Verdachtsstrafe verhängt werden. Bei keinen ausreichenden Indizien wurde der Prozess eingestellt; einen Freispruch gab es nur bei einem Beweis der Unschuld. Prozesstechnisch wurde in den meisten Ländern die

---

[56] Crawford: Legalizing Medicine.
[57] Vgl. insbesondere Abschnitt 3.1.

Trennung zwischen General- und Spezialinquisition aufgehoben und der Inquisitor trat nicht mehr in der Rolle des Richters auf, sondern legte seine Untersuchungsergebnisse dem Justizkollegium vor. Der Inquisitionsprozess blieb aber geheim und schriftlich.[58]

Im Zuge dieser Reformen trat die Stellung der Sachverständigen vor Gericht deutlicher hervor, da ihr Beweiswert nach der Lösung vom Geständnis als notwendigem Beweis der Schuld erhöht wurde. Insbesondere stand die Strafrechtswissenschaft vor der Aufgabe, das Beweisrecht neu aufzustellen und an die Reformen anzupassen. Die Stellung von Gutachtern war in diesem Zusammenhang schwierig zu fassen, wie Poppen umfassend darstellt.[59] Es gab in dieser Hinsicht verschiedene Ideen, wie die Experten in das Beweisrecht einzufügen sein. So legte etwa die „Theorie vom gemischten Augenschein" [60] Wert darauf, dass alle Untersuchungen von Gutachtern nur zulässig seien, wenn sie von den zuständigen Amtspersonen überwacht wurden. Der Inquirent beglaubigte auch das Protokoll der Untersuchung. Das Gutachten selbst wurde dann zwar unabhängig vom Inquirenten geschrieben, aber er selbst konnte – so die Idee – durch den Augenschein die Überzeugungskraft des Gutachtens besser beurteilen und selbst kommentieren. Dieses Verständnis der Stellung des Gutachtens hatte auch der Carolina (Art. 149) zugrunde gelegen. Auch schon im Fall Hilmering, also vor den Reformen in Hannover, musste ein Gerichtsbeamter bei medizinischen Untersuchungen zugegen sein.[61]

Neben der Schwierigkeit, ob denn der Richter überhaupt fachlich in der Lage sei, die richtige Durchführung von Sektionen und chemischen Analysen zu beurteilen, stieß diese Idee insbesondere bei chemisch-toxikologischen Untersuchungen praktisch an ihre Grenzen. Diese konnten sich über mehrere Tage hinziehen, was die ständige Anwesenheit des Inquirenten erschwerte. Im Fall Hilmering hatte der Verteidiger kritisiert, dass bei den chemischen Untersuchungen kein Gerichtsbeamter anwesend gewesen war.[62] Dieser Einwand wurde vom Gericht zurückgewiesen, da der einschlägige Artikel 149 der Carolina sich nur auf Sektionen, nicht aber auf chemische Untersuchungen beziehe. Die vorherige Vereidigung der Apothe-

---

[58] Vgl. Poppen: Geschichte, S. 221 f. sowie ebenfalls zu Details der Verdachtsstrafe Elemér Balogh: Die Verdachtsstrafe in Deutschland im 19. Jahrhundert (Rechtsgeschichte und Rechtsgeschehen – Kleine Schriften, 20), Münster 2009; Brigitte Thäle: Die Verdachtsstrafe in der kriminalwissenschaftlichen Literatur des 18. und 19. Jahrhunderts, Frankfurt a. M. 1993.

[59] Vgl. Poppen: Geschichte, S. 223–232.

[60] Ebd., S. 224.

[61] Königlich Großbritannisch-Hannoversche Justiz-Canzley: Species facti im Fall Hilmering, NLA HA, Hann. 26a, Nr. 7530/3, S. 112.

[62] Ebd., S. 93.

ker sei in diesem Fall völlig ausreichend.[63] Im Gegenteil sei die Anwesenheit von Gerichtsbeamten bei mehrtägigen und komplizierten chemischen Untersuchungen völlig überflüssig.[64]

Diese Idee schlug sich entsprechend auch nicht einheitlich in den einzelnen Landesgesetzen nieder. In dem *Strafgesetzbuch für das Königreich Baiern* von 1813 wurde die Anwesenheit des Richters verlangt (Art. 238). Einzige Ausnahme war eine zu große Entfernung des Gerichtsorts vom Orte der Untersuchung. In diesem Fall musste sich der Richter aber von einem dort ansässigen Richter vertreten lassen (ebd., Abs. 3). Die *Preußische Kriminalordnung* von 1805 hingegen legte es lediglich in die Verantwortung des Richters, dass zur Untersuchung übergebene Proben nicht vertauscht oder verunreinigt werden durften. Dies musste er aber nicht durch Anwesenheit gewährleisten, sondern es genügte ein versiegelter Transport (§ 167).[65]

Bei einigen Strafrechtswissenschaftlern wurde hingegen der Gutachter auch als Richtergehilfe verstanden. Diese Haltung wurde auf der Grundlage kritisiert, dass die Aufgabe des Gutachters weit über die eines Gehilfen hinausginge. Die Aufgabe des Sachverständigen sei es nicht, den Richter zu entlasten, indem er ihm Hilfsaufgaben abnehme. Stattdessen solle der Gutachter eine selbstständige Aussage durchführen, die offene Fragen des Richters kläre, und die der Richter seinerseits erst wieder in den juristischen Prozess übersetzen musste.[66] Ähnlich scharf abgelehnt wurde die Idee, den Sachverständigen gar nicht in das System von Beweisen einzuordnen, sondern als eine Art Richter für bestimmte Aufgaben zu verstehen. Der Gutachter sei also Teil des Gerichts, der ein Urteil über sein spezifisches Fachgebiet fällen musste. Dies hätte aber eine bindende Wirkung für den urteilenden Richter an das Gutachten des Sachverständigen bedeutet, die so nirgendwo umgesetzt wurde.[67] Angesehener war die Gleichstellung des Gutachters mit anderen Zeugen. Hierbei wurde allerdings kritisiert, dass die annehmbaren Aussagen des Gutachters deutlich über die der anderen Zeugen hinausgingen. Während Zeugen in ihren Aussagen im Allgemeinen darauf beschränkt waren, was sie selbst erlebt oder gesehen hatten, ging das Gutachten über Sinneswahrnehmungen hinaus. In den Gutachten waren nicht die beschriebenen Wahrnehmungen an sich der entscheidende Punkt, sondern die Einordnung und Deutung derselben.[68]

---

[63] Ebd., S. 109–113.

[64] Ebd., S. 112 f.

[65] Vgl. Poppen: Geschichte, S. 224–228.

[66] Vgl. ebd., S. 228 f.

[67] Vgl. ebd., S. 229.

[68] Vgl. ebd., S. 229 f.

Laut Poppen setzte sich auch meistens die Anschauung des Gutachters als ein – gemischtes – Beweismittel eigener Art durch. Der Experte vor Gericht stand zwischen einem Zeugen, einem Gehilfen und einem Richter; er wurde in seiner Stellung gegenüber der Carolina also deutlich aufgewertet. Die jeweilige Stellung der Aussage des Gutachters hing dabei vom Kontext und den an ihn gerichteten Fragen ab:

> „Dabei [bei der Lehre vom Gutachter als Beweis im eigenen Recht] wurde ange-
> führt, daß die Befragung eines Sachverständigen dem Zeugenbeweis ähnele, soweit der
> Sachverständige über Wahrnehmungen aussage, die er allein – also nicht im Rahmen
> eines gemischten Augenscheines – gemacht habe und als Grundlage seines Gutach-
> tens benutze. Soweit der Sachverständige seine Beobachtungen zusammen mit dem
> Richter mache, nähere sich das Verfahren dem Augenscheinsbeweis, und soweit der
> Sachverständige in seinem Gutachten ein Urteil über eine Fachfrage abgebe, habe er
> eine richterliche Funktion."[69]

Der Prozess selbst blieb aber auch nach diesen Reformen ein geheimer und rein schriftlicher Prozess, in dem die Verteidigung nur sehr eingeschränkte Rechte hatte. Diese Grundsätze des Inquisitionsprozesses wurden erst mit dem Erstarken liberaler Bewegungen angegriffen. Um die Revolution 1848 wurde entsprechend der Inquisitionsprozess durch das in Grundzügen bis heute im Strafprozess anzutreffende Verfahren ersetzt, entweder in Form von Zugeständnissen der Obrigkeiten vor der Revolution beziehungsweise in der Restauration oder von während der Revolution eingeführten und nicht wieder zurückgenommenen Reformen.

Das neue Strafverfahren hatte sein Vorbild im napoleonischen Frankreich. Bis zur Französischen Revolution 1789 galt die *Ordonnance criminelle de 1670* (Ordonnance), die Ludwig XIV. erlassen hatte, um den bisherigen Strafprozess zu vereinheitlichen. Die Ordonnance war in ihren Vorschriften klar an die Carolina angelehnt, es gab allerdings auch einige Unterschiede. Insbesondere war die Ordonnance tatsächlich auf das Strafprozessrecht beschränkt, während die Carolina auch ein allgemeines Strafrecht umfasste. Die Ordonnance legte also weder die zu ahndenden Verbrechen, noch die dafür festzusetzenden Strafen fest.[70]

Dafür war die Regelung von Sachverständigen im Strafverfahren in allgemeinerer Form geklärt. Während in der Carolina die Verwendung von Expertenaussagen im Strafprozess im Detail für einzelne Verbrechen festgelegt war, war in der Ordonnance in den drei Artikeln des *Titre V* geregelt, dass in Fällen von Verletzungen

---

[69] Ebd., S. 230 f. Hinzufügung MC.

[70] John R. Spencer: The Codification of Criminal Procedure, in: James Chalmers/Fiona Leverick/Lindsay Farmer (Hrsg.): Essays in Criminal Law in Honour of Sir Gerald Gordon, Edinburgh 2010, S. 305–325, S. 307.

die Opfer das Recht hatten, einen Arzt aufzusuchen, um ihre Schilderung von Verletzungen zu bestätigen (Art. 1), dass das Gericht eine zweite Meinung durch vom Gericht bestellte Ärzte verlangen durfte (Art. 2), und schließlich dass alle Gutachten, bei denen nicht ein vom *Premier médecin* ernannter Chirurg beteiligt war, ungültig seien (Art. 3).[71]

Damit sind auch direkt die Unterschiede zur Nutzung von Sachverständigen in der Carolina benannt. Erstens war die Hinzuziehung von Sachverständigen auf Ärzte und Chirurgen beschrankt. Während die Carolina auch andere Expert*innen, nämlich zum Beispiel Hebammen beim Verbrechen des Kindsmordes kannte, beschäftigte sich die Ordonnance damit auf der Normenebene nicht.[72] Zweitens war es nicht (zumindest auf den ersten Blick) *Pflicht* des Gerichts, Experten für bestimmte Verbrechen zu vernehmen, sondern *Recht* der klagenden Partei. Das Gericht konnte dann lediglich „une seconde visite" anordnen. Nur für diese zweite Meinung sah der Artikel 2 auch eine Vereidigung der Sachverständigen vor. Drittens betonte Artikel 3, vielleicht wenig überraschend, deutlich stärker als die Carolina die zentralstaatliche Autorität. Nicht jeder Chirurg konnte als Experte dienen, sondern lediglich ein solcher, der vom *Premier médecin*, dem Leibarzt des Königs und faktisch der Vorgesetzte allen medizinischen Personals in Frankreich,[73] ernannt worden war, der damit ein Monopol auf die Ernennung medizinischer Sachverständiger erhielt.

Als Zeichen der Macht des Königs und des Ancien Régime wurde die Ordonnance nach der Revolution 1789 zunächst ersatzlos abgeschafft und schließlich 1791 durch einen reinen Geschworenenprozess englischen Vorbilds ersetzt.[74] Auch Ludwig XVI. beziehungsweise der durch das Parlament der Ersten Republik kurz nach der Gründung im Jahr I (1792) vollständig entmachtete *Citoyen* Louis Capet wurde am 25. Nivôse I (15. Januar 1793) in einem solchen Geschworenenprozess zum Tode verurteilt.[75] Nach den Erfahrungen mit diesem reinen Geschworenenprozess in Zeiten einer immer weitergehenden Radikalisierung der Revolution, die nicht

---

[71] Nicola Picardi/Alessandro Giuliani (Hrsg.): Code Louis. T. II: Ordonnance Criminelle, 1670 (Testi e documenti per la storia del processo), Mailand 1670, S. 10 f.

[72] In der Praxis gab es diese Aussagen aber auch im vormodernen Frankreich, insbesondere – wie auch in der Carolina geregelt –, wenn der weibliche Körper und besonders weibliche Sexualität eine Rolle im Strafverfahren spielte. Vgl. hierzu McClive, Cathy: Blood and Expertise: The Trials of the Female Medical Expert in the Ancien-Régime Courtroom, in: Bulletin of the History of Medicine 82.1 (2008), S. 86–108.

[73] Georges Robert: Le premier médecin du roi, in: Histoire des sciences médicales 32.4 (1998), S. 373–378.

[74] Jean-Pierre Royer u. a.: Histoire de la justice en France du XVIII siècle à nos jours, 5. Auflage, Paris 2016, S. 267–275.

[75] Ebd., S. 311–327.

zuletzt auch in der *terreur* unter Robbespierre ihren Ausdruck fand, wurde 1801 als Teil der Bestrebungen des Konsulats, die Revolution zu beenden, eine Justizreform eingeleitet, die allerdings die Erste Republik überdauern sollte. Das Ergebnis der verschiedenen Kommissionen waren die *cinq codes*, die unter napoleonischem Konsulat bzw. im Ersten Kaiserreich das Justizwesen neu regelten.[76] Das bekannteste dieser fünf Gesetzbücher ist sicherlich der noch in der Endphase der Ersten Republik (1804) erlassene *Code civil*, vielleicht besser bekannt als *Code Napoléon*. Neben diesem bürgerlichen Gesetzbuch wurden auch ein neues Zivilprozessrecht (*Code de procédure civile*, 1806), ein neues Handelsrecht (*Code de commerce*, 1807), ein neues Strafrecht (*Code pénal*, 1810) und – für diese Arbeit besonders interessant – ein neues Strafprozessrecht (*Code d'instruction criminelle* (CIC), 1808) erlassen. In diesem neuen Strafprozessrecht zeigte sich eine neue Form des Strafprozesses, der eine Mischung aus Akkusationsprozess und Inquisitionsprozess darstellte und – ähnlich wie die Carolina als Vorbild für die Ordonnance gewirkt hatte – in der zweiten Hälfte des 19. Jahrhunderts eine Vorbildfunktion für deutsche Justizreformen hatte.

Im Februar 1815, also ein Jahr vor dem Fall Hilmering, war vor dem Schwurgericht (*Cour d'assises*) des französischen Departements Seine et Oise der Fall der Marie Catherine Desportes verhandelt worden. Auch hier begann der Prozess mit einem Gerücht: Die zum Zeitpunkt der Tat 27-jährige „fille Desportes" lebte im Haushalt des Opfers, Marie Catherine-Denise Mongison, und dessen zweiten Ehemannes André Mongison. Der im Text namentlich nicht genannte Staatsanwalt und Autor der Anklageschrift legt direkt in den ersten Sätzen großen Wert darauf, den großen Altersunterschied zwischen den Eheleuten zu betonen: Frau Mongison war 72 Jahre, Herr Mongison 53 Jahre alt gewesen. Zusammen mit finanziellen Regelungen zugunsten Desportes, reichten diese Angaben aus Sicht des Staatsanwaltes anscheinend, um das Gerücht der Affäre zwischen Herrn Mongison und Desportes glaubhaft zu machen:

> Mongison avait contracté une liaison assez intime avec la [unleserlich] Marie Catherine Desportes, agée de vingt sept ans: L'opinion générale, dans le paÿs, était qu'il vivait au concubinage avec cette fille, qui résidait habituellement dans la maison.[77]

Frau Mongison fühlte sich – den Angaben der Anklageschrift zufolge – nicht mehr als Herrin im eigenen Hause. Sie habe Desportes sogar bei Einkäufen um Geld bitten müssen und schließlich auch an Scheidung von ihrem Ehemann gedacht. Am

---

[76] Ebd., S. 398–405.

[77] Le Procureur Général: Acte d'Accusation contre Marie Catherine Desportes, *Archives départementales des Yvelines* (ADY), 2U 123.

5. März habe sie ihm von ihrem Plan der Trennung erzählt, er habe sie aber noch einmal vom Gegenteil überzeugen können. Tatsächlich hatte sie einen Großteil des Vermögens der Mongisons aus ihrer ersten Ehe mit in die Ehe gebracht und im Fall der Scheidung wäre also vieles in ihren alleinigen Besitz zurückgekehrt.[78]

Einen Tag später, am 6. März, habe Frau Mongison eine Suppe zubereitet, von der sie und ihr Ehemann am Mittag noch beide aßen, von der aber ein Rest übrig blieb, der aufgehoben wurde und den Frau Mongison abends alleine gegessen habe. Kurz nachdem sie die Suppe am Abend gegessen hatte, begann sie, über Magenschmerzen zu klagen. Die Magenschmerzen hielten zusammen mit mehrmaligem heftigen Übergeben die ganze Nacht an und ihr Zustand verschlimmerte sich immer weiter. Am Abend des 7. März zwischen 8 und 9 Uhr verstarb Frau Mongison.

Verdächtig war der plötzliche Tod – genau wie im Fall Hilmering – wegen der (mutmaßlichen) Affäre der beiden Angeklagten. Aber anders als bei Hilmering trugen hier auch klare Spannungen zwischen den Eheleuten sowie im Falle einer Scheidung auch ein drohender finanzieller Verlust zur Erhärtung des Verdachts bei. Ebenfalls anders als im Fall Hilmering allerdings wurden hier beide, Mongison und Desportes, angeklagt, auch wenn es sich im Falle von Mongison nur um eine Anklage wegen Beihilfe (*Complicité*) handelte.

Kurz vor ihrem Tod hatte die verstorbene Mongison ihrem Schwiegersohn, Christophe Desportes (der Bruder der Angeklagten Desportes), erzählt, dass sie in der Suppe „une espèce de gravier et quelque chose que craquait sous la dent" bemerkt habe.[79] Der aus Mantes (wahrscheinlich Mantes-la-Jolie) herbeigeholte *chirurgien* Baldy Bartel schloss nach seiner Untersuchung und derselben Erzählung der kranken Mongison bereits, dass ihre „maladie était l'effet d'un empoisonnement [unleserlich] avec des substances corrosives".[80] Der Verdacht fiel auf Marie Catherine Desportes, da sie selbst – wie in der Anklageschrift berichtet wird – einer Zeugin gegenüber erklärt habe, dass Frau Mongison sich die Krankheit, die zu ihrem Tode geführt hatte, zugezogen habe, nachdem sie von der Suppe gegessen hatte, die Desportes für sie aufgewärmt hatte. Ebenfalls verdächtig erschien anscheinend einigen Verwandten, dass Mongison vehement und gegen den Willen der Verwandten der Verstorbenen darauf bestand, seine Frau so schnell wie möglich am Tag nach ihrem Tode zu begraben.

Zur Person, die die Anzeige bei den Behörden erstattet hat, gibt die Anklageschrift keine Auskunft. Allerdings begibt sich eine Delegation bestehend aus dem

---

[78] Die Schilderung des Falles hier und im Folgenden bezieht sich auf: Le Procureur Général: Acte d'Accusation contre Marie Catherine Desportes, ADY, 2U 123.

[79] Ebd.

[80] Ebd.

Untersuchungsrichter (*juge d'instruction*) und zwei Ärzten aus Mantes nach Dennemont, um die Leiche nur zehn Tage nach ihrem Tod, am 17. März 1814, zu exhumieren und zu untersuchen.

Der *juge d'instruction* war – wie der Name vermuten lässt – ein Gerichtsbeamter, der die Voruntersuchung leitete. Er vertrat aber, und dies war eine der größten Neuerungen des napoleonischen Strafprozesses nach dem CIC, nicht die Anklage. Hierfür war dann im Hauptprozess der *procureur*, also der Staatsanwalt zuständig. Nachdem wie oben beschrieben in der Revolutionszeit noch ein reines Geschworenenverfahren nach englischem Vorbild eingeführt worden war, entwickelte der CIC ein komplett neues Verfahren, das weder einen reinen Inquisitions- noch einen reinen Akkusationsprozess darstellte, sondern Elemente beider Prozessformen beinhaltete.[81] Die Voruntersuchung, geführt durch den *juge d'instruction* zeigte klar inquisitorische Züge. Im mündlichen und öffentlichen Hauptverfahren allerdings übernahm der Akkusationsprozess mit einer eher passiven, moderierenden Richterrolle und einer durch den *procureur* geführten Anklage die Führung. Für schwere Verbrechen, also in diesem Kontext insbesondere in Fällen von Mord und Vergiftungen, gab es einen Geschworenenprozess mit zwölf Geschworenen, die im Nachgang des Prozesses über vom Gericht gestellte Fragen zum objektiven und subjektiven Tatbestand und damit letztlich über die Verurteilung der Angeklagten entscheiden mussten.[82] Wie James Donovan für den französischen Fall zu Recht betont hat, war das Geschworenenamt dabei explizit den sozialen und intellektuellen Eliten vorbehalten. Gerade diese Eliten hätten am meisten Interesse daran gehabt, die Ordnung zu bewahren, und gerade vor dem Hintergrund der Erfahrungen der von Napoleon für beendet erklärten Revolution und dem kurzzeitig gültigen reinen Akkusationsprozess war dies ein wichtiges Ziel des neuen Regimes:

> Inclusion in the jury lists was limited to the members of the electoral colleges; the three hundred most heavily taxed persons in the department; administrative officeholders appointed by the emperor; doctors and graduates of one or more of the four faculties of law, medicine, sciences, and belles lettres; members and correspondents of the Institute of France and of the other learned societies recognized by the government; and notaries. Also included were bankers, stockbrokers, merchants paying a *patente*

---

[81] Vgl. Royer u. a.: Histoire; Dumoulin urteilt abweichend, dass dieser Prozess eine Rückkehr zum alten, vorrevolutionären System gewesen sei. Auch wenn dies für die teilweise drakonischen Strafen schon für kleinere Vergehen der Fall gewesen sein mag, so kann ich mich auf der Ebene des Verfahrens dieser Einschätzung nicht anschließen. Das Hauptverfahren ist zu eindeutig an den englischen Geschworenenprozess angelehnt, um von einer einfachen Rückkehr zum alten System zu sprechen. Dumoulins Urteil zum napoleonischen Strafprozess scheint auch kein*e andere Autor*in zu teilen. Chauvaud/Dumoulin: Experts, S. 49.

[82] Royer u. a.: Histoire, S. 404 f.

(licence fee) of one of the first two classes, and civic servants with salaries of at least four thousand francs. Napoleon's government claimed that jurors such as these would best maintain law and order because they had the stronges interest in doing so.[83]

Auch im Fall Desportes findet sich in den Akten nicht das vollständige Gutachten; lediglich eine Zusammenfassung der Ergebnisse ist in der Anklageschrift enthalten. In den Eingeweiden des Opfers wurde ein weißes Pulver gefunden, das nach Knoblauch gerochen habe, was wiederum auf Arsen hingedeutet habe. Es wurde gesammelt und einem Apotheker in Mantes übergeben, der in einer nicht näher beschriebenen Analyse gefunden habe, dass es sich um Arsen handeln müsse, was aus Sicht der Ärzte auch mit den Entzündungssymptomen der inneren Organe übereinstimme.[84]

Eine solche Identifikation einer gefährlichen Substanz war im französischen Strafrecht – anders als in den deutschen Staaten in der Tradition der Carolina – formal unbedingt notwendig. Im Artikel 301 des unter Napoleon 1810 eingeführten *Code pénal* (CP) wurde nämlich der gesonderte Straftatbestand der Vergiftung (*empoisonnement*) folgendermaßen definiert:

> Est qualifié empoisonnement tout attentat à la vie d'une personne, par l'effet de substances qui peuvent donner la mort plus ou moin promptement, de quelque manière que ces substances aient été employées ou administrées, et quelles qu'en aient été les suites.[85]

Der Artikel 301 verstand also die Verabreichung einer gefährlichen Substanz selbst als Verbrechen, unabhängig davon, ob tatsächlich der Tod oder anderer körperlicher Schaden eingetreten war, und unabhängig davon, ob dadurch wirklich Schaden zugefügt werden sollte. Dies machte die eindeutige Identifikation der verabreichten Substanz strenggenommen zur notwendigen Bedingung für eine Verurteilung.[86] Während sich das Gericht im Fall Hilmering darauf zurückziehen konnte, dass die Symptome der beiden Opfer mit einer Vergiftung übereingestimmt hatten, Hilmering von ihrem Tod profitiert und schließlich auch Gift gekauft hatte, um Beden-

---

[83] James M. Donovan: Juries and the Transformation of Criminal Justice in France in the Nineteenth & Twentieth Centuries, Chapel Hill 2010, S. 43 f.; Hervorhebung im Original.

[84] Le Procureur Général: Acte d'Accusation contre Desportes, ADY, 2U 123.

[85] L'Empire Français (Hrsg.): Code Pénal de l'Empire Français, Paris 1810, S. 46.

[86] Nach der oben zitierten Verordnung von 1774 war das allerdings auch im Königreich Hannover der Fall, denn es musste „würklich Gift" verabreicht werden. Vgl. Königreich Hannover: Verordnung vom 22. April 1774, NLA HA, Hann. 26a, Nr. 45, allerdings griffen im Fall Hilmering dann die weicheren Bestimmungen aus der Carolina, wie oben ausgefhrt worden ist.

ken über die nicht eindeutigen chemischen Analysen zu ignorieren, war dies in Frankreich nicht so einfach möglich. Hier war es besonders entsprechend besonders wichtig, dass wirklich Arsen in den chemischen Analysen gefunden wurde.[87] Auch wenn der Tod nicht wirklich eingetreten sein musste, stellte die Systematik des CP *empoisonnement* klar in eine Reihe mit verschiedenen Arten von Tötungsdelikten, die nach Artikel 302 alle mit dem Tod zu bestrafen waren.[88]

Anders als in der Carolina war aber die Hinzuziehung von Sachverständigen nicht nur im Strafrecht bei den einzelnen Verbrechen geregelt, sondern auch im eigenständigen Strafprozessrecht, dem CIC, in den Artikeln 43 und 44. Hiernach war der *procureur* in Fällen, die seine eigene Sachkenntnis überstiegen (Art. 43), und insbesondere in allen Fällen gewaltsamer oder verdächtiger Todesfälle (Art. 44) verpflichtet, Sachverständige – im Falle der Todesfälle Ärzte – hinzuzuziehen:

43. Le procureur impérial se fera accompagner, au besoin, d'une ou de deux personnes, presumées, par leur art ou profession, capables d'apprécier la nature et les circonstances du crime ou délit.

44. S'il s'agit d'une mort violente, ou d'une mort dont la cause soit inconnue et suspecte, le procureur impérial se fera assister d'un ou de deux offiers de santé, qui feront leur rapport sur les causes de la mort et sur l'état du cadavre.[89]

Im Fall von Desportes war aber bisher nur geklärt, dass Frau Mongison anscheinend mit Arsen vergiftet worden war. Der Verdacht, dass Herr Mongison und seine Geliebte Desportes mit diesem Tod in Verbindung standen, lag nahe, war aber dadurch nicht bewiesen. Allerdings habe Desportes am 6. März, also einen Tag vor dem Tod von Frau Mongison, versucht, Arsen zu kaufen. Sie sei in eine Apotheke in Mantes gegangen und habe dort die Ehefrau des Apothekers um Arsen gebeten, um Ratten zu vergiften. Diese holte, da sie selbst das Arsen nicht herausgeben durfte, ihren Mann, dem Desportes erklärte, sie solle für ihren Bruder Arsen kaufen. Der Apotheker kam ihrer Bitte aber nicht nach, sondern erklärte, dass ihr Bruder dann selbst für das Arsen kommen solle.[90] Zumindest konnte ihr also der Versuch, Gift zu kaufen, nachgewiesen werden.

---

[87] Wie gesagt schweigt die Anklageschrift über die genau durchgeführten Analysen. Wie gut oder schlecht also die angewandten Methoden waren, kann und soll an dieser Stelle gar nicht beurteilt werden. Wichtig ist, dass eine Verurteilung auf Grundlage der nicht eindeutigen chemischen Analysen im Fall Hilmering nach französischem Recht mindestens fraglich gewesen wäre.

[88] L'Empire Français (Hrsg.): CP, S. 45 f.

[89] Gottfried Daniels (Hrsg.): Code D'Instruction Criminelle, Köln 1811, S. 24.

[90] Le Procureur Général: Acte d'Accusation contre Marie Catherine Desportes, ADY, 2U 123.

Kurz vor der Exhumierung der Frau Mongison sollen Zeugen gehört haben, wie sie sagte, dass sie und Herr Mongison „étaient perdu".[91] Sie sei außerdem gesehen worden, wie sie am Tage der Exhumierung selbst in die Seine gefallen war, aus der sie sich zwar selbst wieder herauszog, was aber im Kontext der Ermittlungen als Selbstmordversuch gewertet wurde, der auf ihre Schuldgefühle über die Tat zurückgehe. Christophe Desportes habe seine Schwester direkt gefragt, ob sie oder Mongison für den Tod von Frau Mongison verantwortlich sei, woraufhin sie erklärt habe, Mongison sei unschuldig aber über sich selbst auch bei mehrfacher Nachfrage geschwiegen habe. Schließlich erklärte eine Person, deren Name leider unleserlich bleibt, etwa zwei Jahre vorher auf Bitten von Desportes in Mantes Arsen als Rattengift gekauft zu haben, womit zumindest nahegelegt wurde, dass sie trotz des fehlgeschlagenen Versuchs, selbst Arsen zu kaufen, Zugriffsmöglichkeiten auf Arsen hatte.

All diese Details und Zeugenaussagen werden in der Anklageschrift deshalb so betont, weil erstens kein Arsen bei Desportes oder im Haus gefunden werden konnte und zweitens sie sich aus Sicht der Anklage zusätzlich dadurch verdächtig machte, dass sie jedes einzelne Detail abstritt. Sie habe niemals versucht, Arsen zu kaufen, Frau Mongison habe sich die Suppe selbst aufgewärmt, sie habe auch niemals jemanden beauftragt, für sie Arsen zu kaufen. Sie blieb also ungeständig. Die Staatsanwaltschaft musste sich nun mehr auf Indizien stützen, was im französischen Strafprozessrecht insofern unproblematischer war, als das französische Recht keine starren Beweisregeln, wie sie in der Carolina definiert wurden, zugrunde legte, sondern den Richtern und Geschworenen die Möglichkeit der freien Beweiswürdigung einräumte. Das heißt also, sie selbst konnten entscheiden, welches Gewicht den einzelnen Beweismitteln gegeben wurde.

Während es also in der Tradition der Carolina im strengen Sinne wenig andere Möglichkeiten als die der Folter gab, um doch noch zu einem für die Verurteilung notwendigen Geständnis zu gelangen, gab der französische Prozess, der in diesem Sinne bereits formal auf die Abschaffung der Folter reagiert hatte, den Richtern und Geschworenen mehr Freiheit im Umgang mit Indizien. Wie oben beschrieben, wurde die Folter aber auch seit dem Ende des 18. Jahrhunderts in den deutschen Staaten nach und nach abgeschafft, auch wenn das Königreich Hannover – zumindest auf der Ebene der Normen – dieser Entwicklung zum Zeitpunkt des Falles Hilmering noch nicht gefolgt war.

Im Fall Desportes wurde, wie schon gesagt, auch der Ehemann der Verstorbenen und der Liebhaber der Hauptangeklagten wegen Beihilfe (*complicité*) angeklagt. Die Anklage stützte sich dabei auf Zeugenaussagen, die ihn zwar nicht bei der Hilfe

---

[91] Ebd.

gesehen hatten, aber ihn und Desportes verdächtiger Handlungen bezichtigen. Die erste war die oben erwähnte Weigerung mit dem Begräbnis seiner Frau etwas länger zu warten, damit ihre Verwandten an der Beerdigung teilnehmen konnten. Weiter sei von jemanden, der nicht näher benannt ist, gehört worden, wie Desportes Mongison gesagt habe, sie wolle sich stellen, damit er freigesprochen werden würde.[92] Hierzu passt ihr vehementes Abstreiten, dass Mongison irgendetwas mit der Tat zu tun gehabt habe. Sie stellte sich aber überhaupt nicht, sondern blieb durchgängig dabei, dass auch sie selbst unschuldig sei.[93] Schließlich habe Mongison Christophe Desportes heftig beschuldigt, an dem zukünftigen Tod seiner Schwester Schuld zu sein, da er wohl annahm, dass Christophe Desportes der Denunziant war.[94] Die Anklage deutete dies alles so, als wisse Mongison mehr als er zugab.

Nach Artikel 60 der CP galten als *complices* unter anderem:

> Ceux qui auront, avec connaissance, aidé ou assisté l'auteur ou les auteurs de l'action, dans les faits qui l'auront préparée ou facilitée, ou dans ceux qui l'auront consommée […].[95]

Die Anklage musste demnach die Geschworenen davon überzeugen, dass Mongison wissentlich bei der Vorbereitung oder der Durchführung der Vergiftung unterstützt oder die Durchführung zumindest wissentlich erleichtert hatte. Und nach Artikel 59, auf den sich die Anklageschrift gegen Mongison ebenfalls bezog, sollten *complices* dieselbe Strafe erleiden, die die eigentlichen Täter*innen erwartete, im Falle von *empoisonnement* also die Todesstrafe auf der Guillotine.

Der Darstellung des Falles entsprechend, wurden den Geschworenen drei Fragen gestellt. Waren sie erstens davon überzeugt, dass Desportes mit Hilfe von Arsen Frau Mongison vergiftet hatte? Diese Frage beantworteten sie einstimmig mit ja. Waren sie zweitens davon überzeugt, dass Mongison aktiv bei der Durchführung der Tat mitgeholfen hatte? Diese Frage verneinten sie einstimmig. Hingegen war eine Mehrheit von sieben Geschworenen davon überzeugt, dass Mongison dazu beigetragen habe, die Durchführung der Tat zu erleichtern und damit letztlich zum Erfolg zu bringen, was nach dem oben zitierten Artikel 60 dazu ausreichte, um ihn der *complicité* für schuldig zu befinden. Desportes wurde, wie direkt auf dem Deckblatt der Akte vermerkt, zum Tode verurteilt; im Fall Mongison ist die Strafe nicht überliefert. Soweit von den Normen geschlossen werden kann, ist aber davon

---

[92] Ebd.

[93] Le Procureur Général: Acte d'Accusation contre Desportes, ADY, 2U 123.

[94] Le Procureur Général: Acte d'Accusation contre Mongison, ADY, 2U 123.

[95] L'Empire Français (Hrsg.): CP, S. 9.

auszugehen, dass er nach Artikel 59 der CP ebenfalls zum Tode verurteilt worden ist.
Wenn nur diese beiden Fälle betrachtet werden, werden die Unterschiede und Gemeinsamkeiten zwischen den beiden Rechtssystemen in Frankreich und den deutschen Staaten zwar klar, allerdings besteht das Risiko, dass sie als monolithisch und in jedem Fall klar voneinander abzugrenzen wahrgenommen werden. Dies war aber besonders für die deutschen Staaten nicht der Fall. Nicht nur mussten die einzelnen Staaten Gesetze erlassen, wie mit der wegfallenden Folter umzugehen war, sondern einzelne Staaten erließen auch eigene Gesetze, so dass sie zwar in der Tradition der Carolina standen, aber ihr doch nicht bis ins kleinste Detail folgten. Vom Königreich Hannover wurde schon das Beispiel der Verordnung von 1774 berichtet, die den Umgang mit Vergiftungen einzeln und abweichend von der Carolina regelte.[96] In Preußen wurde 1794 mit dem Allgemeines Landrecht für die Preußischen Staaten (PrALR) ein ganz eigenes Gesetzbuch geschaffen, dass die Carolina ersetzte. In fast allen Fällen blieb aber die grundsätzliche Art des Straf*prozesses* in diesen beiden Staaten, sowie in allen anderen deutschen Staaten in der inquisitorischen Tradition der Carolina verhaftet.

Ein ganz anderer Fall war hingegen die für die deutschen Staaten Sonderform des *Rheinischen Rechts* in der 1815 nach dem Wiener Kongress preußisch gewordenen Rheinprovinz sowie im bayrischen Rheinkreis. In der Rheinprovinz behielten genauso wie in den linksrheinischen Gebieten des Königreichs Bayern die von Napoleon eingeführten *cinq codes* bis zur Mitte des 19. Jahrhunderts weiter ihre Gültigkeit.[97]

2.2   Analytische Chemie vor 1848

Arbeiten, die sich spezifisch mit der Geschichte der analytischen Chemie beschäftigen, liegen kaum vor. Als Standardwerk gilt weiter Ferenc Szabadvárys *Geschichte der Analytischen Chemie* von 1966.[98] Thomas Dulskis *The Measure of All Things*

---

[96] Königreich Hannover: Verordnung vom 22. April 1774, NLA HA, Hann. 26a, Nr. 45.

[97] Vgl. Dirk Blasius: Der Kampf um die Geschworenengerichte im Vormärz, in: Hans-Ulrich Wehler (Hrsg.): Sozialgeschichte heute. Festschrift für Hans Rosenberg zum 70. Geburtstag, Göttingen 1974, S. 148–162; Michael Rowe: The Napoleonic Legacy in the Rhineland and the Politics of Reform in Restoration Prussia, in: David Laven und Lucy Riall (Hrsg.): Napoleon's Legacy. Problems of Government in Restoration Europe, Oxford/London 2000, S. 129–150.

[98] Ferenc Szabadváry: Geschichte der Analytischen Chemie, Braunschweig 1966.

(2018) verspricht zwar im Untertitel „A History of Chemical Analysis" hält dieses Versprechen aber nicht im Mindesten ein.[99]

Eine eigenständige Geschichte der analytischen Chemie kann und soll diese Arbeit nicht sein, aber ohne einen groben Überblick dieser Geschichte wird ein Verständnis der Geschichte der Toxikologie, die ihrerseits auf der analytischen Chemie aufbaut, erschwert. Entsprechend folgt in diesem Abschnitt der Versuch, einen eben solchen groben Überblick zu liefern. Chronologisch folgt dieser Abschnitt auch der gesamten Gliederung dieser Arbeit, endet also in diesem Kapitel um 1848. Es gibt chemiehistorisch keinen zwingenden Grund für diesen Bruch, denn die Entwicklung der analytischen Chemie folgte nicht den politischen oder rechtshistorischen Umbrüchen, die für den Rest dieser Arbeit die Gliederung vorgaben. Der Grund ist vielmehr rein pragmatischer Art, indem sich dieser Überblick dem Rest der Gliederung gewissermaßen unterordnen muss, um sie stringent durchzuhalten. Allerdings gibt es doch grobe Tendenzen in der Geschichte der analytischen Chemie, die zumindest eine Einteilung um die Mitte des 19. Jahrhunderts nicht völlig unplausibel machen. Im Fokus dieses Bruchs steht dann insbesondere der Chemiker Carl Remigius Fresenius, der mit seinen beiden Lehrbüchern – *Anleitung zur qualitativen chemischen Analyse* (in der Erstauflage 1841 erschienen) und *Anleitung zur quantitativen chemischen Analyse* (Erstauflage 1845) – die Lehre der analytischen Chemie auf neue systematische Füße stellte. Im Revolutionsjahr 1848 gründete Fresenius mit Unterstützung des Herzogtums Nassau das *Chemische Laboratorium Fresenius Wiesbaden* (heute bekannt als *SGS Institut Fresenius*), das zur Ausbildung und insbesondere auch zur Wahrnehmung staatlicher Aufträge von chemischen Untersuchungen dienen sollte. Schließlich trug er mit seiner 1862 gegründeten *Zeitschrift für analytische Chemie* dazu bei, die analytische Chemie als Teildisziplin der Chemie auszudifferenzieren. Die Tätigkeiten Fresenius' können also grob als Umbruch in der Geschichte der analytischen Chemie verstanden werden, womit die Gliederung um 1848 vielleicht nicht chemiehistorisch motiviert aber immerhin gerechtfertigt ist.

Auf einer sehr basalen Ebene lässt sich eine Geschichte der analytischen Chemie ab dem Anfang menschlicher Kulturen erzählen. Wenn analytische Chemie verstanden werden soll – wie zum Beispiel die ersten Kapitel Ferenc Szabadvárys *Geschichte der Analytischen Chemie* wohl verstanden werden müssen – als eine Ansammlung von Praktiken, die die Bestandteile einer Substanz oder eines Produktes feststellen sollen, dann ist es unproblematisch, von analytischen Methoden

---

[99] Thomas Dulski: The Measure of All Things. A History of Chemical Analysis, St. Petersburg, Florida 2018; Vgl. zur Kritik auch William H. Brock: The Measure of All Things. A History of Analytical Chemistry, in: Ambix 66 (2019), S. 82.

in der Antike, zum Beispiel Kupellation zur Aufklärung von Münzfälschungen, zu sprechen. Auch wenn ein solches loses Verständnis für diese Arbeit nicht unbedingt zielführend ist, so zeigt Szabadvarys Ansatz dennoch, dass die ersten analytischen Praktiken eng gekoppelt waren mit praktischen Problemen. Es ging um die Feststellung der Reinheit von bestimmten Stoffen (Gold, Silber, etc.).[100]

Auf dem theoretischen Level markiert aber die Chemische Revolution den wichtigsten Anfangspunkt für die Entwicklungen der analytischen Chemie im 19. Jahrhundert. Insbesondere ein offenerer und pragmatischerer Elementbegriff als er Vorläufern, wie etwa der Stahl'schen Phlogistontheorie[101] zugrunde gelegen hatte, erwies sich als nützlich. Antoine Laurent de Lavoisier (1743–1794), dessen Name als Protagonist mit der Chemischen Revolution untrennbar verknüpft ist, hatte in in der Einleitung seines *Traité élémentaire de Chimie* (1789) Elemente grundsätzlich verstanden als die Stoffe, die sich chemisch nicht weiter zerlegen ließen, während er sich der Frage gegenüber, ob es sich dabei tatsächlich um die einfachsten Stoffe handelte, betont agnostisch verhielt:

> Je me contenterai donc de dire que si par le nom d'élémens, nous entendons désigner les molécules simples et indivisibles qui composent les corps, ils est probable que nous ne les connoissons pas: que si au contraire nous attachons au nom d'élémens ou de principes des corps l'idée du dernier terme auquel parvient l'analyse, toutes les substances que nous n'avons encore pu décomposer par aucun moyen, sont pour nous des élémens; non pas que nous regardons comme simples, ne soient pas eux-mêmes composés de deux ou même d'un plus grand nombre de principes, mais puisque ces principes ne se séparent jamais, ou plutôt puisque nous n'avons aucun moyen de les séparer, ils agissent à notre égard à la mânières corps simples, et nous ne devons les supposer composés qu'au moment où l'expérience et l'observation nous en autont fourni la preuve.[102]

In der vorher bereits von ihm und anderen konzipierten *Méthode de nomenclature chimique* (1787)[103] waren es genau diese Stoffe, die die Namen für Verbindungen festlegten. Lavoisiers System wurde so in die Sprache der Chemie so sehr eingeschrieben, dass Louis-Bernard Guyton-Morveau (1737–1816) während sei-

---

[100] Szabadváry: Geschichte, S. 15–19.

[101] William H. Brock: The Fontana History of Chemistry, London 1992, S. 78–84.

[102] Antoine Laurent Lavoisier: Traité élémentaire de chimie, présenté dans un ordre nouveau et d'après les découvertes modernes, Paris 1789, S. xviif.

[103] Antoine Laurent Lavoisier u. a.: Méthode de nomenclature chimique, Paris 1787, insb. die Tabelle auf S. 100.

ner Mitarbeit an der *Méthode* selbst von einem Anhänger der Phlogistontheorie zu Lavoisiers chemischer Theorie konvertierte.[104]

Die Methoden hingegen änderten sich wenig, auch wenn sich die erforderlichen Gerätschaften deutlich verkleinerten und sich das Aussehen des Labors ausgehend vom Ende des 18. Jahrhunderts bis etwa 1840 deutlich veränderte.[105] Lavoisier hat weder den Gebrauch der Waage eingeführt, noch alle anderen Eigenschaften von Stoffen für irrelevant erklärt. Sein chemisches System änderte die Theorie, die Erklärungen für bestimmte Phänomene; die praktischen Beobachtungen hingegen wurden in der Methodik wenig beeinflusst. Für die analytische Chemie blieb es relevant, das Verhalten von Stoffen unter bestimmten Bedingungen zu beobachten und möglichst die eindeutigsten dieser Beobachtungen zur Identifikation von unbekannten Substanzen zu verwenden. Um die Zusammensetzung von Stoffen herauszufinden, galt es weiterhin die Elemente in ihren Eigenschaften eindeutig zu identifizieren.

Die frühen Zentren der analytischen Chemie lagen in Frankreich und Schweden, jeweils personifiziert durch Guillaume-François Rouelle (1703–1770) beziehungsweise Torbern Olof Bergman (1735–1784). Wie Ernst Homburg ausführt, war ihre weiterhin analytische Chemie eng verknüpft mit der Lösung praktischer Probleme, blieb aber auch Kern chemischer Forschung im Allgemeinen:

> The analytical chemistry created by Bergman and the French school not only provided a „tool box" with methods for solving practical problems such as the quality of drinking water and the adulteration of food, it was also an indispensable element in experimental chemical research. Knowledge and skills in chemical analysis were essential to determine the composition of newly discovered minerals, the products of chemical reactions, or new compounds isolated from plants.[106]

Das erste von Szabadváry identifizierte Lehrbuch, das sich ausschließlich mit der analytischen Chemie auseinandersetzte, war Johann Friedrich August Göttlings (1753–1809) *Vollständiges chemische Probekabinett* (1790). Wichtiger war nach Szabadváry allerdings das *Handbuch zur chemischen Analyse der Mineralkörper* (1801) des Freiberger Professors Wilhelm August Lampadius (1772–1842).[107] Lampadius prägte nach Szabadvary auch in diesem Buch den Begriff der analytischen Chemie und gab ihr also mit einer eigener Bezeichnung die Möglichkeit, sich

---

[104] Brock: History, S. 118.

[105] Vgl. Homburg: Rise, S. 2–5; sowie Tomic: Origines, S. 23–91.

[106] Homburg: Rise, S. 9.

[107] Szabadváry: Geschichte, S. 170 f.

als selbständige Subdisziplin zu entwickeln.[108] Außer der neuen Bezeichnung und dem neueren Lehrbuch trug Lampadius inhaltlich wenig zur analytischen Chemie bei. Sein Handbuch sammelte lediglich Verfahren aus anderen allgemeinen Lehrbüchern der Chemie des 18. Jahrhunderts mit Anweisungen zur Prüfung der Reinheit von Reagenzien, Auflistung von chemischen Eigenschaften von Elementen und die Ansammlung von praktischen Verfahren, um diese Eigenschaften in einer gegebenen Probe zu untersuchen.[109] Szabadváry bescheinigt Lampadius dann auch (keineswegs pejorativ gemeint) „kein Analytiker ersten Ranges, [sondern] nur ein guter Autor" gewesen zu sein.[110] Als nächstes (bedeutendes) Lehrbuch der analytischen Chemie bezeichnet Szabadváry dann erst wieder das *Handbuch der analytischen Chemie für Chemiker, Staatsärzte, Apotheker, Oekonomen und Begwerks Kundige* (1821) von Christoph Heinrich Pfaff (1773–1852).[111]

Allen diesen Lehrbüchern der ersten Hälfte des 19. Jahrhunderts war gemein, dass sie eine nach den Elementen geordnete Zusammenstellung blieben. Einzelne identifizierende Reaktionen blieben also auf einzelne Elemente bezogen. Dies war nützlich, um bestimmte Elemente zu identifizieren oder Proben auf den Inhalt von einzelnen vermuteten Stoffen zu testen. Es ergaben sich daraus Schwierigkeiten für die Untersuchung auf verschiedene Stoffe in derselben Probe. Ohne Systematik der Untersuchung war es letztlich den Ideen der Analytiker überlassen, auf welche Stoffe mit Hilfe dieser Handbücher getestet werden konnte.

Die Reagenzien zur qualitativen Analyse waren nun allgemein bekannt, es fehlte aber noch immer ein System in der Anwendung der verschiedenen Reaktionen. Zwischen den unzähligen Reaktionen der qualitativen Analyse war es dem Chemiker leicht möglich, sich im Gang der Untersuchung zu verirren. Es gab keinerlei genaue Richtlinien, an welche man sich bei der Analyse halten konnte.[112]

Dies galt auch für die Lehrbücher der forensischen Toxikologie. Auch diese beinhalteten Auflistungen verschiedener Elemente und ihrer spezifischen Reaktionen, keinen systematischen Trennungsgang, dem man folgen konnte, wenn man in materiell begrenzten Proben nach einer unbekannten Substanz suchte.[113] Den ersten

---

[108] Ebd., S. 171.

[109] Ebd., S. 172 f.

[110] Ebd., S. 173, Hinzufügung MC.

[111] Ebd., S. 174–177.

[112] Szabadváry: Geschichte, S. 185.

[113] Vgl. z. B. Fodéré, François-Emmanuel: Traité de Médecine Légale et d'Hygiène publique, Bd. 4, Paris 1813, S. 7–186; Harmand de Montgarny, Tite: Essai de Toxicologie, considérée d'une manière générale, Paris 1818; Tabelle zwischen S. 94 und 95; Adolph Henke:

systematischeren Analysegang beschrieb laut Szabadváry der Chemiker Heinrich Rose (1795–1864) in seinem Lehrbuch *Handbuch der analytischen Chemie* (1829).[114] Einem Trennungsgang liegt zunächst einmal das Problem zugrunde, dass verschiedene Stoffe mit Reagenzien ähnlich reagieren können, sie also Nachweisreaktionen gegenseitig stören können. Ein systematischer Trennungsgang trennt diese Stoffe voneinander und macht eindeutige Nachweisreaktionen auch in Stoffgemischen möglich. Dies erreichte Roses Trennungsgang zwar, machte seine Systematik aber – so Szabadváry – nicht deutlich und war insgesamt schwierig zu folgen.[115] Es finden sich nach (und teilweise auch vor[116]) Roses Lehrbuch durchaus Trennungsgänge in den forensischen Lehrbüchern der ersten Hälfte des 19. Jahrhunderts, diese litten aber unter demselben Problem.[117] Es war der schon erwähnte Fresenius, der den Trennungsgang vereinfachte und die Systematik offenlegte.[118]

Außerdem beschränkten sich die Lehrbücher auf die Analyse anorganischer Stoffe, also Metalle, anorganische Säuren, Alkalien und Salze. Die Analyse von anorganischen Stoffen ist dabei in gewissem Sinne einfacher und liegt der Suche nach neuen Elementen näher als die Analyse organischer Stoffe. Das Grundprinzip der anorganischen Analyse ist die Elementaranalyse. Die Substanzen werden in verschiedenen Lösungsmitteln (Wasser, Säuren, Laugen, etc.) gelöst und mithilfe verschiedener Reaktionen auf die Anwesenheit von entweder spezifischen Elementen oder Stoffklassen getestet. Im letzteren Fall kann dann in einem zweiten Schritt die Suche weiter eingegrenzt werden.

Lehrbuch der gerichtlichen Medicin, Berlin 1812, S. 344–355; Wilhelm Hermann Georg Remer: Lehrbuch der polizeilich-gerichtlichen Chemie, 2. Aufl., Helmstädt 1812, S. 556–652.; Theodor Georg August Roose: Grundriss medizinisch-gerichtlicher Vorlesungen, Frankfurt a. M. 1802, S. 160–168; und Peter Joseph Schneider: Ueber die Gifte in medicinischgerichtlicher und medicinischpolizeylicher Rücksicht, 2. Aufl., Tübingen 1821. S. 452–523.

[114] Szabadváry: Geschichte, S. 185 f.

[115] Ebd., S. 186.

[116] Dies widerspricht in einem allgemeinen Sinn nicht Szabadvárys Lokalisierung des ersten Analysegangs. In den Analysegängen der forensischen Chemie ging es um Spezialfälle und die Trennung von sehr spezifischen Giften voneinander. Roses und später Fresenius' Trennungsgänge hatten einen deutlich allgemeineren Anspruch für die anorganische Analyse.

[117] vgl. z. B. Andreas Buchner: Toxikologie. Ein Handbuch für Aerzte und Apothker, so wie auch für Polizei- und Kriminal-Beamte, Nürnberg 1827, S. 602–606; Honoré Guérin de Mamers: Nouvelle Toxicologie, ou Traité des Poisons, et de l'Empoisonnement, Paris 1826, S. 90–175; Otto Bernhard Kühn: Praktische Chemie für Staatsärzte. Erster Teil: Praktische Anweisung, die in gerichtlichen Fällen vorkommenden chemischen Untersuchungen anzustellen, Leipzig 1829, S. 44–72; Mathieu Orfila: Traité de Toxicologie, 4. Aufl., Bd. 2, Paris 1843, S. 723–730.

[118] Szabadváry: Geschichte, S. 188.

Auf die Analyse von Giften bezogen hieß dies zum Beispiel, dass in Fällen mutmaßlicher Arsenvergiftung Reaktionen angewendet werden konnten, um das elementare Metall Arsen in einem Körper nachzuweisen. Dass Arsen normalerweise in der Form von weißem Arsenik[119] also als eine Verbindung von Arsen und Sauerstoff verkauft und verwendet wurde, spielte für die Analyse keine Rolle. Arsen war das Element, das im Körper gefunden werden sollte und das (abgesehen von der Debatte über *Normalarsen*, vgl. Abschnitt 3.1) dort natürlicherweise nicht vorkommen sollte. Die genaue Verbindung, in der das Metallgift vorlag, konnte in solchen Fällen eine untergeordnete Rolle spielen und die Analyse anorganischer Gifte beschränkte sich oftmals auf den Nachweis von spezifischen Elementen an Orten im Körper, an denen diese Elemente unter normalen Umständen nicht aufzufinden waren.

Für die Identifikation verschiedener Elemente lieferten die Lehrbücher der analytischen Chemie zwei Klassen von wichtigen Informationen, die aus den Eigenschaften der Elemente im elementaren oder gebundenen Zustand und aus ihrem Reaktionsverhalten bestanden. Zu den Eigenschaften zählten etwa spezifisches Gewicht, Farbe, Geschmack oder Geruch (beim Verdampfen). Zu den wichtigsten Reaktionen, die auf spezifische Stoffe hindeuteten, gehörten erstens Niederschlagsreaktionen. Hierbei wurde eine Probe in verschiedenen Lösungen mit anderen Stoffen versetzt, um einen Niederschlag zu erhalten, der meistens durch seine Farbe identifiziert werden konnte, oder der dann verschiedenen weiteren Reaktionen zur Sicherung unterzogen werden konnte. Samuel Hahnemanns (1755–1843) Verfahren zur Identifikation von Arsen umfasste zum Beispiel, dass eine Lösung der verdächtigen Substanz in drei Teile geteilt wurde. Die drei Teile der Probe wurden daraufhin mit verschiedenen Reagenzien versetzt, um verschiedene Niederschläge zu erhalten: Kupfersalmiak[120] sollte einen grün-gelblichen, Kalkwasser einen weißen und Schwefelleberluftwasser[121] einen gelben Niederschlag in der Probe bilden.[122]

Die zweite Klasse von wichtigen Reaktionen waren Reduktionsreaktionen. Ziel war es hierbei die Elemente in ihren elementaren Zustand zu überführen. Für das Thema der Giftanalysen ist eine der wichtigsten Reduktionsreaktionen die Marsh'sche Probe. Benannt nach dem britischen Chemiker James Marsh (1794–1846) wurde hier die Probe zusammen mit Zink und Schwefelsäure vermischt. Das entstehende Gas wurde aufgefangen und angezündet. Dabei wurde eine

---

[119] In heutiger Nomenklatur *Arsen(III)-oxid* (As_2O_3).

[120] Tetraamminkupfersulfat.

[121] In Wasser gelöster Schwefelwasserstoff.

[122] Samuel Hahnemann: Ueber die Arsenikvergiftung, ihre Hülfe und gerichtliche Ausmittelung, Leipzig 1786, S. 237–239.

Porzellanschale oder ähnliches über die Flamme gehalten. War Arsen in der Probe enthalten, handelte es sich bei dem verbrennenden Gas um Arsenwasserstoff und auf der Porzellanschale setzte sich ein schwarzer Metallspiegel aus elementaren Arsen ab. War kein Arsen (und strenggenommen auch kein Antimon, das ähnlich reagierte) in der Probe vorhanden, handelte es sich bei dem Gas um Wasserstoff, und auf der Porzellanschale setzte sich kein solcher Metallspiegel ab.[123]

Eine dritte Klasse von Reaktionen waren Farbreaktionen. Hierbei erscheinen Lösungen bestimmter Stoffe in bestimmten Lösungsmitteln in verschiedenen Farben, ohne dabei einen Niederschlag zu bilden. Die bekanntesten Farbreaktionen sind vermutlich Reaktionen mit Indikatoren. Anhand der Farbe einer wässrigen Lösung der Probe, die mit Lackmus versetzt wurde, konnte festgestellt werden, ob eine Lösung sauer oder alkalisch reagierte. Dies war keine klare Identifikation, diente aber über die Ermittlung einer bestimmten Eigenschaft dazu, Hinweise auf vorhandene Stoffe zu sammeln.

Alle diese Reaktionen dienten zunächst dem Nachweis, ob ein bestimmter Stoff in einer gegebenen Probe vorhanden war. Der Schwerpunkt bisher lag also auf Methoden der qualitativen Analyse. Die Frage, welche Menge dieses Stoffes in einer Probe vorhanden ist, konnte dann in einem zweiten Schritt über die quantitative Analyse geklärt werden. Bei Reduktionsreaktionen stellte sich die quantitative Analyse grundsätzlich relativ einfach dar, wenn einigermaßen angenommen werden konnte, dass der gesamte Inhalt der Probe in den elementaren Zustand reduziert wurde. Der elementare Stoff musste dann nur noch gewogen werden, und mit dem Ausgangsgewicht der Probe ins Verhältnis gesetzt werden, um den Gewichtsanteil des fraglichen Stoffes zu berechnen. Die einzigen Schwierigkeiten bestanden in der Vollständigkeit der Reduktionsreaktion und der Genauigkeit der Waagen und beides konnte berücksichtigt werden. Auch die Feststoffe der Niederschlagsreaktionen konnten abfiltriert und gewogen werden. über bekannte Gewichtsunterschiede zwischen den Verbindungen und den elementaren Substanzen konnten dann Rückschlüsse auf die Menge der gesuchten Substanz gezogen werden.

Für die forensische Chemie spielten quantitative Analysen eine untergeordnete Rolle.[124] Als der Chemiker Jöns Jakob Berzelius (1779–1848) die Vor- und Nachteile der Marsh'schen Probe diskutierte und die Grenzen seines eigenen Verbesserungsvorschlags bei der quantitativen Analyse besprach, schrieb er zum Beispiel:

---

[123] James Marsh: Account of a method of separating small quantities of Arsenic from Substances with which it may be mixed, in: The Edinburgh New Philosophical Journal 21 (1836), S. 229–236. Eine genauere Beschreibung dieses Verfahrens und Diskussionen über mögliche Verbesserungen finden sich in Abschnitt 3.1.

[124] Vgl. Abschnitt 3.4.

Hieraus erhellt, dass diese [modifizierte Marsh'sche] Probe, wenn sie auch nicht zur quantitativen Bestimmung anwendbar ist, doch alle Aufmerksamkeit als eine qualitative verdient, *und mehr bedarf es nicht in allen gerichtlich-medicinischen Fällen.*[125]

Für anorganische Analysen waren die grundsätzlichen Techniken also ab dem Ende des 18. Jahrhunderts bekannt. Die analytischen Fortschritte auf diesem Gebiet bezogen sich auf neue Entdeckungen für spezifische Reaktionen in den oben genannten Klassen. Teilweise wurde die Aussagekraft einiger Reaktionen auch wieder eingeschränkt, wenn etwa entdeckt wurde, dass andere Elemente auf ähnliche oder gleiche Weise reagierten und Reaktionen nicht spezifisch oder selektiv genug waren. Auch hinsichtlich der Mengen spezifischer Stoffe, die festgestellt werden konnten, wurde nach besseren Verfahren gesucht. Reaktionen wurden entweder neu gesucht oder modifiziert, um immer kleinere Mengen nachweisen zu können, was auch Auswirkungen auf die Genauigkeit quantitativer Analysen hatte. Die Lehrbücher der analytischen Chemie vor 1848 bestanden hauptsächlich aus positiven Sammlungen bekannter Reaktionen, geordnet nach entweder einzelnen Stoffen oder nach Stoffklassen. Systematische Trennungsgänge, in denen eine Probe systematisch auf verschiedene Stoffe getestet wurde, fanden sich höchstens in Ansätzen. Dies bedeutete auch, dass konkrete Vermutungen, dass bestimmte Stoffe in der Probe enthalten waren, mindestens hilfreich, wenn nicht sogar notwendig waren, um diese Stoffe zu identifizieren.

Während die frühe analytische Forschung also bereits genaue Ergebnisse für anorganische Stoffe liefern konnte, mussten die Chemiker sich für organische Stoffe, also Stoffe der belebten Natur – das heißt mehr oder weniger komplexe Kohlenstoffverbindungen – zunächst eher auf Näherungen verlassen. Der Unterschied ist, dass sich in der organischen Chemie mit nur relativ wenigen Elementen[126] eine Vielzahl verschiedener Substanzen beschreiben und herstellen lassen. Um eine organische Substanz zu analysieren, war es also nicht nur notwendig, die darin vorhandenen Elemente zu trennen und einzeln zu bestimmen, sondern auch zu wissen, in welchen Verhältnissen diese Elemente vorkamen. Die Analyse der Zusammensetzung wurde zwischen 1812 und 1830 – insbesondere durch Arbeiten von Berzelius – deutlich genauer und schließlich durch den so genannten Fünf-Kugel-Apparat,

---

[125] Jöns Jakob Berzelius: Paton's, Marsh's und Simon's Methoden, Arsenik zu entdecken, nebst Bermerkungen von Berzelius, in: Annalen der Physik 42 (1837), S. 159–162, S. 160 f.; Hervorhebung MC.

[126] Dazu zählen normalerweise Kohlenstoff, Wasserstoff, Sauerstoff, Stickstoff, Schwefel und die Stoffklasse der Halogene.

den Justus Liebig (1803–1873) 1831 beschrieb, extrem vereinfacht.[127] In den Fünf-Kugel-Apparat wurde Kalilauge gefüllt und gewogen. Die zu analysierende Substanz wurde verbrannt und das Gas, das bei der Verbrennung entstand wurde durch die Kalilauge geleitet. In einer Reaktion zwischen der Kalilauge und dem bei der Verbrennung entstandenen Kohlendioxid entsteht Kaliumcarbonat. Nach der Verbrennung wurde der Apparat wieder gewogen und über die Gewichtszunahme stöchiometrisch der Kohlenstoffgehalt in der Ursprungssubstanz errechnet.

Eine solche Analyse war allerdings nur sinnvoll, wenn Substanzen einigermaßen rein zur Verfügung standen. Wenn sie verunreinigt waren mit anderem organischen Material – etwa weil sie im Mageninhalt einer Leiche gefunden werden sollten –, war eine Elementaranalyse dieser Art nicht hilfreich, da dieselben Elemente in jedem anderen organischen Stoff gefunden worden wären. Ähnliches galt für Farb- oder Niederschlagsreaktionen. Solche Reaktionen wurden auch für organische giftige Stoffe (meistens gesammelt als *Alkaloide* bezeichnet) gefunden, aber auch für sie war es notwendig, die gesuchten Alkaloide einigermaßen von Verunreinigungen abzutrennen.

In der ersten Hälfte des 19. Jahrhunderts hieß dies für toxikologische Analysen, dass organische Gifte im Grunde nicht chemisch in der Leiche nachzuweisen waren. So konstatierte etwa der Chemiker Otto Bernhardt Kühn (1800–1863) in seinem Lehrbuch *Praktische Chemie für Staatsärzte* (1829):

> So wie derselbe [der gerichtliche Chemiker] aber auf das Feld der organischen Chemie heraustritt, kann man nach seinem jetzigen gewöhnlichen Zustande annehmen, dass kein für die Gerichtsbehörden hinlänglich ausser Zweifel gesetztes Ergebniss sich werde erlangen lassen; ja ich behaupte sogar, dass es auch der Natur der Sache und ihrer Untersuchung nach selbst einem geschickten und mit den passenden Manipulationen vertrauten Chemiker durchaus nicht zur Schande gereichen würde, gerichtliche Gewissheit nicht erlangen zu können.[128]

Ähnlich äusserte sich der Mediziner Tite Harmand de Montgarny in seinem *Essai de Toxicologie* (1818):

> S'il est vrai de dire que [...] la chimie est aujourd'hui susceptible d'une précision pour ainsi dire mathématique, lorsque ses analyses on pour sujet les substances minérales,

---

[127] Justus Liebig: Ueber einen neuen Apparat zur Analyse organischer Körper, und die Zusammensetzung einiger organischer Substanzen, in: Annalen der Physik 21 (1831), S. 1–47; Brock: History, S. 194–197.

[128] Kühn: Chemie, S. 177; Hinzufügung MC; vgl. ähnlich Carl Remigius Fresenius: Ueber die Stellung des Chemikers bei gerichtlich-chemischen Untersuchungen und über die Anforderungen, welche von Seiten des Richters an ihn gemacht werden können, in: Justus Liebigs Annalen der Chemie 49 (1844), S. 275–286, S. 279 f.

nous devons avouer également qu'elle est bien éloignée de nous fournie des résultats aussi positifs, aussi satisfaisans, quand elles s'exercent sur les êtres organisés ou sur leurs produits immédiats.[129]

In der Leiche konnten vielleicht bestimmte unverdaute Pflanzenteile gefunden werden, die dann über eine botanische Bestimmung auf ein Gift hindeuten konnten, aber das eingenommene oder verabreichte Gift konnte nicht aus der Leiche extrahiert werden. Sacha Tomic hat argumentiert, dass dieses praktische Problem eine große Rolle in der Entwicklung der organischen Chemie gespielt hat. Die Suche nach einer Möglichkeit, komplette, unzerstörte Alkaloide aus organischen Gemischen zu extrahieren, war ein wichtiges Forschungsprogramm.[130] Jean Servais Stas (1813–1891) brachte dieses Programm einen großen Schritt weiter. Ihm gelang es in einem Gerichtsprozess, bei dem er als Sachverständiger hinzugezogen worden war, das als Gift eingesetzte Nikotin aus der Leiche des Opfers zu extrahieren. Sein Ansatz wurde von Friedrich Julius Otto (1809–1870) in dessen *Anleitung zur Ausmittelung der Gifte* (1856) zu einem systematischen Trennungsgang, dem so genannten Stas-Otto-Trennungsgang, weiterentwickelt.[131] Dieser Trennungsgang spielte aber erst in der zweiten Hälfte des 19. Jahrhunderts eine größere Rolle und wird entsprechend in Abschnitt 4.2 erklärt.

Die Beispiele Marsh und Stas zeigen, dass die Entwicklung analytischer Methode, soweit sie Gifte betraf, durchaus von der forensischen Toxikologie selbst vorangetrieben wurden. Es ging nicht nur um die Anwendung von im sterilen Labor entwickelten Maßnahmen auf praktische Probleme, sondern es waren gerade praktische Probleme, die die analytische Forschung teilweise erst dazu brachte, neue Methoden zu entwickeln, die den Ansprüchen – den Werten – vor Gericht genügten. Im folgenden Kapitel werden nun diese Werte vor den deutschen Strafrechtsreformen 1848 identifiziert und erläutert.

---

[129] Harmand de Montgarny: Essai, S. 91.

[130] Sacha Tomic: Alkaloids and Crime in Early Nineteenth-Century France, in: José Ramón Bertomeu-Sánchez und Agustí Nieto-Galan (Hrsg.): Chemistry, Medicine, and Crime. Mateu J.B. Orfila (1787–1853) and His Times, Sagamora Beach 2006, S. 261–292; ders.: Origines, S. 157–218.

[131] Friedrich Julius Otto: Anleitung zur Ausmittelung der Gifte. Ein Leitfaden bei gerichtlich-chemischen Untersuchungen, Braunschweig 1856.

Die Werte toxikologischer Methoden vor 1848   3

Nachdem im vorangegangenen Kapitel die Geschichte des Strafprozessrechts und der analytischen Chemie vor 1848 beschrieben wurde, soll es nun um den eigentlichen Kern der Sache gehen: die Methoden forensischer Toxikologie. Die Methoden sind es, die – neben dem Kontext der Anwendung – Toxikologie im Auge der zeitgenössischen Autoren zu einer (je nach Autor mehr oder weniger eigenständigen) Wissenschaft machten. Wie es der französische Mediziner Honoré Guérin de Mamers in seiner *Nouvelle Toxicologie* (1826) ausdrückte: „Il y a donc á faire *un choix des moyens les plus propres* á déceler l'existence des substances vénéneuses, et c'est par ce choix heureux que la toxicologie, se constituant un domaine á part, devient une véritable science."[1]

Die Werte, die in Abschnitt 1.2 als analytische Einheiten eingeführt worden sind, sollen nun helfen zu beschreiben, was in den Augen der Autoren und Praktiker genau Methoden zu diesen „moyens les plus propres"[2] machte, die forensische Toxikologen auswählen sollten. Diese Werte wurden in den Quellen nicht im Einzelnen expliziert. Es geht also darum zu rekonstruieren, welchen impliziten Grundsätzen die Methodenwahl und die Empfehlungen folgten.

Sechs Werte werden im Folgenden diskutiert: Sensitivität, Selektivität, Einfachheit, Sparsamkeit, Redundanz und Anschaulichkeit. Die ersten drei dieser Werte sind nicht unbedingt spezifisch für die forensische Toxikologie, brachten aber, wie gezeigt werden wird, im Kontext gerichtlicher Untersuchungen besondere Probleme und Überlegungen mit sich. Die letzten drei – Sparsamkeit, Redundanz und Anschaulichkeit – reagierten auf spezifische Probleme und Ansprüche des gericht-

---

[1] Guérin de Mamers: Toxicologie, S. 188, Hervorhebung MC.

[2] Ebd.

© Der/die Autor(en), exklusiv lizenziert an Springer Fachmedien Wiesbaden GmbH,   63
ein Teil von Springer Nature 2023
M. B. Carrier, *Der Wert von Methoden*,
https://doi.org/10.1007/978-3-658-41633-1_3

lichen Kontexts und waren insofern in dieser Ausprägung auch spezifisch für die forensische Toxikologie.

3.1 Sensitivität – *arsenic normale* und die Grenzen der Analyse

Unter dem Wert der Sensitivität sollen Empfehlungen und Entscheidungen zusammengefasst werden, die auf Methoden abzielen, die auch besonders kleine Mengen einer Zielsubstanz nachweisen, bzw. besonders große Mengen dieser Substanz isolieren können. Modern ausgedrückt ging es also darum, die Nachweisgrenze für Substanzen besonders niedrig zu halten. Sensitivität brachte dabei im gerichtlichen Kontext eigene Probleme mit. Umso geringere Konzentrationen bestimmter Substanzen nachgewiesen werden konnten, desto sicherer mussten sich die Toxikologen sein, nicht versehentlich natürlich vorkommende Substanzen, zu Lebzeiten verabreichte Medikamente oder gar Verunreinigungen der eingesetzten Reagenzien als Gifte zu identifizieren.

Sensitivität wurde in den Lehrbüchern sowohl in den deutschen Staaten als auch in Frankreich stillschweigend vorausgesetzt. In keinem Fall wurde ein solches Kriterium in allgemeinen Diskussionen zur Methodenwahl in den Lehrbüchern explizit eingeführt, weder in den deutschen Staaten, noch in Frankreich. Der Grund dafür liegt aber wohl eher in der vorausgesetzten Selbstverständlichkeit dieses Kriteriums als in seiner Unwichtigkeit. Es kam vielmehr weniger in allgemeinen Diskussionen zum Tragen als dann, wenn die Vor- und Nachteile verschiedener konkreter Methoden abgewogen werden sollten. Der offensichtlichste Fall ist hierbei der, in der eine neue Methode älteren gegenübergestellt wurde, um die Überlegenheit der neuen und häufig eigenen zu zeigen. Als Samuel Hahnemann (1755–1843) 1786 sein Verfahren zum Arsennachweis vorstellte, das wenigstens in Teilen bis weit ins 19. Jahrhundert immer wieder angewendet wurde, besprach er ausführlich ältere Verfahren, von denen er viele unter anderem dafür kritisierte, dass sie nicht sensitiv genug waren. Über eine Sublimationsreaktion für den Nachweis von Arsen schrieb er zum Beispiel:

> Aber besonders zu dieser Probe gehört eine nicht geringe Menge gefundnen [sic] Pulvers, (wenigstens acht bis zehn Gran[3]) wenn man nicht durch die Kleinheit des Objekts irre geführt werden oder sich vergebliche Arbeit machen will; wie selten aber

---

[3] Ca. 496–620 mg.

ist nicht eine so ansehnliche Menge im Magen eines nach vielen Stunden nach einer Menge von Ausleerungen Verschiedenen.[4]

Neben der Sensitivität als Kriterium für die Methodenkritik lieferte Hahnemann hier also auch gleich eine Begründung, warum sie als Kriterium wichtig sein sollte. Besonders in Vergiftungsfällen habe man es mit sehr geringen Mengen einer Substanz zu tun, die zu finden sein sollte. Dies wurde zusätzlich dadurch erschwert, dass Opfer nicht direkt verstarben, sondern oft erst Stunden nach der Vergiftung und sie sich in dieser Zeit erbrachen oder Reste des Gifts wieder ausschieden. Eine vielleicht sowieso schon geringe ursprünglich verabreichte Dosis wurde so noch schwerer aufzufinden. Sein eigenes Verfahren sollte genau diese Schwierigkeit lösen.

Aber nicht nur eigene Verfahren wurden auf diese Weise dargestellt. Die meisten Lehrbücher hatten eher zum Ziel verschiedene Verfahren darzustellen und das beste dieser Verfahren auszuwählen beziehungsweise zu empfehlen. Für Analysemethoden für Arsen wurde dies besonders interessant als der britische Chemiker James Marsh (1794–1846) mit der so genannten Marsh'schen Probe 1836 einen Test veröffentlichte, der sich im Verlauf des 19. Jahrhunderts als ein Standardtest durchsetzte. Der französische Arzt Charles Flandin (1803–1887) konnte diesen Test in seinem *Traité des Poisons* (1846) kaum weniger loben, als er schrieb:

> Et l'appareil [de Marsh] rendait sensible des proportions pour ainsi dire infinitésimales d'arsenic! Il décelait, sous forme de taches brillantes, ce métal dans une liqueur titrée au millionième, c'est-à-dire dans une liqueur qui pour un gramme d'eau ne contenait que la millionième partie d'un gramme d'arsenic. Que réactif plus précieux! On ne peut appliquer l'appareil assez vite, mais tel quel, aux recherches de la toxicologie légale.[5]

Die Marsh'sche Probe setzte sich nicht nur wegen der hohen Sensitivität durch. Wie ich an anderer Stelle bereits argumentiert habe[6] und worauf ich auch in dieser Arbeit immer wieder zurückkommen werde, wurde er praktisch zum Standardtest, gerade weil er so gut zu fast allen hier identifizierten Werten passte. Das Zitat von Flandin zeigt aber, wie geradezu euphorisch diese höhere Sensitivität aufgenommen wurde, und zumindest in seinem Fall war dies der Hauptgrund dafür, die unbedingte Anwendung in Fällen, in denen Arsen vermutet wurde, zu empfehlen.

---

[4] Hahnemann: Arsenikvergiftung, S. 223.

[5] Charles Flandin: Traité des poisons, ou Toxicologie appliquée á la médecine légale, á la physiologie et á la thérapeutique, Bd. 1, Paris 1846, S. 600, Hinzufügung MC.

[6] Vgl. Carrier: Value(s); für eine genauere Erklärung der Marsh'schen Probe vgl. weiter unten in diesem Kapitel.

In der Praxis wurde – ähnlich wie in den Lehrbüchern – kaum über Sensitivität gesprochen. Sie wurde aber dann relevant, wenn keine Methoden zur Wahl standen, die sensitiv genug gewesen wären, und Experten ihr fehlendes Ergebnis beziehungsweise ihre Interpretation eines nicht eindeutigen Ergebnisses rechtfertigen mussten. Als Beispiel für einen solchen Fall in den deutschen Staaten soll ein Kindsmordprozess von 1848 aus dem Königreich Württemberg dienen.[7]

Die Angeklagte in diesem Fall war die 28 Jahre alte Margarethe Häfele aus Hohengehren, die im Juli 1847 unverheiratet ihre Schwangerschaft angezeigt hatte. Der Vater des Kindes, der Tagelöhner Christian Hirz aus Hinterbach, hatte die Vaterschaft anerkannt. Mit demselben hatte sie 1845 auch schon ein erstes Kind gehabt, das bei ihm mit finanzieller Unterstützung aus Hohengehren lebte.[8] Zum Zeitpunkt der zweiten Schwangerschaft sei bereits die Hochzeit der beiden geplant gewesen, aber Häfele sei „in seinem [Hirz'] Heimathsorte nicht angenommen worden".[9] Nachdem auch ihre Geschwister die Schwangere nicht aufgenommen haben, sei sie zur Entbindung in eine Geburtsklinik in Tübingen gegangen.

Die Angeschuldigte selbst hat über ihre Tat und die Umstände derselben folgendes Geständniß abgelegt: „bei meinen Geschwistern hätte ich (mit dem Kinde) keine Aufnahme gefunden. Die Gemeinde will auch kein Kind; sie muß schon für das erste Kind etwas geben. So lange ich hier [in der Geburtsklinik] bin, dacht ich, ich wolle etwas kaufen für mein Kind – Vitriolöl [d. h. Schwefelsäure], daß mein Kind sterben soll, weil ich so im Elend bin. Es haben es schon mehr Mädchen so gemacht, die mit dem Kind nirgends hingewußt haben. Mein Bruder, der in Eßlingen wohnte, brachte von da die Nachricht, es habe es dort ein Mädchen einem Kind so gemacht. Allweil dachte ich, du solltest es nicht thun, aber dann dachte ich wieder, wo willst du hin mit dem Kind?"[10]

Sie besorgte sich also vor der Geburt aus einer nahen Apotheke einen Kolben Schwefelsäure und gab diese ihrem Kind 12 Tage nach der Geburt zu trinken. Die Schmerzensschreie des Kindes alarmierten erst andere Frauen in der Klinik, dann die Hebamme und den Arzt. Schwefelsäure wurde schnell als Gift identifiziert, ihr wurde

---

[7] Vgl. für den Fall neben den im Folgenden genannten Archivquellen auch Eva-Kristin Waldhelm: Anklage Mord – Vergiftungsfälle im Königreich Württemberg: Forensischtoxikologische Nachweisverfahren in Giftmordprozessen unter Berücksichtigung strafrechtlicher Bestimmungen und sozialer Aspekte. Diss. Braunschweig 2013, url: http://www.digibib.tu-bs.de/?docid=00054615 (besucht am 05.06.2020), S. 107–129.

[8] Staatsanwaltschaft: Anklageschrift im Fall Häfele, Tübingen, 9. August 1848, Landesarchiv Baden-Württemberg, Staatsarchiv Ludwigsburg (LABW LB), E 331 Bü 100, Qu. 46, S. 6 f.

[9] Ebd., S. 7.

[10] Ebd., S. 8.

der Kolben abgenommen und es wurde versucht, das Kind zu retten. Es verstarb am nächsten Morgen.[11]

Die Obduktion des Kindes ergab Verätzungen im Mund, in der Speiseröhre und an zahlreichen inneren Organen bis hin zu einem nahezu aufgelösten Magen. Außer diesen Befunden, über die der zuständige Oberamtsarzt Krauß angab, dass sie „unwiderlegbar die charakteristischen Vorzeichen der Einwirkung einer concentrirten Mineralsäure (der Schwefel-, Salz- und Salpetersäure)"[12] seien, fanden sie nichts, was den Tod hätte herbeigeführt haben können.[13] Der bei der Angeklagten gefundene Kolben wurde zusammen mit einer in der Bauchhöhle des Kindes gefundenen Flüssigkeit und den Resten des Magens und der Milz dem Tübinger Apotheker Winter zur chemischen Analyse überbracht. Seine Aufgabe war es zu entscheiden, ob eine Substanz im Körper gefunden werden könne, die mit der Substanz im Kolben identisch sei, und zu benennen, um welche Substanz es sich handle.[14]

Im Falle des Kolbeninhalts gestaltete sich diese Analyse als einfach. Nach der Bestimmung desselben als sauer mithilfe von Lackmuspapier, wurde ein Teil des Inhalts mit destilliertem Wasser verdünnt, filtriert und anschließend mit salzsaurem Baryt versetzt, wobei ein weißer Niederschlag entstand, den der Apotheker als schwefelsaures Baryt (Bariumsulfat) identifizierte.[15] Da es „für dieselbe [Schwefelsäure] *keine empfindlichere Reaction*" gebe, sei „der Inhalt der Flasche als Vitriolöl vollständig constatirt."[16]

Als schwieriger gestaltete sich die Analyse der aus der Leiche entnommenen Reste. Wieder verwendete er salzsaures, diesmal aber auch salpetersaures Baryt, um die Proben zu testen. Alle seine Experimente brachten aber ein negatives Ergebnis; Schwefelsäure konnte hier mit dieser – seiner Meinung nach – empfindlichsten Reaktion nicht nachgewiesen werden. Die Frage, ob sich in dem Kolben und im Körper dieselbe Substanz finden ließ, konnte der Apotheker also nicht beantworten, die Ärzte lieferten in ihrem abschließenden Gutachten jedoch sofort eine Erklärung hierfür:

> Die Identität des giftigen Stoffes, der in den Eingeweiden jene großen Texturveränderungen hervorgebracht hatte, mit dem Inhalt des Fläschchens konnte nicht mehr nachgewiesen werden. Dieß aber hat seinen natürlichen Grund. Die Schwefelsäure

---

[11] Ebd., S. 1–3.

[12] Oberamtsarzt Krauß: Gerichtsärtzliches Gutachten im Fall Häfele, inkl. chemischer Analyse, Tübingen, 26. Mai 1848, LABW LB, E 331 Bü 100, Qu. 26, S. 1 f., Zitat S. 2.

[13] Ebd., S. 4.

[14] Ebd., S. 3.

[15] Ebd., S. 3.

[16] Ebd., S. 3.

ist nämlich nicht wie Arsenik, Quecksilber und andere Metalle ein im Organismus
untilgbarer Stoff; vielmehr wird sie, indem sie organische Substanzen zerstört, chemisch selbst zersetzt und hört dann auf, nachweisbar zu sein. Nur dann, wenn in einem
Vergiftungsfall der Tod aus zufälligen oder [unleserlich] Gründen sehr frühzeitig, d. h.
in der ersten Stunde nach dem Verschlucken des Giftes erfolgen würde, wäre Aussicht
auf Entdeckung der Schwefelsäure vorhanden.[17]

Da also die Menge der Schwefelsäure während der Verätzung des Körpers abnehme,
habe sie nicht mehr für einen Nachweis ausgereicht. Deshalb betonte der Chemiker
in seinem ersten Schritt, dass es „keine empfindlichere Reaction"[18] für den Nachweis von Schwefelsäure gebe, es also keineswegs an seinen eingesetzten Methoden
lag, dass er im zweiten Analyseschritt kein Ergebnis vorweisen konnte. Dieser Beispielfall zeigt also, wie Sensitivität gerade dann zur Sprache kam, wenn die Grenzen
der Sensitivität erreicht wurden.

Wie sich in der gerade zitierten Passage des Gutachtens der Ärzte aber schon
andeutete, war dies allerdings kein Grund, an der Vergiftung durch Schwefelsäure
zu zweifeln. Die Veränderungen an der Leiche waren eindeutig und zusammen mit
dem Geständnis, dass Häfele dem Kind die Flüssigkeit aus der Flasche gegeben
hatte, die chemisch eindeutig als Schwefelsäure identifiziert worden war, waren die
Beweise in ihren Augen hinreichend, um von einer Vergiftung mit Schwefelsäure
auszugehen.[19] Der Staatsanwalt schloss sich in seiner Anklageschrift dieser Überzeugung an und beantragte die Todesstrafe durch Enthauptung.[20] Dies war dann
auch der Inhalt des Urteils der ersten Instanz[21], das noch einmal in zweiter Instanz
bestätigt wurde.[22] Im April 1849 wurde sie von König Wilhelm I. von Württemberg
zu einer zwanzigjährigen Zuchthausstrafe begnadigt.[23]

Im Fall Häfele wurde das Sensitivitätsproblem von Vergiftung mit Schwefelsäure
also direkt im Gutachten thematisiert. Es gab kein hinreichend sensitives Verfahren,
um Schwefelsäure, die bereits einige Zeit im Körper gewirkt hatte, zweifelsfrei
festzustellen. Die Sachverständigen konnten sich lediglich auf die pathologischen

---

[17] Ebd., S. 3 f.

[18] Ebd., S. 3.

[19] Ebd., S. 4.

[20] Staatsanwaltschaft: Anklageschrift Häfele, LABW LB, E 331 Bü 100, Qu. 46, S. 12 f.

[21] Gerichtshof Tübingen: Urteil der 1. Instanz im Fall Häfele vom 7. November 1848, LABW
LB, E 331 Bü 100, Qu. 62.

[22] Ders.: Urteil der 2. Instanz im Fall Häfele vom 28 März 1849, LABW LB, E 331 Bü 100,
Qu. 85.

[23] König Wilhelm I. von Württemberg: Begnadigung Margarethe Häfele vom 6.4.1849,
LABW LB, E 331 Bü 100, Qu. 85.

Veränderungen an der Leiche berufen. Dies stellte in diesem Fall wohl weniger ein Problem dar. Auch wenn Lehrbuchautoren in Frankreich und in den deutschen Staaten mehrfach betonten, dass Symptome vor dem Tod und Obduktionsbefunde oft nicht hinreichend sein konnten, um sicher auf eine Vergiftung zu schließen[24], gab es in diesem Fall aus Sicht der Toxikologen wenig Probleme. Anders als etwa Vergiftungen mit Arsen waren die Verätzungen mit Schwefelsäure nicht mit einer Krankheit zu verwechseln.

Dennoch zeigt das Beispiel, dass selbst in einem solchen Fall, in dem die Symptome eindeutig waren, der Nachweis der giftigen Substanz im Körper einen sehr hohen Stellenwert hatte. Dies ist auch daran zu erkennen, dass die berufenen Sachverständigen diesen Nachweis nicht nur versuchen zu führen, sondern sich anscheinend dazu genötigt fühlen, den ausgebliebenen Erfolg auch zu erklären. Es ist möglich, die oben zitierte Stelle so zu verstehen, dass sie befürchten, das negative Ergebnis der chemischen Analyse könnte Zweifel wecken am eigentlich eindeutigen Sachverhalt.

Dies passt sehr gut zusammen mit Diskussionen über die Notwendigkeit der Chemie bei Vergiftungsfällen in den Lehrbüchern. Sowohl in Deutschland als auch in Frankreich verschob sich in der ersten Hälfte des 19. Jahrhunderts die Diskussion in den Lehrbüchern darüber, ob ein chemischer Nachweis notwendig zum Nachweis einer Vergiftung sei. Bis mindestens in die 1820er Jahre lag der Fokus bei der Einordnung der Wichtigkeit der chemischen Analyse in einem Vergleich mit anderen möglichen Beweisen, die die Gerichtsmedizin liefern konnte, nämlich mit der Aussagekraft von Krankheitssymptomen und pathologischen Veränderungen an der Leiche. So schrieb etwa der Arzt Adolph Henke (1775–1843) in seinem *Lehrbuch der gerichtlichen Medicin*:

> Die beiden ersten Kennzeichen [gemeint sind die Symptome vor dem Tod und das Obduktionsergebnis] geben aber *keinen völlig entscheidenen Beweis* wegen der Vergiftung überhaupt, noch besonders der Art derselben, denn es können sowohl die vor dem Tode eintretenden Erscheinungen, als auch die Veränderungen der Leiche, möglicher Weise auch durch heftige und schnell tödtende Krankheiten hervorgebracht werden. […] Selbst das Geständniss des Beschuldigten würde die Sache nicht über allen Zweifel erheben.

> Es bleibt also als entscheidender Beweis nur die Prüfung der im Magen und Darmkanal gefundenen Substanzen über, und diese allein, wenn sie kunstmässig unternommen wird, kann völlige Gewissheit geben. Diese Prüfung muss aber, wenn sie entscheidend

---

[24] Vgl. z. B. Mathieu Orfila: Traité de Poisons tirés des règnes minéral, végétal et animal, ou Toxicologie Générale, Bd. 2, Teil 2, Paris 1815, S. 267; Flandin: Traité, Bd 1, S. 375; Henke: Lehrbuch, S. 329; sowie Carl Bergmann: Lehrbuch der *Medicina Forensis für Juristen*, Braunschweig 1846, S. 515.

seyn soll, in der *chemischen Untersuchung* des im Magen und den Gedärmen Vorge-
fundenen bestehen; denn *nur die Auffindung der giftigen Substanz in dem Körper giebt
den einzigen unumstösslichen Beweis der geschehenen Vergiftung.* Ist die chemische
Untersuchung unterlassen worden, so sind die gerichtlichen Ärzte nicht im Stande, aus
den übrigen Indicien die Vergiftung mit Sicherheit zu erweisen.[25]

In französischen Lehrbüchern des frühen 19. Jahrhunderts wurde gerne der österreichische Arzt Joseph Jakob Plenck (1735–1807) zitiert, zum Beispiel in Har-
mands *Essai*: „Unicum signum certum dati veneni est notitia botanica inventi veneni
vegetabilis, (Notitia zoologica inventi veneni animalis), et analysis chemica inventi
veneni mineralis."[26] Zumindest wenn es um anorganische Gifte ging, stellte also
die chemische Analyse den einzigen sicheren Beweis da. In einer Auflistung aller
möglichen Beweise für eine Vergiftung ordnete dann Harmand auch nur der chemischen Analyse eine wirkliche Beweiskraft zu; alle anderen möglichen Indizien
seien zumindest allein machtlos.[27] Harmand ging soweit, die chemische Analyse
(wenigstens bei anorganischen Giften) im Grunde als eine notwendige Bedingung
für eine Verurteilung darzustellen.[28]

In den 1830er Jahren verschob sich der Fokus bei der Darstellung der Wichtigkeit
der chemischen Analyse. Die positive chemische Analyse blieb ein wichtiges und
das einzig sichere Beweismittel zur Feststellung des Tatbestandes einer Vergiftung;
kein mir bekannter Lehrbuchautor vertrat aber nun die Position, dass es den Status
einer notwendigen Bedingung einnahm. Während in den 1810er und 1820er Jahren
die Bedeutung der positiv ausgefallenen chemischen Analyse betont wurde, ging
es nun darum, die Bedeutung von negativen Ergebnissen herabzusetzen. Der Arzt
Johann Baptist Friedreich schrieb dazu etwa in seinem Handbuch der gerichtsärztlichen Praxis (1844):

In Bezug auf die Frage: *ob und welche Beweiskraft für den objektiven Thatbestand einer
geschehenen Vergiftung den durch die chemischen Untersuchungen erhaltenen Resultaten zukommt*: gilt überhaupt der Grundsatz: dass die Auffindung der Giftsubstanz im
Körper und im Magen und Darmkanale der gerichtlich geöffneten Leiche und kunst-
gemässe Ausscheidung der Giftsubstanz aus der Leiche zwar den sichersten Beweis
einer geschehenen Vergiftung giebt, dass aber dieser Satz nicht umgekehrt werden

---

[25] Henke: Lehrbuch, S. 342, Hervorhebungen im Original, Hinzufügung MC. ähnliche Stellen
in den deutschen Lehrbüchern lassen sich finden in Roose: Grundriss, S. 160; Schneider: Gifte,
S. 430; und Buchner: Toxikologie, S. 52 f., 591.

[26] Zitiert nach Harmand de Montgarny: Essai, S. 57. Der Zusatz stammt von Harmand.

[27] Ebd., S. 106 f.

[28] Ebd., S. 108–110.

darf, d. h. dass das Nichtauffinden einer Giftsubstanz in der Leiche kein untrüglicher Beweis ist, dass keine Vergiftung Statt gefunden habe.[29]

Den Grund dafür sah Friedreich in den Grenzen der Analyse, das also bestimmte Gifte nicht sicher ermittelt werden können (die Schwefelsäure aus den angeführten Fallbeispielen wäre hier ein Beispiel dafür) oder dass andere Umstände (Erbrechen, Durchfall, etc.) das Gift für die Analyse unzugänglich gemacht haben.[30]

Der Wert der Sensitivität fiel so gesehen zusammen mit einem Ideal, das der chemischen Analyse – zumindest in den Augen der Gerichtsmediziner und forensischen Toxikologen – einen geradezu zentralen Platz in der juristischen Aufklärung des Sachverhalts zuschrieb. Dass der Staatsanwalt im Fall Häfele in seiner Anklageschrift die Rechtfertigung der Sachverständigen für den fehlgeschlagenen Substanznachweis noch einmal aufgriff und zustimmend zitierte, zeigt, dass auch er in der fehlenden eindeutigen chemischen Identifikation zumindest die Möglichkeit eines Zweifels sah, die es zu vermeiden galt.

Nachdem ich aber in Abschnitt 2.1 erläutert habe, dass das französische Recht zumindest laut Gesetzestext mehr Wert auf den Nachweis der spezifischen Substanz legte als das deutsche, stellt sich besonders vor diesem Hintergrund die Frage, wie in Frankreich mit einem ähnlichen Fall umgegangen wurde. Hierfür soll der folgende Beispielfall, der sich ebenfalls mit einer Vergiftung durch Schwefelsäure befasst, angeführt werden.

Der Angeklagte in diesem Fall von 1827 war der 27jährige Korbmacher Charles Christophe Hervé aus Rambouillet. Seine Frau war ein Jahr zuvor verstorben und mit seiner Arbeit verdiente er nicht genug, um seine Schulden zu bezahlen und sich selbst und seine beiden Kinder, das eine drei Jahre, das andere zum Tatzeitpunkt 14 Monate alt, zu versorgen. Er wollte wieder heiraten, doch seine neue Frau zögerte und wollte nicht die Verantwortung für die beiden Kinder übernehmen. Also gab er das ältere der beiden Kinder in eine Schule in Rambouillet, das jüngere zur Pflege bei einer Frau Briant in Hameau de Grenouvilliers.[31]

Am Tag der Tat besuchte er das jüngere Kind und spielte mit ihm, während Frau Briant in einem anderen Raum Arbeiten verrichtete. Ähnlich wie im Fall Häfele wurde sie von den Schmerzensschreien des Kindes alarmiert. Das Kind hatte gelbe

---

[29] Johannes Friedreich: Handbuch der gerichtsärztlichen Praxis, Bd. 2, Regensburg 1844, S. 1180 f. ähnliche Stellen finden sich in Alphonse Devergie: Médecine léglae, théorique et pratique, Bd. 1, Brüssel 1837, S. 446 f. und Orfila: Traité 1843, Bd. 2, S. 690.

[30] Friedreich: Handbuch, Bd. 2, S. 1187 f

[31] Le Procureur du Roi: Acte d'accusation contre Charles Christophe Hervé, ADY, 2U 180.

Flecken auf der Kleidung und litt offensichtliche Schmerzen. Es verstarb am selben Abend.[32]

Statt sich um die Gesundheit des Kindes zu kümmern, habe Hervé sich – so die Anklageschrift – nur um die eigene Sicherheit gesorgt und später auch vergeblich versucht, die Kleidung des Kindes zu verbrennen. Vor dritten habe er aber trotzdem zugegeben, das Kind vergiftet zu haben. Die herbeigerufenen Beamten fanden eine Flasche Schwefelsäure bei ihm und er wurde direkt verhaftet.[33]

Auch in diesem Fall stützte sich das Urteil der Sachverständigen hauptsächlich auf die Sektion der Leiche. Die Befunde dabei waren ähnlich wie im Fall Häfele und im Einklang mit einer Vergiftung mit Schwefelsäure: die inneren Organe wiesen Verätzungen bis hin zur fast vollständigen Zersetzung auf.[34] Eine chemische Analyse fand allerdings überhaupt nicht statt. Stattdessen war der relevante Beweis in den Augen der Experten in den gelben Flecken auf der Kleidung des Kindes zu sehen. Mit frischer Schwefelsäure gelang es den Experten die gelben Flecken auf der Kleidung des Kindes zu reproduzieren:

> Nous ayant fait représenter les vêtements qui couvraient l'enfant. Nous remarquâmes sur une petite robe de laine noire et sur en outre vêtement de toile verte, des taches, d'un rouge jaunêtre et très variées dans leur intensité des couleur, effet de l'action d'un acide plus ou moins pur sur ces couleurs, taches que nous avons ensuite reproduits en versant de l'acide sulphurique sur des portions de ces mêmes vêtements. [...] En conséquence, d'apres un tel examen, nous estimons que le petit individu a du succombe à l'effet d'un poison corrosif, que nos expériences comparatives sur des parties de mêmes vêtements, nous ont fait juger devoir être l'acide sulphurique [...].[35]

Für diese Untersuchung war zwar ein Apotheker anwesend, eine chemische Analyse im eigentlichen Sinne fand aber nicht statt.[36] Anders als das Gutachten im Fall Häfele wurde kein Grund angegeben, weswegen auf eine solche Analyse verzichtet wurde. Nach den überlieferten Akten zu urteilen, wurde nicht einmal die Flasche, die Hervé abgenommen worden war, nach Schwefelsäure untersucht. Zumindest für die fehlende chemische Untersuchung von Proben aus der Leiche wird der Grund aber vermutlich der gleiche gewesen sein wie im Fall Häfele: je länger Schwefelsäure wirkt, desto schwieriger ist sie nachzuweisen. Bekannte Methoden waren nicht sensitiv genug, um dieses Ziel zu erreichen. Stattdessen verfolgten die Experten

---

[32] Ebd.

[33] Ebd.

[34] N. N.: Expertise dans le cas Hervé, ADY, 2U 180.

[35] Ebd.

[36] Ebd.

eine andere Strategie, auf die ich in Abschnitt 3.6.1 zum Thema Anschaulichkeit noch einmal zurückkommen werde.

Ob es nun hinreichend sensitive Tests gab oder nicht, das Gericht war von der Schuld Hervés überzeugt. Die Geschworenen bejahten die Frage nach seiner Schuld einstimmig. Er wurde zum Tode verurteilt und eine versuchte Revision war nicht erfolgreich.[37] Ob und wann das Urteil vollstreckt wurde, ist nicht überliefert. Zumindest in einem solchen Fall, in dem – wie bei Häfele – erstens die Symptome eindeutig auf Schwefelsäure hindeuteten und zweitens ein Geständnis vorlag, schützte auch im französischen Recht ein negatives Ergebnis einer Analyse – oder in diesem Fall eine gar nicht stattgefundene chemische Analyse – Angeklagte nicht vor einem Schuldspruch.

Weder in den Lehrbüchern noch in der Praxis spielte Sensitivität also eine herausragende, explizit ausformulierte Rolle. Es wurde zwar als vergleichendes Kriterium angesprochen, in der Praxis kam es aber hauptsächlich dann zum Tragen, wenn gerechtfertigt werden musste, dass die Frage nach der Identität einer Substanz nicht eindeutig beantwortet werden konnte. Es ging dann also um die Grenzen der Möglichkeiten chemischer Analyse und die Betonung, dass ein negatives Ergebnis der Analyse nicht überbewertet werden sollte, wenn der Rest der Beweislast ausreichend war. Eine niedrige Sensitivität erhöhte das Risiko von falsch negativen Ergebnissen. Umgekehrt brachte aber Sensitivität durchaus Probleme mit sich, die in den Lehrbüchern sehr wohl angesprochen wurden. Eine immer höhere Sensitivität konnte das Risiko falsch positiver Ergebnisse erhöhen, insbesondere wenn giftige Stoffe natürlich im Körper vorkommen konnten oder Verunreinigungen der Chemikalien, die vorher vielleicht unter der Nachweisgrenze lagen, nun fälschlich für Vergiftungen gehalten wurden.

Das erste Problem der sinkenden Nachweisgrenze waren Stoffe, die auch natürlich im menschlichen Körper vorkamen. Die Diskussion, die in diesem Zusammenhang am meisten Aufsehen erregte, war sicherlich die Diskussion um *arsenic normale*, die Ian Burney in *Bones of Contention*[38] (2006) und José Bertomeu-Sánchez in *Sense and Sensitivity*[39] (ebenfalls 2006) ausführlich dargestellt haben.

---

[37] Le Cour d'Assise de Seine et Oise: Arrêt contre Charles Christophe Hervé, ADY, 2U 180; Le Cour de Cassation, Paris: Extrait des Minutes, Charles Christophe Hervé, ADY, 2U 180.

[38] Ian Burney: Bones of Contention. Mateu Orfila, Normal Arsenic and British Toxicology, in: José Ramón Bertomeu-Sanchez/Agustí Nieto-Galan (Hrsg.): Chemistry, Medicine, and Crime. Mateu J.B. Orfila (1787–1853) and His Times, Sagamora Beach 2006, S. 243–259.

[39] José Ramón Bertomeu-Sánchez: Sense and Sensitivity. Mateu Orfila, the Marsh Test and the Lafarge Affaire, in: José Ramón Bertomeu-Sánchez/Agustí Nieto-Galan (Hrsg.): Chemistry, Medicine, and Crime. Mateu J.B. Orfila (1787–1853) and His Times, Sagamora Beach 2006, S. 207–242.

Im Zentrum der Kontroverse stand die schon erwähnte Marsh'sche Probe. Marsh hatte, selbst als Sachverständiger in einem Vergiftungsfall hinzugezogen, diese Probe 1836 veröffentlicht.[40] Er verwendete für seine Analyse einen Versuchsaufbau, den so genannten Marsh'schen Apparat, an dem sich das Grundprinzip der Analyse sehr gut erklären lässt (Abb. 3.1). In eine gebogene Glasröhre (*a* in Abb. 3.1) werden die zu analysierende Probe, Schwefelsäure und Zink gegeben. Es entsteht ein Gas, das mit Hilfe eines Hahns (*b* in Abb. 3.1) aufgefangen wird (angedeutet durch den ungleichmäßigen Pegelstand der Flüssigkeit in Abb. 3.1). Wenn sich genug Gas gesammelt hat, wird der Hahn geöffnet und das entweichende Gas angezündet und eine Porzellanplatte (*f* in Abb. 3.1) über die Flamme gehalten. War kein Arsen in der Probe handelt es sich bei dem entstehenden Gas um Wasserstoff und nach der Verbrennung setzt sich höchstens Wasser auf der Porzellanplatte ab. Wenn jedoch Arsen in der Probe vorhanden war, handelte es sich bei dem Gas um Arsenwasserstoff[41], der bei der Verbrennung zu elementarem Arsen reduziert wird, das sich dann als Metallspiegel auf der Porzellanplatte absetzt.

Marshs Test wurde sowohl in Frankreich als auch in den deutschen Staaten schnell rezipiert. Nicht nur wurde der originale Aufsatz selbst 1837 ins Deutsche und Französische übersetzt[42], sondern er wurde auch von wichtigen Chemikern der Zeit direkt mit Kommentaren versehen. Sowohl der deutschen als auch der französischen Version des Aufsatzes folgten direkt zwei Kommentare und Zusätze von Carl Friedrich Mohr (1806–1879)[43] und Liebig[44]. Ebenfalls 1837 nahm Berzelius die Marsh'sche Probe in seine Jahresberichte auf, die nicht nur insgesamt ins Deutsche übersetzt wurden[45], sondern aus denen heraus auch der Teil über die Marsh'sche

---

[40] Marsh: Account.

[41] AsH3, manchmal auch Arsin genannt.

[42] James Marsh: Beschreibung eines neuen Verfahrens, um kleine Quantitäten Arsenik von den Substanzen abzuscheiden, womit er gemischt ist, in: Annalen der Pharmacie 23.2 (1837), S. 207–216; ders.: Description d'un nouveau procédé pour séparer de petites quantités d'arsenic des substances avec lesquelles il est mélangé, in: Journal de pharmacie et des sciences accessoires 23 (1837), S. 553–562.

[43] Friedrich Mohr: [Zusatz zur Marshschen Probe], in: Annalen der Pharmacie 23.2 (1837), S. 217–223; ders.: [Addition á la méthode de Marsh], in: Journal de pharmacie et des sciences accessoires 23 (1837), S. 562–567.

[44] Justus Liebig: [Zusatz zur Marshschen Probe], in: Annalen der Pharmacie 23.2 (1837), S. 223–227; ders.: [Addition á la méthode de Marsh], in: Journal de pharmacie et des sciences accessoires 23 (1837), S. 567–570.

[45] Jöns Jakob Berzelius: Jahres-Bericht über die Fortschritte der physischen Wissenschaften. Eingereicht an die schwedische Akademie der Wissesnchaften am 31. März 1837, hrsg. v. Friedrich Wöhler, Tübingen 1838.

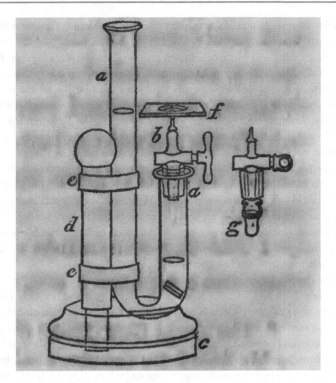

Abb. 3.1 Marsh'scher Apparat in der Darstellung von Marsh selbst.   (Quelle: Marsh: Account, S. 236)

Probe inklusive Berzelius' eigener Versuche dazu gesondert veröffentlicht wurde.[46] In ihrem historischen Überblick zur Marsh'schen Probe in ihrem Lehrbuch *Manuel pratique de l'Appareil de Marsh* (1843) erwähnen Alphonse Chevallier (1793–1879) und Jules Barse (1812–1878), dass der Marsh'sche Apparat in Paris seit Ende 1837

---

[46] Berzelius: Methoden; dieser Teil erschien auch noch einmal extra ins Französische übersetzt als ders.: Observations de Berzélius sur les méthodes de Paton, Marsh et Simon pour découvrir l'arsenic, in: Journal de pharmacie et des sciences accessoires 24 (1838), S. 179–182.

bekannt gewesen sei,[47] und ein Apotheker aus Fontainebleau berichtete von einer erfolgreichen Anwendung der Marsh'schen Probe im Mai 1838.[48]

Berzelius, Liebig und Mohr berichteten insbesondere von ihren eigenen Erfahrungen mit der Marsh'schen Probe, von denen sie besonders die hohe Sensitivität hervorhoben: Berzelius leitete seinen Bericht über die Marsh'sche Probe direkt damit ein, dass diese „alle Aufmerksamkeit" verdiene, „sobald sie noch bei einem sehr kleinen Arsenikgehalt gelingt".[49] Liebig erklärte: „Die Empfindlichkeit der angegebenen Methode, den Arsenik in einer Flüssigkeit, worin er als arsenige Säure enthalten ist, zu entdecken, übersteigt in der That beinahe jede Vorstellung."[50] Mohr war der einzige hier, der die hohe Sensitivität nicht nur lobte, sondern auch gleich mögliche Probleme identifizierte, die damit einhergehen konnten: „[I]n der That ist die Empfindlichkeit so ganz enorm, dass man die grösste Vorsicht gebrauchen muss, um nicht durch Reste eines vorhergehenden Versuches getäuscht zu werden."[51] Dies trübte aber sein überaus positives Urteil der Methode nicht: „Diese Methode von Marsh macht in der That Epoche in der Geschichte der Ermittlung des Arseniks, und alle früheren Methoden fast überflüssig."[52]

Mithilfe der Marsh'schen Probe fanden Orfila und Jean Pierre Couerbe (1805–1867) im Jahr 1838 Arsen in den Knochen von Leichen, die sicher nicht an einer Arsenvergiftung gestorben waren. Sie veröffentlichten ihre Ergebnisse nicht sofort, aber Orfila hinterlegte einen versiegelten Brief in der *Académie royale de médecine* zur Sicherung von Prioritätsansprüchen, sollten sich diese Befunde als wahr erweisen.[53] 1839, nachdem Orfila sicher war, dass er Arsen, das zur Vergiftung benutzt worden war, von *arsenic normale*, wie er nun das seiner Meinung nach natürlich im Körper vorkommende Arsen nannte, unterscheiden konnte, veröffentlichte er die Ergebnisse.[54] Im Fall von Arsen war das Problem besonders drängend, da die meisten aufgeklärten Giftmorde mit Arsen verübt wurden.[55] Gleichzeitig waren im Fall von Arsen die Symptome und die Leichenbefunde uneindeutig; die Sym-

---

[47] Alphonse Chevallier/Jules Barse: Manuel Pratique de l'Appareil de Marsh, Paris 1843, S. 61; vgl. auch Bertomeu-Sánchez: Sense, S. 236, Endnote 47.

[48] F. Thinus: Note sur l'emploi de la méthode de James Marsh, dans un cas de médecine légale, in: Journal de pharmacie et des sciences accessoires 24 (1838), S. 500–503; vgl. auch Bertomeu-Sánchez: Sense, S. 214.

[49] Berzelius: Methoden, S. 159.

[50] Liebig: [Zusatz], S. 223.

[51] Mohr: [Zusatz], S. 221.

[52] Ebd., S. 221.

[53] Bertomeu-Sánchez: Sense, S. 217.

[54] Ebd., S. 217.

[55] Vgl. Burney: Bones, S. 244.

ptome glichen der Cholera und konnten leicht verwechselt werden, die Leichenbefunde bestanden aus Reizungen der inneren Organe, die ebenfalls bei Magen-Darm-Erkrankungen wie der Cholera auftreten konnten. Wenn nun also tatsächlich Arsen in geringen Konzentrationen natürlich im Körper vorkäme und gleichzeitig Tests sensitiv genug wurden, um diese geringen Konzentrationen nachzuweisen, wäre das Risiko falsch positiver Ergebnisse und damit der Verurteilung Unschuldiger sehr hoch.

Es entspann sich eine größere Kontroverse, die bis 1841 andauerte und Teil einer institutionellen Auseinandersetzung zwischen der *Académie royale de médecine*, die auf der Seite Orfilas stand, und der *Académie des sciences*, die Orfila niemals aufnahm, war.[56] Orfila selbst konnte seine Ergebnisse 1840 nicht mehr reproduzieren, was die *Académie royale de médecine* aber lediglich dazu brachte, nicht mehr über das Problem des *arsenic normale* zu sprechen.[57] Arsen konnte nicht natürlich im Körper nachgewiesen werden; für Arsen hätte das Problem also gelöst sein können. Das Problem tauchte zwar vereinzelt in Lehrbüchern auf, aber immer mit dem klaren Verweis darauf, dass es kein solches *arsenic normale* gebe.[58]

Das heißt aber nicht, dass die Kontroverse keine Ergebnisse in Hinblick auf falsche Ergebnisse der Marsh'schen Probe gebracht hätte. Anstelle von Normalarsen war es aber die Vorbereitung der Probe einerseits und der genaue Aufbau des Apparats andererseits, die nun besondere Aufmerksamkeit erhielten. Für die besten Ergebnisse der Marsh'schen Probe muss vor ihrer Durchführung das organische Material in der Probe zerstört werden. Andernfalls kommt es zu einer großen Schaumentwicklung, die dafür sorgen kann, dass der Test nicht erfolgreich abgeschlossen werden kann; bei einer abgeschlossenen Probe können die organischen Verunreinigungen falsch positive Ergebnisse produzieren. In der Diskussion zwischen der *Académie royale de médecine* und der *Académie des sciences* waren es im Wesentlichen drei Methoden, um die die Debatte kreiste. Zwei davon, die Zerstörung organischen Materials durch Salpetersäure und die durch die Behandlung mit Salpeter, hatte Orfila vorgeschlagen. Die dritte, bei der die Probe mit konzentrierter Schwefelsäure zunächst verkohlt wurde und anschließend erst mit Salpetersäure oder Königswasser[59] behandelt wurde, war von Flandin und dem Glasbläser Ferdinand Philippe Danger (geb. 1802) vorgeschlagen worden. Das Urteil der *Académie des sciences* viel eindeutig aus:

---

[56] Bertomeu-Sánchez: Sense, S. 225–228.

[57] Ebd., S. 226.

[58] Vgl. z. B. Flandin: Traité, Bd 1, S. 726; Friedrich: Handbuch, Bd. 2, S. 1182–1185.

[59] Dabei handelt es sich um eine 2:1 Mischung von Salpetersäure und Salzsäure.

Les procédés de carbonisation des matières animales par l'acide nitrique ou le nitrate de potasse peuvent réussir d'une manière complète; mais il arrive cependant quelquefois qu'on n'est pas maître d'empêcher und déflagration très-vive à la fin de l'expérience: cette déflagration peut donner lieu à une perte notable d'arsenic. La carbonisation par l'acide sulfurique concentré et le traitement du charbon résultant par l'acide nitrique ou l'eau régale, nous paraît préférable dans un grand nombre de cas.[60]

Die *Académie royale de médecine* kam hingegen zum entgegengesetzten Urteil:

Quant au procédé par carbonisation adopté par ces messieurs [Danger et Flandin], nous le regardons comme bon; toutefois il ne doit point être préféré au procédé par incinération, au moyen du nitrate de potasse, tel que nous l'avons décrit d'après M. Orfila; sous le rapport même de la netteté, de la sensibilité et de l'aspect métallique du poison, ce dernier procédé es supérieur à l'autre.[61]

Während der erste Bericht also in den Vordergrund stellte, dass es bei Orfilas Verfahren leicht zu Verpuffungen kommen könnte, die eine Probe unmöglich machten, rückte der zweite Bericht insbesondere auch die höhere Sensitivität von eben dieser Methode in den Vordergrund. Auch bei der Konstruktion der Apparate, auf deren Einzelheiten hier nicht mehr eingegangen wird, stellte sich die *Académie royale de médecine* hinter ihr Mitglied Orfila und gegen die *Académie des sciences*.[62]

Aber nicht nur bei Arsen, auch bei anderen Stoffen gab es mit steigender Sensitivität von Tests die Möglichkeit, natürliche Konzentrationen mit verabreichten Giften zu verwechseln. Hinzu kam auch der Einsatz von potentiell giftigen Stoffen in Medikamenten. Am eindeutigsten wurde diese Möglichkeit und der Umgang damit in der vierten Auflage von Orfilas *Traité de Toxicologie* (1843) diskutiert. Aus diesem Grund, so Orfila, sei die chemische Analyse alleine nie hinreichend, sondern immer nur in Verbindung mit Symptomen vor dem Tod und pathologischen Befunden an der Leiche aussagekräftig.[63] Gleichzeitig sprach er sich aber auch heftig dagegen aus, etwa zur Auflage zu machen, dass bestimmte Mengen an Gift gefunden werden müssten, von denen dann sicher sei, dass sie nicht natürlich im Körper vorkamen oder über Medikamente ohne verbrecherische Absicht verabreicht worden waren:

---

[60] Danger und Flandin haben eine Sammlung ihres Artikels zusammen mit den Gutachten beider Akademien und der Protokolle der Diskussionssitzungen veröffentlicht: Ferdinand Philippe Danger/Charles Flandin: De l'arsenic, suivi d'une instruction propre á servir de guide aux experts dans les cas d'empoisonnement, Paris 1841, S. 88.

[61] Ebd., S. 149.

[62] Ebd., S. 149; De l'arsenic, S. 149; vgl. auch Bertomeu-Sánchez: Sense, S. 226–228.

[63] Orfila: Traité 1843, Bd. 2, S. 690.

Est-il nécessaire, pour établir que l'empoisonnement a eu lieu, de recueillir une quantité déterminée de substance vénéneuse, ou bien suffit-il de prouver que cette substance existe dans une proportions quelconque? – Cette question a été surtout agitée dans ces derniers temps, depuis que nous sommes parvenu [sic] à déceler les plus petits atomes de préparations arsenicales, antimoniales, cuivreuses, etc. On s'est demandé s'il n'y avait par témérité à conclure qu'il y avait eu empoisonnement, alors que l'on ne parvenait à découvrir que des quantités excessivement minimes d'une substance vénéneuse. Des médecins peu versés dans l'étude de la toxicologie ont paru disposés à n'accorder que peu de valeur aux résultats des expériences chimique, quand ils n'auraient pas pour effet d'extraire des matières suspectes un *quantité* de substances vénéneuse qui ne serait par trop *minime*. Il nous ser aisé de prouver que rien d'autorise à adopter un pareil principe, et qu'en le consacrant on compromet sérieusement les intérêts de la société.[64]

Orfilas erstes grundsätzliches Argument war also ein gesellschaftliches. Er stritt nicht ab, dass eine höhere Sensitivität das Problem falsch positiver Ergebnisse beinhaltete. Die Rechtmäßigkeit der Frage in diesem Zitat wurde nicht infrage gestellt. Orfilas Argument war jedoch, dass das Interesse der Gesellschaft überwiege und falsch negative Ergebnisse gesellschaftlich ein größeres Problem seien als falsch positive Ergebnisse. Für die Gesellschaft – so muss dieses Argument wohl interpretiert werden – sei die Verurteilung Unschuldiger weniger schädlich als der Freispruch Schuldiger.

Dieses Argument ist auch deswegen interessant, weil Orfila selbst seinem *Traité des Poisons* von 1815 die Praxis von Ärzten verurteilt hatte, nur aufgrund von Symptomen und der pathologischen Befunde eine Vergiftung zu vermuten, ohne eine chemische Analyse durchzuführen. Der Grund für seine Kritik war, dass so Unschuldige verurteilt werden könnten, weil diese Anzeichen ohne chemische Analyse nicht ausreichend seien.[65] An dieser Stelle, wo es darum ging, die Autorität der chemischen Analyse durchzusetzen und zu festigen, führte er also gerade das Risiko falsch positiver Fälle an. Hier hingegen, wenn die Autorität chemischer Analyse zwar grundsätzlich gefestigt aber aus anderen Gründen wieder infrage gestellt war, verstand er falsch positive Fälle eher als notwendiges Übel.

Aber er führte auch Gründe für seine Haltung an, die in der chemischen Analyse selbst und nicht in der Gesellschaft und ihrer Abwägung zwischen Risiken begründet lagen. Die Chemie selbst habe für die allermeisten Substanzen keine Verfahren, die die notwendige Sensitivität hätten, um eine festgelegte Grenze einer bestimmten Quantität zu erreichen: „Dans certain cas d'empoisonnement par des substances minérales susceptibles d'être décelées par des réactifs, l'expert peut se trouver dans

---

[64] Orfila: Traité 1843, Bd. 2, S. 731, Hervorhebungen im Original.
[65] Ders.: Traité, Bd. 2, Teil 2, 1815, S. 237.

l'impossibilité de découvrir le plus léger atome de ces substances."[66] Und wenig
später betonte er noch einmal: „Dans beaucoup des cas d'empoisonnement, l'expert
ne peut, quoi qu'il fasse, retirer des matières suspectes que des proportions excessivement minimes de poison."[67]

Eine quantitative Grenze, ab der ein Ergebnis erst aussagekräftig würde, würde
es dann unmöglich machen, überhaupt ein Urteil zu Vergiftungen zu fällen. Die
Möglichkeit spezifische Grenzen für bestimmte Stoffe festzulegen, die auch die
Möglichkeiten der einzelnen Analyseverfahren miteinbeziehen könnten, wurde bei
ihm nicht diskutiert, wurde aber auch in keinem anderen Lehrbuch zur Sprache
gebracht, weder in Frankreich, noch in den deutschen Staaten.

Für eine radikalere Gegenposition kann der oben bereits zitierte Harmand stehen.
Für ihn war, unter Bezugnahme auf die ältere Position Orfilas, die positive chemische
Analyse eine notwendige Bedingungen für die Feststellung des Tatbestandes und
das obwohl ihm die Grenzen der Analyse durchaus bewusst waren:

> Le médecin légiste ne peut affirmer qu'il y a eu empoisonnement qu'autant qu'il aura
> prouvé l'existence de la substance vénéneuse d'une manière irrévocable, par l'analyse
> chimique ou par les propriétés physiques. (Orfila. [...])

> Cette doctrine, qui est celle des plus célèbres médecins de dix-huit et dix-neuvième
> siècles, est [...] vivement combattue par quelques hommes d'ailleurs d'un mérite
> reconnu. Ces derniers se fondent sur l'impossibilité où l'on est quelquefois de retrouver
> le corps vénéneux, soit qu'appartenant au règne organique, il ait été dénaturé par la
> mastication et l'action de sucs gastrique et intestinaux; soit que, faisant partie des
> substances minérales, il ait été rejeté par les évacuations, dont on n'aura pu faire
> un examen convenable. Considérant que, dans ces deux cas l'analyse physique et
> chimique ne saurait être d'aucun secours, ce medecins ont prétendu qu'exiger toujours
> la représentation de la substance délétère, serait professer une doctrine dangereuse,
> ennemie de toute société, et devant livrer bientôt tous les ciqoyens honnêtes au poison
> de quelques lâches assassins. Mais la craint et l'horreur qu'inspire à toute âme vertueuse
> un forfait aussi noir que le crime d'empoisonnement n'ont-elle pas exagéré aux yeux
> de ces médecins les dangers d'une opinion contraire à la leur?. . . . . . Au surplus,
> pesons dans leurs conséquences ces deux doctrines opposées: l'une peut, il est vrai,
> sauver quelques coupables; l'autre peut couvrir de honte et d'ignominie de familles
> respectables; elle peut traîner l'innocent à l'échafaud! Eh! quel homme assez téméraire,
> assez injuste, pourrait balancer un seul instant entre ces deux alternatives?[68]

Auch hier waren es letztlich gesellschaftliche Überlegungen die den Ausschlag
gaben. Orfilas veränderte Position zeigt aber die Hauptrichtung des Diskurses an.

---

[66] Ders.: Traité 1843, Bd. 2, S. 731.

[67] Ebd., S. 733.

[68] Harmand de Montgarny: Essai, S. 108 f.

Die chemische Analyse sollte ein wichtiges Mittel zur Feststellung des Tatbestandes bleiben, gleichzeitig sollten aber die Grenzen der Analyse nicht zum Freispruch Schuldiger führen. Die chemische Analyse durfte also auch nicht überschätzt werden. Entsprechend zitierte auch Flandin Plenck nur noch, um daran zu verdeutlichen, dass früher die Möglichkeiten der Chemie überschätzt worden seien: „Cet axiome [de Plenck] et trop absolu, je l'ai dit plus haut; mais peut-être laisse-t-il voir tout ce que l'on a présumé d'une science exacte telle que la chimie."[69]

Leichter zu lösen war das Problem der Verunreinigungen. Mit immer höherer Sensitivität wurden auch die Ansprüche an die Reinheit der Chemikalien höher. Dies war aber in der Darstellung der Lehrbücher kein Problem der Methoden an sich, sondern der ausführenden Ärzte und Apotheker. Darum war es in den Augen der Autoren wichtig, besonders geübte Personen als Sachverständige heranzuziehen. In den Lehrbüchern selbst gab es Anleitungen zur Herstellung reiner Chemikalien.[70] Sauberes Arbeiten und das Verwenden reiner Chemikalien spielte aber für die Methodenwahl keine Rolle. Um in der analytischen Sprache zu bleiben, die in Abschnitt 1.2 eingeführt worden ist: es handelte sich hierbei um Tugenden, nicht um Werte.

Sensitivität wurde also weder in den deutschen Staaten, noch in Frankreich explizit in Lehrbüchern behandelt. Wenn Sensitivität zur Sprache kam, dann um sehr spezifische Methoden gegeneinander abzugrenzen. Anders als bei anderen Werten, die in den folgenden Abschnitten besprochen werden, gab es also keine explizierten allgemeinen Überlegungen. Diskutiert wurde Sensitivität eigentlich nur, wenn sie selbst neue Probleme brachte. Die Diskussion um *arsenic normale* wurde hierfür als Beispiel angeführt, die in der ersten Hälfte des 19. Jahrhunderts aber wenige Auswirkungen auf die deutschen Staaten hatte. Im Grundsatz blieb eine hohe Sensitivität immer eine wünschenswerte Eigenschaft von Tests, auch wenn sie eine Eigenschaft war, die mögliche falsch positive Ergebnisse und damit die Verurteilung Unschuldiger mit sich brachte. Diese Nebenwirkungen wurden aber von den meisten Toxikologen in Kauf genommen.

Auch in der Praxis unterschied sich der Stellenwert von Sensitivität in Frankreich und den deutschen Staaten nicht. Sensitivität kam überhaupt nur zur Sprache, wenn negative Ergebnisse einer Untersuchung gerechtfertigt werden sollten und der Rest der Indizien in den Augen der Sachverständigen absolut hinreichend war, um den Fehler in der eigenen Analyse und nicht etwa in einer falschen Rekonstruktion des

---

[69] Flandin: Traité, Bd 1, S. 375, Hinzufügung MC.

[70] Vgl. z. B. Buchner: Toxikologie, S. 606; Eduard Caspar Jacob von Siebold: Lehrbuch der gerichtlichen Medicin, Berlin 1847, S. 478; Devergie: Médecine légale, S. 462–467; Harmand de Montgarny: Essai, S. 94.

Tatgeschehens zu sehen. Im Fall Häfele geschah dies explizit; im Fall Hervé dagegen verzichteten die Experten vollständig auf eine chemische Analyse, obwohl sie nach dem Gesetz gefordert gewesen wäre. Auch wenn der Grund nicht explizit gemacht wurde, deutet der Verzicht darauf hin, dass keine Möglichkeit gesehen wurde, eine solche Analyse zufriedenstellend durchzuführen.

3.2   Selektivität – Was tun ohne klaren Verdacht?

Unter dem Begriff der Selektivität wird hier der Diskurs darum zusammengefasst, ob bestimmte analytische Methoden nur auf einzelne Stoffe reagierten, also sehr selektiv waren, oder ob sie bei mehreren verschiedenen Substanzen ein positives Ergebnis lieferten. Insbesondere werden die Empfehlungen darüber berücksichtigt, ob eine hohe oder niedrige Selektivität im Einzelfall zu bevorzugen sei. Letzteres konnte nur im Einzelfall entschieden werden. Anders als eine hohe Sensitivität, der – wie im Abschnitt 3.1 erläutert – im Zweifelsfall der Vorzug gegeben wurde, hing die Frage, ob eine hohe oder niedrige Selektivität zu bevorzugen sei, direkt mit dem gegebenen Fall und insbesondere mit vermuteten giftigen Substanzen zusammen.

Grundsätzlich stimmten die Lehrbuchautoren darin überein, dass eine höhere Selektivität bevorzugt werden sollte, wenn ein bestimmtes Gift festgestellt werden sollte. Wie im Fall der Sensitivität wurde dieses Verständnis nicht in grundsätzlichen Überlegungen explizit, es zeigte sich aber wieder in der Darstellung der einzelnen Methoden und im Abwägen verschiedener Vor- und Nachteile. Ähnlich wie bei der Sensitivität nahmen die Lehrbuchautoren (wohl zu recht) an, dass es einigermaßen selbstverständlich sei, dass Methoden zu bevorzugen waren, die möglichst sicher auf genau einen Stoff schließen ließen.

Wieder kann Hahnemann zuerst herangezogen werden. Eine der von ihm kritisierten älteren Methoden zur Identifikation von Arsen bestand darin, etwaiges im Magen gefundenes weißes Pulver auf glühende Kohlen zu werfen. Arsen sollte einen knoblauchartigen Geruch verbreiten. Neben dem Problem, dass dafür genug Pulver gefunden werden musste, bestand für Hahnemann ein großes Problem darin, dass Arsen keineswegs der einzige Stoff war, der einen solchen Geruch auf glühenden Kohlen hervorrufen sollte. Er zählte verschiedene Substanzen wie Salzsäure, Phosphorsäure oder „schmelzbares Harnsalz" auf, verwies aber besonders darauf, dass

wohl ein sehr in Fäulniß und Verderbnis gerathener natürlicher Stof im Magen eines an einem sehr bösartigen Fieber Verstorbenen (nach [Torbern Olof] Bergman) an sich zuweilen einen solchen oder ähnlichen Geruch besizt. Auch kan Knoblauch selbst in der Masse des Magens seyn.[71]

Nicht nur konnten andere Substanzen einen ähnlichen Geruch haben, eine dieser Substanzen sollte auch noch auf natürlichem Wege bei der Verwesung im Körper eines an schwerer Krankheit Verstorbenen entstehen. Dass die Sicherheit des Tests darüber hinaus von den letzten Mahlzeiten des Opfers abhängen sollte, sprach ebenfalls nicht dafür, den Geruchstest für Arsen für den entscheidenden Beweis zu halten. Die Kritik Hahnemanns war nicht unbegründet, denn nicht nur war die Geruchsprobe für Arsen beliebt und hielt sich zumindest als Vorprobe auch bis ins 19. Jahrhundert, sondern sie stand auch in einer Tradition der analytischen Chemie, den Geruch von Substanzen als Identifikationskriterium zu betonen.

Lissa Roberts beschrieb in ihrem Aufsatz *The Death of the Sensuous Chemist* (1995) wie spätestens ab der Chemischen Revolution Instrumente die Sinneswahrnehmung der Chemiker zum Verständnis der Natur immer weiter zurückdrängten. Der Körper des einzelnen Chemikers sollte bei Experimenten immer weniger eine Rolle spielen.[72] Auch wenn die von Roberts beschriebene Entwicklungsrichtung sicherlich in groben Zügen stimmt, so war der revolutionäre Bruch zwischen alter, sinnesbetonter und neuer, auf Instrumente vertrauender Chemie wohl nicht so klar und hart wie sie es in ihrem Aufsatz nahelegte. In der Praxis blieben Sinneswahrnehmungen relevant. So zeigte Bertomeu-Sánchez etwa, dass Geruch neben chemischen Tests und dem Mikroskop bis weit ins 19. Jahrhundert eine wichtige Rolle bei der Identifikation von Blutflecken spielte.[73] Der Knoblauchgeruch als Identifikationsmerkmal des Arsens verschwand so auch nicht aus den Lehrbüchern, seine Bedeutung wurde nur erheblich zurückgedrängt.[74]

---

[71] Hahnemann: Arsenikvergiftung, S. 217.

[72] Lissa Roberts: The death of the sensuous chemist: The 'new' chemistry and the transformation of sensuous technology, in: Studies in History and Philosophy of Science Part A 26.4 (1995), S. 503–529.

[73] José Ramón Bertomeu-Sánchez: Chemistry, microscopy and smell: bloodstains and nineteenth-century legal medicine, in: Annals of Science 72.4 (2015), S. 490–516.

[74] vgl. z. B. Flandin: Traité, Bd 1, S. 458; Henke: Lehrbuch, S. 345; Kühn: Chemie, S. 75; Johann Valentin Müller: Entwurf der gerichtlichen Arzneywissenschaft nach juristischen und medizinischen Grundsätzen für Geistliche, Rechtsgelehrte und Aerzte, Dritter Band, Frankfurt a. M. 1800, S. 412; Mathieu Orfila: Traité de Toxicologie, 4. Aufl., Bd. 1, Paris 1843, S. 377; Remer: Lehrbuch, S. 602; Roose: Grundriss, S. 160–162; sowie Siebold: Lehrbuch, S. 482 f. Die meisten der genannten Autoren weisen auf die Unsicherheit des Geruchs zur Identifikation von Arsen hin, dennoch nennen sie alle den Geruch als mögliche Vorprobe oder grenzen sich von einer anscheinend weiter bestehenden Praxis ab, den Geruch als Beweis anzusehen.

Bei der Veröffentlichung der Marsh'schen Probe stellte Liebig fest, dass andere in der Lösung befindlichen Metalle (er nannte Eisen und Antimon[75]) den Versuch täuschen können. Er beeilte sich aber zu betonen, dass eine Verwechslung einfach zu vermeiden wäre:

> Man könnte sich übrigens höchst nachtheiligen Täuschungen aussetzen, wenn sich in der Flüssigkeit, die man auf Arsenik prüft, fremde Metalle befinden. Löst man z. B. reines Eisen in Salzsäure auf und lässt die Flamme des sich entwickelnden Wasserstoffgases auf eine Porcellanfläche strömen, so wird diese stets mit einem starken schwarzen Anflug bedeckt, den man in Gefahr kommen könnte, für Arsenik zu halten, obwohl er nichts anders als metallisches Eisen ist. […] [D]er Arsenikanflug lässt sich übrigens hiervon leicht unterscheiden: er verschwindet sogleich, wenn man ihn mit einem Tropfen Salpetersäure oder Schwefelammonium befeuchtet, während der Eisenanflug von der Salpetersäure nicht angegriffen und von dem Schwefelammonium schwarzgrün gefärbt wird.[76]

Die Lehrbücher schlossen sich darin an, dass die Marsh'sche Probe sehr spezifisch reagierte, und auch darin, dass der gewonnene Metallspiegel weiter geprüft werden sollte, um mögliche falsch positive Ergebnisse durch andere Metalle auszuschließen.[77]

Die hohe Selektivität der Marsh'schen Probe war also in den Lehrbüchern kein Grund zur Sorge. Im Gegenteil erlaubte ja erst eine hohe Selektivität die eindeutige Identifikation der Substanz. Das unterschied die Marsh'sche Probe auch insbesondere vom Reinsch-Test für Arsen, der 1841 von Hugo Reinsch (1809–1884) beschrieben wurde. Hierbei musste die Probe nicht lange vorbereitet werden, sondern wurde in Salzsäure gekocht. In die Lösung wurde anschließend ein Kupferstreifen gehalten und die Verfärbung auf dem Kupferstreifen zeigte die Anwesenheit von Arsen:

> Dabei bedeckt sich das Kupfer im Anfange mit einer grauen, metallisch glänzenden Haut, welche aber, je nach dem grössern Gehalt des Arseniks, bei der Erhöhung der Temperatur bis zum Kochen der Flüssigkeit in's Schwarze übergeht und sich zuletzt in Gestalt schwarzer Schuppen abblättert.[78]

---

[75] Liebig: [Zusatz], S. 225.

[76] Ebd., S. 224.

[77] vgl. z. B. Joseph Briand/Ernest Chaudé/Henri-Fançois Gaultier de Claubry: Manuel Complet de Médecine Légale, Paris 1846, S. 709 f.; Flandin: Traité, Bd 1, S. 610 f. Orfila: Traité 1843, Bd. 1, S. 387–389; Siebold: Lehrbuch, S. 491–493.

[78] Hugo Reinsch: Ueber das Verhalten des metallischen Kupfers zu einigen Metalllösungen, in: Journal für Praktische Chemie 24.1 (1841), S. 244–250, hier: S. 245.

Obwohl der Reinsch-Test schneller durchzuführen und vor allem ohne die notwendige und aufwendige Vorbereitung der Probe (vgl. Abschnitt 3.1) auch einfacher war, verdrängte sie die Marsh'sche Probe nicht.[79] Neben einer geringeren Sensitivität des Reinsch-Tests[80] lag ein Grund insbesondere auch in der geringeren Selektivität. Der Reinsch-Test reagierte nach Reinschs eigenen Angaben neben Arsen positiv auf Antimon, Blei, Silber, Bismut, Zinn und Quecksilber. Zwar meinte Reinsch, dass die Verfärbungen des Kupfers eindeutig auf das gefundene Metall schließen ließen und eine Verwechslung unwahrscheinlich sei[81], aber die Lehrbücher teilten diese positive Einschätzung in diesem Fall nicht.[82]

Für den Nachweis einzelner Gifte blieb also eine hohe Selektivität von Tests wünschenswert. Dies lag auch daran, dass in den meisten Fällen davon ausgegangen wurde, dass es zum Zeitpunkt der Analyse bereits einen konkreten Verdacht gab, welches Gift eingesetzt worden war. Die Situation stellte sich jedoch deutlich anders dar, wenn nur eine Vergiftung im Allgemeinen angenommen wurde, jedoch kein Hinweis auf ein konkretes Gift vorlag. Hier kamen die Vorläufer von Trennungsgängen ins Spiel, die in Abschnitt 2.2 angesprochen worden sind. Um unter solchen Umständen erfolgreich eine Analyse durchzuführen, war es notwendig, Methoden zu wählen, die gerade nicht selektiv nur auf einzelne Substanzen reagierten, sondern möglichst viele Substanzen beziehungsweise Substanzklassen mit einschlossen, die dann in weiteren Schritten weiter auf eine spezifische Substanz eingegrenzt werden konnten. Es ging dann zumindest im ersten Schritt nicht mehr um die eindeutige Identifikation, sondern um die Eingrenzung möglicher Gifte.

Ein auf diese Weise erfolgreich durchgeführter Test ist in den von mir durchgesehenen Akten nicht gefunden worden, wohl aber der Versuch und damit die grundsätzliche Strategie. Der Wrasenmeister Hermann Harte aus Detmold wurde 1844 angezeigt, giftige Medikamente abgegeben zu haben. Da das Verfahren eingestellt worden ist, ist nicht viel zu diesem Fall überliefert, aber der Detmolder Apotheker F. Tronlarius[83] wurde in der Voruntersuchung herangezogen, um ein mögliches Gift im Erbrochenen des mutmaßlichen Opfers nachzuweisen. Er beschrieb sein Vorgehen wie folgt:

> Die [nach einigen Vorbereitungen] erhaltene Flüssigkeit war völlig klar, nur etwas dunkel, rein gelb, so daß die Wirkung der Reaction auf das Bestimmteste beobachtet

---

[79] Vgl. hierzu auch Carrier: Value(s), S. 46; sowie Abschnitt 3.3.

[80] Whorton: Arsenic Century, S. 95.

[81] Reinsch: Verhalten, S. 247–250.

[82] vgl. z. B. Briand/Chaudé/Gaultier de Claubry: Manuel, S. 712 f.; Flandin: Traité, Bd 1, S. 625; sowie Orfila: Traité 1843, Bd. 1, S. 705–707.

[83] Der Name in den Akten ist schwierig zu entziffern.

werden konnte; darauf wurde ein Strom Schwefelwasserstoff mehrere Stunden hindurch geleitet. Eine augenscheinliche Wirkung auf die Flüssigkeit war nicht zu erkennen, es entstand durchaus kein Niederschlag, kaum daß der Farbenton der Flüssigkeit etwas modificirt wurde. Ich muß hierauf aufmerksam machen, daß dies negative Resultat des Schwefelwasserstoffs von der größten Wichtgkeit für die ganze Untersuchung war. Dies indifferente Verhalten des Schwefelwasserstoffs gegen die zu untersuchende Flüssigkeit, bewies nämlich bereits auf das Entschiedenste die Abwesenheit folgender, schädlicher Metalle des Quecksilbers, Kupfers und Bleis, welche aus einer solchen Flüssigkeit mit dunkler Farbe niedergeschlagen werden, so wie des Antimon's und Arsen's, welche mit helleren Farben niedergeschlagen werden.[84]

Die Strategie des Sachverständigen bestand also darin, mit nur einer Probe, dem Test mit Schwefelwasserstoff, möglichst viele anorganische Gifte auszuschließen. Dabei gestand er durchaus ein, dass durch die niedrigere Sensitivität dieses Verfahrens, die Möglichkeit eines falsch negativen Tests genauso wenig auszuschließen war, wie durch mögliche Verunreinigung. Außer für Arsen hielt er dieses Problem allerdings für vernachlässigbar:

Es war jedoch noch immer die Möglichkeit anzunehmen, daß sie durch die in der Flüssigkeit enthaltenen organischen Substanzen so eingehüllt waren, daß die Behandlung mit Schwefelwasserstoff kein unzweifelhaft deutliches Resultat nachwies. Dies konnte aber nicht angenommen werden in Beziehung auf Kupfer, Blei und Antimon, weil zu einer Vergiftung mit diesen Metallen nicht solche kleinen Quantitäten hinreichen, daß selbst bei Gegenwart organischer Substanzen die Behandlung mit Schwefelwasserstoff Zweifel lassen konnte. Es konnte also auf eine metallische Vergiftung nur noch von Quecksilber und Arsenik die Rede sein, von welchen beiden Metallen es bekannt ist, daß beide, ersteres in Verbindung mit Chlor als Quecksilberchlorid und dies mit Sauerstoff als arsenige, oder Arsensäure, schon in solchen geringen Quantitäten nachtheilig auf den menschlichen Organismus einwirken. Von diesen beiden muß aber bereits wieder das Quecksilber [unleserlich, wahrscheinlich „ausgeschlossen"] werden, weil dasselbe mit Schwefelwasserstoff einen schwarzen, also sehr dunklen Niederschlag hervorbringt, der bei Anwesenheit, selbst nur einer Spur dieses Metalles der Flüssigkeit mindestens einen dunkleren Farbenton ertheilt haben würde.[85]

Das einzige mögliche Metallgift, das nach seinen Ausführungen in einem zweiten Schritt ausgeschlossen werden musste, war also Arsen. Hierfür verwendete er die Marsh'sche Probe, die ebenfalls negativ ausfiel.[86] Der Gutachter gab zwar zu, dass

---

[84] F. Tronlarius: Gutachten in der Ermittlungssache Harte, Detmold 1844, Landesarchiv Nordrhein-Westfalen, Abteilung Ostwestfalen-Lippe (LAV NRW OWL), L86 Nr. 2020/20, S. 96–105, S. 98.

[85] Ebd., S. 98 f.

[86] Ebd., S. 101.

es möglich gewesen wäre, dass es sich um ein organisches Gift handelte, er verwies aber darauf, dass es ihm mit chemischen Methoden nicht möglich sei, mögliche organische Gifte nachzuweisen oder auszuschließen.[87] Unter diesen Umständen wurde das Verfahren eingestellt.[88]

Eine hohe Selektivität war also in den meisten Fällen zumindest für die endgültigen Nachweisreaktionen erwünscht, weil nur so eine eindeutige Identifikation möglich war. Eine niedrige Selektivität war nur in ersten Schritten und nur dann wünschenswert, wenn der Kreis der verdächtigen Substanzen zunächst eingegrenzt werden musste. Selektivität als solches spielte aber immer über solche Überlegungen eine Rolle in der Methodenwahl.

Dies zeigte sich auch in Diskussionen über die Marsh'sche Probe. In der schon in Abschnitt 3.1 vorgestellten Methodendiskussion zwischen der *Académie royale de médecine* und der *Académie des sciences* ging es unter anderem auch darum, dass Danger und Flandin erklärten, sie hätten bei der Durchführung der Marsh'schen Probe nach Orfilas Beschreibung mit arsenfreien Proben Flecken produziert, die zumindest bis zu einer weitergehenden Prüfung leicht mit Arsenspiegeln zu verwechseln gewesen wären. In beiden Gutachten konnten die von Danger und Flandin behaupteten Flecken nicht reproduziert werden und in diesem Fall waren sich die beiden Akademien einig, dass dies kein Grund zur Sorge darstellte.[89] Auch Orfila stritt die Verwechslungsgefahr ab und kommentierte wenig schmeichelhaft für Danger und Flandin, dass „[u]n homme médiocre, mais attentif, reconaîtra sans difficulté, et uniquement á l'aide des caractères donnés dans mon Mémoire, si des taches sont ou non arsenicales."[90] Dennoch zeigen die Versuche, dass Selektivität grundsätzlich einen wichtigen Wert darstellte, den die Marsh'sche Probe erfüllen musste, um ihren herausgehobenen Status beizubehalten.

Hohe Selektivität konnte aber auch ein Problem darstellen. Wie 1844 Fresenius und Lambert Heinrich von Babo (1818–1899) argumentierten, konnte die Marsh'sche Probe auch zu selektiv sein. Ihrer Ansicht nach war die Marsh'sche Probe nicht in der Lage, Arsen in jeder Form und in jeder Verbindung nachzuweisen und führte zu Verunreinigungen durch den Einsatz durch Zink, was beides falsch negative Ergebnisse bedeuten konnte. Außerdem konnte sie trotz allem noch zu Verwechslungen und damit zu falsch positiven Ergebnissen führen:

---

[87] Ebd., S. 104.; vgl. zu organischen Giften auch Abschnitt 2.2.

[88] Ebd., S. 104.

[89] Danger/Flandin: De l'arsenic, S. 89, 313.

[90] Ebd., S. 104.

Die Abscheidung aus dem Arsenwasserstoff, die Basis der Marsh'schen Methode ist zu unserm Zwecke [der Trennung des Arsens von anderen gemischten Stoffen] schlechterdings nicht anwendbar, indem sie erstens das Arsen *nicht in jeder Form des Vorhandenseyns abzuscheiden gestattet*, indem sie zweitens [...] *allein zur Auffindung anderer metallischer Gifte nicht beiträgt*, sondern auch die Substanz noch mit Zink, was selbst als Gift gedient haben könnte, verunreinigt, indem sie drittens, wenn gleich uns jetzt Mittel zu Gebote stehen, erhaltene Arsenspiegel auf untrügliche Weise zu prüfen, doch immer noch leichter als andere Methode zu Verwechslungen oder vorgefassten Meinungen, die fast immer Irrungen im Gefolge habe, hinführen kann.[91]

Auch in dieser Kritik zeigte sich keine grundsätzliche Ablehnung des Stellenwerts der Selektivität. Vielmehr ging es darum auf das Risiko falsch negativer Resultate bei einer zu hohen Selektivität hinzuweisen. Eine hohe Selektivität blieb unangefochten als wichtiger Wert in der Methodenwahl bestehen. Lediglich in den Fällen, wenn kein konkreter Verdacht über das mutmaßlich verwendete Gift zum Zeitpunkt der Analyse bestand, dienten Vorversuche mit niedriger Selektivität dazu, die verdächtigen Substanzen einzugrenzen. Wie der zitierte Beispielfall aber auch andeutet, bestand zwischen den Werten der Selektivität und Sensitivität keine Konkurrenz. Der Grund für Tronlarius noch einmal mithilfe der Marsh'schen Probe gesondert nach Arsen zu suchen, obwohl die Vorprobe mit Schwefelwasserstoff bereits negativ ausgefallen war, bestand ja nach eigener Aussage darin, dass diese Vorprobe nicht in der Lage sei, geringe Spuren von Arsen nachzuweisen. Die unselektive Probe zeigte also auch eine niedrigere Sensitivität. Dies nahm er für Arsen als Problem wahr, da hier auch eine kleine Menge ausreichend sei, um eine Vergiftung durchzuführen.[92] Dieses Gift musste also noch einmal extra mit einer sensitiveren und selektiveren Methode ausgeschlossen werden.

3.3   Einfachheit – Lafarge und fehlerhafte Analysen

Neben den Werten der Sensitivität und der Selektivität, deren gemeinsames Ziel es vereinfacht gesagt war, die Methode mit der höchsten Genauigkeit zu wählen, nahm der Wert der Einfachheit die praktischen Fähigkeiten der ausführenden Experten in den Blick. Unter dem Begriff der Einfachheit werden hier die Empfehlungen der Lehrbuchautoren zusammengefasst, nach denen die gewählten Methoden möglichst

---

[91] Carl Remigius Fresenius/Lambert von Babo: Ueber ein neues, unter allen Umständen sicheres Verfahren zur Ausmittelung und quantitativen Bestimmung des Arsens bei Vergiftungsfällen, in: Justus Liebigs Annalen der Chemie 49 (1844), S. 287–313, S. 291, Hervorhebungen MC.

[92] Tronlarius: Gutachten Harte, LAV NRW OWL, L86 Nr. 2020/20, S. 99.

leicht umzusetzen sein sollten und bei denen durch fehlerhafte Anwendung die Genauigkeit möglichst wenig litt. Die bevorzugten Methoden sollten also besser handhabbar sein. Tatsächlich finden sich solche expliziten Empfehlungen vor 1848 nicht in den Lehrbüchern. Dies lag auch am Stand der analytischen Chemie. Selten standen vergleichbar sensitive und selektive Tests zur Verfügung und Einfachheit blieb als Wert nachgeordnet. Wie in diesem Kapitel aber gezeigt werden wird, spielte in Frankreich Einfachheit implizit durchaus eine Rolle, besonders wenn es um die Auswahl verschiedener Modifikationen von Methoden ging.

Eines der klarsten Beispiele dafür, dass einfachere Methoden nicht immer bevorzugt wurden, ist die schon in Abschnitt 3.2 vorgestellte Reinsch-Probe. Gegenüber der aufwändigen Vorbereitung der zu untersuchenden Probe im Verfahren nach Marsh, stellte die Auflösung des gesamten Materials in Salzsäure eine offenkundige Vereinfachung[93] dar, dies spielte aber in den Darstellungen der Reinsch-Probe weder im Lehrbuch von Flandin noch in dem von Joseph Briand (17..–18..), Ernest Chaudé (18..–18..) und Henri-François Gaultier de Claubry (1792–1878) eine Rolle.[94] Lediglich Orfila sprach in seiner Beschreibung explizit über Einfachheit, kam dabei aber zu einem völlig anderen Ergebnis. Ihm zufolge sei es schwierig, dafür zu sorgen, dass sich das eventuell in der Probe befindliche Arsen komplett in der Salzsäure löste. Neben der niedrigeren Sensitivität (die mit diesem Problem zusammenhing) und der praktischen Schwierigkeit, genug Kupfer zu besorgen, war dies einer der vielen Nachteile, die Reinschs Verfahren in Orfilas Augen hatte:

> Je crois pouvoir conclure [...] que le porcédé proposé par M. Reinsch n'a pas, ni à beaucoup près, la valeur que lui accorde son auteur, d'abord parce qu'il est difficile, pour ne pas dire impossible de dissoudre dans l'acide chlorhydrique la totalité de l'acide arsénieux contenu dans les organes où il a été porté par absorption [...].[95]

Im Gegensatz zur Marsh'schen Probe führten seiner Ansicht nach Fehler in der Durchführung der Reinsch-Probe zu einer weiter herabgesetzten Sensitivität. Es ist deswegen besonders interessant, dass gerade Orfila die Reinsch-Probe hierfür kritisierte, da er selbst im Zentrum wenigstens zweier Konflikte stand, die mit dem Thema der Einfachheit und der Fehleranfälligkeit der Marsh'schen Probe zu tun hatten und um die es im Folgenden gehen wird. Erstens war er einer der Gutachter in der so genannten Lafarge-Affäre, einem aufsehenerregenden Giftmordprozess, in dem die Marsh'sche Probe von mehreren Expertengruppen mehrfach angewendet

---

[93] Wie weiter unten dargestellt wird, zeigte sich auch gerade an den Diskussionen um die Wahl der besten Vorbereitung der Probe, dass Einfachheit eine Rolle spielte.

[94] Briand/Chaudé/Gaultier de Claubry: Manuel, S. 710–713; Flandin: Traité, Bd 1, S. 625.

[95] Orfila: Traité 1843, Bd. 2, S. 706 f.

werden musste, bevor endlich ein Ergebnis vorlag, das das Gericht zufriedenstellte. Zweitens bestanden in den schon in Abschnitt 3.1 dargestellten unterschiedlichen Empfehlungen der *Académie des sciences* und der *Académie royale de médecine* wesentliche Unterschiede in den präferierten Verfahren der Probenvorbereitung. Es waren insbesondere die Verfahren Orfilas, um die sich die Meinungsverschiedenheiten drehten.

Die Lafarge-Affäre ist Thema insbesondere der Arbeiten von Bertomeu-Sánchez zur forensischen Toxikologie und wird deshalb hier nur in Grundzügen dargestellt werden.[96] Die Angeklagte und Namensgeberin des Falles war Marie Lafarge (1816–1852), die 1840 angeklagt wurde, ihren Mann, Charles Lafarge (1811–1840), im zentralfranzösischen Dorf Beyssac (bei Tulle im Département Corrèze) mit Arsen umgebracht zu haben. Eine erste Gruppe von lokalen Ärzten aus der Nachbargemeinde Brive (heute Brive-la-Gaillarde) sollte bei der Obduktion von Charles Lafarge entnommene Proben auf Arsen untersuchen. Ihnen gelang es aber nicht, metallisches Arsen darzustellen. Insbesondere zerbrach eine Glasröhre beim Versuch der Reduktion. Dennoch waren sie sich einig, dass Arsen für den Tod verantwortlich sei. Lafarges Verteidiger wandte sich an Orfila als den führenden Toxikologen in Paris, der erklärte, dass diese erste Expertenmeinung nicht glaubwürdig sei, da erstens kein metallisches Arsen gefunden worden sei und zweitens ausschließlich die – den lokalen Ärzten unbekannte – Marsh'sche Probe für ein vertrauenswürdiges Ergebnis eingesetzt werden sollte. Das Gericht setzte also eine zweite Expertengruppe, diesmal aus Limoges, ein, die mithilfe der Marsh'schen Probe kein Arsen finden konnte. Diesmal forderte der *juge d'instruction* eine neue Analyse, bei der die beiden sich widersprechenden Expertengruppen zusammenarbeiten sollten. Da nach den bisherigen Analysen kein Probenmaterial mehr übrig war, musste die Leiche Charles Lafarges hierfür exhumiert werden. Wieder konnte aber kein Arsen nachgewiesen werden. Lediglich der Arzt von Charles Lafarge gab an, dass er aufgrund der Symptome und eines von ihm wahrgenommenen Knoblauchgeruchs trotz der negativ ausgefallenen Marsh'schen Probe von einer Arsenvergiftung überzeugt war. Für eine vierte, entscheidende Analyse wurden nun Experten aus Paris angefordert. Orfila, Charles Olivier d'Angers und Alexandre Bussy (1794–1882) führten ihre Analyse durch und fanden Arsen. Lafarge wurde zu lebenslänglicher Haft verurteilt. Kurz vor ihrem Tod wurde sie 1851 schwer lungenkrank entlassen.

Der Prozess sorgte für großes mediales Aufsehen. Wie Bertomeu-Sanchez zusammenfasste:

---

[96] Die folgende Schilderung des Falles stützt sich auf Bertomeu-Sánchez: Sense; vgl. außerdem ausführlicher ders.: La verdad, S. 179–241 (für die Darstellung des gesamten Prozesses), insb. S. 188–191, 205–209, 224–233 (für die Darstellung der einzelnen Analysen).

The debate was not confined to the French scientific and medical community: an audience comprised of people from many walks of life attended lectures on toxicology at the Paris Medical Faculty or crowded courtrooms in which alleged poisoners were on trial. Medical, scientific and popular journals dealt at length with the Lafarge drama. Some pharmacists repeated the Marsh test for curious audiences in bourgeois salons, and even plays were put on in French and British theaters within months of the trial. In this way, the Lafarge affair helped shape what science meant for the general public. Madame Lafarge published her memoirs, which, not surprisingly, soon became popular and went through several editions during the nineteenth century. Several popular writers, historians and physicians published books trying to establish whether [Charles] Lafarge was murdered by arsenic or not. Some Parliamantary Commissions were even created to reassess the verdict.[97]

Im Zusammenhang mit dieser Arbeit ist der Fall Lafarge besonders deswegen interessant, weil er die Probleme zeigt, die die neue Marsh'sche Probe mit sich brachte. Keiner der lokalen Sachverständigen in diesem Fall kannte die Marsh'sche Probe vorher. Bei der Durchführung selbst begangen sie dann – Orfila zufolge – Fehler, die ihre Analyse nicht glaubwürdig machten. Erst die Expertengruppe aus Paris war in der Lage, die Analyse zu einem für das Gericht zufriedenstellenden Abschluss zu führen. Vor der Analyse durch Orfila war der einzige chemische Hinweis auf Arsen, auf den sich die Anklage stützen konnte, der Knoblauchgeruch, den Charles Lafarges Arzt angab wahrgenommen zu haben – also ein Zeichen für Arsen, das schon Hahnemann 1786 für unzureichend erklärt hatte.[98] Es spielte am Ende nicht nur eine Rolle, welche Methode angewandt, sondern auch von wem sie durchgeführt wurde. Chemische Kenntnisse allein reichten offensichtlich nicht.

Auch deshalb war es zumindest ein Ziel der Kommission der *Académie des sciences*, die Anwendung der Marshschen Probe zu vereinfachen. Zunächst ging es um die Vorbereitung der Probe, also um die Zerstörung des organischen Materials. Wie in Abschnitt 3.1 bereits angesprochen, bevorzugte diese Kommission die Behandlung der Probe mit Schwefelsäure, wie Danger und Flandin es vorgeschlagen hatten, anstelle von Orfilas Methoden. Explizit hob die Kommission hervor: „on est plus maître de l'opération".[99] Orfilas Methoden konnten, fehlerhaft durchgeführt, in den Augen der Kommission zu Verpuffungen führen, die die ganze Probe unbrauchbar machten. Die höhere Sensitivität, die mit Orfilas Methoden erreichbar sei und auf die sich besonders die *Académie royale de médecine* bezog, konnte aus der Sicht der *Académie des sciences* diesen Mangel an Einfachheit nicht aufwiegen.[100]

---

[97] Bertomeu-Sánchez: Sense, S. 209.

[98] Vgl. Abschnitt 3.2 und Hahnemann: Arsenikvergiftung, S. 217.

[99] Danger/Flandin: De l'arsenic, S. 64.

[100] Ebd., S. 149.

Neben dem Punkt, dass die *Académie royale de médecine* sich hier auf die Seite ihres prominenten Mitglieds Orfila und gegen jüngere Wissenschaftler mit deutlich weniger Reputation stellte, wie es Bertomeu-Sánchez darstellt[101] und auch bereits in der Diskussion des Kommissionsbericht in der *Académie royale de médecine* kritisiert wurde[102], ging es eben in der Sache auch um einen Wertekonflikt. Sicherlich waren die Akteure beeinflusst von persönlichen und institutionellen Loyalitäten. Inhaltlich trug diese Loyalitäten dann dazu bei, dass die verschiedenen Kommissionen die (bei korrekter Anwendung) mögliche Sensitivität von Orfilas Methoden und die einfachere Handhabung der Methode von Danger und Flandin unterschiedlich gewichteten. Orfilas Methoden waren nicht einfach schlecht – das behauptete auch die Kommission der *Académie des sciences* nicht –, sondern brachten Nachteile, die die *Académie des sciences* im Gegensatz zur *Académie royale de médecine* für ihre Empfehlung nicht in Kauf nahm.

In den Methodendiskussionen und zumindest in der Lafarge-Affäre auch in der Praxis spielte Einfachheit in Frankreich vor 1848 durchaus eine Rolle. Anders verhielt es sich in den deutschen Staaten. In keinem der ausgewerteten Lehrbücher vor 1848 wurde zum Beispiel die Reinsch-Probe als valide Alternative zur Marsh'schen Probe erwähnt. Wenn sie in der Praxis angewandt wurde, geschah dies nach oder zumindest in Verbindung mit der Marsh'schen Probe.[103] Es gab auch keine Empfehlungen für die einzuhaltenden Methoden bei Giftmordprozessen, die einen ähnlichen hohen Stellenwert gehabt hätten wie die der französischen Akademien. Lediglich Fresenius forderte explizit vom Staat vorgegebene und standardisierte Methoden.[104] Schließlich findet sich ein ähnlich spektakulärer und aufsehenerregender Giftmordprozess wie die Lafarge-Affäre in den deutschen Staaten ebenfalls nicht.

Das heißt aber nicht, dass die Möglichkeit von Fehlern bei der chemischen Analyse in den Lehrbüchern keine Rolle spielte. Vielmehr wurde die Vermeidung von Fehlern nicht bei der Wahl der Methoden berücksichtigt, sondern sowohl in den deutschen Staaten als auch in Frankreich in die Verantwortung der Experten übergeben. Nicht (nur) die Methodenwahl sollte Fehler vermeiden, sondern das richtige Verhalten im Labor. Fehler wurden also in der Handhabung der Proben durch die Sachverständigen gesucht, nicht in eventuell zu komplizierten Methoden. Die wich-

---

[101] Bertomeu-Sánchez: Sense, S. 225–228.

[102] Danger/Flandin: De l'arsenic, S. 150–160.

[103] Vgl. z. B. N. N.: Chemisches Gutachten im Fall Ruthardt, Stuttgart, 13. Mai 1844, LABW LB, E 319 Bü 159–160, Qu. 7; dieser Fall wurde auch von Waldhelm bereits sehr nahe an den Akten beschrieben. Vgl. Waldhelm: Anklage, S. 81–106.

[104] Fresenius: Stellung, S. 276, 283–286. vgl. dazu auch Carsten Reinhardt: Expertise in Methods, Methods of Expertise, in: Martin Carrier/Alfred Nordmann (Hrsg.): Science in the Context of Application, Dordrecht u. a. 2011, S. 143–159, S. 152–156.

tigste Rolle nahm dabei die Sicherstellung der Reinheit der verwendeten Reagenzien ein. Marsh selbst wies darauf hin, dass das eingesetzte Zink mit Arsen verunreinigt sein könnte.[105] Und in der deutschen Übersetzung wurde die Anmerkung hinzugefügt, dass gerade „(englische)" Schwefelsäure ebenfalls mit Arsen verunreinigt sein könnte.[106] Das Problem von Verunreinigungen bekam mit der Einführung sensitiverer Tests, wie der Marsh'schen Probe, eine größere Bedeutung.[107] Im Falle der Marsh'schen Probe war das Problem insofern einfach zu lösen (wie Marsh bereits selbst feststellte), als der Marsh'sche Apparat selbst für die Reinheitsprüfung verwendet werden konnte. Zink und Schwefel wurden in ihm also ohne eine Probe zur Reaktion gebracht und das entstehende Gas – wie in Abschnitt 3.1 beschrieben – auf Arsen geprüft. Sollte sich nicht nur Wasser, sondern eben schon ohne die verdächtige Probe ein Arsenspiegel zeigen, war mindestens eines der Reagenzien verunreinigt und konnte nicht weiter genutzt werden.[108]

Aber auch schon vor und unabhängig von der Marsh'schen Probe wurde der Sicherstellung der Reinheit der Reagenzien ein hoher Stellenwert beigemessen. Besonders ausgiebig widmete sich zum Beispiel Otto Kühn (1800–1863) der Frage der Reinheit. Nachdem er allgemein erklärte, dass „die genaue Prüfung" der Reagenzien „durchaus unerlässlich" sei[109], ging er anschließend auf etwa zwanzig Seiten Substanz für Substanz durch, um Tests auf mögliche Verunreinigungen zu beschreiben.[110] Einfachheit ersetzte die Forderung nach Reinheit (oder *pureté*) auch in Frankreich nicht. Auch bei Harmand oder im Lehrbuch von Briand u. a. finden sich zum Beispiel Hinweise darauf, wie nötig die Reinheit der Reagenzien sei.[111]

Wie besonders in der zweiten Hälfte des 19. Jahrhunderts deutlich werden wird[112], diente Einfachheit dazu, mögliche Fehler der Experten zu verhindern und damit auch ihre Glaubwürdigkeit auf die Methoden zu übertragen. Einfache Methoden waren möglichst unabhängig vom technischen Vermögen der durchführenden Sachverständigen und entsprechend – aus der Sicht der Chemiker – weniger anfällig

---

[105] Marsh: Account, S. 235.

[106] Ders.: Beschreibung, S. 215; dieser Zusatz wurde auch in der französischen Übersetzung behalten, dort aber nicht mehr als Anmerkung des Übersetzers gekennzeichnet. Vgl. ders.: Description, S. 561.

[107] Vgl. auch Abschnitt 3.1.

[108] Marsh: Account, S. 235 f.

[109] Kühn: Chemie, S. 5.

[110] Ders.: Chemie, S. 5–26; vgl. für den Hinweis auf die Sicherstellung der Reinheit auch z. B. Buchner: Toxikologie, S. 606.

[111] Harmand de Montgarny: Essai, S. 94; Briand/Chaudé/Gaultier de Claubry: Manuel, S. 584, 695 f., 699, 710.

[112] Vgl. Abschnitt 5.3 sowie Carrier: Value(s), S. 46 f.

für Zweifel. Diesen Status konnte Einfachheit als Wert in der ersten Hälfte des 19. Jahrhunderts nicht erreichen, auch weil die Zahl der zur Auswahl stehenden Methoden beschränkt blieb. Wie das Beispiel der Lafarge-Affäre aber gezeigt hat, war das Problem von fehleranfälligen analytischen Verfahren und schlecht ausgebildeten Sachverständigen bekannt. Die Versuche der beiden französischen Akademien, die Marsh'sche Probe für den Rechtsprozess über ihre Empfehlungen zu vereinheitlichen und der explizite Bezug auf die Einfachheit bestimmter Varianten deutete schon an – bei aller Uneinigkeit in der Bewertung –, welche Rolle Einfachheit im Umgang mit diesen Problemen in den Augen der Chemiker spielen konnte.

3.4 Sparsamkeit – Die materiellen und institutionellen Grenzen der Analyse

Ein Wert, der in einem deutlich größeren Maße als die vorhergegangenen vom Rechtsprozess und seinen materiellen Umständen geprägt war, war der Wert, den ich mit Sparsamkeit bezeichne. Unter diesem Begriff fasse ich Empfehlungen und Praktiken der forensischen Toxikologen zusammen, die darauf ausgerichtet waren, möglichst wenig des zur Verfügung stehenden Probenmaterials zu verbrauchen. Es geht also nicht um theoretische Sparsamkeit, die oft auch im Zusammenhang mit theoretischer Einfachheit gebraucht wird.[113] Theoretische oder ontologische Sparsamkeit bezeichnet normalerweise eine Tendenz in der Theoriewahl, Theorien mit möglichst wenigen ontologischen Annahmen zu bevorzugen. Hier geht es aber um Sparsamkeit im materiellen Sinne des Wortes: Nicht mit Annahmen oder logischen Beziehungen wird gespart, sondern mit der zur Verfügung stehenden Probe.

Harmand versuchte in seinem *Essai* von 1818 bereits, allgemeine Regeln für die Durchführung der Analyse aufzustellen. Der erste Schritt bei jeder Analyse sollte seiner Ansicht nach darin bestehen, die Probe aufzuteilen. Die Anzahl der Teile richtete sich leicht nachvollziehbar nach der Anzahl der durchzuführenden Experimente, die im Vorhinein festgelegt werden sollten, wobei aber immer einer der Teile nicht analysiert werden sollte: „L'expert devra toujours fractionner la substance qu'il veut essayer, de telle sorte que, quel que soit le nombre d'expfiences qu'il ait faites, il lui reste toujours une fraction de cette substance intacte."[114]

---

[113] So insbesondere auch bei Kuhn: Objectivity, S. 322–324; McMullin: Values, S. 16; vgl. außerdem Alan Baker: Simplicity, in: Edward N. Zalta (Hrsg.): The Stanford Encyclopedia of Philosophy, https://plato.stanford.edu/archives/win2016/entries/simplicity/, 2016, (besucht am 08.02.2021); an anderer Stelle habe ich, um solche Verwechslungen zu vermeiden, auch von „minimal sample size" gesprochen. Vgl. Carrier: Value(s), S. 49 f.

[114] Harmand de Montgarny: Essai, S. 93.

Harmand gab keine Rechtfertigung dafür an, dass ein Teil der Probe nicht analysiert werden sollte. Einiges spricht aber dafür, dass seine Beweggründe die gleichen waren wie bei anderen Autoren, die sich gegen den vollständigen Verbrauch der Proben aussprachen. Der erste dieser Gründe lag in den Grenzen analytischer Praxis selbst. Analytische Verfahren waren in der Regel nicht zerstörungsfrei.[115] Das heißt jeder Teil der Probe konnte nur für eine Nachweisreaktion verwendet werden.[116] Aus Gründen, die im nächsten Unterkapitel näher besprochen werden sollen[117], sollten aber in der Regel mehrere Nachweisreaktionen für einen Stoff durchgeführt werden. Dies war dann bei nicht zerstörungsfreien Verfahren nur durch eine Aufteilung der Probe möglich. Jeder Fehler bei der Durchführung der Experimente konnte so aber zu einer Undurchführbarkeit einer ganzen Nachweisreaktion führen, weil in so einem Fall schlicht nicht mehr genug Material vorhanden war. Ein zusätzlicher Anteil der Substanz, der nicht für andere Reaktionen eingeplant war, konnte so experimentelle Fehler vorwegnehmen.

Der Teil der Probe, der laut Harmand „intacte" bleiben sollte, könnte also die Funktion gehabt haben, im Falle von nicht eindeutigen Experimenten oder von experimentellen Fehlern, den gescheiterten Versuch noch einmal wiederholen zu können. Da Harmand keine explizite Begründung für seine Empfehlung gab, einen Teil der Probe unberührt zu lassen, ist diese Interpretation durchaus möglich. Vielleicht wahrscheinlicher ist aber auch noch ein zweiter Grund, den die Sachverständigen haben konnten, immer einen Teil der Probe aufzubewahren und selbst dann nicht zu verwenden, wenn Versuche nicht eindeutig waren. Versuche konnten selbst bei korrekter Durchführung angezweifelt werden. In solchen Fällen konnte eine Wiederholung des Versuchs bzw. die Anwendung anderer Methoden notwendig sein. Wieder kann die im Abschnitt 3.3 erwähnte Lafarge-Affäre zur Veranschaulichung dienen, bei der insgesamt vier Expertengruppen in unterschiedlichen Zusammensetzungen und mit unterschiedlicher Autorität nach Arsen suchten.[118] Hier war die ursprünglich bei der Autopsie entnommene Probe nach dem zweiten Versuch aufgebraucht gewesen, weswegen die Leiche exhumiert werden musste, um neues Probenmaterial zu bekommen. Dies war zwar in solchen Fällen möglich, verstärkte aber die Möglichkeit nachträglicher Verunreinigungen insbesondere beim allgegen-

---

[115] Vgl. auch Abschnitt 2.2.

[116] Trennungsgänge, bei denen bestimmte chemische Substanzen der Reihe nach ausgeschlossen bzw. festgestellt werden und bei denen die Reihenfolge der Versuche so gewählt sind, dass frühere Versuche spätere nicht verhindern, sind in gewisser Weise hiervon ausgenommen spielten systematisch aber auch eher in der zweiten Hälfte des 19. Jahrhunderts eine Rolle. Gemeint sind mehrere Nachweisreaktionen für dieselbe Substanz, also z. B. Arsen.

[117] Vgl. Abschnitt 3.5

[118] Bertomeu-Sánchez: Sense, S. 207 f.

wärtigen Arsen in Verbindung mit immer sensitiveren Tests. Flandin etwa lieferte im ersten Band seines Lehrbuches eine längere Darstellung über die Möglichkeit, dass in der Friedhofserde enthaltene Giftstoffe nachträglich in der Leiche absorbiert werden könnten.[119] Der Nachweis einer Vergiftung in den Überresten einer exhumierten Leiche konnte so an Glaubwürdigkeit verlieren. Flandin schloss diese Diskussion dann auch mit einem eher skeptischen Blick auf die Ausschließbarkeit von Verunreinigungen durch Friedhofserde:

> Que sont les terres d'un cimetière en particulier? Un foyer perpétuel de décompositions. Or, qui saura ce qui se passe dans ce singulier laboratoire, où il semble que tous les agents, toutes les forces de la nature, sans parler de l'action du temps, sons mises en jeu?[120]

Anders als Harmand rief Flandin in demselben Lehrbuch nicht nur zur Sparsamkeit auf, sondern begründete dies auch direkt mit der Möglichkeit, dass eine zweite Analyse notwendig sein könnte:

> Sur quelle quantité de matières l'expert doit-il opérer? Dans les affaire judiciaires aux-quelles j'ai eu part, j'ai presque toujours vu les experts, mes collègues, demander qu'on prît la plus forte proportion possible de matières [...]. Contre diverses éventualités, ne faut-il pas laisser à la justice un recours; à la défense un contrôle? Si j'en avais la mis-sion, je dirais volontiers à l'expert de se faire un précepte de n'employer jamais que la moitié de matières qu'un magistrat remet entre se mains, et je préviendrais également le magistrat des se réserver aussi la possibilité de faire contrôler un première expertise par une seconde.[121]

Der sparsame Einsatz der zu untersuchenden Probe für eine zweite Meinung, setzte aber voraus, dass die eingesetzten analytischen Proben auch sensitiv genug waren, um in kleinen Teilen der Proben das mutmaßliche Gift zu finden. Flandin sah darin zumindest bei Arsen kein Problem, denn er argumentierte, dass im Fall von Arsen der Einsatz von kleineren Mengen sogar zu genaueren Ergebnissen führen würde: „On conduit mieux un opération faite sur de petites quantités; on en obtient de meilleurs résultats."[122]

Briand und seine Co-Autoren schlugen zwar 1846 keine allgemeinen Regeln zur Probenteilung vor, aber sie wiesen auf Schwierigkeiten bei der Durchführung der Analyse nach Marsh hin. Je nach Durchführung und Probenvorbereitung konnten

---

[119] Flandin: Traité, Bd 1, S. 424–439; vgl. auch Bertomeu-Sánchez: Sense, S. 229 f.

[120] Flandin: Traité, Bd 1, S. 438.

[121] Ebd., S. 635 f.

[122] Ebd., S. 636.

sowohl falsch positive als auch falsch negative Analyseergebnisse herauskommen und diese Fehler waren nur zu korrigieren, wenn nicht alles Probenmaterial verwendet worden war:

> [S]'il avait remis entre les mains de la justice une partie des matières premieères, on pourrait s'apercevoir de l'erreur et la réparaer par de nouveaux essais, mais si toutes les matières suspectes avaient été détruites dans les opérations, le mal serait irréparable dans l'une et l'autre circonstances.[123]

Der konkrete Verweis auf die Marsh'sche Probe, die in diesem Kontext für seine „extrême sensibilité" gelobt worden war[124], zeigt noch einmal deutlich, dass Sparsamkeit und Sensitivität als Werte eng verknüpft waren. Sparsamkeit konnte zwar unabhängig von Sensitivität gewünscht sein, um zweite juristische Meinungen und Kontrollversuche durch die Verteidigung zu ermöglichen. In der Praxis war sie aber gekoppelt an die Entwicklung und die Etablierung besonders sensitiver Methoden. Sensitivität und Sparsamkeit waren auch gekoppelt an dieselben materiellen Einschränkungen, mit denen sich die chemische Analyse vor Gericht konfrontiert sah. Probenmaterial war nur eingeschränkt verfügbar. Im Falle von Organproben aus den Leichen der mutmaßlichen Opfer konnte zwar theoretisch neues Material über Exhumierung besorgt werden, aber dies war, wie das Beispiel Flandin zeigt, eine Praxis, die mithilfe von skeptischen Argumenten die Glaubwürdigkeit der Analyse im schlimmsten Fall eher herabsetzen konnte. Im Fall von Resten der mutmaßlich vergifteten Speisen oder Getränke oder der Reste von Erbrochenem war es auch nicht möglich, nachträglich mehr Probenmaterial zu erhalten.

Die direkte Verknüpfung mit der Sensitivität erklärt auch, weswegen der dringende Verweis auf Sparsamkeit in der ersten Hälfte des 19. Jahrhunderts in Frankreich nur vereinzelt vorgetragen wurde. In ihrem Gutachten zur Marsh'schen Probe erwähnte die *Académie des sciences* lediglich, dass bei der Zerstörung des organischen Materials nach Flandin und Danger weniger Reagenzien eingesetzt werden mussten[125], nicht ob auch mit der Probe selbst sparsamer umgegangen werden konnte oder sollte.

Für die deutschen Lehrbücher zeichnet sich ein ähnliches Bild ab wie für die französischen. Auch hier sollte grundsätzlich – soweit möglich – nicht auf eine hohe Anzahl von Versuchen verzichtet werden.[126] Allerdings, so gab Wilhelm Remer

---

[123] Briand/Chaudé/Gaultier de Claubry: Manuel, S. 698.

[124] Ebd., S. 698.

[125] Ein Vorteil, den die Autoren als „considération très-importante" charakterisieren, ohne klare Gründe anzugeben. Danger/Flandin: De l'arsenic, S. 64.

[126] Vgl. Abschnitt 3.5.

(1775–1850) in seinem *Lehrbuch der polizeilich-gerichtlichen Chemie* (1812) zu bedenken, sollte der Sachverständige darauf achten, dass er nicht „die Versuche *unnöthigerweise vervielfache*".[127] Remer gab dabei nicht an, ab wann ihm zusätzliche Versuche unnötig erschienen, dies blieb also bei Befolgung seines Lehrbuchs dem Ermessen des einzelnen Sachverständigen überlassen. Allerdings fasste er Gründe und praktische Folgen dieses Grundsatzes zusammen:

> Es ist daher sehr vortheilhaft, dass man mit den entscheidendsten Versuchen den Anfang mache. Man theile desshalb den zu untersuchenden Körper in mehrere Portionen, und versuche an einigen derselben diejenigen Reagentien, welche sogleich zeigen müssen, ob dieser Körper z. B. Arsenik, oder Quecksilber, oder Blei u. s. w. enthalte. Die Voranschickung von dergleichen entscheidenden Versuchen erspart dem Obducenten ungemein viele Zeit, und erleichtert ihm die Arbeit sehr, auch gewinnt er dadurch an dem zu untersuchenden Körper, indem er nun nicht nöthig hat, ihn unnöthigerweise zu verschwenden.[128]

Dieses Zitat ist aus zwei Gründen interessant. Zunächst steht das Vorgehen, das Remer hier vorschlägt, im Zusammenhang mit den schon diskutierten Werden der Selektivität und der Sensitivität.[129] Wenn nach Remer die „entscheidendsten" Versuche zuerst angewandt werden sollten, so kann er so verstanden werden, dass die Versuche mit der höchsten Sensititvität und Selektivität zuerst verwendet werden sollten. Ein Trennungsgang oder Vorproben mit weniger sensitiven und selektiven Experimenten ist zunächst einmal nicht vorgesehen. Remer macht keine Aussage darüber, wie verfahren werden sollte, wenn es keine Hinweise aus der Voruntersuchung dazu gab, welches Gift eingesetzt worden war. Der Verdacht liegt nahe, dass sich seine oben genannten Vorgaben auf Fälle richteten, in denen ein Verdacht auf die Verwendung eines spezifischen Gifts vorlag[130], aber Remer selbst besprach dies nicht explizit.

Interessant sind aber auch die Gründe, die Remer für seine Empfehlungen angab. Zunächst einmal stellt eine Konzentration auf bestimmte, entscheidende Versuche für ihn eine Arbeitserleichterung für den Sachverständigen dar. Die Arbeitserleichterung und die Zeitersparnis, die Remer hier anspricht, liegen beide in der geringeren Anzahl an Versuchen, die nach seiner Empfehlung durchgeführt werden müssen. Aber ein zweiter Vorteil seines Vorgehens war für ihn, dass mehr von der zu unter-

---

[127] Remer: Lehrbuch, S. 103, Hervorhebung im Original.

[128] Ebd., S. 103 f.

[129] Vgl. Abschnitt 3.2 und 3.1.

[130] Ansonsten wäre sein Vorgehen tatsächlich ziemlich verschwenderisch gewesen und sparte gerade kein Material, wenn der Sachverständige nicht zufällig mit seinen ersten Versuchen den richtigen Stoff fand.

suchenden Substanz übrigblieb, sein Vorgehen also sparsamer im materiellen Sinne war als andere. Remer gab an dieser Stelle nicht an, weshalb dieses sparsamere Vorgehen an sich wünschenswert sein sollte. Eine Interpretationsmöglichkeit wäre, dass es die einzelnen Versuche aussagekräftiger machen sollte, indem mehr Material pro Experiment verwendet werden konnte und damit Nachweisgrenzen nicht zu falsch negativen Resultaten führen sollten. Dann würde die Substanz nicht wirklich aufgespart, sondern es würden nur die einzelnen Portionen für die Versuche größer. Dagegen spricht allerdings, dass er einige Seiten später erklärte:

> Erlaubt es die Quantität des gefundenen Giftes, so muss man davon [...] *etwas zu den Acten legen*, damit, wenn diese an auswärtige Gerichte und Facultäten verschickt werden, die nöthigen Versuche damit wiederholt werden können.[131]

Er war sich also der für den französischen Fall bereits angesprochenen Möglichkeit bewusst, dass unter Umständen Versuche wiederholt oder überprüft werden mussten. In der zitierten Passage geht es zwar um das bereits isolierte Gift, allerdings ergab sich aus der Sparsamkeit seiner Empfehlungen auch die Möglichkeit noch nicht analysierte Substanz zu den Akten zu legen, um damit Versuche zu wiederholen.

In dem einzigen anderen untersuchten deutschsprachigen Lehrbuch, das Sparsamkeit ansprach, *Ueber die Gifte in medicinisch-gerichtlicher und medicinisch-polizeylicher Rücksicht* (1821) von Peter Schneider (1791–1871), spiegelte sich Remers Ansicht nicht nur klar wider, sie wurde einfach wiederholt. Auch Schneider betonte, wie wichtig es sei, dass der Experte die Experimente nicht „unnöthiger Weise vervielfältige".[132] Wie Remer gab auch Schneider nicht an, ab wann Versuche unnötig sein sollten. Tatsächlich übernimmt Schneider in der darauffolgenden Passage, in der das daraus folgende Vorgehen und die Vorteile erläutert werden, fast genau den Wortlaut Remers. Schneider trug also weniger selbst etwas zum Diskurs über Sparsamkeit bei, als dass er vielmehr ziemlich offenkundig Remers Empfehlungen hierzu abschrieb. Dasselbe gilt im übrigen für die oben zitierte Passage, nach der wenigstens einige Reste des isolierten Giftes zu den Akten gelegt werden sollten, die sich genauso auch bei Schneider finden lässt.[133] Auch wenn Schneider selbst nichts beitrug, so kann doch die Übernahme und die Wiederholung von Remers Empfehlungen zumindest darauf hindeuten, dass Schneider ein ähnliches Problem in einem nicht sparsamen Umgang mit Probenmaterial sah.

---

[131] Remer: Lehrbuch, S. 110.
[132] Schneider: Gifte, S. 441.
[133] Vgl. ebd., S. 445.

Sparsamkeit war also im deutschen Lehrbuchdiskurs in einer ähnlichen Randposition wie im französischen. Sie wurde zwar bei Remer und Schneider aufgegriffen aber nicht auf ähnliche Weise begründet wie in den französischen Lehrbüchern. Diskussionen über Schwierigkeiten der Exhumierung, wie sie besonders Flandin stark machte, fanden in den deutschen Lehrbüchern nicht statt.

Auch in der Praxis spielte Sparsamkeit offenbar kein große Rolle in den deutschen Staaten. In den analysierten Fällen lassen sich explizite Anweisungen der Gerichte, nicht das gesamte Probenmaterial aufzubrauchen, genauso wenig finden wie Angaben über übriggelassene Substanzen in den einzelnen Gutachten. Eine Ausnahme stellt im gewissen Sinne der Prozess gegen Katharina Maier wegen Giftmords an ihrem Ehemann im Jahr 1809 dar. In der Akte zu diesem Fall fehlt leider die Anklageschrift, aber aus den überlieferten Zeugenaussagen und den Gutachten lässt er sich grob folgendermaßen rekonstruieren: Johann Maier, das Opfer und der Ehemann der Angeklagten, verstarb am 2. Juni 1809 in Merklingen (heute ein Stadtteil von Weil der Stadt bei Stuttgart), nachdem er „den Vormittag selbigen Tags seinen Berufs-Geschäften nachgegangen und keine Krankheit an ihm zu vermerken war."[134] Kurz nach dem Mittagessen habe Johann Maier sich heftig übergeben müssen, über Schmerzen im Unterleib geklagt und sei dann zwischen 16 und 17 Uhr desselben Tages verstorben. Die Plötzlichkeit und Schnelligkeit des Todes reichten aus, um eine Untersuchung zu beginnen. Zu diesem Zeitpunkt gab es anscheinend noch keinen konkreten Verdacht, denn die Sektion fand am 4. Juni statt, die überlieferten Zeugenaussagen sind erst auf den 5. Juni datiert. Die Autopsie wurde im Haus des Verstorbenen durchgeführt. Es wurden hauptsächlich die Gedärme aus der Bauchhöhle entnommen und samt Inhalts in verschiedenen Gefäßen versiegelt, die zum untersuchenden Physicus Eble nach Weil der Stadt zur weiteren Untersuchung gesendet wurden. Ein Teil des Mageninhalts wurde jedoch zuvor auch noch an einen Hund verfüttert, der anschließend über Nacht im Rathaus eingesperrt wurde. Der Hund überlebte, am nächsten Tag wurde lediglich gefunden, dass er sich übergeben haben musste.

Die Zeugenaussagen zeigten lediglich, dass Katharina Maier das Mittagessen gekocht hatte und dass niemand sonst nach dem Essen krank geworden war. Der Vater des Verstorbenen gab an, dass seine Schwiegertochter sich öfter mit einem anderen Mann getroffen habe, und auch der Bruder des Verstorbenen erklärte, dass dieser sich vor seinem Tod über die Untreue seiner Ehefrau beschwert habe. Der Mann, mit dem sie ein Verhältnis gehabt haben soll und der ein namentlich nicht genannter Provisor aus Renningen war, wurde anscheinend nicht befragt. Zumindest

---

[134] Dominik Eble: Abschrift des Sektionsberichts in der Untersuchungssache Maier, Merklingen, 4. Juni 1809, LABW LB, D 70 Bü 27.

ist seine Aussage nicht überliefert.[135] Die mögliche Untreue der Ehefrau ist also alles, was sich ohne die fehlende Anklageschrift als Motiv rekonstruieren lässt. Auch in ihrem Geständnis vom 14. Juni 1809, nach dem sie ihren Mann mit Mäusegift umgebracht habe, machte Maier keine Angaben zum Motiv.[136]

Die chemische Analyse, die Eble mit einem Apotheker in Weil der Stadt durchführte beschränkte sich im Wesentlichen auf das Zerkleinern, lösen und Filtrieren der Eingeweide und ihrer Inhalte. Farbreaktionen oder Ausfällungsversuche wurden nicht durchgeführt. Allerdings wurde überall nach dem Filtrieren ein weißes Pulver gefunden.[137] Wie Eble es in der Auflistung der Ergebnisse zusammenfasst, fand er insgesamt 24 Gran[138] dieses weißen Pulvers.[139] Zur Identifikation dieses Pulvers wurden insgesamt dreimal kleine Teile davon auf glühende Kohle geworfen. Jedes Mal sei ein weißer Dampf aufgestiegen und die Anwesenden hätten einen Knoblauchgeruch wahrgenommen.[140] Eble verließ sich also alleine auf drei Geruchsproben, um abschließend zu erklären, dass sie das Pulver „nach drei verschiedenen mit demselben in Gegenwart zweier gerichtlicher Urkunds-Personen angestellten Prüfungen immer als Arsenik verhielt".[141] Die Sachverständigen erbaten aber selbst, weil „eine Untersuchung dieser Art, wo es vielleicht auf Menschenleben ankommt nicht vorsichtig genug angestellt werden kann"[142], dass die von ihnen mit dem Gutachten zusammen ans Gericht verschickten Proben von insgesamt 8 Gran[143] dem „Medicinal Departement" zur weiteren Prüfung zugeschickt werden sollten.

Die Motivation dafür, nicht die ganze Probe aufzubrauchen, war, wie oben beschrieben, diesmal nicht nur ein theoretisch mögliches, sondern ein durch die Sachverständigen selbst erbetenes zweites Gutachten. In diesem Fall waren sie besorgt, ein falsch positives Ergebnis erhalten zu haben, und nur ein Obergutachten sollte diese Zweifel ausräumen können. Dabei war der Fall an sich, sollte das weiße Pulver sich tatsächlich vollständig als Arsen erweisen, aus Sicht der Sachverständigen mehr als eindeutig. Wie Eble in seinem Gutachten festhielt, könnten seiner

---

[135] Oberamt Leonberg: Abschrift der Zeugenaussagen im Fall Maier, Merklingen, 5. Juni 1809, LABW LB D 70 Bü 27.

[136] Katharina Maier: Geständnis, Merklingen, 4. Juni 1809, LABW LB, D 70 Bü 27.

[137] Dominik Eble/A. Halz: Chemisches Gutachten im Fall Maier, Weil der Stadt, 9. Juni 1809, LABW LB, D 70 Bü 27.

[138] Also ca. 1,5 g.

[139] Dominik Eble: Judicum Medicum im Fall Maier, Weil der Stadt, 9. Juni 1809, LABW LB, D 70 Bü 27.

[140] Eble/Halz: Chemisches Gutachten Fall Maier, LABW LB, D 70 Bü 27.

[141] Eble: Judicum Medicum Fall Meier, LABW LB, D 70 Bü 27.

[142] Ebd.

[143] Ca. 0,5 g.

Ansicht nach 7 bis 8 Gran[144] „absolut lethal" sein. Bei 24 Gran, die im Magen gefunden worden waren, stand die tödliche Wirkung des verabreichten Arsens also außer Zweifel.[145]

Wie weiter oben argumentiert worden ist, hing der geringe praktische Einfluss der Sparsamkeit, trotz allgemeiner Überlegungen zur Absicherung von Ergebnissen durch zweite Gutachten, vom Stand der analytischen Chemie ab. Der Sparsamkeit sollte nicht die Möglichkeit geopfert werden, bereits in einem ersten Gutachten ein möglichst sicheres Ergebnis zu erhalten. In diesem Fall war es aber gerade die große Menge an gefundenem mutmaßlich giftigen Material, das das zweite Gutachten ermöglichte. Die Geruchsprobe konnte problemlos dreimal durchgeführt werden und dennoch konnte von dem verbleibenden Material noch einmal eine tödliche Dosis für das Obergutachten zurückgehalten werden. Außerdem waren die Kritikpunkte an diesem ersten Gutachten bereits vorherzusehen. Der Hund, der ebenfalls etwas von dem im Magen zurückgebliebenen Arsen gefressen haben muss, war nicht verstorben. Nur eine einzige Methode zur Identifikation von Arsen wurde angewandt und dabei handelte es sich mit der Geruchsprobe um eine schon von den Zeitgenossen kritisierte, zumindest wenn sie allein zur Identifikation verwendet werden sollte. Weder eine Reduktionsprobe noch Hahnemanns Niederschlagsreaktionen wurden durchgeführt. Beides wurde dann aber im Obergutachten nachgeholt, das damit dann auch Arsen als Mordwaffe bestätigte.[146] Das Urteil ist nicht direkt überliefert, allerdings befindet sich in der Akte eine Rechnung für die Kosten der Hinrichtung; Maier wurde also offensichtlich zum Tode verurteilt.[147]

Sparsamkeit blieb also auch in den deutschen Staaten ein nachgeordneter Wert, der sich zwar teilweise direkt aus den materiellen Umständen ergab aber nicht systematisch verfolgt wurde. Im Gegenteil kam es durchaus vor, dass offensichtlich nicht sparsam gehandelt wurde. So erklärte die Medizinische Fakultät Göttingen in einem anderen Fall von 1848, in dem sie das Gutachten erstellte:

> Wiewohl [...] die Untersuchung der zweiten Hälfte der Dünndarm-Contenta überflüssig geworden war, so unterwarfen wir sie dennoch der Untersuchung, um bei dieser Gelegenheit zu unserer eigenen Belehrung die Empfindlichkeit und Sicherheit zwei-

---

[144] Ca. 0,4 g–ca. 0,5 g.

[145] Eble: Judicum Medicum Fall Meier, LABW LB, D 70 Bü 27.

[146] Medicinal Departement Württemberg: Obergutachten im Fall Maier, 14. Juli 1809, LABW LB, D 70 Bü 27.

[147] Anonym: Rechnung für die Hinrichtung von Katharina Maier, ohne Datum, LABW LB, D 70 Bü 27.

erlei in solchen Fällen zur Auszeichnung und Darstellung des Arseniks anwendbaren Methoden mit einander zu vergleichen.[148]

Ohne an dieser Stelle auf die Details dieses Falls einzugehen[149], ist dieses Zitat im Zusammenhang mit der Sparsamkeit deswegen interessant, weil es die Medizinische Fakultät Göttingen in diesem Fall nicht für nötig hielt, Probenmaterial aufzubewahren, obwohl sie von dem Ergebnis schon überzeugt war. Sie begründete weitere Untersuchungen nicht damit, dass Ergebnisse bestätigt oder abgesichert werden sollten. Es ging vielmehr um den Vergleich zweier toxikologischer Methoden beziehungsweise eigentlich der Vorbereitung der Proben vor der Durchführung der Marsh'schen Probe. Während in einem ersten Versuch die Probe nämlich gekocht und filtriert, anschließend mit Salpetersäure erhitzt und, erneut abfiltrirt und mit schwefliger Säure gesättigt wurde[150], wurde durch einen zweiten Teil der Probe ohne Filtration Chlorgas bis zur Sättigung geleitet, anschließend zum Sieden gebracht und filtriert.[151] In beiden Fällen wurde Filtrat mit schwefliger Säure gesättigt, anschließend wurde Schwefelwasserstoff durch die Lösung geleitet und der gelbe Niederschlag wurde in den Marsh'schen Apparat gegeben.[152] Die Durchführung der zweiten Probe diente aus Sicht der gutachtenden Fakultät nicht der Erhöhung der Sicherheit. Das erste Ergebnis war für sie bereits aussagekräftig und sicher genug. Dennoch nahm sie die zweite Untersuchung vor, um zwei Methoden miteinander zu vergleichen. Der Nutzen der zweiten Analyse lag also nicht in der Stärkung der Beweislast, sondern in einem Praxisvergleich zweier Methoden. Explizit diente dieses Vorgehen nicht juristischen sondern wissenschaftlichen Interessen und Sparsamkeit wurde deshalb nicht beachtet. Anscheinend gab es keine Kritik an diesem Vorgehen, was noch einmal zeigt, dass Sparsamkeit ein nachgeordneter Wert war. Hinzu kam in diesem Fall, dass es kein lokaler Apotheker war, der zu viel Probenmaterial einsetzte, sondern die medizinische Fakultät Göttingen. Sie wäre in diesem Fall die Institution gewesen, die im Streitfall das erste Gutachten geprüft und unter Umständen auch ein zweites Gutachten angefertigt hätte. Mit Probenmaterial konnte sie also schon allein deshalb weniger sparsam umgehen.

Sowohl in den deutschen Staaten als auch in Frankreich blieb Sparsamkeit ein nachgeordneter Wert. Wie mehrfach angesprochen, hing dies auch mit dem Stand

---

[148] Medizinische Fakultät Göttingen: Chemisches Gutachten im Fall Büsing, Göttingen, 4. April 1848, NLA HA, Hann. 72 Alfeld, Nr. 115, S. 64–80, S. 75.

[149] Der Fall Büsing wird ausführlicher dargestellt in Abschnitt 3.6.2.

[150] Medizinische Fakultät Göttingen: Gutachten Büsing vom 4. April 1848, NLA HA, Hann. 72 Alfeld, Nr. 115, S. 74.

[151] Ebd., S. 76.

[152] Ebd., S. 74–77.

der analytischen Chemie zusammen. Keinesfalls sollte missverstandene Sparsamkeit die Aussagekraft und die Genauigkeit des Ergebnisses einschränken. Dies galt auch für Flandin als entschiedenen Befürworter einer strengen Sparsamkeit. Sein Gegenargument war lediglich, dass erstens in bestimmten Maße der sparsamere Einsatz von Probenmaterial sogar zu genaueren Ergebnissen führen würde und zweitens die Genauigkeit von zweiten Gutachten wegen möglichen Verunreinigungen nach der Exhumierung immer eingeschränkt war und solche Exhumierungen deshalb durch Sparsamkeit verhindert werden sollten. Sparsamkeit war wenigstens als nachgeordneter Wert überhaupt am Rande Teil der Diskussion, weil er sich auf die direkten materiellen Umstände der Analyse bezog: Mehr Probenmaterial war im Zweifelsfall nicht oder nur schwierig zu beschaffen.

3.5   Redundanz – Die Absicherung der Ergebnisse

Unter Redundanz werden hier Lehrbuchempfehlungen und analytische Praktiken zusammengefasst, die darauf abzielten, das Probenmaterial verschiedenen Tests zu unterziehen, die dann dasselbe Gift auf verschiedene Weise nachweisen sollten. Es sind also keine Vergleichs- oder Blindproben gemeint, bei denen neben dem eigentlichen Probenmaterial auch Proben bekannter Zusammensetzung analysiert werden sollten.[153] Genauso wenig geht es hier um die Anwendung verschiedener Tests zum Nachweis unterschiedlicher Gifte, etwa in Trennungsgängen oder bei Vorproben.[154] Es geht vielmehr um den Einsatz unterschiedlicher Methoden für den Nachweis desselben Gifts im gleichen Material. Die Beurteilung, was genau als unterschiedliche Methoden zählt, bleibt dabei selbstverständlich den Quellen vorbehalten. In dem am Ende von Abschnitt 3.4 kurz angeführten Fall Büsing zum Beispiel, in dem die Medizinische Fakultät Göttingen als Gutachterin auftrat, wurden zwei Tests als unterschiedliche Methoden qualifiziert, die sich auch gut als lediglich unterschiedliche Vorbereitungen für die Marsh'sche Probe beschreiben ließen.[155] Wenn die Sachverständigen dennoch von unterschiedlichen Methoden sprachen, ist ihre Beurteilung hier – bei aller Ähnlichkeit zwischen den Methoden – die ausschlaggebende.

Schon im vorangegangen Abschnitt 3.4 hatte ich erwähnt, dass Remer die Sparsamkeit eher als eine Einschränkung für den Einsatz verschiedener Methoden ver-

---

[153] Solche Proben werden näher besprochen in Abschnitt 3.6.

[154] Vgl. hierzu vor allem Abschnitt 3.2.

[155] Vgl. Medizinische Fakultät Göttingen: Gutachten Büsing vom 4. April 1848, NLA HA, Hann. 72 Alfeld, Nr. 115, S. 74–77.

standen hat. Die Substanz sollte nicht unnötig verschwendet werden, wenn „alle Versuche, welche zur Bestimmung dieses Körpers [d. h. des Giftes] gemacht werden können, angestellt werden".[156] Sparsamkeit diente Remer – und auch Schneider, der wie gesagt Remers Position fast wörtlich übernahm – eher als Korrektiv, um es mit der Redundanz nicht zu übertreiben. Die für Remer eigentlich wichtige Empfehlung war aber, dass möglichst viele Versuche zur Absicherung des Ergebnisses angestellt werden sollten. Um Verschwendung zu verhindern sollte dies, wie im vorangegangenen Abschnitt erklärt, bedeuten, dass die seiner Ansicht nach aussagekräftigsten Versuche zuerst angestellt werden sollten, der Sachverständige sich allerdings nicht unbedingt nur auf diese beschränken sollte, wenn genügend Material vorhanden war. Die Notwendigkeit zur Absicherung der Ergebnisse durch mehrere Untersuchungen lag Remer zufolge im Risiko falsch positiver Ergebnisse und damit letztlich in der Qualität der analytischen Methoden seiner Zeit. Sehr deutlich wurde dies in seinen Ausführungen zu Arsen, in denen er sich insbesondere gegen die (ausschließliche) Verwendung der Geruchsprobe für Arsen richtete:

> Die grosse Giftigkeit des Arseniks macht es nöthig, dass man bei seiner Untersuchung mit doppelter Vorsicht verfahre, damit man nicht mit Unrecht den Verdacht einer geschehenen Arsenikvergiftung bestätige. Man muss sich folglich sehr vorsehen, dass man sich nicht durch das Resultat von einigen wenigen Versuchen zu der Entscheidung, in dem vorliegenden Falle sey Arsenik vorhanden, verleiten lasse, sondern muss, um zur völligen Gewissheit zu gelangen, so weit der Vorrath der zu untersuchenden Substanz es erlaubt, alle angegebenen Versuche anstellen, wenigstens keinen versäumen, der zu den hauptsächlichsten gerechnet zu werden verdient, auch nicht verfehlen, die schon oben empfohlenen Gegenversuche zu machen. Besonders trüglich sind die allgemeineren Versuche, deren Resultat im einzelnen mit demjenigen völlig oder zum Theile übereinstimmen, was man bei den nämlichen Operationen mit andren Körpern wahrnimmt. Vorzüglich leicht kann man sich irren, wenn man sich blos auf den Geruch des Dampfes verlässt, welcher von gewissen andren Körpern eben so zu seyn pflegt.[157]

Ähnlich wie Einfachheit diente Redundanz also der Vermeidung von Fehlern. Bei Remer ging es dabei insbesondere um den Versuch, Unzulänglichkeiten der einzelnen Methoden durch den Einsatz vieler verschiedener auszugleichen. Besonders analytische Verfahren mit einer eher geringen Selektivität waren es, deren alleinigen Einsatz er kritisierte. Sein Aufruf, sich nicht nur auf den Knoblauchgeruch von Arsen zu verlassen, war auch nicht dadurch überholt, dass Hahnemann schon 1786 genau in diesem gleichen Punkt zur Vorsicht gemahnt hatte.[158] Wie im in

---

[156] Remer: Lehrbuch, S. 103; analog dazu Schneider: Gifte, S. 441.

[157] Remer: Lehrbuch, S. 613.

[158] Vgl. Hahnemann: Arsenikvergiftung, S. 217; sowie Abschnitt 3.2

Abschnitt 3.4 angeführten Fall Maier gezeigt, kam es durchaus vor, dass sich Sachverständige allein auf die Geruchsprobe verließen.[159] Auch wenn der Arzt Eble im Fall Maier sein eigenes Ergebnis noch einmal durch ein zweites Gutachten absichern ließ, wollten (oder konnten) er und der von ihm hinzugezogene Apotheker selbst keine andere Methode als die Geruchsprobe einsetzen.

Der Einsatz mehrerer Methoden reagierte aber nicht nur darauf, dass bestimmte einzelne Methoden nicht aussagekräftig genug waren, sondern auch auf die experimentellen Fähigkeiten der Sachverständigen. So argumentierte Kühn, dass mehrere Versuche notwendig wären, um der Beweislast vor Gericht im Vergleich anderer Anwendungen analytischer Chemie gerecht zu werden und dies insbesondere dann ein Problem sei, wenn etwa die als Sachverständigen hinzugezogenen Ärzte und Apotheker sich nicht hauptsächlich, sondern nur anlassbezogen mit der forensischen Analyse beschäftigten:

> In der analytischen Chemie ist man, um die Gegenwart von Arsen zu entdecken, und zu beweisen, schon zufrieden, wenn man bei der Behandlung des zu untersuchenden Körpers vor dem Löthrohre auf der Kohle einen weissen Rauch mit Knoblauchgeruch bemerkt. In einer Flüssigkeit wendet man zu gleichem Zwecke Schwefelwasserstoff, Blei- und Silberauflösung an. Niemals fordert man mehr Beweise; am allerwenigsten die Reduction des Arsens aus seinen Verbindungen. In der gerichtlichen Chemie sind die erstern Versuche nur Anzeigen der Gegenwart, die man immer noch mit ziemlich mistrauischen Augen ansieht; als vollständigen Beweis betrachtet man nur die Reduction.[160] Und ich glaube nicht mit Unrecht: Irren ist menschlich; *der Irthum wird aber um so mehr vermieden werden, je mehr Kennzeichen eines Dinges aufgesucht und als übereinstimmend befunden werden*, besonders wenn man die Untersuchung von solchen geführt wird, welche das Practische derselben nur als Nebensache betreiben und betreiben müssen [d. h. Apotheker und Ärzte]. Auf der andern Seite finde ich es übertrieben, ja es scheint mir in ein Spiel auszuarten, wenn man statt zweier oder dreier Kennzeichen, deren Zusammentreffen anerkannt vollständige Beweiskraft hat, die doppelte Anzahl und wohl noch mehr fordert, oder ausfindig zu machen sucht.[161]

Dieses Zitat ist aus mehreren Gründen interessant. Zunächst einmal sah Kühn hiernach in der Methodenwahl den praktischen Akt, in dem sich analytische und gerichtliche Chemie unterschieden. Für die analytische Chemie im engeren Sinne hinreichende Ergebnisse seien nicht aussagekräftig genug für die gerichtliche Praxis. Zweitens beschrieb Kühn in diesem Zitat strenggenommen zwei verschiedene Kalküle, welche Methoden – oder vielmehr wie viele Methoden – zur Anwen-

---

[159] Eble/Halz: Chemisches Gutachten Fall Maier, LABW LB, D 70 Bü 27.

[160] Über die Reduktionsprobe und insbesondere über die Verbesserung in Form der Marsh'schen Probe wird es näher in Abschnitt 3.6 gehen.

[161] Kühn: Chemie, S. 75 f.; Hervorhebung und Hinzufügung MC.

dung kommen sollten. Bei seiner Beschreibung der Haltung der Gerichte ging es ja anscheinend nicht darum, dass mehrere Methoden zur Anwendung kommen sollten, sondern dass nur eine bestimmte Methode – nämlich die Reduktionsprobe – als vollständiger Beweis angesehen würde. Die vorher angeführten Versuche, also die Bestimmung des Geruchs und die Fällungsreaktionen, wären dann zumindest bei einer erfolgreichen Reduktionsprobe in der gerichtlichen Praxis bedeutungslos gewesen. Selbst wenn dies der Fall gewesen ist, sah Kühn dies aber anders, denn seine Erklärung für diese gerichtliche Haltung – und dies ist der für die Redundanz besonders interessante Punkt – geht nicht darauf ein, dass die Reduktionsprobe etwa zuverlässiger oder aus anderen Gründen überzeugender gewesen wäre.[162] Vielmehr ging es ihm um die Absicherung von Ergebnissen durch die Anwendung mehrerer Tests. Mehrere positive Ergebnisse seien überzeugender als eins und am Ende ging es um die Beweispflicht der Anklage, die erfüllt werden musste. Persönliche Fehler der Experimentatoren könnten so besser ausgeschlossen werden. Auch bei Kühn gab es kein klares Kriterium, wie viele positive Ergebnisse von Tests ausreichend sein sollten. Er führte lediglich an, dass ab einem gewissen Punkt die Sicherheit nicht mehr erhöht werden würde und weitere Tests „übertrieben" seien. Er muss wohl so verstanden werden, dass diese Einschätzung den Sachverständigen für den jeweiligen Einzelfall überlassen werden musste und nicht festgelegt werden konnte.

Redundanz wurde in den deutschsprachigen Lehrbüchern also zur Vermeidung von Fehlern, insbesondere von falsch positiven Ergebnissen diskutiert. Anders als bei der Sensitivität, bei der das höhere Risiko für falsch positive Resultate in Kauf genommen wurde[163], wurde es an dieser Stelle ernst genommen. Dabei stand Redundanz in einer gewissen Konkurrenz zur Sparsamkeit. Alle Autoren, die über Redundanz schrieben, wiesen darauf hin, dass die Durchführung mehrerer Versuche nicht dazu führen dürfe, dass die zu untersuchende Substanz verschwendet würde. Im deutschsprachigen Diskurs wurde ja bereits im Abschnitt 3.4 darauf hingewiesen, dass sich im Grunde nur Remer (und analog Schneider) explizit für Sparsamkeit aussprach und diese als Korrektiv für eine übertriebene Redundanz verstand. Ähnlich kann wohl auch Kühn verstanden werden, auch wenn es ihm vielleicht nicht nur darum ging, Probenmaterial zu sparen, sondern auch darum, dem Experimentator Zeit zu sparen. Jedenfalls kann die Kritik, zu viele Tests würden „in ein Spiel" ausarten, auch auf diese Art verstanden werden.[164]

Redundanz als diskutierter Wert in den Lehrbüchern führte in der Praxis in den deutschen Staaten selten dazu, dass wirklich alle Methoden zur Identifizierung einer

---

[162] Vgl. Abschnitt 3.6.

[163] Vgl. Abschnitt 3.2.

[164] Kühn: Chemie, S. 75.

bestimmten Substanz angewendet wurden. Insbesondere für das meistens verwendete Arsen war dies nicht der Fall. Eine Ausnahme in dieser Hinsicht stellte der Prozess gegen Maria Thekla Brüger aus Oedheim bei Heilbronn dar. Sie wurde 1840 angeklagt, ihren Mann, Christian Brüger, mit Rattengift getötet zu haben. Zwei Apotheker wurden mit der Untersuchung des Darms und des Magens mitsamt ihrer Inhalte beauftragt: Wilhelm Vrackel aus Neckarsulm und ein Herr Mayer aus Heilbronn. Statt mit der zielstrebigen Suche nach einer spezifischen Substanz wie in vielen anderen schon besprochenen Fällen, begann die Analyse im Fall Brüger mit einem Zufall bei der Untersuchung des Darmkanals und -inhalts:

> Der Geruch war ekelhaft, jedoch nicht der gewöhnliche Leichen-Geruch. Die Gas-Arten, welche den Geruch zur Folge hatten, entwikelten sich mit Braußen, als diese Maße in einer Porzellanschale mit Waßer und Salpetersäure zum Kochen gebracht wurde. Durch folgenden unvorhergesehenen Umstand wurden wir schnell auf das Vorhandenseyn von freyem Phosphor geführt: Die Schale mußte wegen Zerspringens umgeleert werden, wobei mit dem Spatel die feste Maße zurückgehalten wurde, dadurch kam diese (in erhiztem Zustande) mit der freyen Luft in Berührung, wobei der Phosphor mit dem ihm eigenthümlichen Geräusch und Flammen verbrannte, welche Leztere den ebenfalls bekannten diken weisen Rausch und Phosphorgeruch verbreitete.[165]

Anders als im Fall Maier, in dem der Arsengeruch den Sachverständigen ausreichte, um den Verdacht auf eine Arsenvergiftung zu rechtfertigen[166], diente der Geruch und der Rauch, die die Sachverständigen im Fall Brüger als charakteristisch für Phosphor angaben, als Rechtfertigung für die Untersuchung des Darms, „um den Phosphor in gerichtstauglicher Menge und Absonderung zu erhalten"[167]:

> Die Eingeweide wurden mit bloßem Waßer gekocht […]. Nachdem diese Arbeit eine Stunde hindurch fortgesetzt und die Eingeweide herausgenommen wurden, stellten wir den Keßel zum Erkalten bei Seite. Nach dem Erkalten wurde das Flüßige vorsichtig abgegoßen, und mittelst Schlemmens versucht den Phosphor zu finden. Er war indeßen allzusehr vertheilt zwischen den Contentis (Speise-Resten), um ihn in Substanz herausfinden zu können. Durch mäßiges Erwärmen des abgeschlemmten Bodensazes unter stetem Umrühren deßelben, erschien der ehizte Boden des Gefäßes ganz mit

---

[165] Wilhelm Vrackel/Mayer: Chemisches Gutachten im Fall Brüger, Neckarsulm, 8. März 1840, LABW LB, E 319 Bü 158, Qu. 11.

[166] Vgl. Abschnitt 3.3, sowie Eble/Halz: Chemisches Gutachten Fall Maier, LABW LB, D 70 Bü 27.

[167] Vrackel/Mayer: Gutachten Brüger, LABW LB, E 319 Bü 158.

leuchtenden Punkten bedeeckt und phosporescirte so lebhaft, daß diese Erscheinung
[…] im Dunkeln noch deutlicher wahrzunehmen war.[168]

Genauso wurde dann auch mit dem Magen und dem Mageninhalt verfahren, wobei
sich auch hier der Phosphor entzündet habe und auch in Form von weißen, gelbli-
chen Punkten sichtbar gewesen sei. Dabei beließen es Vrackel und Mayer aber nicht.
Stattdessen nutzten sie die bei der Analyse des Magens abgegossene Flüssigkeit, „in
der noch viel dicke Maße enthalten war"[169], erhitzten sie, gaben Salpetersäure hinzu
und und filtrierten die Probe daraufhin. Dem hellgelben Filtrat wurde „eßigsaure[s]
Bley" (Bleiacetat) zugesetzt, um die restliche Phosphorsäure in Form von „phos-
phorsaure[m] Bley" (Bleiphosphat) auszufällen. Der abfiltrierte Niederschlag wurde
anschließend in eine Perle geschmolzen,

> welche nach dem Abkühlen gelblich war und auf der Oberfläche die façettenartige
> Krystallisation zeigte, welche leztere Erscheinung durchaus derjenigen glich, welche
> eine Perle aus reinem Bleyoxydphosphat unter diesen Umständen gab.[170]

Schließlich wurde auch noch das Filtrat noch einmal mit Salpetersäure versetzt.
Wieder bildete sich ein Niederschlag, der „glasig, grünlich weiß" war und sich in
Wasser lösen ließ. Insgesamt sechs Reaktionen wurden mit dieser Lösung durch-
geführt: Lackmuspapier färbte sich blau. Bei der Zugabe von Säuren wurde unter
„Braußen" ein Gas freigesetzt, das gleich als Kohlensäure identifiziert wurde. Unter
Zugabe von Weinsteinsäure bildete sich ein gelblicher, kristallinischer Niederschlag
von Weinstein. Bei Neutralisierung der Lösung fiel „sapltersaures Silberoxyd" (Sil-
bernitrat) aus, das sich bei der Zugabe von Salpetersäure im Überschuss auch nicht
wieder auflöste, woraus die Experten schlossen, dass „neben des Weinsteins von
Phosphorsäure auch Chlorwaßerstoffsäure [Salzsäure] sich darstellte". Mit der mit
Salzsäure gesättigten Lösung des glasigen Rückstands wurde ein weißer Niederschlag in Eisenchloridlösung ausgefällt. Schließlich wurde auch mit der derselben
gesättigten Lösung ein ebenfalls weißer Niederschlag in „schwefelsaurer Kalkerde"
(Calciumsulfat-Dihydrat, Gips) ausgefällt. Die letzten drei Reaktionen, also die Ausfällung von Silbernitrat und den beiden weißen Niederschlägen in Eisenchlorid- und
Gipslösung, identifizierten die Sachverständigen ebenfalls als eindeutige Hinweise
auf die Anwesenheit von Phosphorsäure.[171] Phosphor wurde also mit mehreren
Versuchen im Darm und im Magen des Opfers nachgewiesen. Nachdem die bei-

---

[168] Ebd.
[169] Ebd.
[170] Ebd.
[171] Ebd.

den Apotheker mit einigen Gegenversuchen auch noch die Anwesenheit von Arsen ausgeschlossen hatten[172], stellten sie abschließend fest:

> Aus vorstehenden Versuchen geht nun die Thatsache hervor, daß in den Contentis des Leichnams, sowohl im Magen als Gedärmen, eine nicht unbeträchtliche Menge von Phosphor in Substanz sich befand, wofür die Beweise:
> Erstens) das charakteristische Leuchten und Brennen an den Magenwanden und Gedärmen, so wie auf dem Boden der Gefäße, in welchem dieses gekocht wurde.
>
> 2) die Darstellung von Phosphorsäure durch die geeigneten chemischen Manipulationen, und charakteristische Verbindungen mit den geeigneten Reagentien.
> So wie die Abwesenheit anderer giftiger Stoffe, namentlich des Arseniks hinlänglich sprechen.[173]

Dies war also einer der selteneren Fälle, in denen die Praktiker dem Wert der Redundanz klar folgten. Es war gerade die Vielfalt der „geeigneten chemischen Manipulationen" und „charakteristische[n] Verbindungen", die ihre Folgerung, dass Brueger ihren Ehemann mit Phosphor vergiftet hatte, stützte. Weißer Phosphor war auch als Rattengift gebräuchlich, konnte der Angeklagten also durchaus auch zugänglich gewesen sein. Die Beweise reichten aus, um sie zu einer lebenslänglichen Zuchthausstrafe zu verurteilen.[174]

Die Haltung der französischen Theoretiker zur Redundanz unterschied sich wenig von der der deutschsprachigen.Der französische Gerichtsmediziner François-Emmanuel Fodéré (1764–1835) erklärte in seinen allgemeinen Überlegungen zur chemischen Analyse mutmaßlicher Gifte ebenfalls, dass es notwendig sei, sich durch eine Vielzahl von Versuchen und im besten Fall sogar durch alle möglichen Versuche Sicherheit zu verschaffen:

> Enfin la troisième précaution est de diviser, lorsque la quantité le permet, la matière en plusieurs lots, afin *qu'en l'examinant par tous les procédés ou puisse acquérir sur sa nature toute la certitude possible* : si au contraire l'on n'en a qu'une petite quantité á analyser, il ne faudra pas la prodiguer pour des éprouves imparfaites, mais on donnera de suite la préférence aux procédés qu'on jugera les plus concluans d'après les présomptions qu'on aura déjà sur la qualité du poison et les expériences indiquées dans la section précédente.[175]

---

[172] Vgl. Abschnitt 3.6.1.

[173] Vrackel/Mayer: Gutachten Brüger, LABW LB, E 319 Bü 158.

[174] Oberamtsgericht Neckarsulm: Urteil gegen Maria Thekla Brüger, Neckarsulm, 11. November 1840, LABW LB, E 319 Bü 158, Qu. 67.

[175] Fodéré: Traité, Bd. 4, S. 200; Hervorhebung MC.

Auch Fodéré ging es also darum, die Möglichkeit falscher Ergebnisse zu minimieren. Folgerichtig empfahl er auch nicht Sparsamkeit oder die Aufbewahrung von Beweismaterial für andere Analysen. Sollte nicht genug Material für alle Analysen zur Verfügung stehen, sollten vielmehr Ergebnisse nicht dadurch verfälscht werden, dass zu wenig Substanz für aussagekräftige Resultate verwendet würde. Die Nachweisgrenzen mussten im Blick behalten werden. Es ging Fodéré also weder darum, den Experimentatoren Zeit zu sparen, noch darum, zukünftige zweite Meinungen zu ermöglichen, wenn in seiner empfohlenen Praxis von der Redundanz abgewichen wurde.

Abgesehen von Fodéré kam Redundanz im französischen theoretischen Diskurs wenig vor, zumindest im Hinblick auf allgemeine Empfehlungen zur Durchführung der Analyse. Etwas anders sah es aus bei der spezielleren Diskussion um Arsennachweise. Orfila etwa empfahl trotz seiner mehr als harschen Kritik am Reinsch-Test[176] die Anwendung desselben in Verbindung mit der Marsh'schen Probe.[177] Ähnliches galt für des Lehrbuch von Briand, Chaudé und Gaultier de Claubry. Bei der Diskussion verschiedener Methoden zur Probenvorbereitung für die Marsh'sche Probe plädierten sie grundsätzlich dafür, zwei verschiedene Verfahren anzuwenden statt nur einem zu vertrauen:

> Au surplus, il est un mode á suivre que nous regardons non-seulement comme le meilleur, mais même comme presque indispensable dans toute recherche de l'arsenic ou de l'antimoine, quand la proportion de ces corps est trop faible pour être directement trouvée par l'acide sulfhydrique :*c'est d'employer pour la décomposition des substances suspectes deux procédés différents*, qui font disparaître alors les causes d'erreur que pourraient fourni l'un d'entre eux seulement ; car il est á peine possible d'admettre que, dans ce cas, une cause d'erreur dans le même sens se présenterait á la fois dans les deux modes d'agir : et comme le résultat d'une analyse de chimie légale, pour satisfaire aux exigences de la justice, ne doit pas laisser même de chances de doute, l'accumulation des preuves vient ajouter á tout ce qu'elles offrent déjá de certitude.[178]

Interessant ist auch, dass sowohl Orfila als auch Briand und seine Co-Autoren diese Empfehlungen aussprechen, nachdem die französischen Akademien de facto die Marsh'sche Probe (in unterschiedlichen Ausführungen) zum Standard erklärt und auch beide mehr oder weniger klare (aber voneinander verschiedene) Empfehlungen zur Probenvorbereitung gegeben haben. Im Falle des Lehrbuchs von Briand, Chaudé und Gaultier de Claubry könnte es sich um eine Möglichkeit gehandelt haben, mit

---

[176] Vgl. Abschnitt 3.2.

[177] Orfila: Traité 1843, Bd. 1, S. 707.

[178] Briand/Chaudé/Gaultier de Claubry: Manuel, S. 694; Hervorhebung MC.

den im Detail unterschiedlichen Empfehlungen der Akademien umzugehen, auch wenn sie selbst an der Debatte nicht beteiligt gewesen waren. Sie bemühten sich außerdem direkt vor der oben zitierten Passage darum, zu erklären, dass die Methoden für sich selbst beurteilt werden sollten ohne Ansehen der Person, die diese Methoden veröffentlicht oder verteidigt haben.[179] Besonders wenn Orfilas einflussreiche Stellung bedacht wird, war dies vielleicht eine Möglichkeit, Orfilas Verfahren zu kritisieren oder zumindest nicht als einziges zu empfehlen, ohne dabei gleichzeitig klar Position gegen ihn zu beziehen. So oder so geben sie als einzige klare Kritierien, wie viele Verfahren angewendet werden und wie genau sie sich unterscheiden sollten. Es sollten genau zwei Verfahren sein und sie sollten sich in den möglichen Fehlerquellen unterscheiden. Letzteres kann in den anderen Empfehlungen ebenfalls als impliziert angesehen werden, denn nur so konnte ja Redundanz die Sicherheit überhaupt erhöhen. Hier war es allerdings besonders wichtig, diese Eigenschaft zu betonen, da sie anders als die meisten Lehrbücher nicht die Anwendung möglichst vieler oder gar aller möglicher Methoden empfahlen, sondern genau zwei. Damit gaben sie zwar anders als die anderen Lehrbücher eine konkrete Zahl der ausreichenden Absicherungen an, eine Begründung, warum genau zwei Tests dem von ihnen betonten hohen Beweisstandard der Gerichte gerecht werden sollten, gaben sie aber auch nicht.

Auch wenn sich die Begründungen für Redundanz zwischen dem deutsch- und französischsprachigen Diskurs in der Theorie nicht unterschieden, so ist doch interessant, welche Autoren über Redundanz sprachen. Im Fall der deutschen Staaten waren dies im Wesentlichen die Autoren, die bereits zur Sparsamkeit zur Sprache kamen. Sparsamkeit und Redundanz wurden hier zusammen gedacht: Redundanz war bevorzugt zur Erhöhung der analytischen Sicherheit, Sparsamkeit war ein notwendiges Korrektiv von Seiten der materiellen Basis oder des Gerichts. In Frankreich dagegen waren es gerade nicht dieselben Autoren, die sich für Sparsamkeit und Redundanz aussprachen. Sparsamkeit war nicht nur notwendig, wenn das zur Verfügung stehende Material redundante Methoden nicht zuließ, sondern wurde auch im eigenen Recht von einigen Autoren bevorzugt. Damit korrigierte sie aber nicht nur einen Hang zu einer übertriebenen Redundanz sondern stand im direkten Konflikt mit ihr, denn verstärkt auf Redundanz setzen schloss absolute Sparsamkeit aus und umgekehrt.

Redundanz, das heißt also die Anwendung mehrerer unterschiedlicher Methoden zum Nachweis eines bestimmten Giftes, wurde in den Lehrbüchern empfohlen, um die analytische Sicherheit zu erhöhen. Mehrere positive Resultate sollten damit auch die Glaubwürdigkeit und Überzeugungskraft der Analyse steigern. Die

---

[179] Ebd., S. 693 f.

Empfehlungen zur Anwendung redundanter Methoden ist auch der Ort, an dem mögliche falsch positive Ergebnisse besonders deutlich diskutiert wurden, während diese Befürchtungen in anderen Fällen eher hinter Diskussionen um falsch negative Ergebnisse zurückgestellt wurden. Unterschiede zwischen den deutschen Staaten und Frankreich fanden sich besonders im Verhältnis zwischen Redundanz und Sparsamkeit. Während die deutschsprachigen Autoren Sparsamkeit hauptsächlich in Verbindung und als Korrektiv zu einer übertriebenen Redundanz anbrachten, diskutierten die französischen Autoren diese Werte getrennt voneinander. Sparsamkeit und Redundanz wurden im französischen Diskurs von unterschiedlichen Autoren vertreten und entsprechend wurde – anders als im deutschsprachigen Diskurs – nicht versucht, die beiden Werte in Einklang zu bringen.

3.6   Anschaulichkeit – Unsichtbares sichtbar machen

Unter Anschaulichkeit sollen im Diskurs diejenigen Empfehlungen zusammengefasst werden, die darauf abzielten, das Ergebnis der Analyse für alle sichtbar zu machen. Damit unterscheidet sich Anschaulichkeit von den anderen Werten in dem Sinne, dass dieser Aspekt der Methodenwahl – anders als bei anderen Werten – nicht zwangsläufig direkt mit der Qualität der Analyse zusammenhängen muss. Anschaulichkeit versprach nicht unbedingt eine genauere Analyse – bei allen immer zu treffenden Abwägungen zwischen falsch positiven und falsch negativen Ergebnissen –, sondern ein überzeugenderes Argument. An anderer Stelle habe ich argumentiert, dass analytische Methoden dadurch besonders in der zweiten Hälfte des 19. Jahrhunderts in den deutschen Staaten selbst zur rhetorischen Technik werden[180]; diese Entwicklung beginnt aber bereits vor 1848. Zwei Arten von Anschaulichkeit werden im folgenden diskutiert: die Vergleichsprobe und die Darstellung des reinen Gifts.

3.6.1   Vergleichsproben – „rendre la démonstration plus frappante"

Anschaulichkeit äußerte sich zum Beispiel in Form von Vergleichsproben, wobei diese sich noch nicht völlig von der Genauigkeit der Analysen trennen lassen.

---

[180] Vgl. Marcus B. Carrier: The Making of Evident Expertise: Transforming Chemical Analytical Methods into Judicial Evidence, in: NTM Zeitschrift für Geschichte der Wissenschaften, Technik und Medizin 29.3 (2021), S. 261–284, S. 262 f.; vgl. auch Abschnitt 5.6

Grundsätzlich sollten Vergleichsproben die Ergebnisse absichern und damit die Aussagefähigkeit der Analysen erhöhen. Flandin beschrieb zum Beispiel das empfohlene Verfahren der *Académie des sciences*:

> La Commission de l'Académie des Sciences a fait une obligation, á l'expert, d'une contre-épreuve á blanc des ses analyses, en lui recommandant d'employer tous les mêmes réactifs et en mêmes quantités que dans l'opération véritable.[181]

Der Vergleichsversuch, bei dem mit einer selbst vorbereiteten Lösung dieselben Operationen durchgeführt werden sollten, diente in diesem Sinne zur Absicherung des Ergebnisses. Da die Zusammensetzung der vorbereiteten Lösung im Gegensatz zur Probe bekannt war, konnte sich der Analytiker so versichern, dass das Ergebnis der Probe nicht auf einen Fehler der Durchführung zurückzuführen war. Wenn die Vergleichslösung kein Gift enthielt, in den Experimenten aber positiv reagierte, so musste auf ein falsch positives Ergebnis geschlossen werden, dass auf Verunreinigungen oder sonstiger fehlerhafter Durchführung basierte. Die eigentliche Analyse war so diskreditiert. Aus den gleichen Gründen sollte andersherum eine Vergleichslösung, die Gift enthielt, kein negatives Ergebnis liefern. Eine Vergleichsprobe verbesserte also durchaus die Analyse in dem Sinne, dass falsch negative und falsch positive Resultate leichter ausgeschlossen werden konnten. In dieser Funktion kamen Vergleichsproben auch in den deutschen Lehrbüchern normalerweise zur Sprache.[182]

Vergleichsproben konnten aber noch eine andere Funktion einnehmen, indem sie nicht nur die Analyse verbesserten, sondern sich insbesondere auch dazu eigneten, das Gericht von der Korrektheit der Analyse zu überzeugen. So schrieb Harmand de Montgarny in seiner Auflistung der allgemeinen Schritte bei der Analyse: „[I]l convient, *pour rendre la démonstration plus frappante*, de préparer une liqueur analogue, et de faire simultanément et comparativement les mêmes expériences sur l'une et sur l'autre."[183] Wichtig an dieser Stelle ist, dass Harmand de Montgarny zur Begründung der Vergleichsproben nicht anführte, dass sie ein zuverlässigeres Ergebnis bringen könnten. Sein Ziel war vielmehr, eine besonders überzeugende Darstellung zu wählen im Sinne eines schlagenden Beweises („la démonstration plus frappante"). Sprachlich für den Wert der Anschaulichkeit ist interessant, dass Harmand de Montgarny mit der begrifflichen Nähe zwischen „Beweis" und „Vorführung", die der französischen *démonstration* innewohnt, hier nicht auflöste, ob

---

[181] Flandin: Traité, Bd 1, S. 636.

[182] Vgl. Remer: Lehrbuch, S. 104; sowie Schneider: Gifte, S. 441.

[183] Harmand de Montgarny: Essai, S. 94. Hervorhebung MC.

der Vergleich nur eine besonders überzeugende Art der Darstellung sein oder selbst einen Beweis darstellen sollte. Auf jeden Fall konnte die Vergleichsprobe bei Harmand de Montgarny nicht auf seine Funktion der Absicherung des Analyseergebnisses reduziert werden.

An anderer Stelle habe ich vorgeschlagen, diese Art der Vergleichspraktik[184] im Sinne der Klassifikation von Hartmut von Sass als „erklärende Abkürzungen" zu verstehen.[185] Statt die Reaktionen selbst zu erklären und auszuführen, warum sich nur das gesuchte Gift so verhalten könne, werden die Reaktionen verglichen. Aus dem *explanandum* wird das *tertium comparationis* der Vergleichsreaktion, das heißt die Anwesenheit des gesuchten Gifts wird zum relevanten Kriterium erklärt, in dem sich die beiden Reaktionen ähneln oder unterscheiden sollen. Im Vergleich wird also die Erklärung durch ein Beispiel ersetzt, für das beansprucht wird, für den Kontext alle relevanten Aspekte zu beleuchten.[186] Auf diese Weise diente die Vergleichsprobe als Abgleich der Reaktionsergebnisse zwischen bekannten und unbekannten Substanzen nicht nur der Überprüfung von experimentellen Handlungen, sondern diente dem Gericht auch gleich zur Einordnung dieser Ergebnisse. Die Vergleichsprobe lieferte sozusagen die Interpretation der Versuchsbeobachtungen gleich mit. Ebenso lässt sich für den deutschen Sprachraum Buchner verstehen, wenn er empfahl:

> Man versäume ja nie, sobald man einigermaßen Anzeigen der Gegenwart einer bestimmt Substanz hat, Gegenversuche mit der vermutheten Substanz selbst z. B. mit einer reinen Arsenikauflösung, anzustellen; *denn die durch Gegenversuche erhaltenen Resultate sind am meisten geeignet, den Richter zu überzeugen.*[187]

Ein französischer Fall, in dem die Vergleichsprobe zur Absicherung der Ergebnisse eine zentrale Rolle spielte, war der Prozess gegen Louis Demollière und seine

---

[184] Zu Praktiken des Vergleichens vgl. allgemein Johannes Grave: Vergleichen als Praxis. Vor- überlegungen zu einer praxistheoretisch orientierten Untersuchung von Vergleichen, in: Angelika Epple/Walter Erhart (Hrsg.): DieWelt beobachten. Praktiken des Vergleichens, Frankfurt a. M. / New York 2015, S. 133–159; sowie Bettina Heintz: „Wir leben im Zeitalter der Vergleichung." Perspektiven einer Soziologie des Vergleichs, in: Zeitschrift für Soziologie 45.5 (2016), S. 305–323.

[185] vgl. Carrier: Making, S. 275.

[186] Hartmut von Sass: Vergleiche(n). Ein hermeneutischer Rund- und Sinkflug, in: Andreas Mauz/Hartmut von Sass (Hrsg.): Hermeneutik des Vergleichs. Strukturen, Anwendungen und Grenzen komparativer Verfahren, Würzburg 2011, S. 25–47, S. 41 f.

[187] Buchner: Toxikologie, S. 607. Hervorhebung MC.

Frau Thérese Desplaces.[188] Das Ehepaar Demollière war angeklagt, gemeinsam den ehemaligen Gärtner Heurion vergiftet zu haben. Dieser hatte im November 1825 gemeinsam mit seiner Frau dem Ehepaar Demollière die Hälfte seines Grundstücks und seines Hauses in Guillerval bei Paris überschrieben. Im Gegenzug verpflichteten sich die Demollières dazu, im Todesfalle von Heurion oder seiner Frau, dem oder der Überlebenden eine „rente viagère" (Leibrente) von 100 Francs zu bezahlen. Als Frau Heurion im Februar 1826 starb, wurde der Vertrag neu ausgehandelt. Die Demollières sollten nun Heurions gesamten Besitz erhalten, im Gegenzug verpflichteten die Demollières sich dazu, Heurion den Rest seines Lebens zu verpflegen, ihm eine Unterkunft zu garantieren, ihn im Allgemeinen zu versorgen und im Krankheitsfall zu pflegen. Darüber hinaus sollte Heurion weitere 20 Francs pro Woche erhalten. Wie die Anklageschrift aber deutlich machte, war Heurion schnell mit der Versorgung unzufrieden:

> Il [Heurion] était mal soigné, mal nourri et mal entretenu; les époux Demollière ne remplissaient pas le engagement qu'ils avaient contractés envers lui. Il se plaignait hautement et amèrement á toutes les personnes de sa connaissance de la conduite des époux Demollière qui manquaient d'égards envers lui et le laissaient manquer des choses les plus indispensable.[189]

Heurions Zustand habe sich immer mehr verschlechtert und er habe seinen Neffen Buron aus dem nahegelegenen Cheptainville gebeten, zu kommen und ihn mit sich zu nehmen. Buron schien sehr bestürzt über den Zustand seines Onkels gewesen zu sein. Er warf den Demollières vor, dessen Schwäche ausgenutzt zu haben, um sich seinen ganzen Besitz zu sichern, ohne dabei ihren Teil des Vertrages einzuhalten. Buron reiste aber zunächst ohne Heurion wieder ab, um zunächst mit einem Notar in Étampes zu klären, ob zumindest der zweite Vertrag rückgängig gemacht werden könnte. Herr Demollière willigte auch zunächst ein, Buron zu begleiten, überlegte es sich aber auf halbem Weg anders und kehrte nach Guillerval zurück. Heurion war in der Zwischenzeit bei anderen Nachbarn untergebracht worden und sollte nicht zu den Demollières zurückkehren. Die Demollières überzeugten ihn laut Anklageschrift mit allerhand Versprechungen dennoch zu einer Rückkehr. Am 3. Mai zog er wieder bei den Demollières ein. Am 4. und am Vormittag des 5. Mai sei Heurion noch bei bester Gesundheit gesehen worden, er habe sich lediglich beschwert,

---

[188] Die Darstellung des Falles stützt sich auf Le Procureur Général: Acte d'Accusation contre Louis Demollière dit Noirot et Thérèse Desplaces femme Demollière, Paris, 21. Dezember 1826, ADY, 2U 178; dieser Fall wurde bereits in kürzerer Form dargestellt in Carrier: Making, S. 275 f.

[189] Le Procureur Général: Acte d'Accusation contre Demollière et Desplaces, ADY, 2U 178.

dass die Domollières sich bereits jetzt nicht an ihre vielen Versprechungen halten würden. Am Abend des 5. Mai ließ er nach einem ihm bekannten Pfarrer in Saclas schicken, der am Vormittag des 6. Mai eintraf und Heurion schwer krank antraf. Eine Erklärung für die Krankheit gab es nicht. Heurion beklagte sich über Schmerzen. In der Nacht zuvor habe er schwarze Galle erbrochen und ausgeschieden („Heurion avait eu [...] des évacuations de bile-noir par haut et par bas."[190]). Außerdem klagte er über Durst und Frau Demollière versorgte ihn mit Wein und etwas Schnaps; Herr Demollière war nicht anwesend. Am Abend des 6. Mai verstarb Heurion.

Die wirtschaftlichen Umstände und der plötzliche und schnelle Verlauf der Krankheit ließen schnell den Verdacht aufkommen, dass die Demollières Heurion vergiftet hatten, um zu verhindern, dass der Vertrag vor seinem Tode noch aufgelöst werden würde und sie so Heurions Besitz wieder verlieren würden. Bei der Obduktion, deren Ergebnis ebenfalls in der Anklageschrift aufgeführt ist, wurden im Verdauungstrakt eine gelbliche Flüssigkeit und weiße Körner gefunden, die zur chemischen Analyse gegeben wurden.[191] Diese chemische Analyse wurde zwischen dem 14. und 16. Mai vom Arzt Dr. Vimache und dem Apotheker Gallot im Labor des letzteren in Étampes durchgeführt. Die Sachverständigen griffen nicht auf eine Reduktionsprobe oder auf eine der schon beschriebenen Niederschlags- und Färbungsreaktionen zurück. Nachdem die weißen Körner abfiltriert und getrocknet worden waren, wurden sie stattdessen zerstoßen und in destilliertem Wasser gelöst (vgl. die zweite Zeile der Tabelle in Abb. 3.2).[192] Diese Lösung wurde anschließend mit insgesamt fünf verschiedenen Reagenzien behandelt (vgl. die Spalten der Tabelle in Abb. 3.2): Mit Veilchentinktur („Teinture de violettes") zeigte sich eine leichte Grünfärbung; mit Kalkwasser („eau de chaux") ein blauer Niederschlag; mit Tetraaminkupfersulfat („sulfate de cuivre ammoniacal") ein hellgrüner Niederschlag; mit einer Silbernitratlösung („solution de nitrate d'argent") ein blau-gelblicher Niederschlag, der an der Luft nachdunkelte; und schließlich mit flüssiger Schwefelsäure („acide hydrosulfurique liquide") ein gelber Niederschlag.[193] Die einzelnen Reaktionen sind dabei aber noch nicht einmal das entscheidende. Das wichtigste Argument des Gutachtens findet sich nämlich nicht in den einzelnen Beobachtungen selbst, sondern in der Tabelle in Abbildung 3.2. Die erste Zeile dieser Tabelle listet die Beobachtungen mit den gleichen Reagenzien und einer Lösung von handelsüblichem weißen Arsen („acide arsenieux de

---

[190] Le Procureur Général: Acte d'Accusation contre Demollière et Desplaces, ADY, 2U 178.
[191] Ebd.
[192] Vimache/Gallot: Expertise dans l'affaire Demollière, Étampes, 17. Mai 1826, ADY, 2U 178, S. 1.
[193] Ebd., S. 2 f.

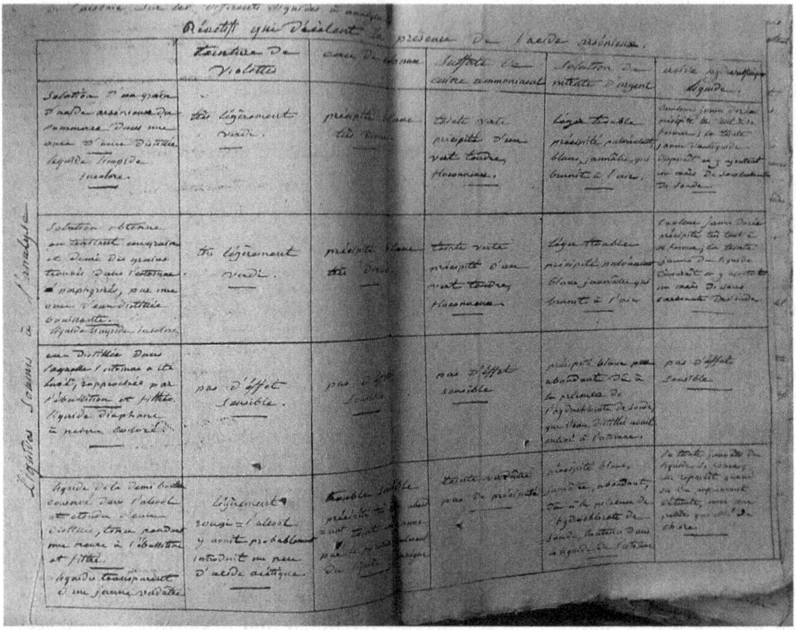

Abb. 3.2 Tabelle der Vergleichsreaktionen im Fall Demollière. (Quelle: Vimache und Gallot, Expertise Demollière, ADY, 2U 178, 2 f. Foto MC)

commerce") auf. Der wichtige Punkt war, dass die Tabelle in den ersten beiden Zeilen die gleichen Einträge enthielt. Die im Körper des mutmaßlichen Opfers gefundenen weißen Körner reagierten also genauso wie Arsen. Darüber hinaus reagierten zwei andere Flüssigkeiten, das Filtrat, aus dem die weißen Körner entfernt worden waren (Zeile 3 in Abb. 3.2) und eine Lösung dieses Filtrats mit Alkohol und destilliertem Wasser (Zeile 4 in Abb. 3.2) völlig unterschiedlich.[194]

Die gewählte Darstellung in Tabellenform machte das Argument, das den Vergleichsproben zugrunde lag, für das Gericht in diesem Fall besonders deutlich. Nicht nur zeigten die Reaktionen mit der Arsenlösung, dass es sich bei den beobachteten Reaktionen um genau die Reaktionen handelte, die bei Anwesenheit von Arsen zu erwarten waren; die gleichen Versuche mit mutmaßlich arsenfreien Lösungen unterstrichen ebenfalls noch einmal, dass die beobachteten Reaktionen vom vorhandenen Arsen abhingen. Die Tabelle ersetzte in dieser Form Erklärungen,

---

[194] Ebd., 2 f.

dass und unter Umständen auch warum diese Reaktionen charakteristisch für Arsen waren. Das Gutachten im Fall Demollière verzichtete entsprechend auch auf eine solche Erklärung. Die Vergleichsreaktionen sprachen in gewisser Weise für sich selbst. Thérese Demollière wurde von den Geschworenen für schuldig befunden, Louis Demollière wurde freigesprochen, da er zum Zeitpunkt der Vergiftung nicht in Guillerval gewesen war und ihm die Anklage weder Tatbeteiligung noch Mitwissen nachweisen konnte.[195]

Als Beispiel zum Einsatz der Vergleichsproben in diesem Sinne in den deutschen Staaten kann ein Teil des schon in Abschnitt 3.5 angesprochenen Falls Brüger dienen. Nach der erfolgreichen Feststellung von Phosphor in den Proben, sollte in diesem Fall auch noch die Anwesenheit von Arsen ausgeschlossen werden. Durch Teile der Lösung wurde Schwefelwasserstoff geleitet, andere Teile der Lösung wurden mit Kalkwasser, blauem Vitriol (Chalkanit), „Kupfer-Ammoniak" (Tetraaminkupfersulfat) und „mangansaures Kali" (Kaliummanganat) versetzt. In allen Fällen zeigte die Lösung keine auf Arsen hindeutende Veränderung. Die Abwesenheit eines positiven Befundes reichte den Sachverständigen in diesem Fall auch nicht bei der Vielzahl der Versuche aus. Stattdessen führten sie Gegenversuche durch in der Form, dass sie den Proben eine Arsenlösung hinzusetzten, woraufhin „die gewohnten Niederschläge und Färbungen sogleich entstanden."[196] In diesem Fall wurden nicht nur vergleichbare Lösungen vorbereitet, der Vergleich fand mit denselben Proben statt, die sich einzig in der Zugabe der Arsenlösung unterschieden. Die Sachverständigen betonten damit, dass die von ihnen durchgeführten Reaktionen dazu geeignet gewesen wären, Arsen nachzuweisen, wenn denn welches in der Probe vorhanden gewesen wäre. Der Vergleich konnte so die Glaubwürdigkeit der negativen Resultate zusätzlich erhöhen, was den grundsätzlichen Einschränkungen der Glaubwürdigkeit negativer Ergebnisse im theoretischen Diskurs potentiell entgegenwirken konnte.[197]

Im Fall von Vergleichsproben stand das Anschaulichkeitsargument eher am Rande des Diskurses. Wenn über den Vergleich gesprochen wurde, dann normalerweise im Sinne des oben zitierten Flandin. Vergleichsproben sollten also in erster Linie zu besseren Analysen führen. Harmand de Montgarny und Buchner haben aber gezeigt, dass auch eine andere Logik hinter der Durchführung von Vergleichsproben stehen konnte, nämlich die rhetorische Wirkung solcher Vergleiche. Hiernach waren solche Vergleichsproben selbst besonders gute Argumente. Damit rückten in gewisser Weise die eigentlichen Analysemethoden in den Hintergrund. Um auf Buchner

---

[195] Le Cour d'Assise de Seine et Oise: Arrêt contre Louis Demollière, ADY, 2U 178.
[196] Vrackel/Mayer: Gutachten Brüger, LABW LB, E 319 Bü 158.
[197] Vgl. Abschnitt 3.1.

zurückzukommen: nicht die Anwendung der selektivsten, sensitivsten, einfachsten, etc. Methoden waren „am meisten geeignet, den Richter zu überzeugen"[198], sondern Vergleichsproben. Noch auffallender ist eine solche Logik bei der Wahl der Form, in der die giftige Substanz isoliert wurde, und um die es im folgenden Abschnitt gehen wird.

3.6.2 Reduktionsproben – „Das Endziel aller chemischen Operationen"

Eine andere Form der Verwirklichung des Wertes der Anschaulichkeit lässt sich anhand einer spezifischen Art des positiven Resultats und hier am eindrücklichsten am Beispiel des Arsens verdeutlichen. Hier sollten insbesondere Methoden bevorzugt werden, bei denen am Ende das reine Gift als isolierte Substanz sichtbar gemacht wurde. Da es bei dieser Strategie in der Regel um Metallgifte ging, die – modern gesprochen – während der Analyse chemisch reduziert werden, sollen diese Methoden hier verkürzt als „Reduktionsproben" bezeichnet werden, auch wenn die zeitgenössische Quellenliteratur diese nicht systematisch so einordnete. Wichtiger als der Begriff zur Bezeichnung ist die damit verfolgte Strategie der Überzeugung, die im Folgenden dargestellt werden soll.

Im Abschnitt 3.1 wurde bereits Hahnemanns Kritik an der von ihm so genannten Sublimationsprobe erwähnt. Bei dieser wurde weißes Pulver, das in den Eingeweiden mutmaßlicher Opfer von Arsenvergiftungen gefunden wurde, auf glühende Kohlen geworfen. Dabei sollte nicht nur der bereits besprochene Knoblauchgeruch freigesetzt werden, sondern auch auf einer Porzellanplatte oder Ähnlichem, die in den Rauch gehalten wurde, ein silberner Metallspiegel entstehen. In diesem Sinne ähnelte diese Methode im Ergebnis der Marsh'schen Probe, wenn auch bei einer deutlich niedrigeren Sensitivität, was der Grund für Hahnemanns Kritik war.[199]

Die Darstellung der reinen Substanz selbst war damit zwar nach der Sublimationsprobe in vielen Fällen nicht zu erreichen, blieb aber weiter der gewünschte Effekt. Valentin Rose der Jüngere (1762–1807), Vater des in Abschnitt 2.2 bereits erwähnten Heinrich Rose, versuchte entsprechend ein Verfahren zu entwickeln, das dieses Ziel erreichen sollte. Er schlug vor, den Magen der Verstorbenen samt Inhalt vollständig zu zerkleinern und anschließend mit destilliertem Wasser und je nach Menge mit 2 bis 4 Drachmen[200] kaustischem Kali (Kaliumhydroxid) zu kochen.

---

[198] Buchner: Toxikologie, S. 607.

[199] Hahnemann: Arsenikvergiftung, S. 223.

[200] Also ca. 7,5–15 g.

Der dabei entstehende Brei sollte filtriert werden. Der Rückstand sollte abermals in destilliertem Wasser gekocht und filtriert werden, wobei die Filtrate wieder vermischt werden sollten. Das Filtrat wurde anschließend wieder zum Kochen gebracht und so lange mit Salpetersäure versetzt, bis sich die Flüssigkeit gelb färbte. Daraufhin wurde die Flüssigkeit wieder filtriert, das neue Filtrat mit kohlensaurem Kali (Kaliumcarbonat) gesättigt und wiederum einige Minuten gekocht. Das Ergebnis sollte eine klare, gelbe Flüssigkeit sein, die mit kochendem, klaren Kalkwasser versetzt werden sollte, bis sich durch die Zugabe des Kalkwassers kein Niederschlag mehr bildete. Das Ergebnis wurde wiederum filtriert. Der Rückstand sollte trocknen und anschließend mit ausgeglühtem Kohlepulver vermischt und in eine Retorte gegeben werden. Diese wurde dann über Kohlen bis zum Glühen erhitzt, woraufhin sich bei vorhandenem Arsen in der Retorte ein „metallischer Anflug" zeigen sollte.[201] Die Sensitivität der Probe könnte außerdem gesteigert werden, wenn Boraxsäure (Borsäure) hinzugegeben wurde.[202]

Zwei Motivationen gab Rose für die Entwicklung seiner Methode an. Erstens seien Hahnemanns Proben in den wässrigen Lösungen nicht selektiv genug. Die erreichten Verfärbungen könnten mit den Reaktionen mit anderen Metallen verwechselt werden. Das galt besonders dann, wenn – wie bei gerichtlichen Untersuchungen üblich – die Proben mit organischem Material verunreinigt waren, wodurch die Lösungen trüb würden und Verfärbungen nicht mehr klar zu sehen seien.[203]

Zweitens war aber nach Rose auch die Darstellungsform zu bevorzugen: „Die Darstellung des Arseniks *in metallischem Zustande* bleibt gewiß das sicherste und gewisseste Mittel, sich von seinem Vorhandenseyn zu überzeugen".[204] Diese Haltung wurde nicht begründet. Da sie hier aber geradezu als selbstverständlich von Rose als Argument herangezogen wurde, um zu zeigen, weshalb seine Methode – neben der größeren Selektivität und Einfachheit – besser als die Proben von Hahnemann sein sollte, muss sie als Wert im eigenen Recht verstanden werden. Schneider nahm diesen Punkt – ebenso unbegründet – auf, wenn auch er empfahl am besten „glänzendes metallisches Arsenik zu erhalten, welches der sicherste Beweis des vorhandenen Gifts ist."[205]

---

[201] Valentin Rose: Ueber das zweckmäßigste Verfahren, um bei Vergiftungen mit Arsenik letzern aufzufinden und darzustellen, in: Journal für die Chemie und Physik 2 (1806), S. 665–671, S. 666–668.

[202] Ebd., S. 669 f.

[203] Ebd., S. 665 f., ähnlich S. 671.

[204] Ebd., S. 670; Hervorhebung MC.

[205] Schneider: Gifte, S. 455.

Ein Versuch der Begründung für die Bevorzugung von Reduktionsproben lässt sich aber bei Kühn finden. Kühn unterschied zwischen der Entdeckung der Gifte in der Analyse und der Präsentation derselben vor Gericht:

> Die bisher gegebenen allgemeinen Regeln erstreckten sich blos auf die Entdeckung oder Erkennung der verschiedenen Gifte. Man schreitet darauf zur Darstellung des Giftes. Ich halte es nämlich durchaus für nothwendig, dass der mit einer gerichtlichen Untersuchung beauftrage Chemiker darauf hinarbeite, den Behörden irgend einen Beweiss für das aufgefundene Gift zu übergeben.[206]

Nach dieser Unterscheidung stellte die positive Analyse für Kühn keinen Beweis im juristischen Sinne dar. Das Wissen der Sachverständigen genügte ihm nicht; vielmehr sollte das Gift in materieller Form dem Gericht vorgelegt werden können. Im besten Fall sollte das Gift „in natura" dargestellt werden; sollte dies nicht möglich sein, sollte eine besonders aussagekräftige Verbindung gewählt werden.[207] Sein Beispiel für Arsen wurde in Abschnitt 3.5 bereits einmal zitiert. Hier sei nur noch einmal in Erinnerung gerufen, dass er dort erklärte, dass ein wichtiger Unterschied zwischen analytischer und gerichtlicher Chemie darin bestehe, dass sich die analytische Chemie mit weniger Reaktionen zufrieden gebe, während die gerichtliche Chemie einem höheren Beweisstandard gerecht werden müsse:

> Niemals fordert man [in der analytischen Chemie] mehr Beweise [als den Knoblauchgeruch und den Niederschlag mit Schwefelsäure]; am allerwenigsten die Reduction des Arsens aus seinen Verbindungen. In der gerichtlichen Chemie sind die erstern Versuche nur Anzeigen der Gegenwart, die man immer noch mit ziemlich mistrauischen Augen ansieht; als vollständigen Beweis betrachtet man nur die Reduction.[208]

Auch wenn Kühn an dieser Stelle weiter erklärte, dass daraus eigentlich folge, dass die Sachverständigen möglichst viele Versuche anstellen sollten[209], so schrieb er doch an dieser Stelle eigentlich etwas anderes. Es war gerade nicht eine höhere Zahl an Versuchen, die vom Gericht zur Demonstration der Sicherheit der Analyse gefordert wurde, sondern ein vollständiger Beweis bestünde nur in der Reduktion, das heißt also in der Präsentation elementaren, metallischen Arsens. Ähnlich beschrieb es Eduard von Siebold (1801–1861) in seinem *Lehrbuch der gerichtlichen Medicin* von 1847:

---

[206] Kühn: Chemie, S. 72.

[207] Ebd., S. 72.

[208] Ebd., S. 75; Hinzufügung MC.

[209] Vgl. Abschnitt 3.5.

Das Endziel aller chemischen Operationen bei einer solchen gerichtlichen Untersuchung ist, das Arsenik in Substanz, und zwar in seiner elementaren Gestalt, als sogenanntes metallisches Arsenik darzustellen. Nur in dieser Form ist es mit so höchst charakteristischen Eigenschaften begabt, dass es sich mit keiner andern Substanz verwechseln und sich noch in unwägbaren Mengen als solches mit aller Gewissheit erkennen lässt. Nur in dieser Form dargestellt und der Behörde vorgelegt, kann es als Beweis seines Daseins in einer Leiche u. s. w. gelten. Alle anderen Verbindungszustände und Formen, in denen es erhalten werden könnte, müssen als ungültig und nicht beweisend betrachtet werden.[210]

Siebold und Kühn sahen also nur in der Reduktion des Arsens einen glaubhaften Beweis. Für Arsen war dies leicht zu fordern: zunächst mit Roses Methode, dann mit der Marsh'schen Probe gab es gute Reduktionstests; bei beiden bestand das Endergebnis aus metallischem Arsen. Siebold erklärt die Bevorzugung von Reduktionsproben damit, dass nur bei diesen jede Möglichkeit der Verwechslung – also von falsch positiven Resultaten – ausgeschlossen sei. Dies galt aber sicher nicht für alle Reduktionsproben. Wie Fresenius und von Babo feststellten galt für Reduktionsproben, die sich Arsenwasserstoff zunutze machten, also insbesondere für den Test nach Marsh, dass eine Verwechslung mit Antimon gerade nicht ausgeschlossen werden konnte, zumindest nicht optisch ohne weitere Versuche mit dem mutmaßlichen Arsenspiegel anzustellen.[211] Die implizierte Sicherheit, die Reduktionsproben nach Siebold und Kühn dem Gericht liefern sollten, ließ sich rein chemisch also nicht begründen. Aber auch bei Fresenius und von Babo blieb die Darstellung des Arsens im metallischen Zustand der Standard, an dem sich die Methoden messen lassen mussten. Auch sie gingen auf der Suche nach der besten Nachweismethode für Arsen unter anderem von den Fragen aus, wie „man aus der abgeschiedenen Arsenverbindung ohne Verlust *metallisches* Arsen her[stellt]" und ohne dass dabei eine Täuschung möglich ist", und wie „man sich am besten [überzeugt], dass das, was man für *metallisches* Arsen hält, wirklich solches ist".[212] Aber auch sie bleiben letztlich eine Erklärung dafür schuldig, womit der besondere Status metallischen Arsens in gerichtlichen Untersuchungen gerechtfertigt sein sollte.

Es bleibt festzuhalten, dass die Wahl der Darstellungsform bei der Methodenwahl eine Rolle spielen sollte, dass die bevorzugte Darstellungsform elementar sein sollte, und schließlich, dass gemessen an den chemischen Überzeugungen der Zeit, diese Wahl nicht unbedingt auf die Wahl der nach anderen Kriterien genauesten (das heißt sensitivsten, selektivsten, einfachsten, etc.) Methode reduziert werden konnte. Die

---

[210] Siebold: Lehrbuch, S. 481.
[211] Fresenius/Babo: Verfahren, S. 302 f.
[212] Ebd., S. 288; Hervorhebungen im Original, Hinzufügungen MC.

einzige Erklärung blieb der Verweis auf das Beweisrecht bei Siebold und Kühn, wonach das Gift selbst als Tatwaffe dem Gericht vorgelegt werden sollte. Dies war aber weder nach der Carolina noch nach anderen Landesgesetzen in der ersten Hälfte des 19. Jahrhunderts wirklich zwingend vorgesehen.[213]

Als Beispiel für diese Art der Anschaulichkeit kann für Arsen im Grunde jeder Fall dienen, der die Marsh'sche Probe verwendete. Um einen solchen Fall handelte es sich zum Beispiel bei dem Fall des Steuereinnehmers Friedrich Büsing aus Wrisbergholzen (heute ein Ortsteil von Sibbesse bei Hildesheim), gegen den im März 1848 wegen des Verdachts ermittelt wurde, er habe seine Ehefrau kurz nach der Geburt ihres zweiten Kindes mithilfe von mit Arsen vergiftetem Kamillentee umgebracht. Wie der Arzt der Verstorbenen, Dr. Reinhard, in seiner Anzeige ans Kriminalamt schrieb:

> [Frau Büsing] hatte sich am 13ten [März] so wohl gefühlt, daß sie das Bett verlassen und ein Butterbrod gegessen und 1 Tasse Camillenthee dazu getrunken hatte. Gleich nach dem Genusse des leztern war sie sowohl als der 2jährige Sohn, der auch von dem Thee bekommen hatte, von heftigem Erbrechen befallen. Die anwesende Hebamme kostet von dem Thee, und muß sofort auch brechen. Der Einnehmer Büsing sollte den Thee gekauft haben, konnte aber wegen Trunkenheit keinen Aufschluß geben. Er hatte den Thee sofort weggegossen, auch, wie die Hebamme sagte, den Theetopf ausgepült. In einer Tasse befand sich noch etwas Thee, von dem ich kostete. Er hatte etwas scharfen Geschmack und erregte im Munde ein leichtes Brennen. Den Rest trank der Büsing aus, hat aber, wie sein Sohn sagte, später auch erbrochen.[214]

Am Morgen des 14. März 1848 verstarb Frau Büsing. Das Kriminalamt schickte nach einer Obduktion den Mageninhalt, die Inhalte des Dünn- und des Dickdarms, den Magen und den Darmkanal selbst, Exkremente und Reste der Kamillen, aus denen der Tee zubereitet worden war, an die Medizinische Fakultät der Universität Göttingen, die in insgesamt drei Gutachten zwischen April und Juni 1848 ihre Analysen beschrieben.[215] Die Sachverständigen begannen mit der Analyse des Mageninhalts der filtriert wurde. Sowohl das Filtrat als auch der Rückstand wurden

---

[213] Vgl. Abschnitt 2.1, die Methodendiskussion der Akademien, insb. in Abschnitt 3.2, sowie die Fallbeispiele, bei denen gerade kein Gift in Substanz dargestellt wurde und die Angeklagten trotzdem schuldig gesprochen wurden, wie z. B. im Fall Häfele in Abschnitt 3.1.

[214] Reinhard: Anzeige an das Königliche Criminal-Amt, Wrisbergholzen, 15. März 1848, NLA HA, Hann. 72 Alfeld, Nr. 115, S. 2 f.

[215] Medizinische Fakultät Göttingen: Gutachten Büsing vom 4. April 1848, NLA HA, Hann. 72 Alfeld, Nr. 115; dies.: Chemisches Gutachten im Fall Büsing, Göttingen, 3. Mai 1848, NLA HA, Hann. 72 Alfeld, Nr. 115, S. 126–128; dies.: Chemisches Gutachten im Fall Büsing, Göttingen, 10. Juni 1848, NLA HA, Hann. 72 Alfeld, Nr. 115, S. 64–80.

nach einigen Vorbereitungen in den Marsh'schen Apparat (nach Berzelius) gegeben, wobei sich im Filtrat kein Arsen zeigte. Beim Rückstand beschrieben sie folgende Reaktion und Deutung:

> Nach wenigen Augenblicken erschienen hinter den beiden glühenden Stellen der Ableitungsröhre starke Metallspiegel und auf kalten Porcellanflächen, die gegen die Flamme des angezündeten Gases gehalten wurden, konnte eine große Anzahl metallglänzender Flecken hervorgebracht werden, welche gleich den beiden Metallspiegeln nur von Antimon oder von Arsenik gebildet sein konnten, da kein bekannter anderer Körper sich unter solchen Umständen auf diese Weise verhält und darstellt, die aber *schon durch ihr äußeres Ansehen* sich *fast mit Gewißheit* als Arsenik characterisirten.[216]

Die Spiegel bzw. Flecken wurden dem Gutachten dann auch gleich zur Ansicht bei Gericht beigelegt. Interessant ist, dass die Sachverständigen hier zumindest nahelegten, dass sie aufgrund des Aussehens der Metallspiegel schon sicher sein könnten, dass es sich um Arsenik handelte. Wie oben gesagt, war dies ja gerade eine Sicherheit, die nach Fresenius und von Babo mit der Marsh'schen Probe nicht erreicht werden konnte. Dennoch waren die Sachverständigen in diesem Gutachten offenkundig davon überzeugt, dass eine reine optische Unterscheidung von Arsen- und Antimonspiegeln „fast mit Gewißheit" zu erreichen sei. Sie beließen es allerdings nicht bei der rein optischen Erkennung, sondern führten auch mit den dargestellten Spiegeln weitere Versuche durch, um sich Gewissheit zu verschaffen.[217] Einer davon, die Darstellung von Arsensäure oder weißem Arsen, beinhaltete wiederum die optische Erkennung. Nicht nur handelte es sich bei dieser Form ja gerade um die Form von Arsen, die normalerweise als Rattengift oder Ähnliches verkauft wurde und damit „seine ursprüngliche Form, in der es als Gift in dem Magen enthalten war".[218] Die Kristallform des weißen Arsens machte hier außerdem die bessere optische Erkennung möglich: „Die eigenthümliche, glänzende Beschaffenheit der mikroskopischen Krystalle ist besonders vermittelst einer Lupe und im Sonnenschein wahrzunehmen."[219]

Ebenfalls mithilfe der Marsh'schen Probe wurde Arsen im Inhalt des Dünndarms aufgefunden, wobei hier zumindest auf die Beschreibung der absichernden Versuche verzichtet, dafür mehrere Metallspiegel dem Gutachten beigelegt wurden.[220]

---

[216] Dies.: Gutachten Büsing vom 4. April 1848, NLA HA, Hann. 72 Alfeld, Nr. 115, S. 71; Hervorhebungen MC.

[217] Ebd., S. 71–73.

[218] Ebd., S. 72.

[219] Ebd., S. 72.

[220] Ebd., S. 74–78.

Negativ hingegen fiel die im zweiten Gutachten beschriebene Probe bei der Kamille aus, wobei die Sachverständigen schon am Ende des ersten Gutachtens erklärt hatten, dass die ihnen zugeschickte Kamille offensichtlich vorher nicht zur Zubereitung von Tee genutzt worden war, die Blumen also nur aus dem gleichen Vorrat stammen, selbst aber nicht die Tatwaffe sein konnten.[221] Im dritten Gutachten fiel die Untersuchung des Dickdarms auf Arsen ebenfalls negativ aus.[222] Die Untersuchung der Exkremente schließlich wurde nicht nur genutzt, um Arsen nachzuweisen, sondern das Arsen wurde auch quantitativ bestimmt. Hiernach enthielten die Exkremente des Opfers 0,8 Gran, oder, wie die Sachverständigen hier selbst angaben, 52,77 mg.[223] Das Urteil im Fall Büsing ist nicht überliefert, es ist leider noch nicht einmal in den Akten überliefert, ob es überhaupt zu einer Anklage kam.

Im französischen Theoriediskurs finden sich ähnliche Motive wie im deutschen, auch wenn wenig über die Vorteile der Darstellungsform gesprochen wurde. Zwei Stellen sollen dennoch hervorgehoben werden. Zunächst einmal unterschied Fodéré für Metallgifte zwischen zwei unterschiedlichen Verfahren ihrer Erkennung, nämlich zwischen dem Nachweis über Reagenzien und aussagekräftiger Reaktionen auf der einen, und der Isolierung des Gifts „pour le faire paraitre pur et en nature" auf der anderen Seite.[224] Die erste Form lehnte Fodéré zwar nicht ab, erklärte jedoch, dass

> la plupart de réactifs ne pourront souvent donner qu'une probabilité de la présence du poison, et qu'ils ne sont pas toujours suffisans dans les occasions de cette importance pour décider l'opinion d'un homme versé dans ces sortes d'analyses. Il est plus sû d'obtenir et *de voir le poison lui-même*.[225]

Anders als in den deutschsprachigen Lehrbüchern betonte Fodéré nicht nur, dass bei anderen Formen der Analyse eine Verwechslungsgefahr bestehe, aber er legte großen Wert darauf, dass in der metallischen, isolierten oder „reinen" Form das Gift selbst gesehen werden konnte. Bei Briand, Chaudé und Gaultier de Claubry wurde die Betonung des Sehens des Gifts an sich noch deutlicher:

---

[221] Dies.: Gutachten Büsing vom 3. Mai 1848, NLA HA, Hann. 72 Alfeld, Nr. 115; dies.: Gutachten Büsing vom 4. April 1848, NLA HA, Hann. 72 Alfeld, Nr. 115, S. 78 f.

[222] Dies.: Gutachten Büsing vom 10. Juni 1848, NLA HA, Hann. 72 Alfeld, Nr. 115, S. 156–158.

[223] Ebd., S. 158–163

[224] Fodéré: Traité, Bd. 4, S. 132.

[225] Ebd., S. 140; Hervorhebung MC.

> L'empoisonnement une fois constaté, il faut déterminer quel est le poison ; il faut
> mettre en évidence le poison lui-même dans l'estomac, dans l'intestin, ou dans les
> tissus organiques : Tunc demum certa erit, ubi venenum ipsum reperietur *facile ag-*
> *noscendum.*[226]

Sicherheit im chemischen Beweis sollte also dadurch erbracht werden, dass das Gift
selbst leicht wahrgenommen oder (wieder-)erkannt („facile agnoscendum") werden
sollte. Nicht aufgrund von Reaktionen oder indirekten Wirkungsweisen sollte auf
das Gift geschlossen werden, sondern aufgrund seiner natürlichen Form, in der es
leicht erkennbar sein sollte. In diesem Sinne ging die Rolle der Chemie über die bloße
Feststellung der Anwesenheit eines Giftes hinaus. Vielmehr ging es um die (Re-)
Produktion der Tatwaffe, was – ohne im strengen Sinn vom Beweisrecht gefordert
worden zu sein – auch schon im deutschsprachigen Diskurs als ein wichtiges Motiv
mitlief. Die grundsätzliche und der Vergiftung immer innewohnende Unsichtbarkeit
sollte durchbrochen werden, wie Burney es am britischen Beispiel auf den Punkt
gebracht hat:

> By enabling experts to present poison in its tangible, material form, chemical demon-
> stration held out the promise of disrupting the poisoner's insidious designs. Through its
> reproduction of the equivalent of the bloodied dagger in his tubes and retorts, the toxi-
> cologist promised to translate this most ephemeral of crimes into a more conventional
> form of violence.[227]

Das prominenteste Beispiel für die Wichtigkeit von Reduktionsproben in Frankreich
ist sicherlich die Lafarge-Affäre, die bereits in Abschnitt 3.3 dargestellt worden ist.
Wie dort erwähnt, war eines der Argumente, nach der ersten positiven Analyse
noch eine zweite durchführen zu lassen, dass kein metallisches Arsen dargestellt
worden war.[228] Ein früherer Fall, der hier als Beispiel dienen soll, unterstreicht aber
auch noch einmal, dass bereits vor der Einführung und Etablierung der genaueren
Marsh'schen Probe Reduktionsproben vor Gericht besonders erwünscht waren:
    1828 wurde Rosalie Gabrielle Jallaguier wegen Giftmordes an ihrem Ehemann
Jacques Pitra angeklagt.[229] Die Anklageschrift beschrieb durchaus kein harmoni-
sches Familienleben. Pitra habe lange Zeit in England gelebt und dort Französisch-
unterricht gegeben. Nach dem Tod seiner Schwester, die in London gelebt habe und

---

[226] Briand/Chaudé/Gaultier de Claubry: Manuel, S. 437.

[227] Burney: Poison, S. 80.

[228] Vgl. Bertomeu-Sánchez: Sense, S. 207.

[229] Die folgende Schilderung stützt sich auf Le Procureur Général: Acte d'Accusation Rosalie
Gabrielle Jallaguier veuve Pitra, Paris, ohne Datum [1828], ADY, 2U 187, o. S.

von der er knapp 200.000 Francs geerbt habe, sei er nach Frankreich zurückgekehrt, habe aber dort das Geld durch Spekulationen schnell wieder verloren. Im Mai 1824 heiratete der zu diesem Zeitpunkt 69-Jährige die 37 Jahre jüngere Näherin Rosalie Jallaguier. Die Anklageschrift erklärte, sie habe einen gewalttätigen und ungeduldigen Charakter („un caractère violent et peu endurant") gehabt, blieb aber Beispiele für dieses Urteil schuldig. Jacques Pitra hingegen habe einen teuren Geschmack für Wein und starke Schnäpse gehabt und habe sich oft betrunken und „dans ces moments d'invers" seine Frau geschlagen und misshandelt („maltraitait"). Den teuren Lebensstil inklusive einer Dienstbotin hätten sie über Schulden und Kredite finanziert. Eine unausgeglichene ökonomische Situation bis hin zur Verschwendung traf also zusammen mit übermäßigem Alkoholkonsum und vielleicht wechselseitiger (wie es die Anklageschrift impliziert), mindestens aber von ihm ausgehender häuslicher Gewalt. 1826 hatte Pitra außerdem ein Testament aufgesetzt, in dem sein gesamter Besitz an seine Ehefrau gehen sollte. Die Anklage skizziert auf diese Art klar die Motive der Witwe Pitra: sie profitierte sozusagen auf doppelte Weise ökonomisch, da sie erstens den gesamten Besitz erbte und Pitra zweitens nach seinem Tod diesen Besitz nicht weiter vertrinken konnte. Gleichzeitig wurde sie einen Ehemann los, der sie offensichtlich schlug. Dass sie auch selbst zur Gewalt neigte, wie es ihr in der Anklageschrift zugeschrieben wurde, sollte es für die Geschworenen noch glaubwürdiger machen, dass sie unter diesen Umständen zu Gift gegriffen habe.

Am Morgen des 1. März 1828, so führte der Staatsanwalt es weiter aus, sei Pitra noch bei bester Gesundheit gesehen worden, als er morgens vor dem Frühstück in einem Café einen Schnaps zu sich genommen habe. Er habe sich danach zum Frühstück nach Hause begeben, sich wieder einmal mit seiner Frau gestritten, wobei er sie auch wieder geschlagen habe, um dann – weiterhin bei guter Gesundheit – bis drei Uhr am Nachmittag weiter trinkend im Café zu verbringen. Anschließend sei er nach Hause gegangen, um eine Suppe zu essen, die das Dienstmädchen zubereitet, die Witwe Pitra ihm aber gegeben habe. Nachdem er die Suppe gegessen hatte, begann er über Schmerzen zu klagen und meinte bereits zu diesem Zeitpunkt, vergiftet worden zu sein. Er floh zu einer Nachbarin, der er ebenfalls erklärte, „elle m'a empoisoné". Da er einen Streit mit dem lokalen Arzt gehabt habe, habe er sich geweigert, diesen rufen zu lassen. Die Idee der Nachbarin, einen Arzt aus dem Nachbarort kommen zu lassen, habe hingegen die Angeklagte abgelehnt. Pitra sei die Nacht über vom Dienstmädchen und der Nachbarin gepflegt worden; die Angeklagte hätte sich hingegen nicht um ihn gekümmert. Er verstarb noch in derselben Nacht.

Direkt am nächsten Morgen habe sich der Bürgermeister zusammen mit einem Arzt zum Haus Pitras begeben, da schnell Gerüchte um dessen Vergiftung die Runde gemacht hätten. Alle möglichen Flaschen, die Gift enthalten könnten, wurden versiegelt und mitgenommen. Die Angeklagte habe sich wenig darum gekümmert, erklärt, ihr Mann sei an Verdauungsproblemen gestorben, und darauf gedrängt ihn schnell zu beerdigen. Stattdessen sei aber vom Staatsanwalt eine Obduktion angeordnet worden, bei der auch Vergiftungsspuren gefunden wurden.

Die erste chemische Analyse des Mageninhalts sowie des Erbrochenen des Opfers wurde von dem Arzt Auguste Godart und dem Apotheker Louis Bréchot durchgeführt. Die beiden Sachverständigen hielten nach Fällungsreaktionen die Anwesenheit von Arsen für wahrscheinlich, sie selbst hielten ihre Analyse aber nicht für vollständig:

> Nous aurions desiré obtenir de l'arsenic métallique ou bien de l'acide arsenique, mais manquant des choses nérecessaires aux opérations qui devaient nous conduire a ce résultat, nous avons été forcés de nous en tenir aux phénomènes énoncés ci-dessus.[230]

Die Fällungsreaktionen wurden also direkt in ihrer Aussagekraft als zwar wahrscheinliche aber nicht hinreichende Indizien eingeordnet. Das eigentlich gewünschte Resultat – im besten Fall die Darstellung metallischen Arsens – konnten Godart und Bréchot nicht liefern. Dies resümierten sie auch selbst am Ende des Gutachtens:

> Les liqueurs soumiser á notre analyse, contiennent *probablement* un sel dans la composition du quel entre l'acide arsénieux; mais […] nous ne croyons pas pouvoir l'affirmer; et […] nous conseillons, pour acquérir cette conviction, de soumettre le reste des substances Monsieur le professeur Orfila, comme le juge le plus compétent en pareille matière.[231]

Orfila sollte also nach der Empfehlung der ersten Gutachter eine zweite Meinung abgeben und in Paris die Operationen durchführen, die sie selbst nicht durchführen konnten. Dies tat er auch zusammen mit Jean-Pierre Barruel (1780–1838), dem *chef des travaux chimique* der medizinischen Fakultät Paris. Mithilfe einer Sublimation gewannen sie – im Ergebnis ähnlich der Marsh'schen Probe nur deutlich weniger sensitiv – „une matière grisâtre ayant un léger aspect métallique", die sie sogleich als metallisches Arsen identifizierten.[232] Auch wenn sich die ersten Sachverständigen also durchaus aus guten Gründen bereits sicher waren, dass sie Arsen

---

[230] Auguste Godart/Louis Bréchot: Chemisches Gutachten im Fall Pitra, Pontoise, 9. März 1828, ADY, 2U 187, o. S.

[231] Ebd., o. S., Hervorhebung im Original.

[232] Mathieu Orfila/Jean Pierre Barruel: Chemisches Gutachten im Fall Pitra, Pontoise, 3. April 1828, ADY, 2U 187, o.S.

nachgewiesen hatten, bestanden sie an dieser Stelle selbst darauf, dass metallisches Arsen nachgewiesen werden musste.

Die Wahl der Darstellungsform als Entscheidungskriterium für die Wahl der Analysemethoden war sowohl im französischen als auch im deutschsprachigen Diskurs vor 1848 ein Wert für sich. Dabei wurde die Bevorzugung der metallischen, reduzierten Form zwar mit der grundsätzlichen Qualität und insbesondere der Sicherheit der Analysen verknüpft, es zeigte sich jedoch, dass er auch, wenn diese Verknüpfung infrage gestellt wurde, wie bei Fresenius und von Babo, das Ziel, eine sichere Reduktionsprobe zu erhalten, blieb. Fresenius und von Babo suchten explizit nach der sichersten Methode, *metallisches* Arsen zu erhalten, nicht Arsen überhaupt nachzuweisen. Im französischsprachigen Diskurs zeigte sich eine Betonung des Sehens und des Wahrnehmens des reinen Stoffes, die vielleicht auch im deutschsprachigen Diskurs als zugrundeliegendes Motiv angenommen werden kann. Wie Burney es für den britischen Fall beobachtete, sollte damit das Gift nicht nur durch seine Wirkungen und Reaktionen sondern an sich wahrnehmbar gemacht werden. Aufgrund der Betonung des Visuellen wurden die Reduktionsproben hier auch dem Wert der Anschaulichkeit zugeordnet. In der Praxis bedeutete dies auch – wie besonders im Französischen Beispiel deutlich wurde –, dass im Zweifelsfall Analysen auch wiederholt wurden, um den metallischen Stoff zu erhalten.

3.7   Zwischenfazit

Ziel dieses Kapitels war es, die Werte im deutschsprachigen und französischen Diskurs zu identifizieren und darzustellen, die der jeweiligen Methodenwahl für Gerichtsanalysen in der Zeit vor den Revolutionen 1848 zugrunde lagen. Ein erstes Ergebnis, das in den vorangegangenen Unterkapiteln zwar nicht explizit thematisiert wurde, dem aber doch die Organisation der Darstellung selbst zugrunde liegt, ist die Einigkeit zwischen dem französischen und deutschen Diskurs darüber, welche Werte einen Einfluss auf die Methodenwahl haben sollten. Sechs Werte wurden in diesem Sinne in den vorangegangenen Unterkapiteln beschrieben. Noch einmal sollte angemerkt werden, dass es sich dabei nicht um Quellen-, sondern um analytische Begriffe handelt. Es ging aber um die Aufgliederung des Diskurses und der Praxis zur Methodenwahl, um besser zu verstehen, welche Kriterien ihr implizit zugrunde lagen.

In Abschnitt 3.1 ging es um den Wert, der hier als Sensitivität bezeichnet wurde. Damit sind Empfehlungen zur Methodenwahl gemeint, nach denen solche Methoden zu bevorzugen seien, bei denen die Nachweisgrenze besonders niedrig lag. Es sollten also nach Möglichkeit auch kleinste Spuren bestimmter Gifte ermittelt werden können. Am Beispiel der Debatte um Normalarsen wurde dargelegt, dass Sensitivität dabei durchaus auch problematisiert wurde. Der Nachweis immer kleinerer Mengen potentiell giftiger Substanzen barg die Gefahr, etwa natürlich vorkommende Stoffe fehlerhaft als Gift zu interpretieren.

Ähnlich stand es – wie in Abschnitt 3.2 gezeigt wurde – um die Selektivität. Auch bei der damit hier bezeichneten Eigenschaft von Tests auf möglichst wenige Substanzen positiv zu reagieren waren sich die Empfehlungen im Grunde einig, dass eine höhere Selektivität im Normalfall zu bevorzugen war. Der Normalfall war aber auch, dass sich während der Ermittlungen schon ein klarer Verdacht auf das mutmaßliche Gift gebildet hatte. Anstatt die Proben einer vollständigen Analyse zu unterziehen, konnte dann mit möglichst selektiven Verfahren zumindest vorerst auf die vorher schon im Verdacht stehende Substanz hin getestet werden. Anders lag der Fall bei fehlendem Verdacht. In diesen Fällen sollten gerade weniger selektive Tests bevorzugt werden, da so mit wenigen Tests mehrere Stoffe oder ganze Stoffklassen ausgeschlossen werden konnten.

Neben der Sensitivität und der Selektivität, die sich im Grunde auf das Verhältnis zwischen Test und Substanz beziehen, gewinnt beim Wert der Einfachheit, wie in Abschnitt 3.3 der Experimentator selbst an Bedeutung. Hier neigten die theoretischen Diskurse dazu, die Anwendung möglichst einfacher Tests zu empfehlen, das heißt von Experimenten, bei denen die Sachverständigen selbst möglichst wenig Fehler machen konnten. Neben bestimmten Tugenden, die die Experimentatoren einhalten sollten – etwa Sauberkeit, in dem Sinne, dass sie keine verunreinigten Geräte oder Reagenzien benutzen sollten, und Sorgfalt, in dem Sinne, dass sie sich von der Reinheit der Reagenzien immer selbst überzeugen mussten –, war auch dieser Wert auf die fehlende Professionalisierung der gerichtlichen Analyse ausgerichtet. Bei den Sachverständigen handelte es sich in der Regel um Apotheker, von denen entsprechende Analysen eher selten, keinesfalls regelmäßig verlangt wurden. Fehler, die sonst etwa durch Routine ausgeschlossen werden konnten, sollten durch die regelmäßige Wiederholung der experimentellen Tugenden und der Einfachheit möglichst reduziert, im besten Fall ausgeschlossen werden.

Im Wert der Sparsamkeit kamen im Abschnitt 3.4 die materiellen Umstände einer Giftuntersuchungen zur Sprache. Probenmaterial war in der Regel begrenzt und musste unter Umständen auch noch für eine zweite Untersuchung reichen. Entsprechend sollte den Empfehlungen zufolge möglichst wenig Probenmaterial für die einzelnen Versuche benutzt werden. Es sollten also Experimente genutzt werden, die auch beim Einsatz einer möglichst geringen Menge Probenmaterials möglichst genaue Ergebnisse hervorbrachten. In diesem Fall gab es positive Wechselwirkungen mit dem Wert der Sensitivität. Hoch sensitive Methode erlaubten den Einsatz möglichst wenigen Probenmaterials, ohne das Risiko einzugehen, die

Nachweisgrenze für die gesuchte Substanz zu unterschreiten. Gleichzeitig fand der Wert der Sparsamkeit aber auch seine Grenze in eben genau diesen Nachweisgrenzen. Auf keinen Fall – und da waren sich alle Autoren einig – sollte die Genauigkeit der Analysen der Sparsamkeit geopfert werden.

In gewissem Sinne war der fünfte in Abschnitt 3.5 besprochene Wert der Redundanz der Sparsamkeit diametral entgegengesetzt. Nach der Redundanz sollten möglichst viele Methoden angewendet werden, um eine bestimmte Substanz nachzuweisen. Das Ziel war die Absicherung der Ergebnisse, was zumindest teilweise wieder mit der fehlenden Professionalisierung der gerichtlichen Analyse begründet wurde. Auch unerfahrene Experimentatoren sollten nicht mehrfach in die gleiche Richtung irren also bei mehreren Versuchen nicht ausschließlich falsch positive oder falsch negative Ergebnisse liefern. Es handelte sich also wie bei der Einfachheit um einen Wert der letztlich der Kontrolle der Analytiker diente.

Unter dem Wert der Anschaulichkeit wurde im Abschnitt 3.6 ein starker Fokus auf die visuelle Nachvollziehbarkeit von Testergebnissen gelegt. In zwei Strategien zeigte sich dieser Wert: bei der Nutzung von Vergleichsproben und bei der Bevorzugung von Reduktionsproben. Beide Strategien wurden auch mit einer Erhöhung der Genauigkeit gerechtfertigt. Für die Bevorzugung von Reduktionsproben (Abschnitt 3.6.2) ließ sich diese Begründung aber anhand zeitgenössischer Kritiken früher Reduktionsproben schwer nachvollziehen. Vielmehr wurden explizit genauere Methoden gesucht, bei denen das visuelle Element in Form der Reduktion auf die elementare Substanz zusätzlich auftrat. Die Methodenentwicklung suchte entsprechend nicht (nur) nach genaueren Methoden und fand zufällig Reduktionsproben, sie suchte eher explizit und von vornherein nach immer genaueren Reduktionsproben, ohne dass diese Bevorzugung theoretisch gerechtfertigt worden wäre. Vergleichsproben (Abschnitt 3.6.1) dagegen dienten immer einer höheren Glaubwürdigkeit, denn durch sie konnten Fehlerquellen minimiert werden. Allerdings lassen sich einige Aussagen durchaus so deuten, dass dies nicht ihr einziger Zweck war. Vielmehr sollten sie selbst im Sinne einer „erklärenden Abkürzung"[233] als Argument dienen. Die Korrektheit der Analyse wurde so visuell eindeutig demonstriert.

Parallel zu den Werten der Methodenwahl verliefen einige Debatte und Diskurse um die gerichtliche Analyse, die an dieser Stelle auch noch einmal dargestellt werden sollen. In der ersten dieser Debatten ging es um die Frage, ob chemische Analysen (aus Sicht der Toxikologen) notwendige Voraussetzung für die Feststellung des objektiven Tatbestandes darstellten. Dies wurde grundsätzlich abgelehnt, aber im Verlauf der ersten Hälfte des 19. Jahrhunderts durchaus mit

---

[233] Sass: Vergleiche(n), 41 f.

unterschiedlichen Schwerpunktsetzungen, wie in Abschnitt 3.1 dargestellt wurde. Zu Beginn des 19. Jahrhunderts wurde betont, dass die forensisch-toxikologische Analyse als einzige allein als hinreichend zur Feststellung des Tatbestandes gelten konnte, wenn nicht etwa giftige Pflanzenteile im Magen gefunden wurden. Weder pathologische Veränderungen der Leiche, noch Symptome vor dem Tod konnten allein auf den Einsatz von Gift schließen lassen. Nachdem aber die Stellung der chemischen Analyse vor Gericht gegenüber den Obduktionen der Ärzte gefestigt war, verschob sich etwa ab den 1830er Jahren der Diskurs dahingehend, dass nun eher betont wurde, dass das Ergebnis einer chemischen Analyse eben *nur* hinreichend, nicht notwendig sein konnte. Auf keinen Fall könnte eine negative chemische Analyse beweisen, dass keine Vergiftung stattgefunden habe. Diese Verschiebung fand sowohl in den deutschen Staaten als auch in Frankreich statt.

Die Debatte um die Notwendigkeit der chemischen Analyse vor Gericht hing zusammen mit der ebenfalls in Abschnitt 3.1 dargestellten und zwischendurch wieder aufgegriffenen Debatte um falsch positive und falsch negative Ergebnisse. Anhand der Debatte um Normalarsen und der Problematisierung der Sensitivität wurde gezeigt, dass die meisten forensischen Toxikologen sich mehr um falsch negative – und in der Konsequenz um fehlerhafte Freisprüche – sorgten als um falsch positive Ergebnisse und damit um fehlerhafte Verurteilungen. Gerade die Möglichkeit von falsch negativen Ergebnissen war es, weswegen die chemische Analyse nicht stattgefundene Vergiftung nicht beweisen können sollte, während die Möglichkeit falsch positiver Ergebnisse nicht für die gleichen Bedenken gegenüber dem Nutzen der chemischen Analyse im Allgemeinen führten. Werte wie Redundanz und Einfachheit wurden zwar eingeführt, um Fehler im Allgemeinen und damit auch falsch positive Ergebnisse zu verhindern, aber anscheinend konnten sie negative Ergebnisse nicht im gleichen Maße absichern. Damit wurde die chemische Analyse aber grundsätzlich nützlicher für die Anklage als für die Verteidigung, deren Argumenten sie im besten Fall nicht widersprechen, sie aber nur schwer stützen konnte.

Diese einseitige Nützlichkeit galt anscheinend für die deutschen Staaten noch mehr als für Frankreich. Vermutlich auch geprägt durch das inquisitorische Rechtssystem, dass der Verteidigung ohnehin eine untergeordnete Stellung einräumte, zeigte sich in den deutschen Staaten eine deutlichere Einigkeit als in Frankreich. Während sich in Frankreich etwa einige Toxikologen durch grundsätzlichen Skeptizismus und besonderer Betonung der Möglichkeit falsch positiver Analysen für die Verteidigung als nützlich erweisen konnten, kamen ähnliche Uneinigkeiten in den deutschen Staaten nicht vor. Zwar gab es keine offiziellen von Akademien empfohlenen Standards, auf die sich die Sachverständigen berufen konnten, dafür waren sich die Toxikologen in den deutschen Staaten aber im Grunde über die Durchführung der Proben deutlich einiger als in Frankreich, wo über die korrekte Vorbereitung der Proben ein Streit zwischen der *Académie des sciences* und der *Académie royale de médecine* ausbrach.[234] Fresenius und von Babo waren nicht erfolgreich darin, ähnliche vom Staat sanktionierte Standards für die forensisch-toxikologische Analyse durchzusetzen. Gleichzeitig zeigten die Toxikologen aber große Einigkeit in ihrer Ablehnung solcher vorgegebenen Standards und vor allem in der *de-facto*-Standardisierung der Proben ganz ohne staatliche Vorgaben. Auch im Kleinen bei der Abwägung der Werte untereinander zeigte sich eine größere Einigkeit in den deutschen Staaten als in Frankreich. Während etwa die sich grundsätzlich widersprechenden Werte der Redundanz und der Sparsamkeit von den deutschsprachigen Autoren in gewisser Weise als Komplementär gedacht wurden – Sparsamkeit entscheidet, wann der Redundanz Genüge getan wurde –, vertraten die französischen Autoren eine härtere Linie, indem sie entweder Redundanz oder Sparsamkeit, in der Regel aber gerade nicht beides vertraten.

Im folgenden Kapitel werden nun die rechtshistorischen Entwicklungen und die Entwicklungen der analytischen Chemie nach 1848 dargestellt, bevor im Kapitel 5 die Entwicklung der oben benannten und anderer Diskursstränge weiter verfolgt werden wird.

---

[234] Vgl. Abschnitt 3.1 und 3.2.

Von den 48er Revolutionen bis zum Ende des 19. Jahrhunderts (1848/49–ca. 1900)

4

Analog zu Kapitel 2 sollen in diesem Kapitel die zentralen Änderungen des Strafrechts und der analytischen Chemie in der Mitte des 19. Jahrhunderts zusammengefasst werden. Während sich zumindest auf der Ebene der juristischen Normen in der ersten Hälfte des 19. Jahrhunderts noch sehr unterschiedliche Prozessformen gegenüberstanden, glichen sich die Arten des Strafprozesses nach dem Revolutionsjahr 1848 in den deutschen Staaten deutlich an den französischen Strafprozess an.

Zu den zentralen Fortschritten der analytischen Chemie während der zweiten Hälfte des 19. Jahrhunderts gehörte sicher die Standardisierung eines allgemeinen Trennungsganges für anorganische Chemie, mit dem die analytische Praxis im Allgemeinen deutlich vereinfacht wurde. Daneben wurde – für die Toxikologie besonders relevant – ein Trennungsgang handhabbar gemacht, der es den Analytikern ermöglichte, Alkaloide von anderen organischen Stoffen zu trennen und so ebenfalls zu identifizieren.

4.1 Annäherungen und Aneignungen: Strafprozessrecht nach 1848

Der in Abschnitt 2.1 beschriebene Inquisitionsprozess geriet mit dem Erstarken liberaler Bewegungen auch in seiner reformierten Form nach Abschaffung der Folter in den deutschen Ländern in heftige Kritik. Es handelte sich weiterhin um einen geheimen Prozess, die Inquirenten waren also weder einer öffentlichen noch sonstiger Kontrolle unterstellt. Ihren Ermittlungsmethoden waren keine formalen Schranken auferlegt. Die Angeklagten hatten nur sehr eingeschränkte Rechte zur Verteidigung, die sich im Grunde auf die Hinzufügung einer formalen Verteidigungsschrift am Ende der Ermittlungen zu den Akten beschränkten. Darüber hinaus wurde trotz der eigentlich starren Beweisregeln die Möglichkeit des obrigkeitlichen Eingriffs in den ausschließlich schriftlichen Prozess befürchtet.[1]

Die sich formierende Prozessreformbewegung orientierte sich in ihren Forderungen am ebenfalls in Abschnitt 2.1 bereits dargestellten französischen Strafprozess. Das heißt zur Erinnerung, dass erstens ein öffentlicher und mündlicher Prozess statt des bisherigen geheimen und schriftlichen Prozesses gefordert wurde. Zweitens sollte die Trennung zwischen Anklage und Urteil durch die Einführung einer Staatsanwaltschaft stärker als bisher getrennt und der Ermittlungstätigkeit formale Beschränkungen auferlegt werden. Drittens sollten Richter in stärkerem Maße unabhängig von staatlicher Obrigkeit sein, insbesondere sollte ihre Stellung durch Einführung der so genannten freien Beweiswürdigung statt der bisherigen starren Beweisregeln aufgewertet werden. Und viertens wurde die Einführung von Geschworenengerichten, für die dann ebenfalls die freie Beweiswürdigung gelten sollte, wenigstens für schwere Verbrechen gefordert. Unangetastet blieb die so genannte Amtsermittlungspflicht des Inquisitionsprozesses, also der Grundsatz, dass Ermittlungen bestimmter Straftaten bei Verdacht von Amts wegen, und nicht erst nach Antrag einer*s Betroffenen, durch die zuständigen Behörden (Staatsanwaltschaft etc.) eingeleitet werden mussten. Die ersten Gesetze, die die Forderungen der Reformbewegung in Teilen umsetzen, waren die *Württembergische* (1843) und die *Badische Strafprozessordnung* (1845). Lediglich die freie Beweiswürdigung wurde hier auf den Geschworenenprozess beschränkt.[2]

Nach der Revolution 1848 setzte sich dieser reformierte Strafprozess durch. Nach Rebekka Habermas waren die Forderung nach den liberalen Reformen auch innerhalb der Revolution umstritten, wobei sich Teile der Argumente beider Seiten bis in die jüngere Geschichtswissenschaft verfolgen ließen.[3] Auf der Seite der Reformen standen die liberalen und nationalistischen Kräfte. Die Liberalen verstanden den neuen Strafprozess als Sinnbild für die post-revolutionäre Gesellschaft:

> Diese Prozessreform [um 1848] war Sinnbild des „Palladiums der Freiheit" und damit Ausdruck dafür, dass „die Völker mündig" geworden seien. Die Geschworenen und das neue Prinzip von Mündlichkeit und Öffentlichkeit [...] bildeten ein pars pro toto für eine neue, bürgerliche Gesellschaftsordnung, die mehr Freiheit, Gleichheit und Gerechtigkeit versprach – so die liberale Perspektive. Kurzum: So sehr die Einführung

---

[1] Vgl. Poppen: Geschichte, S. 222.

[2] Vgl. ebd., S. 223.

[3] Vgl. Rebekka Habermas: Diebe vor Gericht. Die Entstehung der modernen Rechtsordnung im 19. Jahrhundert, Frankfurt / New York 2008, S. 166–173.

der Öffentlichkeit, die modernen Strafziele und die Gleichheitspostulate der neuen Rechtsordnung betont wurden, letztlich ging es in der Debatte nicht nur um ein neues Rechtssystem. Es ging um eine neue Gesellschaft.[4]

Von nationalistischer Seite wurde dieses Rechtssystem in mittelalterliche und gar germanische Zeiten zurückprojiziert und so zu „einer genuin deutschen Form der Rechtsfindung"[5] erklärt, das vom Inquisitionsprozess als „römisch-gotische[m] Kunstbau der Rechtswissenschaft"[6] abgegrenzt wurde. Insbesondere wurde das französische Vorbilder für das eigene ‚deutsche' Recht in öffentlichen Debatten ignoriert oder vehement abgestritten und – zusammen mit den Liberalen – wurden die Folterpraktiken des frühneuzeitlichen Inquisitionsprozesses deutlich übertrieben dargestellt.[7]

Im Gegensatz zum nationalistischen Verständnis der neuen Rechtsordnung und trotz einiger Studien, die den Vorwurf der Willkür und der ständigen Folter in der frühneuzeitlichen Rechtspraxis relativierten[8], findet sich die liberale Deutung eines ständigen Zuwachses an Freiheit und Gleichheit, insbesondere in der Rechtsgeschichte im engeren Sinne als Teil der Rechtswissenschaft, auch in jüngeren Studien.[9]

Auf der anderen Seite gab es auch frühe Kritiker der Rechtsreformen. Ihnen ging die Reform größtenteils nicht weit genug. Gleichheit und Gerechtigkeit sei, so diese Minderheitenposition, nicht genug und vor allem nicht für alle gleichermaßen gewährleistet. Prominente Ideengeber dieser Position waren unter anderem Karl Marx und Friedrich Engels, die sowohl im ersten Band des *Kapitals* als

---

[4] Ebd., S. 167.

[5] Ebd., S. 167.

[6] Ebd., S. 168.

[7] Ebd., S. 167–169; das bedeutete aber keineswegs, dass das französische Vorbild den Zeitgenossen grundsätzlich verborgen geblieben wäre. Schürmayer etwa kritisierte heftig, dass die Gesetzgeber „die Gesetze und Sitten anderer Völker studieren, um die des Vaterlandes zu weit unberücksichtiget zu lassen." Seiner Ansicht nach musste zum Wohl der Rechtsmedizin auf jeden Fall der „französische Schnitt" des neuen Strafprozesses wegfallen. Ignaz Heinrich Schürmayer: Lehrbuch der Gerichtlichen Medicin. Mit Berücksichtigung der neueren Gesetzgebung des In- und Auslandes, insbesondere des Verfahrens bei Schwurgerichten, 2. Aufl., Erlangen 1854, S. 14.

[8] Vgl. Habermas: Diebe, S. 170.

[9] Ebd., S. 171; sowie als Beispiele Rudolf Gmür/Andreas Roth: Grundriss der deutschen Rechtsgeschichte, 14. Aufl. (Academia Iuris), München 2014, S. 149–159; Uwe Wesel: Geschichte des Rechts von den Frühformen bis zum Vertrag von Maastricht, München 1997; und auch Poppen muss wohl in diesem Sinne verstanden werden: vgl. Poppen: Geschichte, S. 222 f.

auch in *Die Lage der arbeitenden Klasse in England* die Gebundenheit insbesondere der englischen Geschworenengerichte an Klasseninteressen kritisiert hatten. Marx sprach in diesem Zusammenhang davon, dass die englische Gerichtsbarkeit „Knecht des Kapitals" sei.[10] Besonders die frühe Sozialgeschichte übernahm diesen Vorwurf der Klassenjustiz und stellte ihn dem liberalen Fortschrittsnarrativ entgegen. Noch immer relevant ist in diesem Zusammenhang sicher der Aufsatz *Eigentum und Strafe*[11] (1975) von Dirk Blasius.

Diese beiden „Masternarrative"[12] des liberalen Fortschritts und der Klassenjustiz sind in der so genannten Neuen Kriminalitätsgeschichte relativiert worden. So dekonstruierte Willibald Steinmetz in seiner Habilitationsschrift die einseitige Einordnung als Klassenjustiz ausgerechnet an Marx' eigenem Beispiel des englischen Arbeitsrechts.[13] Für die deutschen Prozessreformen selbst stellte schon 1985 Eckhard Formella diese eindeutige Dichotomie in Frage[14] und auch das bereits genannte und zitierte Buch von Rebekka Habermas gehört in diese Aufzählung.[15] Allen diesen Ansätzen ist gemein, dass sie die Reformen bzw. Prozesse nicht nur auf der Ebene der Normen und im Hinblick auf die Ziele der Reformer betrachteten, sondern die eigentliche Praxis vor Gericht und die dort stattfinden Performanzen und Aushandlungsprozesse in den Blick nahmen.

Auf der Ebene der Rechtsnormen und der Diskussion innerhalb der Rechtswissenschaft hatten die Reformen zunächst wenig Einfluss auf die Stellung der Gutachter vor Gericht. Nach französischem Vorbild waren die entsprechenden Untersuchungen Teil der Voruntersuchung. In der öffentlichen Hauptverhandlung mussten die Gutachter ihr vorher ausgearbeitetes Gutachten dann vortragen und gegebenenfalls auf Nachfragen eingehen. Teilweise wurde sich damit zufrieden gegeben, dass nur das schriftlich verfasste Gutachten verlesen wurde. Eine deutliche Aufwertung erhielten die Gutachten normativ allerdings durch das Prinzip der freien Beweiswürdigung und der Abschaffung der festen Beweisregeln. Die Geschworenen und

---

[10] Vgl. Habermas: Diebe, S. 169 f. Zitat im Original aus: Karl Marx: Das Kapital. Kritik der politischen Ökonomie, Bd. 1: Der Produktionsprozess des Kapitals, Nachdruck nach der 4. Aufl., Berlin/DDR 1971, Anmerkung 184, S. 313.

[11] Blasius: Kampf; vgl. ähnlich Christina von Hodenberg: Die Partei der Unparteiischen. Der Liberalismus der preußischen Richterschaft 1815-1848/49, Göttinger 1996.

[12] So bezeichnet in Habermas: Diebe, Endnote 45, S. 312.

[13] Vgl. Willibald Steinmetz: Begegnungen vor Gericht. Eine Sozial- und Kulturgeschichte des englischen Arbeitsrechts (1850–1925), München 2002 .

[14] Vgl. Eckhard Formella: Rechtsbruch und Rechtsdurchsetzung im Herzogtum Holstein um die Mitte des 19. Jahrhunderts. Ein Beitrag zum Verhältnis von Kriminalität, Gesellschaft und Staat, Neumünster 1985.

[15] Vgl. Habermas: Diebe, insb. S. 166–239.

die Richter konnten den Expertenmeinungen so deutlich mehr Raum einräumen als der Inquisitionsprozess zugelassen hätte.[16] Praktisch ging diese Aufwertung damit auch weiter als es das Konstrukt der *poena extraordinaria* und der reformierte Inquisitionsprozess erlaubt hatten.

In der Prozesspraxis ergaben sich so durch die Einführung der öffentlichen und vor allem mündlichen Verhandlung neue performative Möglichkeiten für die Gutachter, die die eigene Glaubwürdigkeit stärken konnte. Ein bekanntes Beispiel für diese neuen Möglichkeiten stellt der Prozess um den Todesfall der Gräfin Emilie von Görlitz dar.[17] Von Görlitz war im Juni 1847 in ihrem Anwesen in Darmstadt tot aufgefunden worden. Die verschlossene Tür zu ihrem Zimmer musste von Arbeitern aufgebrochen werden, der Raum war voll von Rauch und die eintretenden Arbeiter „saw the countess, sprawled on the floor, horribly burnt around the head and shoulders, but eerily intact and perfectly dressed below."[18] Der zuständige Bezirksarzt, Dr. Johann Graff (1785–1854), erklärte, dass – soweit keine Beweise für ein Gewaltverbrechen vorlägen – die wahrscheinlichste Todesursache eine spontane Selbstverbrennung der Gräfin sei. Die Untersuchung wurde eingestellt, bis der Witwer eine weitere Untersuchung beantragte, um einen anscheinend im Umfeld grassierenden Verdacht gegen ihn loszuwerden, der wohl auch damit zusammenhing, dass er die Autopsie ihrer Leiche – auf ihren Wunsch hin – verweigert hatte. Daraufhin versuchte mutmaßlich sein Diener Johann Stauff, den Grafen mit Grünspan zu vergiften, was vom Koch des Grafen vereitelt wurde. Als gleichzeitig Stauffs Vater beim Versuch erwischt wurde, einige der Juwelen der verstorbenen Gräfin in Kassel zu verkaufen, galt Stauff nun auch als Hauptverdächtiger für den Mord an der Gräfin. Dabei war allerdings noch keineswegs geklärt, ob die Gräfin denn wirklich ermordet worden war. Es war auch möglich, dass Stauff die Juwelen zwar gestohlen und den Giftanschlag auf den Graf zur Vertuschung des Diebstahls verübt hatte, aber ein Mord war bisher nicht festgestellt worden. Es war auch weiterhin möglich, dass die Gräfin durch spontane Selbstentzündung gestorben war und Stauff die Situation lediglich ausgenutzt hatte. Gestützt wurde diese Darstellung durch das erste Gutachten von Graff sowie durch weitere medizinische Gutachten. In einer Anfrage des Gerichts an das Großherzogliche Medizinal-Kolleg des Großherzogtums Hessen nahm allerdings eben jener Dr. Graff seine vorherige Diagnose zurück. Der Grund dafür war, dass seiner Ansicht nach von Görlitz nicht in die normale Ätiologie

---

[16] Vgl. Poppen: Geschichte, S. 232–234.

[17] Für die ganze nachfolgende Schilderung des Falles vgl. John Lewis Heilbron: The Affair of the Countess Görlitz, in: Proceedings of the American Philosophical Society 138.2 (1994), S. 284–316, S. 284–292.

[18] Ebd., S. 284.

einer Selbstverbrennung passe, und dass ein Mord unter den gegebenen Umständen deutlich wahrscheinlicher sei. Von Görlitz sei nämlich weder besonders korpulent gewesen, noch habe sie übermäßig viel Alkohol konsumiert. Beides gehörte aber zur theoretischen Erklärung von Selbstverbrennung:

> „Most victims of the disease [i.e., spontaneous combustion] were corpulent middle-aged women given to drink. According to medical theory, their tippling made their tissues unnaturally inflammable. An open flame presented a grievous risk: the approach of a candle or an oil lamp might prove fatal."[19]

Unzufrieden mit diesen widersprüchlichen Äußerungen, ernannte das Gericht im Februar 1850 den Chemiker Justus von Liebig (1803–1873) und den Physiologen Theodor von Bischoff (1807–1888) zum Teil der Sachverständigengruppe aus Medizinern, die eine abschließende Meinung zu dem Fall abgeben sollten. Liebig und Bischoff nutzten diese Gelegenheit, um die Möglichkeit einer spontanen Selbstverbrennung an sich anzugreifen, die ihrer Ansicht nach allen bekannten Regeln der Verbrennung widersprach.[20] Sie verblieben bei ihren Ausführungen im Gerichtssaal aber nicht bei einer Ablehnung aus solchen eher theoretischen Gründen, sondern untermauerten ihre Ansicht im Gerichtssaal mit detailliert beschriebenen Experimenten. Bischoff und Liebig hatten Hunden Alkohol injiziert und erfolglos versucht, den Atem der Hunde mit einem Streichholz, glühender Kohle und einer angezündeten Zigarre zu entzünden. Ebenso gelang es nicht die Körper der – zuvor getöteten – Hunde selbst anzuzünden. Strenggenommen waren diese Experimente – wie auch ein zeitgenössischer Pariser Gegner der Selbstverbrennung anmerkte – kein Gegenbeweis. Kein Verteidiger der Selbstentzündung hielt diese auf Grund von akutem Alkoholkonsum für möglich, sondern es wurde vielmehr eine pathologische Veränderung des Körpers durch chronischen Konsum angenommen.[21] Dennoch konnten diese Experimente vor dem Geschworenengericht einen Eindruck hinterlassen und für den mündlichen Vortrag galt dies sicherlich mehr als nur in Form eines geschriebenen Gutachtens. Noch viel anschaulicher werden die Möglichkeiten für die Gutachter während ihrer Befragung im reformierten Strafprozess in einem anderen Experiment, das Bischoff durchgeführt hatte. Um die Frage zu klären, ob der Zustand der Leiche auch durch ein natürliches Feuer zu erklären sei, statt durch Selbstverbrennung, hatte Bischoff mit einer Leiche die Umstände der Verbrennung der Gräfin nachgestellt. Zur Anschauung hatte er für die Geschworenen auch den Kopf dieser verbrannten Leiche zum Vergleich in den Gerichtssaal mitgebracht:

---

[19] Heilbron: Affair, S. 285; Hinzufügung MC.
[20] Vgl. ebd., S. 289 f.
[21] Vgl. ebd., S. 290.

He [Bischoff] had ignited the wood, closed the room and roasted the body enough to strip most of the flesh and features from the head and to calcine the cranium. At the end of his lecture to the jury, he took this object from a box he had by him. It did not much resemble the head of the countess. Hers had shrunk to a third of its volume and, as we know, had become a formless brown-black mass. Bischoff's handiwork was white where calcined and retained its original form and volume. He carried it to the jury and tapped it with his finger: immediately the white spots disappeared and the cranium came off; what remained was a formless blackish thing, much diminished in volume, entirely similar to the head of the poor countess of Görlitz.[22]

Der angeklagte Diener Stauff wurde zu einer lebenslänglichen Haftstrafe verurteilt.[23]

Der Fall der Gräfin von Görlitz ist sicherlich in mehrfacher Hinsicht extrem und außergewöhnlich und spiegelt gerade nicht die ‚normale' Gerichtspraxis wieder, die in dieser Arbeit eigentlich betrachtet werden soll. Es wurde normalerweise vor Gericht nicht grundsätzlich über die (Un-)Möglichkeit eines in den Lehrbüchern der (forensischen) Medizin verankerten Phänomens diskutiert. Auch die Art von Experimenten, die Bischoff und Liebig durchführten, um die Idee der spontanen Selbstverbrennung anzugreifen, waren sicherlich nicht die Regel. Schließlich war die Zahl der Sachverständigen in diesem Fall ungewöhnlich hoch. Aber gerade durch seine Außergewöhnlichkeit kann dieser Fall die Möglichkeiten der Experten vor den Geschworenen besonders gut veranschaulichen. Der mündliche Vortrag konnte, im Gegensatz zum rein schriftlichen Gutachten, einen stärkeren Eindruck hinterlassen. Die Anschauung von Ergebnissen verschiedener Experimente war zwar auch Teil des Inquisitionsprozesses – umso mehr, wenn der Inquirent beim Experiment selbst tatsächlich anwesend war –, aber konnte im Kontext einer öffentlichen Verhandlung sicherlich eine deutlich spektakulärere Rolle annehmen als es im Inquisitionsprozess möglich gewesen wäre. Auf französischer Seite handelte es sich, wie bereits in Abschnitt 3.3 dargestellt, bei der Lafarge-Affäre um einen ganz ähnlichen Fall. Auch hier nahmen chemischen Experimente den Mittelpunkt des öffentlichen Interesses ein. Die Sachverständigen bekamen so auch durch den öffentlichen Prozess eine Bühne, auf der sie ihre Expertenwissen und ihre Praktiken zur Schau stellen konnten.

In der Wahrnehmung der Lehrbuchautoren wurden diese neuen Möglichkeiten der Sachverständigenbeweise aber nicht ausschließlich positiv bewertet. Einerseits wurde zwar durchaus begrüßt, dass das neue Verfahren auch neue Möglichkeiten der Kontrolle lieferte. So erklärte der Mediziner Joseph Finger (1819–1899) die Nachteile des alten Inquisitionsverfahrens:

---

[22] Heilbron: Affair, S. 291.

[23] Vgl. ebd., S. 291.

Bei dem geheimen Verfahren unterlag das ärztliche Gutachten, sobald es dem Richter genügend erschien, keiner weiteren Beurtheilung von Fachmännern; wenn es vielleicht auch in Form oder Inhalt fehlerhaft war, so konnte diess ganz wohl verborgen bleiben; anders aber verhält es sich bei dem Schwurgerichte.[24]

Finger beließ es aber nicht bei dieser Feststellung, sondern führte gleich auch Probleme des neuen Strafprozesses an. Seiner Ansicht nach, lag das Problem darin, dass insbesondere die Verteidiger versuchen würden, Gutachten in den Augen der Geschworenen unglaubwürdig zu machen:

Hier [beim Geschworenenprozess] sucht der Vertheidiger des Angeklagten das vom Gerichtsarzte abgegebene Gutachten, welches seinen Clienten gefährdet, in der Meinung der Geschwornen zu verdächtigen, er sucht durch andere Sachverständige (respective Aerzte) dessen Inhalt als falsch darzustellen, oder Mängel in der Form desselben zu entdecken, um so auch gegen den Inhalt Misstrauen zu erregen. Es ist daher nothwendig, dass der Gerichtsarzt bei der öffentlichen Verhandlung anwesend sei, und dass er die gegen sein Urtheil vorgebrachten Einwendungen sogleich im mündlichen Vortrage widerlege, und die Geschwornen von der Richtigkeit und Wahrheit seines abgegebenen Gutachten überzeuge.[25]

Auch der Arzt Ignaz Schürmayer (1802–1881) war der Ansicht, dass der Geschworenenprozess die Stellung der Sachverständigen nicht unbedingt verbesserte. Während Finger die Verteidiger und eventuelle gegnerische Sachverständige hervorhob[26], betonte Schürmayer besonders die Geschworenen als Laien im Gerichtssaal, die die Sachverständigen vor Herausforderungen stellen sollten: „Die Stellung des Gerichtsarztes wird besonders den Geschwornen gegenüber eine eigene und oft sehr schwierige, weil er sich dem Laien gegenüber doch auf den möglichst weiten Grad verständlich machen soll."[27] Auch im Inquisitionsprozess waren die Sachverständigen mit chemischen Laien konfrontiert. Jedoch könne man, so Schürmayer,

---

[24] Joseph Finger: Die Beurtheilung der Körperverletzung bei dem öffentlichen und mündlichen Strafverfahren. Zum Gebrauche für Aerzte und Richter, Wien 1852, S. 1; ähnlich sah dies Schürmayer, der den Inquisitionsprozess für den in seinen Augen mangelhaften Zustand der Gerichtsmedizin verantwortlich machte: Schürmayer: Lehrbuch, S. 10.

[25] Finger: Beurtheilung, S. 1.

[26] Auch Schürmayer stritt das Problem gegnerischer Sachverständiger aber nicht ab, sondern verband es gleich mit einem nationalistischen Seitenhieb gegen Frankreich. Besonders in Frankreich sei die Bestellung gegnerischer Sachverständiger nämlich Praxis. In einem Land hingegen „wo tüchtige Gerichtsärzte sind" sollten die Verteidiger nicht das Recht haben, eigene Sachverständige zu bestellen, da dies lediglich verschwendete Zeit sei. Schürmayer: Lehrbuch, S. 30.

[27] Ebd., S. 11.

dem Richter wegen „seiner allgemeinen wissenschaftlichen Bildung" eine „grössere Einsicht in Thatverhältnisse", die medizinische oder naturwissenschaftliche Sachkenntnis bedürfen, zutrauen als den Geschworenen.[28] Aus der Sicht Schürmayers verstärkte sich damit ein allgemeines Laienproblem im Geschworenenprozess. Das Gericht, das letztlich über die Annahme oder Ablehnung des Gutachtens entscheiden musste, bestand nicht mehr nur aus Richtern, denen ein allgemeines wissenschaftliches Verständnis unterstellt wurde, sondern auch aus Geschworenen, bei denen dies zumindest nicht immer und nicht im Allgemeinen der Fall sei.

Faktisch war das Geschworenenamt allerdings keineswegs so offen, wie es solche Warnungen Schürmayers nahelegten. Ähnlich wie im französischen Fall (vgl. Abschnitt 2.1) stand das Geschworenenamt auch hier einer kleinen Gruppe des Bürgertums offen. In den meisten deutschen Staaten galt ein Zensussystem, nach denen die Geschworenen zur Gruppe der am höchsten Besteuerten gehören mussten.[29] Nach der Gründung des Deutschen Kaiserreichs wurde dieses Zensussystem zwar de jure abgeschafft, allerdings gab es keine Tagegelder oder Aufwandsentschädigungen, was insbesondere Arbeiter de facto ausschloss, weil sie sich den Verdienstausfall schlicht nicht leisten konnten. Diese Problematik wurde erst Anfang des 20. Jahrhunderts gelöst.[30] Frauen waren bis 1922 auch gesetzlich vom Geschworenenamt ausgeschlossen.[31] Damit liegt die Vermutung nahe, dass tatsächlich ein gewisser Bildungsstand eher überrepräsentiert unter den Geschworenen war, denn das Geschworenenamt war damit entweder gesetzlich oder de facto auf gerade die Gruppen beschränkt, die auch bei höheren Bildungsabschlüssen deutlich überrepräsentiert waren. Noch am Ende des Deutschen Kaiserreichs „stellte das Bildungsbürgertum dreißig bis fünfzig Prozent der Gymnasiasten, vor allem aber siebzig bis achtzig Prozent der Abiturienten."[32]

Zusammen mit Verteidigern, die mutmaßlich grundsätzlich versuchten, Gutachten zum Schutz der Angeklagten zu unterminieren, konnte die Öffentlichkeit der Gerichtsverhandlung die Sachverständigen auch zusätzlich unter Druck setzen. Sie mussten spontan auf Kritik reagieren und setzten gleichzeitig wegen der Öffentlichkeit der Verhandlung ihren Ruf deutlich mehr aufs Spiel als dies im Inquisitions-

---

[28] Ebd., S. 3.

[29] Harald Lemke-Küch: Der Laienrichter – überlebtes Symbol oder Garant der Wahrheitsfindung?, Frankfurt a. M. 2014, S. 61–64; vgl. auch Habermas: Diebe, S. 188–99.

[30] Lemke-Küch: Laienrichter, S. 65–68, 70–72.

[31] Ebd., S. 48–50.

[32] Hans-Ulrich Wehler: Deutsche Gesellschaftsgeschichte. Dritter Band: Von der „Deutschen Doppelrevolution" bis zum Beginn des Ersten Weltkrieges 1849–1914, München 2008, S. 1204; vgl. für die Zeit vor der Reichsgründung auch S. 414.

verfahren der Fall gewesen sei. Diesen Punkt des Risikos der öffentlichen Kritik betonte besonders der Arzt Friedrich Böcker (1818–1861):

> Die gerichtliche Medicin […] gewinnt in unsern Zeiten immer mehr Einfluss auf das Staatsleben durch das öffentliche Gerichtsverfahren. Sie erhält dadurch ein grösseres Interesse für den Gerichtsarzt; allein die Funktion des Letztern wird dadurch eine bedeutend schwierigere, als bei dem heimlichen und schriftlichen Verfahren. Bei diesem war der Gebrauch der Bücher, ein längeres und ruhigeres Ueberlegen zulässig, wogegen beim öffentlichen und mündlichen Verfahren dem Arzte unvorhergesehene Fragen von allen Partheien gestellt werden, deren Beantwortung nicht aufgeschoben werden darf, sondern sofort erfolgen muss. Beim öffentlichen Verfahren bedarf der Arzt viel mehr Gewandtheit im mündlichen Vortrage, mehr Geistesgegenwart, eine grössere und gründlichere Uebersicht des ganzen Gebietes der gerichtlichen Medicin, als beim heimlichen Verfahren. Dagegen ist sein guter Ruf, weil er der Kritik des Publikums ausgesetzt ist, viel mehr gefährdet als früher.[33]

Verschiedene Lösungsvorschläge für dieses Problem wurden in den Lehrbüchern diskutiert. Einmal sollte von den Gerichten anerkannt werden, dass Sachverständige und ihre Gutachten inhaltlich nicht von den Gerichten kontrolliert werden konnten. Dies sei deshalb nicht möglich, da die Sachverständigen gerade wegen mangelnder Sachkenntnis der Gerichte hinzugezogen würden. Gerichte könnten dann Gutachten nur formal nicht inhaltlich bewerten und mussten im Zweifelsfall andere Sachverständige hinzuziehen, sollten aber nach erfolgreicher formaler Prüfung an das Gutachten gebunden sein.[34] Dies hätte rechtlich eine Einschränkung der freien Beweiswürdigung bedeutet und setzte sich so auf der Ebene der Rechtsnormen nicht durch. Auf der Ebene der Praxis ist bei der Auswertung der Fälle für diese Arbeit kein einziger Fall zutage getreten – weder in Frankreich noch in den deutschen Staaten – bei dem ein Gutachten aus inhaltlichen Gründen abgelehnt wurde, ohne dass ein Gegengutachten eingeholt worden wäre. Der genaue Einfluss der Gutachten auf die Urteile kann zwar nicht klar rekonstruiert werden, da die Geschworenen keine Urteilsbegründungen abgaben, es spricht aber zumindest nichts dafür, dass sie willkürlich Gutachten ignoriert hätten, wie die Lehrbuchautoren hier befürchteten. Und auch wenn keine systematische Analyse von Ratgeberliteratur für Geschworene stattgefunden hat, so ließen sich auch stichprobenartig lediglich positive

---

[33] Friedrich Wilhelm Böcker: Memoranda der gerichtlichen Medicin mit besonderer Berücksichtigung der neuern Deutschen, Preussischen und Rheinischen Gesetzgebung, Iserlohn / Elberfeld 1854, S. 8.

[34] Eine solche Position findet sich z. B. bei Böcker: Memoranda, S. 11; Bernhard Brach: Lehrbuch der gerichtlichen Medicin, 2. Aufl., Köln 1850, S. 2; sowie Schürmayer: Lehrbuch, S. 3; es war auch genau dies das Argument gewesen, das Fresenius dazu bewegt hatte, die Einführung von Normalmethoden zu fordern: Fresenius: Stellung, S. 283–286.

Einordungen des Sachverständigenbeweises für die Geschworenen finden. Im *Leitfaden für Geschworne* (1853) von Johann Heinrich Hotz (1822–1883) hieß es dazu zum Beispiel lediglich:

> Die Berichte und Gutachten dieser Sachverständigen, welche der Regeln nach mündlich vor den Geschwornen abgegeben oder wiederholt werden, sind im Allgemeinen ebenfalls sehr gute und zuverlässige Beweismittel, da die Sachverständigen immer durchaus glaubwürdige, wohlbeleumdete und in der Sache unbetheiligte Personen sein müssen.[35]

Eine andere Lösung beziehungsweise Forderung, die die Lehrbuchautoren aus den Herausforderungen des neuen Strafprozesses ableiteten, war eine Reform der gerichtsmedizinischen Ausbildung. Rechtsmedizin sollte ein eigenes Fach sein und die angehenden Rechtsmediziner sollten auch in freier Rede ausgebildet werden und damit den spezifischen Anforderungen als Sachverständiger besser gewachsen sein.[36] Eine solche Ausbildungsreform konnte aber auch nur langfristig auf die Probleme des Strafprozesses reagieren und für das 19. Jahrhundert wurde sie auch nicht erreicht. Rechtsmedizin war in der Regel mit Hygiene als so genannte Staatsarzneikunde an den Universitäten verortet und außerhalb Österreichs lag die Betonung auch deutlich auf der Hygiene. Selbstständiges Prüfungsfach wurde die Gerichtsmedizin erst 1924.[37] Wie in Abschnitt 5.6.2 argumentiert werden wird, war die Wahl möglichst anschaulicher Methoden auch eine Möglichkeit auf diese neuen Anforderungen des Strafprozesses zu reagieren, auch wenn die hier vorgeschlagenen Lösungen auf rechtlicher und auf institutioneller Ebene fehlschlugen.[38]

In fast allen deutschen Staaten bzw. Provinzen wurde der reformierte Strafprozess mit Trennung zwischen Vor- und Hauptuntersuchung, öffentlicher und mündlicher Hauptverhandlung, Schwurgerichte und dem Prinzip der freien Beweiswürdigung für den Richter bzw. die Geschworenen eingeführt. In Preußen, und damit auch in der Provinz Westfalen, geschah dies über die *Verordnung über die Einführung des mündlichen und öffentlichen Verfahrens*[39] (1849), die 1852 noch einmal

---

[35] Johann Heinrich Hotz: Leitfaden für Geschworne, Zürich 1853, S. 192.

[36] Diese Forderungen finden sich z. B. bei Finger: Beurtheilung, S. 2; sowie Schürmayer: Lehrbuch, S. 10 f.

[37] Hans-Heinz Eulner: Die Entwicklung der medizinischen Spezialfächer an den Universitäten des deutschen Sprachgebietes, Stuttgart 1970, S. 159–179, insb. S. 160 f.

[38] Vgl. auch Carrier: Making.

[39] Verordnung über die Einführung des mündlichen und öffentlichen Verfahrens mit Geschworenen in Untersuchungssachen. Vom 3. Januar 1849, in: Gesetz-Sammlung für die Königlichen Preußischen Staaten 1849, Berlin 1849, S. 14–47.

parlamentarisch bestätigt und nur unwesentlich verändert wurde.[40] Die Rheinprovinz spielte hier insofern eine Ausnahmerolle, als sie sich erfolgreich nach ihrer
Eingliederung in Preußen 1815 gegen die Einführung der preußischen Kriminalordnung wehrte und stattdessen den französischen *code d'instruction criminelle* (1808),
der unter Napoleon in den linksrheinischen Gebieten eingeführt worden war, bei-
behielt, inklusive des darin vorgesehenen Geschworenenprozesses.[41] Als Hannover
1866 preußische Provinz wurde, löste das Gesetz von 1852 dort die bis dahin gültige
Strafprozessordnung für das Königreich Hannover[42] (1850) ab, die schon ihrerseits
ebenfalls den reformierten Strafprozess eingeführt hatte. Das Fürstentum Lippe
gehörte allerdings – zusammen mit dem Fürstentum Schaumburg-Lippe, sowie den
beiden (Teil-)Großherzogtümern Mecklenburg-Strelitz und Mecklenburg-Schwerin
– zu den vier Ländern, die bis 1877 ununterbrochen am Inquisitionsprozess fest-
hielten.[43]

Nach der Gründung des Deutschen Kaiserreichs 1870/71 wurde nicht nur das
Strafrecht im Strafgesetzbuch für das Deutsche Reich (RStGB) auf Reichsebene
vereinheitlicht. Am 1. Februar 1877 wurde ebenso eine einheitliche StPO für das
Deutsche Reich als Gesetz verkündet. Endgültig in Kraft trat die StPO am 1. Oktober
1879. Diese StPO, die – mit Ausnahme des 1924 abgeschafften Geschworenenprozesses[44] – im Grundsatz bis heute in der Bundesrepublik gültig ist, hielt am reformierten Strafprozess fest.[45] Für Österreich bzw. das gesamte Habsburgerreich stellte
die – ebenfalls im Wesentlichen bis heute gültige – StPO von 1873 die endgültige

---

[40] Vgl. Gesetz, betreffend die Zusätze zu der Verordnung vom 3. Januar 1849 über die Einführung des mündlichen und öffentlichen Verfahrens mit Geschworen in Untersuchungssachen. Vom 3. Mai 1852, in: Gesetz-Sammlung für die Königlichen Preußischen Staaten 1852,
Berlin 1852, S. 209–247.

[41] Vgl. Blasius: Kampf.

[42] Strafprozessordnung für das Königreich Hannover vom 8. November 1850, Hannover 1851.

[43] Vgl. Arnd Koch: Die gescheiterte Reform des reformierten Strafprozesses. Liberale Prozessrechtslehre zwischen Paulskirche und Reichsgründung, in: Zeitschrift für Internationale
Strafrechtsdogmatik 4.10 (2009), S. 542–548, Fußnote 11, S. 542; sowie für einen überblick
über verschiedene Gesetze anderer Staaten bzw. einzelnen änderungen der Strafprozessordnungen die beiden Sammlungen: Carl Franz Wolff Jérôme Häberlin (Hrsg.): Sammlung der
neuen deutschen Strafprozessordnungen, Greifswald 1852, insb. S. 185–232 (Preußen) und
S. 289–352 (Hannover); und Paul Sundelin (Hrsg.): Sammlung der neuern deutschen Gesetze
über Gerichtsverfassung und Strafverfahren, Berlin 1861, insb. S. 102–107 (Preußen) und S.
117–187 (Hannover).

[44] Lemke-Küch: Laienrichter, S. 80–84.

[45] Vgl. Poppen: Geschichte, S. 223.

Übernahme des reformierten Strafprozesses dar.[46] Durch diese beiden StPOs wurde
der alte Inquisitionsprozess also auch in den letzten deutschen Staaten abgelöst. Die
Stellung der Sachverständigen änderte sich in keiner der beiden StPOs. Auch was
die in Abschnitt 2.1 angesprochene Frage der Einordnung von Sachverständigen
in ihrer Stellung als Beweismittel angeht, blieben die StPOs uneindeutig. In der
StPO des Kaiserreichs waren Gutachter einerseits den Zeugen gleichgestellt (§ 72)
und wurden in den Paragraphen behandelt, die sich mit dem Augenscheinbeweis
auseinandersetzten (§§ 72–93). Andererseits wurden Gutachter aber ausschließlich
vom Richter ausgewählt (§ 73). Die Anklage beziehungsweise die Verteidigung
konnten die vorgeschlagenen Sachverständigen lediglich ablehnen. Bei der Ablehnung von Sachverständigen galten dann dieselben Regeln, die auch für die mögliche
Ablehnung von Richtern zur Anwendung kamen, die aber für Zeugen nicht galten
(§ 74). Sachverständige verblieben also in ihrer Stellung als grundsätzlich eigene
Beweisart, die in ihrem Status zwischen Zeugen und dem Gericht standen.[47]

Der französische Strafprozess blieb in den relevanten Grundzügen über das
19. Jahrhundert und alle politischen Umbrüche hinweg unverändert. Nach napoleonischem Vorbild handelte es sich also auch hier um einen öffentlichen und
mündlichen Geschworenenprozess in der Hauptverhandlung mit einer eher inqui-
sitorisch geprägten Voruntersuchung. Eine ähnliche Debatte wie bei der Einführung des neuen Strafprozesses in den deutschen Staaten fand in den französischen
Lehrbüchern zur Gerichtsmedizin und Toxikologie nicht statt, auch nicht in der
ersten Hälfte des 19. Jahrhunderts, als dieser in Frankreich eingeführt worden
war. Lediglich Devergie hatte 1837 auf mögliche Streitigkeiten zwischen Sachverständigen hingewiesen, diese aber nicht dem öffentlichen Strafprozess angelastet:
„Malheureusement dans les provinces, où la rivalité de profession exerce trop sou-
vent son influence, on n'a que trop d'exemples des ces témoignages publics du peu
d'accord qui règne entre les médecins."[48] Es handelte sich damit bei der Diskussion
um die Probleme des öffentlichen Strafprozesses für die Sachverständigen zumindest in den Lehrbüchern der Gerichtsmedizin und der Toxikologie um eine Debatte,
die so speziell in den deutschen Staaten und nicht in Frankreich geführt wurde.

---

[46] Vgl. Julius Mitterbacher (Hrsg.): Die Strafproceßordnung für die im Reichsrate vertretenen
Königreiche und Länder der österreichisch-ungarischen Monarchie vom 23. Mai 1873 und
deren Einführungsgesetz. Mit Kommentar, Wien 1882; Österreich hatte den reformierten
Strafprozess ein erstes Mal bereits 1850 eingeführt, diesen aber bereits 1853 wieder verworfen
und war zum Inquisitionsprozess zurückgekehrt. Vgl. Koch: Reform, S. 547.

[47] Vgl. Poppen: Geschichte, S. 235.

[48] Devergie: Médecine légale, S. 17.

4.2   Analytische Chemie nach 1848

Wie bereits im Abschnitt 2.2 gesagt, war sicherlich der wichtigste Beitrag zur analytischen Chemie auf dem theoretischen Level die Entwicklung und die Darstellung eines allgemeinen Trennungsgangs für die anorganische Chemie durch Fresenius. Das war es, was seine *Anleitung zur qualitativen chemischen Analyse* besonders machte und auch gegenüber anderen Lehrbüchern der Zeit auszeichnete. Fresenius stellte also in diesem Lehrbuch keine neue Methoden dar, sondern systematisierte die vorhandenen auf eine Weise, die es ermöglichte, eine Probe schrittweise auf viele verschiedene Substanzen hin zu untersuchen. Justus Liebig, bei dem Fresenius seit 1841 Assistent gewesen war, empfahl das Buch in einem Vorwort zur zweiten Auflage zur Anleitung eines Analysepraktikums.[49] Da Liebig zu diesem Zeitpunkt einer der wichtigsten und einflussreichsten Chemiker war, sollte diese Empfehlung trotz ihrer Kürze für den Einfluss des Buches nicht unterschätzt werden.[50] Fresenius' Anleitung wurde jedenfalls breit rezipiert. Szabadváry nannte es „das erfolgreichste Buch in der Geschichte der analytischen Chemie"[51] und wenn von der Anzahl und Schnelligkeit der Abfolge der Auflagen auf die Verkaufszahlen geschlossen werden kann, hat er damit auch nicht übertrieben. 1841 zuerst erschienen, wurde bereits 1842 eine zweite Auflage veröffentlicht und 1852, also nach nur wenig mehr als zehn Jahren, erschien bereits die siebte Auflage; bis zu Fresenius' Tod 1897 erschienen insgesamt sechzehn Auflagen. Auch die Zahl der Übersetzungen lässt auf die weite Rezeption der *Anleitung* schließen. Übersetzt wurde sie ins Englische, Französische, Italienische, Niederländische, Russische, Spanische, Ungarische und Chinesische.[52]

Für seinen Analysegang teilte Fresenius die Metalle in sechs verschiedene Klassen ein. Der Einteilung lag dabei die Unlöslichkeit verschiedener Verbindungen dieser Metalle in einzelnen Reagenzien zugrunde (vgl. zur Veranschaulichung das Schema in Abb. 4.1). Eine Probe sollte hiernach zunächst mit Salzsäure versetzt werden, wobei sich insbesondere in der Probe befindliches Silber und Quecksilber absetzen sollte. Die Lösung wurde filtriert, um die Niederschläge zu entfernen und

---

[49] Carl Remigius Fresenius: Anleitung zur Qualitativen Chemischen Analyse, 9. Aufl., Braunschweig 1856, S. VII.

[50] zu Liebig vgl. Brock: History, S. 199–207; ders.: Justus von Liebig: The Chemical Gatekeeper, Cambridge, UK 1997.

[51] Ebd., S. 188.

[52] Ebd., S. 188; oder wie es Fresenius' Sohn Heinrich im Nachruf auf seinen Vater ausdrückte: „in fast alle lebenden Cultursprachen, sogar in's Chenesische". Heinrich Fresenius: Zur Erinnerung an R. Fresenius, in: Zeitschrift für Analytische Chemie 36 (1897), S. III–XVIII, hier S. XVI.

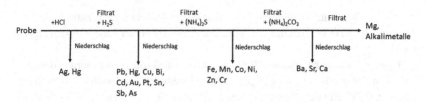

Abb. 4.1 Der allgemeine Trennungsgang nach Fresenius. (Darstellung nach Fresenius: Anleitung, S. 299–303)

später gezielt auf Silber und Quecksilber zu untersuchen. Das Filtrat sollte dann mit Schwefelwasserstoff behandelt werden, um unlösliche Schwefelverbindungen von Blei, Quecksilber, Kupfer, Bismuth, Cadmium, Gold, Platin, Zinn, Antimon und Arsen auszufällen. Die Niederschläge wurden wieder abfiltriert, und das Filtrat mit „Schwefelammonium" (Ammoniumsulfid) versetzt. In sauren Lösungen lösliche, in neutralen oder alkalischen Lösungen aber unlösliche Verbindungen von zum Beispiel Eisen, Mangan, Kobalt, Nickel, Zink und Chrom sollten wiederum ausfallen und abfiltriert werden. Nach der Filtration sollte der Lösung nun „kohlensaures Ammon" (Ammoniumcarbonat) hinzugesetzt und die ganze Lösung erwärmt werden. Hierbei wurden Verbindungen von Barium, Strontium und Calcium ausgefällt. Nach der letzten Filtration sollten sich nun noch Magnesium und Alkalimetalle in der Lösung befinden.[53] Die verschiedenen Niederschläge und das letzte Filtrat konnten auf diese Weise gezielt auf bestimmte Stoffe geprüft werden. Außerdem konnten die einzelnen Gruppen von Metallen sofort ausgeschlossen werden, wenn einige der Arbeitsschritte keine Niederschläge produziert hatten.

Der Trennungsgang ermöglichte so die Suche nach Metallen in Proben unbekannter Zusammensetzung, indem er die Metalle aus der Lösung Schritt für Schritt durch Fällungsreaktionen entfernte. Anders als die grundsätzlich bekannten charakteristischen Nachweisreaktionen für einzelne Substanzen ermöglichte der Trennungsgang also eine systematische Suche nach bestimmten Substanzen, indem die möglichen Metalle zunächst eingegrenzt wurden. Fresenius' Lehrbuch war für den praktischen Unterricht gedacht und enthielt auch einen Abschnitt mit Übungsreaktionen, nach dem jeder Studierende der analytischen Chemie etwa hundert Übungsanalysen mit bekannten Lösungen durchführen sollte.[54] Neben der Systematik betonte Fresenius also praktische Routine als wichtige Voraussetzung für den erfolgreichen Analytiker. Nicht jeder chemische Praktiker war auch geeignet, che-

---

[53] Fresenius: Anleitung, S. 299–303.

[54] Ebd., S. 334–337.

mische Analysen durchzuführen. Nötig war seiner Ansicht nach praktische Erfahrung und diese konnte sich nur durch die Durchführung echter Analysen angeeignet werden.

Dazu passten auch Fresenius' Bemühungen um die Professionalisierung der analytischen Chemie als eigenständiges Fach innerhalb der sich ausdifferenzierenden Chemie. 1862 gründete er die *Zeitschrift für Analytische Chemie*, die erste Zeitschrift überhaupt, die sich ausschließlich der analytischen Chemie widmete. Mit der Spezialisierung anderer wichtiger Zeitschriften des 19. Jahrhunderts – Liebigs *Annalen der Chemie* etwa wurden de facto immer mehr zu einer Zeitschrift für organische Chemie – war der Schritt der Gründung einer eigenen Zeitschrift für die analytische Chemie nötig geworden.[55]

Zur Professionalisierung gehörte aber nicht nur die Stellung innerhalb der akademischen Chemie, sondern auch die Erschließung neuer Arbeitsgebiete und die Schaffung eines Arbeitsmarkts für analytische Chemiker. Klassische Anwendungsgebiete der analytischen Chemie waren die Analyse von Mineralwassern[56], und die Prüfung von Lebensmitteln und Medikamenten. Wie Ernst Homburg gezeigt hat, wurden diese Aufgaben – genau wie die forensische Analyse – hauptsächlich durch analytisch ausgebildete Apotheker wahrgenommen, nicht durch Chemiker im engeren Sinne.[57] Es gab zwar Bestrebungen der Chemiker, die staatlichen Autoritäten zum Beispiel von der Einführung systematischer Lebensmittelkontrollen zu überzeugen, die dann durch Chemiker und nicht durch lokale Apotheker durchgeführt werden sollten, solche Stellen wurden aber erst um 1880 im Deutschen Kaiserreich eingeführt. Der Versuch auf diese Weise einen Arbeitsmarkt für öffentlich angestellte Chemiker zu schaffen – das heißt der Versuch einer „Professionalisierung von oben", wie Homburg dies mit Bezug auf Peter Lundgreen[58] nannte – scheiterte oder fand erst im späten 19. Jahrhundert statt.[59]

---

[55] Szabadváry: Geschichte, S. 190.

[56] Vgl. 2.2, sowie für Beispiele in der zweiten Hälfte des 19. Jahrhunderts insbesondere Ignacio Suay-Matallana: Between chemistry, medicine and leisure: Antonio Casares and the study of mineral waters and Spanish spas in the nineteenth century, in: Annals of Science 73.3 (2016), S. 289–302; sowie Christopher Hamlin: A Science of Impurity: Water Analysis in Nineteenth Century Britain, Bristol 1990, insb. die Kapitel 3 und 4, S. 99–152.

[57] Homburg: Rise, S. 10.

[58] Vgl. für das Konzept der „Professionalisierung von oben" Peter Lundgreen: Engineering education in Europe and the U.S.A., 1750–1930: The rise to dominance of school culture and the engineering professions, in: Annals of Science 47.1 (1990), S. 33–75.

[59] Homburg: Rise, S. 19; vgl. zur Regulation und Untersuchung von Lebensmitteln im Speziellen auch Vera Hierholzer: Nahrung nach Norm. Regulierung von Nahrungsmittelqualität in der Industrialisierung 1871–1914, Göttingen 2010, insb. die Kapitel II und III, S. 53–162.

Stattdessen, so Homburg, war es die chemische Industrie, die etwa ab 1840, besonders aber zwischen 1850 und 1860 begann, analytische Chemiker auf dem Arbeitsmarkt nachzufragen. Dies hing mit Entwicklungen der analytischen Chemie zusammen. Insbesondere wurde die Genauigkeit von volumetrischen Verfahren erhöht, die bisher hauptsächlich durch praktisch ausgebildete Arbeiter in der chemischen Industrie durchgeführt wurden. Damit gewannen diese Methoden an Aufmerksamkeit in der wissenschaftlichen Gemeinschaft, was wiederum dazu führte, dass die neu ausgebildeten Chemiker in diesen Methoden besser ausgebildet wurden. Solche Methoden waren für den Einsatz in der chemischen Industrie insbesondere deshalb von Interessen, weil ihr Einsatz deutlich weniger Zeit beanspruchte als andere Methoden der Analyse. Der industrielle Arbeitsmarkt für analytische Chemiker konnte also dann deutlich wachsen, als die Methoden der analytischen Chemie nicht nur den wissenschaftlichen, sondern auch den spezifischen industriellen Ansprüchen genügten.[60] Wie schon in der Einleitung[61] gesagt, kann diese Entwicklung mit dem Konzept der Werte in dieser Arbeit verstanden werden. Erst als Methoden vorhanden waren, die sowohl den Werten der Genauigkeit und der Verlässlichkeit auf der einen Seite und der Schnelligkeit und der Einfachheit auf der anderen Seite genügen konnten, war die analytische Chemie als akademische Disziplin und nicht (nur) als tradierte Praktik in der Lage, für die Industrie von Nutzen zu sein. Eine Zwischenposition zwischen den staatlichen und den angestellten analytischen Chemikern stellten privat organisierte, eigenständige Labore dar, die ab der Mitte des 19. Jahrhunderts für staatliche Behörden und die Industrie Analysen anfertigten. Fresenius leistete hier mit der Gründung seines Chemischen Laboratoriums in Wiesbaden 1848 Pionierarbeit.[62] 1896 wurde als Standesvertretung der in solchen Unternehmen arbeitenden Chemiker der *Verband selbstständiger öffentlicher Chemiker Deutschlands* gegründet, der 1923 im größeren *Verein Deutscher Chemiker* aufging.[63]

Zu ähnlichen (gescheiterten) Versuchen der Rechtsmedizin und der forensischen Toxikologie vgl. außerdem Abschnitt 4.1

[60] Homburg: Rise, S. 20–25, insb. S 21 f.; vgl. für einen ähnlichen Punkt für die speziellen Anforderungen an Methoden zur industriellen Analyse Brock: History, S. 177–185.

[61] Vgl. Abschnitt 1.2.

[62] Susanne Poth: Carl Remigius Fresenius (1818–1897). Wegbereiter der analytischen Chemie, Stuttgart 2006, insb. S. 71–81; vgl. zur Biographie Fresenius' außerdem den kurzen Artikel von Leo Gros: Das Making-of eines Analytikers, in: Nachrichten aus der Chemie 66.12 (2018), S. 1178–1181.

[63] Helmut Maier: Chemiker im „Dritten Reich". Die Deutsche Chemische Gesellschaft und der Verein Deutscher Chemiker im NS-Herrschaftsapparat, Weinheim 2015, S. 10.

Für die chemische Analyse in der forensischen Toxikologie traf aber eher die
Situation zu, wie sie Homburg für Nahrungsmittel- und Medikamentenprüfungen
beschreibt: Die hauptsächlichen Akteure blieben Apotheker und besonders in Frankreich auch Ärzte. Dies änderte sich den analysierten Fällen nach auch über das
ganze 19. Jahrhundert nicht. Chemiker im engeren Sinne wurden zwar – besonders in Zweifelsfällen – für die Analysen herangezogen, dabei handelte es sich aber
eher um Ausnahmen.[64] Einen Hinweis darauf, dass sich dies am Ende des 19. Jahrhunderts änderte, liefert ein Schreiben des preußischen Justizministers, Hermann
von Schelling (1825–1908), an das Oberlandesgericht und den Oberstaatsanwalt in
Celle. Darin erklärte Schelling:

> Zu meiner Kenntniß ist kürzlich ein Fall gelangt, in welchem in einer Strafsache wegen
> Giftmordes die zur Feststellung des objektiven Thatbestandes erforderliche chemische
> Untersuchung einzelner Leichentheile von einem Apotheker in einer kleinen Stadt
> ausgeführt, diese Untersuchung auf eine qualitative Analyse beschränkt, und es fer-
> ner unterlassen worden war, ein motiviertes Gutachten der ärztlichen Sachverständigen
> über die Todesursache zu erfordern. Ich nehme hieraus Veranlassung, darauf aufmerk-
> sam zu machen, daß ein solches Verfahren der Wichtigkeit von Untersuchungen der
> bezeichneten Art nicht entspricht und den Erfolg derselben gefährden kann. Bei der
> Schwierigkeit der erwähnten chemischen Untersuchungen und der der Nothwendig-
> keit vollständig sicherer Ergebnisse derselben ist es unerläßlich, *ihre Ausführung nur
> erprobten, wissenschaftlich bewährten Chemikern anzuvertrauen* [....].[65]

Neben der Anordnung der quantitativen Analyse[66] und der notwendigen Bestellung
eines ärztlichen Sachverständigen zur Feststellung der Todesursache, war es die
Wahl des chemischen Sachverständigen, die Schelling kritisierte. Statt eines „wis-
senschaftlich bewährten" Chemikers war ein „Apotheker in einer kleinen Stadt"
mit der Durchführung der Analyse beauftragt worden. Den bisherigen Beispielfäl-
len aus Kapitel 3 und den meisten der noch folgenden Fälle aus Kapitel 5 zufolge,
war aber genau das bisher die Regel gewesen und zwar sowohl in den deutschen
Staaten als auch in Frankreich. Der Brief Schellings weist also darauf hin, dass zum
Ende des 19. Jahrhunderts – ähnlich wie bei den Lebensmittelanalysen – die Chemiker im engeren Sinne ihre Stellung gegenüber den Apothekern stärkten und diesen

---

[64] Vgl. für Beispiele für solche Ausnahmen die Abschnitte 5.2 und 5.3.

[65] Hermann von Schelling: Brief des preußischen Justizministeriums and das Oberlandesgericht und die Oberstaatanwaltschaft Celle: „Die in Strafsachen wegen Giftmordes zur Feststellung des objektiven Tatbestandes erforderliche chemische Untersuchung einzelner Leichenteile", Berlin, 12. Juni 1890, NLA HA, Hann. 173 Acc. 30/87, Nr. 600, Hervorhebung
MC.

[66] Vgl. hierzu insb. auch Abschnitt 5.4.

öffentliche Aufgaben wie in diesem Fall die forensischen Analysen abnahmen. Da dies damit mit dem Ende des Untersuchungszeitraums dieser Arbeit zusammenfällt, wird diese Entwicklung hier nicht weiter verfolgt.

Neben Fresenius' Trennungsgang für anorganische Gifte und der allgemeinen Professionalisierung der analytischen Chemie und der forensischen Toxikologie wurden in der zweiten Hälfte des 19. Jahrhunderts organische Gifte und hier besonders Alkaloide wichtig. Alkaloide[67] bezeichneten eigentlich alkalisch reagierende Stoffe, die aus verschiedenen Pflanzen isoliert werden konnten und eine meistens giftige Wirkung auf Menschen und Tiere zeigten. In der in vielen Lehrbüchern verwendeten Art, schloss diese Bezeichnung aber häufig so gut wie alle Pflanzengifte und auch Tiergifte mit ein und war keineswegs klar abgegrenzt. Beispiele für Alkaloide sind Morphin, Nikotin, Strychnin[68] oder Aconitin[69], der giftigen Substanz im Eisenhut. Entdeckt wurden die Alkaloide zu Beginn des 19. Jahrhunderts mehrfach und voneinander unabhängig von französischen und deutschen Apothekern, wobei normalerweise der Apotheker Friedrich Wilhelm Sertürner als Entdecker des Morphins als erstem Alkaloid genannt wird.[70] Wie Sacha Tomic argumentiert, spielte in der ersten Hälfte des 19. Jahrhunderts die Analyse und vor allem die Systematisierung der Alkaloide eine entscheidende Rolle bei der Disziplinbildung der organischen Chemie.[71]

Alkaloide kamen als Gifte in Giftmordprozessen auch in der zweiten Hälfte des Jahrhunderts selten vor. In den von Katherine Watseon ausgewerteten englischen Fällen zählte sie über ihren ganzen Untersuchungszeitraum hinweg von 504 Giften insgesamt 172 (ca. 34 %) organische Gifte. Nach Abzug der organischen Säuren (34), des Chloroforms und ähnlichen Stoffen (9), des Kohlenmonoxids (4) und des Alkohols (2) blieben 123 (ca. 24 %) an ausgezählten Giften übrig, die grob den

---

[67] Der Name wurde geprägt vom deutschen Apotheker Carl Wilhelm Friedrich Meißner: Ueber ein neues Pflanzenalkali (Alkaloid), in: Journal für Chemie und Physik 25 (1819), S. 379–381.

[68] Strychnin wurde in der Toxikologie besonders diskutiert nach dem aufsehenerregendem Fall des englischen Arztes William Palmer (1824–1856), der seinen Geschäftspartner John Parsons Cook mit Strychnin umgebracht haben soll. Vgl. Burney: Poison, S. 116–151; vgl. zur Geschichte des Strychnins außerdem Jonathan Simon: Naming and toxicity: A history of strychnine, in: Studies in History and Philosophy of Science Part C: Studies in History and Philosophy of Biological and Biomedical Sciences 30.4 (1999), S. 505–525.

[69] Für einen Fall aus den USA im 19. Jahrhundert, in dem Aconitin das angenommene Gift war, vgl. Mohr: Doctors, S. 122–139.

[70] Tomic: Origines, S. 160–169; vgl. zur Entdeckung des Morphins außerdem die eher populärwissenschaftliche Darstellung des ehemaligen BASF-Vorstandsvorsitzenden Matthias Seefelder: Opium. Eine Kulturgeschichte, Frankfurt a. M. 1987, S. 205–209.

[71] Vgl. Tomic: Origines, S. 157–218.

Alkaloiden zugerechnet werden können. Zum Vergleich wurde allein Arsen über Watsons Untersuchungszeitraum hinweg 237 mal gezählt und stellte damit allein etwa 47 Prozent der insgesamt ausgezählten Gifte dar. Von den organischen Giften war bei Watson das Opium und daraus hergestellte Arzneien – insbesondere Laudanum – mit 51 gezählten Fällen (ca. 10 %) das am häufigsten genutzte Gift.[72] Eine Statistik aus dem 19. Jahrhundert, die Adolphe Chapuis (1853–190?) in seinem *Précis de toxicologie* veröffentlichte, zeigte ein ähnliches Bild: von insgesamt 1122 ausgezählten Giften zwischen 1850 und 1885 kamen Alkaloide und andere organische Gifte gerade einmal 98 mal vor (ca. 9 %). Zum Vergleich: Arsen war im gleichen Zeitraum 406 mal (ca. 36 %) gezählt worden. Opium und Laudanum, also die organischen Gifte, die Watson in England besonders häufig gezählt hatte, stellten mit 18 Fällen (ca. 2 %) das am häufigsten eingesetzte Alkaloid im engeren Sinne dar. Von organischen Giften im allgemeinen wurden spanische Fliegen – beziehungsweise das in ihnen enthaltene Cantharidin[73] – am häufigsten eingesetzt, und zwar in 35 Fällen (ca. 3 %).[74] Für die deutschen Staaten und das Deutsche Kaiserreich liegen solche detaillierten Statistiken nicht vor, dennoch kann wohl davon ausgegangen werden, dass auch dort eine Vergiftung mit organischen Giften die Ausnahme waren. In den Fällen, die für diese Arbeit qualitativ ausgewertet wurden, waren jedenfalls ebenfalls organische Gifte deutlich seltener vertreten als anorganische.

Friedrich Julius Otto erklärte bei der Veröffentlichung seines Trennungsganges zur Analyse von organischen Giften entsprechend: „Vergiftungen durch Alkaloide gehören zu den Seltenheiten".[75] Otto sah den Grund dafür darin, dass Alkaloide schwer zugänglich und vor allem unbekannt seien. Für die gebildeteren Personen, die Alkaloide kennen würden, wären diese keine gute Mordwaffe, da ihr Geschmack zu auffällig sei. Auch zum Selbstmord seien Alkaloide ungeeignet oder zumindest weniger geeignet als Blausäure, die weniger qualvoll töten würde, und auf die diese Personen dann wohl ebenfalls leicht Zugriff hätten.[76] Otto machte also neben

---

[72] Watson: Poisoned Lives, Tabelle 1 auf S. 33.

[73] Cantharidin war als Aphrodisiakum bekannt, insofern war das Ziel des Einsatzes spanischer Fliegen wahrscheinlich selten Mord, sondern meistens eine Vergewaltigung. Vgl. dazu auch dies.: Poisoned Lives, S. 51 f.; vgl. für einen deutschen Fall, in dem spanische Fliegen für eine Vergewaltigung genutzt werden sollten N. N.: Gutachten im Prozess gegen Johann Leonhard Beck, Langenburg, 20. Juni 1854, LABW LB, E341 I Bü 97, Qu. 30.

[74] Adolphe Chapuis: Précis de Toxicologie, 2. Aufl., Paris 1889, Tabelle auf S. 44 f.; hier wurden nur die einzelnen Gifte und ihre Häufigkeit in Abschnitten von jeweils fünf Jahren aufgelistet. Für die Darstellung hier sortiert und zusammengefasst wurden die Daten von MC.

[75] Otto: Anleitung 1856, S. 87.

[76] Ebd., S. 87.

Eigenschaften, die die heimliche Verabreichung der Gifte erschwerten – wie dem Geschmack –, den niedrigen Bildungsstand der meisten Täter*innen für den geringen Anteil der Alkaloide verantwortlich. Für Frankreich wurden in der von Chapuis dargestellten Fällen auch der Bildungsstand erhoben. Von insgesamt 1660 Angeklagten zwischen 1830 und 1885 konnten 951 (ca. 57 %) nicht lesen und schreiben, 437 (ca. 26 %) kaum lesen und schreiben, 219 (ca. 23 %) gut lesen und schreiben und 53 (ca. 3 %) hatten eine höhere Bildung.[77] Dieser Trend würde mit der Begründung von Otto also zusammenpassen. Das Problem ist, dass Ottos Begründung zumindest die Annahme zugrunde liegt, dass alle Vergiftungsfälle die gleiche oder wenigstens eine ähnlich hohe Wahrscheinlichkeit hatten, aufgeklärt zu werden. Das heißt, er musste eigentlich annehmen, dass anorganische Gifte und insbesondere Arsen vor den 1850er Jahren nicht nur deshalb häufiger in Gerichtsprozessen eine Rolle spielten, weil es Methoden gab, mit denen diese besonders einfach und besonders zuverlässig entdeckt werden konnten. Dieser Annahme widersprach Otto aber strenggenommen sofort bei der Darlegung des Nutzens seiner Methode zur Analyse von Alkaloiden:

> Es ist wahr, dass wir für einige Alkaloide, in reinem Zustande, höchst charakteristische Erkennungsmittel besitzen, nicht weniger charakteristische als für die unorganischen Gifte, ich brauche nur an das Strychnin und Morphin zu erinnern, aber die Abscheidung höchst kleiner Mengen derselben aus Speisen, Contentis u. s. w., in völlig reinem Zustande, erfordert die vollkommenste Sachkenntnis und eine sehr geübte Hand und doch ist diese Abscheidung in möglichst reinem Zustande erforderlich, weil eine oft sehr geringe Beimengung anderer Stoffe die Erkennungsmittel trügerisch macht.[78]

Das Problem war also nicht, dass es keine guten Nachweisreaktionen für viele Alkaloide gegeben hätte. Das Problem war, dass diese Nachweisreaktionen nur dann zuverlässig waren, wenn die Alkaloide möglichst rein von allen anderen Stoffen in der Probe getrennt worden waren und das war nicht so einfach. Anorganische Gifte wurden in der Regel über ihre Elemente nachgewiesen, indem diese Elemente wenigstens an Stellen im Körper oder in anderen Proben gefunden wurden, an denen sie in gesunden oder nicht vergifteten Proben eben nicht zu finden waren. Arsen konnte als Arsen nachgewiesen werden, wenn es als weißes Arsen, als Schwefelarsen oder in jeder anderen Verbindung vorlag. Alkaloide konnten nicht durch ihre Elemente nachgewiesen werden, sondern mussten als bestimmte Verbindung erst aus der Probe extrahiert werden. Zuerst erfolgreich durchgeführt wurde eine solche Trennung von Jean Servais Stas (1813–1891). Stas war 1850

---

[77] Chapuis: Précis, S. 44 f.

[78] Otto: Anleitung 1856, S. 88; vgl. ähnliche Bedenken bei Fresenius: Stellung, S. 279.

Gutachter in dem Mordprozess gegen den den belgischen Adligen Hippolyte Visart de Bocarmé (1818–1851), der angeklagt war, seinen Schwager mit Nikotin vergiftet zu haben.[79] Stas schaffte es, Nikotin als Mordgift nachzuweisen und Bocarmé wurde entsprechend schuldig gesprochen und hingerichtet. Dabei machte Stas sich in wochenlangen Tests zunutze, dass Alkaloide sich – anders als die meisten anderen organischen Substanzen im Körper – in Wasser und Alkohol lösten und saure Salze bildeten. Durch mehrfaches behandeln mit Säuren und Basen und Ausschütteln der verschiedenen Lösungen mit Äther konnte so das Nikotin von anderen organischen Stoffen getrennt werden, bis es rein vorlag und getestet werden konnte.[80] Über die originale Veröffentlichung von Stas auf Französisch[81] wurde schnell auf deutsch berichtet.[82] Otto systematisierte dieses Verfahren für die wichtigsten Alkaloide, das bis heute als Stas-Otto-Trennungsgang bekannt ist.[83]

Damit war die Entwicklung der analytischen Chemie im 19. Jahrhundert für den Einsatz im forensischen Kontext abgeschlossen. Andere Entwicklungen der analytischen Chemie, insbesondere optische Methoden wie Spektroskopie[84], spielten in forensischen Analysen des 19. Jahrhunderts keine Rolle.

---

[79] Zum Mordprozess vgl. Robert Wennig: Back to the Roots of Modern Analytical Toxicology: Jean Servais Stas and the Bocarmé Murder Case, in: Drug Testing and Analysis 1 (2009), S. 153–155.

[80] Vgl. Watson: Poisoned Lives, S. 26.

[81] Jean-Servais Stas: Recherches médico-légales sur la nicotine, suivies de quelques consid érations sur la manière générale de déceler les alcalis organiques dans le cas d'empoisonnement, in: Bulletin de l'Académie Royale de Médecine de Belgique 11 (1851), S. 202–310, insb. S. 304–310. Der Rest des hier abgedruckten sehr langen Vortrags ist insbesondere einem Streit mit Orfila über die Erstbeschreibung des Verfahrens gewidmet.

[82] Anonym: Ueber die Auffindung und Erkennung organischer Basen in Vergiftungsfällen, in: Annalen der Chemie und Pharmacie 84.3 (1852), S. 379–385.

[83] Otto: Anleitung 1856, S. 94–100.

[84] Szabadváry: Geschichte, S. 319–344.

Die Werte toxikologischer Methoden nach 1848

5

In diesem Kapitel werden analog zu Kapitel 3 die Werte der forensischen Toxikologie beschrieben. Wieder geht es darum, die konkreten Abwägungen bei der Methodenwahl in Diskussionen um die ‚besseren' Methoden und ihren Einfluss auf die Praxis sichtbar zu machen. Ein Ergebnis dieser Arbeit ist dabei schon durch seine Auswirkungen auf die Gliederung vorweggenommen: die Werte blieben im Einzelnen recht stabil auch über die im deutschen Fall einschneidenden Rechtsreformen hinaus. Weiter wird über die Kriterien gesprochen, die ich im Kapitel 3 Sensitivität, Selektivität, Einfachheit, Sparsamkeit, Redundanz und Anschaulichkeit genannt habe. Was sich allerdings änderte waren erstens die konkrete Ausgestaltung dieser Werte und zweitens das Verhältnis der Werte untereinander und die Art, wie sie gegeneinander abgewogen wurden. Der Stabilität der Werte, die sich in der Gliederung widerspiegelt, steht also eine Dynamik gegenüber, die besonders in den deutschen Staaten stark vom Selbstverständnis der Toxikologen als Sachverständige und damit von den Rechtsreformen um 1848 geprägt war.

5.1 Sensitivität – Das lange Nachleben des *arsenic normale* und andere Probleme

Sensitivität, also die Eigenschaft von Tests schon möglichst geringe Dosen einer Substanz festzustellen, blieb sowohl in Frankreich als auch in den deutschen Staaten der zweiten Hälfte des 19. Jahrhunderts ein relativ unumstrittener Wert. Bei der Abwägung verschiedener Methoden zum Auffinden von Arsen stellte der österreichische Chemiker Franz Schneider (1812–1897) zum Beispiel folgende Kriterien für Methoden auf:

Als Criterium ihres relativen Werthes [d. h. verschiedener Methoden zur Arsenermitt-
lung] möge bemerkt werden, dass dasjenige Verfahren als das beste betrachtet werden
müsse, nach welchem *die kleinste Menge* durch die einfachsten Mittel, in der kür-
zesten Zeit, bei den verschiedenartigsten Complicationen von Umständen, auf eine
vollkommen zuverlässige Weise möglichst deutlich und ohne dass eine Verwechslung
mit einem andern Körper denkbar ist, sich nachweisen lässt. [1]

In seiner deutlich kürzeren Auflistung von Kriterien stimmte der Königsberger
Mediziner Hermann Wald (1820–1868) in seiner *Gerichtlichen Medicin* (1858)
Schneider zumindest im Bezug auf die Sensitivität völlig zu:

Als das beste Verfahren muß natürlich dasjenige betrachtet werden, welches 1. *selbst
die kleinsten Mengen von vorhandenem Arsenik*, aber 2. ganz unzweifelhaft, ohne daß
eine Verwechselung mit einem anderen Körper auch nur als möglich gedacht werden
könne, nachweiset.[2]

Und auch Friedrich Julius Otto – der in Abschnitt 4.2 bereits als einer der Entwickler
des Stas-Otto-Trennungsgangs vorgestellt worden ist – lobte in seiner *Anleitung
zur Ausmittelung der Gifte* (1856) explizit die Marsh'sche Probe. Sie sei in der
Lage, besonders kleine Mengen Arsen nachzuweisen. Deshalb lasse sich auch im
Vergleich zu anderen Metallgiften festhalten, dass kein anderes Metall sich „in
gleich kleinen Mengen nachweisen lässt, wie das Arsen."[3]

Auch für den französischen Diskurs lässt sich ein ähnliches Bild zeichnen, beson-
ders wenn es um die Bewertung von Methoden zur Suche nach Arsen geht. So fin-
den sich ähnliche wie die oben zitierten Bemerkungen zur Marsh'schen Probe zum
Beispiel in der *Étude médico-légale et clinique sur l'empoisonnement* (1867) des
Mediziners Auguste Ambroise Tardieu (1818–1879) und des Chemikers François-
Zacharie Roussin (1827–1894)[4] und auch im *Précis de toxicologie* (1882) von Adol-

---

[1] Franz Schneider: Die Gerichtliche Chemie für Gerichtsaerzte und Juristen, Wien 1852,
S. 205; Hervorhebung und Hinzufügung MC.

[2] Hermann Wald: Gerichtliche Medicin. Ein Handbuch für Gerichtsärzte und Juristen, Bd.1,
Leipzig 1858, S. 353; Hervorhebung MC.

[3] Otto: Anleitung 1856, S. 60; vgl. auch S. 16.

[4] Chemiehistoriker*innen ist Roussin vermutlich in erster Linie als derjenige bekannt, der
als erster synthetische Azofarbstoffe erfolgreich vermarktete, diese jedoch – zum Glück von
Heinrich Caro (1834–1910) und der deutschen chemischen Industrie – nicht patentierte. Vgl.
Carsten Reinhardt/Anthony S. Travis: Heinrich Caro and the Creation of Modern Chemical
Industry, Dordrecht 2000, S. 170.

phe Chapuis (1853–190?).[5] Auch Charles Adolphe Wurtz (1817–1884) betonte die hohe Sensitivität bei der Suche nach Arsen in seinem *Traité élémentaire de chimie médicale*.[6] Auf den Punkt für den französischen Diskurs brachte es aber vielleicht der Dorpater Pharmazieprofessor Georg Dragendorff (1836–1898) in seinem *Manuel de toxicologie* (1874): „Nos moyens d'investigation sont assez avancés pour que nous puissions espérer retrouver des quantités très-minimes de certains poisons dans les mélanges les plus compliqués."[7]

Auf den ersten Blick blieb eine hohe Selektivität also eine unter allen Umständen erwünschte Eigenschaft der analytischen Methoden, sowohl im deutsch- als auch im französischsprachigen Diskurs. Wie aber schon in Abschnitt 3.1 beschrieben worden ist, gab es bei zunehmender Sensitivität auch in den Augen der Zeitgenossen Probleme.[8] Der Nachweis immer kleinerer Mengen konnte – so die Gefahr, die einige Toxikologen befürchteten – zu falsch positiven Ergebnissen führen. Ein Beispiel für diese Befürchtungen blieb das angeblich natürlich im menschlichen Körper vorkommende *arsenic normale*. Auch wenn die wissenschaftliche Debatte eigentlich im Streit zwischen den französischen Akademien erledigt worden war und Orfila selbst auch inzwischen seinen Fehler eingestanden hatte[9], führte das *arsenic normale* ein Nachleben in den Lehrbüchern und zwar sowohl in deutsch- als auch in französischsprachigen.[10] Allen diesen Lehrbüchern ist gemein, dass sie die Existenz von *arsenic normale* kategorisch ablehnten. In keinem einzigen wurde die Möglichkeit von natürlich im menschlichen Körper vorkommenden Arsen ernsthaft angenommen und außer der ursprünglichen Debatte gab es anscheinend keinen Bezugspunkt, der die Behandlung des *arsenic normale* hätte rechtfertigen können.

Ein wichtiger Grund für das Nachleben des *arsenic normale* war sicherlich die Zielgruppe der Lehrbücher. In vielen Fällen richteten sie sich nicht ausschließlich an die Praktiker den Analyse oder an Studenten, die vielleicht mit den Diskussionen der Akademien vertraut waren, sondern eben auch an Richter, Geschworene und

---

[5] Ambroise Tardieu/François-Zacharie Roussin: Étude médico-légale et clinique sur l'empoisonnement, Paris 1867, S. 379; Adolphe Chapuis: Précis de Toxicologie, Paris 1882, S. 135–177.

[6] Charles Adolphe Wurtz: Traité élémentaire de chimie médicale, Bd. 1, Paris 1864, S. 292, 296.

[7] Georg Dragendorff: Manuel de Toxicologie, Paris 1874, S. 6.

[8] Vgl. für die Problematik in den 1840er Jahren neben Abschnitt 3.1 auch Bertomeu-Sánchez: Sense.

[9] Mathieu Orfila: Traité de Toxicologie, 5. Aufl., Bd. 1, Paris 1852. S. 544–548

[10] Vgl. z. B. Brach: Lehrbuch, S. 418–420; Chapuis: Précis, S. 86; Theodor Husemann: Handbuch der Toxikologie, Berlin 1862, S. 118; Schürmayer: Lehrbuch, S. 243 f.; sowie Tardieu/Roussin: Étude, S. 376 f.

Anwälte. Insofern können diese Verweise auf *arsenic normale* als Versuche verstanden werden, Fehlinformationen zu bekämpfen, von denen zumindest angenommen wurde, dass sie der Glaubwürdigkeit der Ergebnisse schaden könnten.[11] Ein anderer Grund für das diskursive Fortbestehen von *arsenic normale* war, dass die grundsätzliche Möglichkeit für natürlich im Körper vorhandene giftige Stoffe keineswegs ausgeschlossen wurde. Der Mediziner Theodor Husemann (1833–1901) diskutierte *arsenic normale* in seinem *Handbuch der Toxikologie* (1862) lediglich als Exkurs zu anderen natürlich im Körper auftretenden Giften, ohne jedoch hierfür Beispiele zu nennen.[12]

Darüber hinaus deutet diese Diskussion auf das sich durch weiter zunehmende Sensitivität verstärkende Problem hin, dass das Auffinden eines Giftes in einer Leiche nicht heißen musste, dass jemand vergiftet wurde. Es könnte sich um natürlich aufgenommene Mengen von bestimmten Stoffen handeln. So bemerkte zum Beispiel Otto zu Kupfer:

> Die Nachweisung sehr kleiner Mengen einiger der in Frage stehenden Metalle beweist aber auch gar nicht, dass eine Vergiftung damit versucht worden, dass eine absichtliche Beimischung von Verbindungen derselben stattgefunden habe. Spuren von Kupfer kommen überall vor, ich habe mich vergeblich bemüht, das Metall irgendwo nicht zu finden; wir essen es täglich im Brote.[13]

Neben der Nahrung wurden als mögliche Fehlerquellen auch Medikamente betrachtet.[14] Es wurde diskutiert, ob zum Beispiel Arsen in Friedhofserde vorkommen könnte und so die Analysen exhumierter Leichen verfälscht werden könnten.[15] Schließlich gab es noch die Möglichkeit, dass einem Toten Gift erst nachträglich

---

[11] Ähnlich verhielt es sich mit Hinweisen auf *arsenic normale* in englischen Lehrbüchern. Vgl. Burney: Bones.

[12] Husemann: Handbuch, S. 117 f.; vgl. ähnlich Brach: Lehrbuch, S. 382 f.

[13] Otto: Anleitung 1856, S. 61; vgl. dazu auch Auguste Lutaud: Manuel de Médecine Légale et Jurisprudence Médicale, Paris 1877, S. 407 f.

[14] Besprochen z. B. bei Husemann: Handbuch, S. 118; sowie Lutaud: Manuel, S. 407 f.

[15] Anmerkungen hierzu finden sich z. B. bei Brach: Lehrbuch, S. 418–420; Georg Dragendorff: Die gerichtlich-chemische Ermittelung von Giften in Nahrungsmitteln, Luftgemischen, Speiseresten, Körpertheilen etc. St. Petersburg 1868, S. 4; Henri Legrand du Saulle/ Georges Berryer/Gabriel Pouchet: Traité de Médecine Légale, de Jurisprudence Médicale et de Toxicologie, Paris 1886, S. 1400–1402; Schneider: Chemie, S. 59; Schürmayer: Lehrbuch, S. 243 f.; Tardieu/Roussin: Étude, S. 376 f.

verabreicht worden wäre, um einen Giftmord vorzutäuschen.[16] In Anbetracht dieser Probleme, stellte Mohr in seiner *Anleitung zur chemischen Ermittelung der Gifte* (1874) den Mehrwert immer höherer Sensitivität an sich in Frage:

> Bei diesen Untersuchungen [der Metallgifte] haben sich die Chemiker vielfach bemüht, sehr empfindliche Methoden ausfindig zu machen, und die Methoden nach dem Grade ihrer Feinheit und Empfindlichkeit geschätzt. Man liest von Verfahrungsarten, womit man 1/500 Milligramm noch erkennen könne. Mag das in chemischer Beziehung interessant sein, so hat es für den forensischen Chemiker gar keinen Werth. Es kann sich hier niemals um solche Minima handeln, sondern um die Gegenwart lebensgefährlicher Mengen. Wenn nicht die gefundenen Mengen über die Möglichkeit einer zufälligen Anwesenheit eines Stoffes, wie Kupfer, Arsenik, hinausgehen, so kann der Chemiker auf eine solche empfindliche Reaction kein Urtheil abgeben. Es ist bekannt, wie man bei der Nachforschung nach Arsenik so weit gekommen ist, dass man ihn in jeder Erde, in jedem Knochen wollte gefunden haben. Eine so überempfindliche Reaction musste nothwendig die grössten Zweifel veranlassen.[17]

Nach Mohr wäre das Streben nach einer höheren Sensitivität also höchstens von rein wissenschaftlichem Interesse. In Bezug auf die Praxis der Toxikologie hingegen müsse es dazu führen, dass Zweifel an der Aussagekraft chemischer Analysen gestärkt wurden. Tardieu und Roussin gingen nicht so weit, von Überempfindlichkeit zu sprechen und darin ein ebenso großes Problem zu sehen wie Mohr. Im Zusammenhang ihrer Diskussion zur Marsh'schen Probe erklärten sie allerdings ebenfalls, dass weitere Verbesserungen der Sensitivität dieser Probe wahrscheinlich wenigstens keinen weiteren Nutzen brächten:

> La recherche chimique de l'arsenic dans les cas d'empoisonnement laisse aujourd'hui bien peu de choses à désirer au double point de vue de la précision et da la commodité. Quelques perfectionnements de détail pourront être encore apportés aux méthodes généralement employées, mais *il est bien douteux* qu'on puisse en modifier l'esprit, et *qu'il y ait quelque avantage à augmenter leur sensibilité.*[18]

Auch die anderen Autoren teilten nicht Mohrs Meinung zur Dramatik des Problems. Sie hielten es zwar für wichtig genug, um es zu diskutieren und im besten Fall zu widerlegen, aber boten dabei im Normalfall auch eine Lösung für das Problem an. Husemann etwa schlug vor, dass die quantitative Analyse das Problem lösen könnte,

---

[16] Dies wird unter anderem besprochen in Brach: Lehrbuch, S. 382 f.; Johann Ludwig Casper: Practisches Handbuch der gerichtlichen Medicin. Zweiter Band, Berlin 1860, S. 414; Husemann: Handbuch, S. 118 f.

[17] Friedrich Mohr: Chemische Toxikologie. Anleitung zur chemischen Ermittelung der Gifte, Braunschweig 1874, S. 54.

[18] Tardieu/Roussin: Étude, S. 368; Hervorhebungen MC.

indem ab einer gewissen Menge klar wäre, dass es sich nur um eine Vergiftung handeln könnte.[19] Im französischen Diskurs wurde teilweise betont, dass die chemische Analyse nur einen von mehreren Hinweisen auf eine Vergiftung darstellte und dieses Problem der Fehlerkennung nur heiße, dass die Symptome vor dem Tod und die Ergebnisse der Autopsie nicht vernachlässigt werden sollten.[20] Andere schließlich erklärten, dass es durchaus einfach wäre, auch chemisch zwischen einem als Gift eingesetztem oder einem aus anderen Quellen stammenden Stoff zu unterscheiden – wobei dieser Behauptung meistens keine konkreten Beispiele folgten.[21] Dieses letzte Argument lässt sich auch bei Otto in der Fortsetzung seines oben zitierten Kupferbeispiels finden, wobei er gleichzeitig versuchte damit umzugehen, dass für diese Unterscheidung – auch wenn sie möglich ist – die Erfahrung des einzelnen Sachverständigen durchaus eine Rolle spielt:

> Wird nun, nach dem Gesagten, die Antwort auf die Frage, ob eine Vergiftung stattgefunden habe, nicht unsicher? Ich glaube nicht; die Sache ist weniger schlimm, als es auf den ersten Blick scheint. Es wird z. B., so meine ich, niemals Zweifel darüber entstehen können, ob das in einer Speise oder in einem Mageninhalte gefundene Kupfer die Spur ist, welche überall vorkommt, oder ob es eventuell von kupfernen Gefässen herrührt oder absichtlich als ein Kupfersalz zugesetzt wurde. Der geübte, erfahrene Sachverständige wird gewiss eine sichere Entscheidung darüber abgeben können und der ungeübte, unerfahrene Sachverständige findet den kleinen, ich will sagen, normalen Kupfergehalt gar nicht.[22]

In der Praxis spielte Sensitivität eine entscheidende Rolle bei der Methodenwahl, insofern änderte sich dies nicht zur in Abschnitt 3.1 beschriebenen Situation. An anderer Stelle habe ich argumentiert, dass es gerade auch die höhere Sensitivität war, die die Marsh'sche Probe auch nach 1848 de facto zu Standard für Arsennachweise machte.[23] An dieser Stelle soll es aber auch um den Umgang der forensisch-toxikologischen Praxis mit den oben beschriebenen Unsicherheiten gehen. Ein gutes Beispiel aus der französischen Praxis ist der Prozess gegen Clémentine Joachime Guérin, die im April 1868 angeklagt wurde, zusammen mit ihrem Vater, Jean Innocent Fournier, ihre Schwägerin, Françoise Guérin, mit

---

[19] Husemann: Handbuch, S. 121.

[20] Dieses Argument findet sich z. B. bei Legrand du Saulle/Berryer/Pouchet: Traité, S. 1400–1402; sowie Lutaud: Manuel, S. 407 f.

[21] So z. B. bei Casper: Practisches Handbuch der gerichtlichen Medicin. Zweiter Band, S. 414; Schürmayer: Lehrbuch, S. 243 f.; sowie Tardieu/Roussin: Étude, S. 140.

[22] Otto: Anleitung 1856, S. 61 f.

[23] Vgl. Carrier: Value(s), S. 46.

Phosphor vergiftet zu haben.[24] 1865 hatten die 16jährige Clémentine und der 65jährige Pierre Rémy Guérin geheiratet und sie lebte seitdem mit ihrem Ehemann und dessen Schwester, Françoise, in Franconville bei Paris. Der Procureur Général erklärte in der Anklageschrift, dass diese Ehe vom mehrfach vorbestraften Vater der Angeklagten arrangiert gewesen und von Habgier getrieben gewesen sei. Ziel sei es von Anfang an gewesen, den Ehemann umzubringen, um sich dessen Vermögen anzueignen. Dafür musste nun seine Schwester als einzige lebende Verwandte Guérins zuerst sterben. Jeden Tag habe Fournier seine Tochter besucht und habe ihr vergiftete Getränke gebracht, die sie daraufhin ihrer Schwägerin gegeben habe. Françoise Guérin verstarb einige Tage später im Dezember 1865. Die Angeklagte hatte auf Anraten ihres Vaters einen Arzt gerufen, der zum Zeitpunkt des Todes anwesend gewesen war und den Tod ohne Autopsie auf Typhus zurückführte.

Anscheinend sollte allerdings Pierre Guérin zunächst nicht umgebracht werden. Stattdessen habe Fournier versucht, ihn fälschlich wegen Geldfälschung anzuzeigen und habe hierfür auch Beweise gefälscht. Die Untersuchung habe damals zwar die Unschuld von Guérin gezeigt, aber seit dieser Zeit habe er den Verdacht gehabt, dass seine Frau und sein Schwiegervater ihn vergiften wollten. Er habe sich entsprechend geweigert, irgendetwas zu essen oder zu trinken, was seine Frau vorbereitet hatte, bevor sie es selbst probiert hatte. Gleichzeitig habe Fournier das Geheimnis des Mordes an Françoise Guérin nicht für sich behalten, sondern mit seinem Sohn gesprochen, was sein Dienstmädchen später angab, mit angehört zu haben. Auch sein Sohn Albert Fournier gab im Verhör an, sein Vater hätte den Mord geplant und für das Gift „allumettes chimiques" benutzt.[25] Es ging also um Streichhölzer, die Phosphor für die Zündung durch Reibung verwendeten. Das Dienstmädchen sei außerdem auch die Geliebte von Albert Fournier gewesen und habe sich – nach der Ermordung eines von ihr geborenen Kindes – dazu entschieden, die Ermordung von Françoise Guérin im September 1867 anzuzeigen. Die Anklageschrift geht in diesem Punkt nicht weiter ins Detail, es kann aber wohl angenommen werden, dass es sich bei dem Kind um das uneheliche Kind von Albert Fournier handelte, den sie zumindest für den Tod des Kindes verantwortlich machte.[26]

Die Leiche von Françoise Guérin wurde exhumiert und dem Apotheker Roussin[27] und dem Arzt Georges Bergeron wurden Proben zur chemischen

---

[24] Die folgende Schilderung des Falles basiert auf Le Procureur Général: Acte d'Accusation contre femme Guérin et Fournier, Paris, 21. März 1868, ADY, 2U 531.

[25] Ebd.

[26] Ebd.

[27] Dies ist der oben bereits genannte Co-Autor von Tardieu/Roussin: Étude.

Untersuchung geschickt.[28] Die beiden Sachverständigen begannen mit der Untersuchung der Organe. Die Organe waren sowieso schon stark aufgeweicht und die Sachverständigen wuschen sie mehrfach mit destilliertem Wasser aus, um Feststoffe herauszufiltern. Die meisten dieser Feststoffe waren dann auch völlig unverdächtig. So fanden sie unter anderem „un grand nombre des débris siliceux et calcaires", die aus der Friedhofserde stammten, oder mikroskopische Knochenteile.[29] Für interessant hielten sie aber „sept petits fragments irréguliers, brillant d'un jaune pur", die sie ebenfalls in den ausgewaschenen Feststoffen fanden.[30] Diese Fragmente wurden ausgewaschen und nacheinander zu Alkohol, Äther, verdünnte Säuren („les acides étendus") und schwach konzentrierter Kalilauge („la solution faible de potasse caustique") gegeben, wobei die Sachverständigen feststellten, dass die Substanz in allen diesen Flüssigkeiten unlösbar war.[31] Die Substanz sei kristallin und schmelze zwischen 108 und 113 °C. Sie verbrenne mit einer bläulichen Flamme, zeige dabei den charakteristischen Geruch nach schwefliger Säure und hinterlasse keinen Rückstand. Der bei der Verbrennung entstandene Dampf färbte ein in Natriumiodat („iodate de soude") getränktes Papier augenblicklich bläulich.[32] Pulverisiert, gelöst in Salpetersäure und gekocht brachte die Substanz „une quantité considérable d'acide sulfurique" hervor.[33] Die Substanz wurde außerdem vermischt mit Kaliumacetat und Natriumcarbonat und angezündet. Nach der Deflagration wurde der Rückstand in destilliertem Wasser gelöst und lieferte mit Bariumchlorid einen blauen Niederschlag. Schließlich erhitzten die Sachverständigen noch eines der Fragmente mit Natrium und brachte das abgekühlte Produkt in Lösung, woraufhin sich ein schwarzer Niederschlag zeigte. Aus all diesen Reaktionen folgerten sie, dass es sich bei der Substanz um Schwefel handeln müsse.

Der wichtige Punkt für die Sensitivität in diesem Fall ist, dass die Sachverständigen nicht nur die organischen Überreste zur Untersuchung bekamen, sondern außerdem zwei Proben Erde. Die Erde stammte erstens aus dem Sarg von Françoise Guérin, und zweitens von der Erde direkt über dem Sarg. Die Sachverständigen gingen in ihrem Gutachten bei der Analyse dieser Erde nicht ins Detail, sondern beließen es bei zwei kurzen Absätzen nach denen die Erde neben den zu erwartenden Stoffen „ne renferme aucune autre substance étrangère, toxique ou insolite

---

[28] François-Zachharie Roussin/Georges Bergeron: Expertise dans l'affaire Guérin et Fournier, ohne Datum, ADY, 2U 531.
[29] Ebd.
[30] Ebd.
[31] Ebd.
[32] Ebd.
[33] Ebd.

et notamment aucune trace de soufre."[34] Die ausgelassenen Details der Analyse sind aber auch weniger relevant. Interessant ist, dass von den Sachverständigen angenommen wurde, dass sie ihr Ergebnis gegen falsch positive Ergebnisse oder zumindest gegen einen solchen Verdacht absichern mussten. Wie oben erläutert, diskutierten zumindest einige Lehrbuchautoren die Frage, ob Giftstoffe während des Verwesungsprozesses von der Friedhofserde in den Körper eindringen konnten. Besonders sensitive Methoden könnten dann dazu führen, dass diese Spuren fälschlich für Zeichen einer Vergiftung gehalten wurden. Die Sachverständigen im Fall Guérin nahmen nicht grundsätzlich Stellung zu dieser Frage, aber sie gaben für den individuellen Fall eine praktische Lösung für diese Befürchtung. Indem sie Erde untersuchten, die aus dem Sarg direkt und aus dem direkten Umfeld des Sargs entnommen worden war, beugten sie der Vermutung vor, dass der von ihnen gefundene Schwefel irgendeinen anderen Ursprung als die Leiche selbst hatte. Solche Absicherungen lieferten eine praktische Lösung für einen Teil des oben beschriebenen Sensitivitätsproblems, dass also Methoden so empfindlich wurden, dass zwischen echten Befunden und Verunreinigungen zumindest oberflächlich nicht mehr unterschieden werden konnte.

Die Suche nach anderen möglichen Giften in der Leiche von Françoise Guérin war erfolglos, insbesondere auch die Suche nach Phosphor. Dies erklärten die Sachverständigen aber damit, dass der Nachweis von Phosphor bei einer so weit fortgeschrittenen Verwesung wie in diesem Fall „complètement impossible" sei.[35] Der Schwefel hingegen komme mit sehr hoher Wahrscheinlichkeit von Streichhölzern und könnte damit einen indirekten Hinweis auf die Vergiftung mit Phosphor geben: „[N]ous concluons: [...] 4° que le soufre fondu n'existe dans aucune substance alimentaire ou médicamenteuse et que parmi les objets usuels l'allumette chimique seule en est revetue au voisinage de sa pâte phosphorée."[36] Der Nachweis für die Vergiftung mit Phosphor, den Fournier und seine Tochter von Streichhölzern abgekratzt haben sollen, war also lediglich indirekt. Die Sachverständigen kannten keine Methode, um Phosphor nach etwa zwei Jahren, in denen Françoise Guérin begraben war, nachzuweisen. Der Schwefel jedoch konnte ein Hinweis auf das verwendete Gift sein und wurde von den Sachverständigen auch so interpretiert. Abgesichert wurde das Ergebnis durch die Untersuchung der Friedhofserde, um dem Sensitivitätsproblem zu entkommen.

Die Geschworenen waren jedoch entweder nicht von diesem indirekten chemischen Nachweis oder von dem Narrativ des Procureur Général über Frau Guérins

---

[34] Ebd.
[35] Ebd.
[36] Ebd.

maßgebliche Beteiligung überzeugt. Sie wurde jedenfalls in dem Prozess freigespro-chen.[37] Ihr Vater wurde zwar in der Anklageschrift als Mitangeklagter benannt[38], den Geschworenen wurde aber keine Frage über seine Schuld zur Entscheidung vorgelegt.[39] Das lag wahrscheinlich daran, dass dieser schon wegen einer anderen Strafe im Gefängnis saß und deswegen auch während des Prozesses nicht anwesend war. Tatsächlich hätte Fournier sich selbst darum bemüht, dass eine ausstehende Haftstrafe gegen ihn vollstreckt werde, um sich dem Zugriff der Justiz für den Mord zu entziehen, so der Procureur Général.[40]

Sensitivität war sicherlich auch in der zweiten Hälfte des 19. Jahrhunderts einer der ausschlaggebenden Werte der Methodenwahl. Die Fähigkeit, überhaupt eine Aussage über die Anwesenheit eines Stoffes zu machen, der unter Umständen nur in geringen Konzentrationen in den Proben vorhanden war, hing direkt von der Sensitivität ab. Wenn explizite Kriterien für die Abwägung zwischen verschiedenen Methoden gegeben wurden, wie bei Schneider oder Wald, so war die Sensitivität stets eines von ihnen. Wenigstens implizit bei der Abwägung der verschiedener Methoden, zum Nachweis desselben Stoffes – zum Beispiel Arsen – spielte aber Sensitivität so gut wie immer eine wichtige Rolle in den Lehrbüchern.

Die Problematik der Sensitivität, dass nämlich eine immer höhere Sensitivität das Risiko falsch positiver Befunde erhöhte, wurde dabei aber auch nicht verges-sen. Besonders sensitive Tests konnten auch bei natürlich oder zufällig in der Probe vorkommenden Stoffen ein positives Ergebnis liefern, da auch diese geringen Kon-zentrationen dann nicht mehr unter der Nachweisgrenze lagen. Theoretisch war dieses Problem nur schwierig zu lösen. Die Lehrbücher waren sich zwar im Grunde einig, dass die meisten gefährlichen Stoffe nicht natürlich im Körper vorkamen – so besonders ausgeführt bei der weiterlebenden Debatte um das *arsenic normale* – und sie in den meisten Fällen, in denen sie postmortal oder zufällig zugesetzt wurden, leicht von den als Gift eingesetzten Stoffen unterscheidbar seien. Diese Argumente drangen aber anscheinend in der Wahrnehmung der Lehrbuchautoren nicht immer in den juristischen Diskurs ein. Die ständige Wiederholung der immer gleichen Argumente gegen *arsenic normale* bis weit in die zweite Hälfte des 19. Jahrhunderts hinein, legt aber zumindest nahe, dass die Lehrbuchautoren darin noch immer eine mehr oder weniger weit verbreitete falsche Vorstellung sahen, die sie korrigieren mussten.

---

[37] Cour d'Assises de Seine et Oise: Déclaration du Jury dans l'affaire Guérin, Versailles, 24. April 1868, ADY, 2U 531.

[38] Le Procureur Général: Acte d'Accusation contre Guérin et Fournier, ADY, 2U 531.

[39] Cour d'Assises de Seine et Oise: Déclaration Guérin, ADY, 2U 531.

[40] Le Procureur Général: Acte d'Accusation contre Guérin et Fournier, ADY, 2U 531.

Praktisch gab es – so zeigte das Beispiel im Fall Guérin – aber außerdem die Möglichkeit die Abwesenheit der fraglichen Stoffe in möglichen Quellen der Verfälschung – hier also in der Friedhofserde – zu beweisen. Diese praktische Möglichkeit wurde zumindest in Frankreich auch genutzt[41]; in den deutschen Staaten bzw. im Kaiserreich hingegen ist mir kein Fall begegnet, bei dem systematisch die Friedhofserde oder ähnliches mit untersucht worden wäre. Das heißt bei der beschränkten Anzahl der untersuchten Fälle selbstverständlich nicht, dass es diese Fälle in den deutschen Staaten nicht gegeben hätte, es legt aber wenigstens den Verdacht nahe, dass diese Praxis in Frankreich weiter verbreitet war.

5.2 Selektivität – Trennungsgänge und allgemeine Vorschriften

Unter Selektivität wird weiterhin die Eigenschaft von Tests verstanden, klar zwischen verschiedenen Stoffen unterscheiden zu können. Tests mit einer hohen Selektivität reagieren auf nur einen Stoff oder zumindest auf möglichst wenig Stoffe positiv; Tests mit einer niedrigen Selektivität hingegen reagieren positiv auf mehrere Stoffe. Wie in der ersten Hälfte des 19. Jahrhundert war eine hohe Selektivität in der Regel wünschenswert bei den entscheidenden Reaktionen. Die am Anfang von Abschnitt 5.1 kurz zitierten allgemeinen Regeln für gute analytische Methoden von Schneider und Wald nahmen beide auch Bezug auf Selektivität. Beide bestanden darauf, dass gute Methoden eine Verwechslung mit anderen Stoffen im besten Falle unmöglich machen sollten und nichts anderes ist letztlich hier mit einer hohen Selektivität gemeint.[42]

Folgerichtig wurden auch bei der Abwägungen verschiedener Methoden die jeweils selektiveren bevorzugt. Zum Beispiel lehnte Wald den Reinsch-Test ab, weil „andere Metalle sich ebenfalls bei derselben Behandlung niederschlagen".[43] Beim Reinsch-Test wurde eine Probe in Salzsäure gekocht und ein Kupferstreifen in die Probe gehalten. Je nach Verfärbung zeigte das Kupfer dann die Anwesenheit von Arsen und anderen Metallen in der Probe an.[44] Wald hielt hier also die Reinsch-Probe für nicht aussagekräftig genug, um Arsen nachzuweisen wegen seiner geringeren Selektivität. Andersherum bevorzugte er das Verfahren von Fresenius und von

---

[41] Vgl. für einen weiteren solchen Fall z. B. Jean Baptiste Chevallier/Jean Louis Lassaigne: Expertise dans l'affaire Perrot, Paris, 30. März 1855, ADY, 2U 442.

[42] Schneider: Chemie, S. 205; Wald: Medicin, S. 353.

[43] Wald: Medicin, S. 359 f.

[44] Vgl. Abschnitt 3.2 sowie Reinsch: Verhalten.

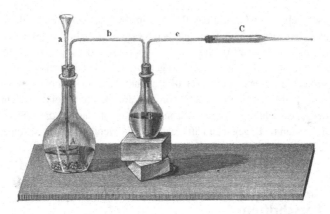

Abb. 5.1 Apparat für den Arsennachweis nach Fresenius und von Babo. (Quelle: Fresenius: Anleitung, S. 134)

Babo zum Arsennachweis. Hierbei wurde zuerst Arsen mittels Schwefelwasserstoff als Schwefelarsen ausgefällt. Anschließend wurde es getrocknet, mit kohlensaurem Natron (Natriumcarbonat) und Zyankali vermischt und das Pulver wurde in einer Glasröhre (C in Abb. 5.1) positioniert. In einer Flasche A (Abb. 5.1) wurde durch eine Reaktion von darin befindlichem Wasser und Kalkstein oder Marmor unter Zugabe von Salzsäure Kohlensäure produziert, die zuerst durch Schwefelsäure („Schwefelsäurehydrat") in der Flasche B (Abb. 5.1) und anschließend durch das Glasrohr C mit der Probe geleitet wurde. Der ganze Apparat wurde an mehreren Stellen erhitzt. Wenn es sich bei dem erhaltenen Niederschlag wirklich um Schwefelarsen handelte, zeigte sich am Ende des Rohres C ein Metallspiegel. Auch hierbei war also die Reduktion zu metallischem Arsen das Endergebnis und das Ziel.[45]

Der Vorteil gegenüber dem Reinsch-Test aber auch gegenüber der Marsh'schen Probe sei, dass insbesondere Antimon nach dieser Vorgehensweise keinen Metallspiegel bilden würde. Bei der Marsh'schen Probe hingegen, bei der das Arsen zuerst mit Schwefelsäure und Zink reagierte und sich Arsenwasserstoff bildete, der dann ebenfalls reduziert wurde, konnte sich am Ende auch ein Antimonspiegel niederschlagen.[46]

---

[45] Fresenius/Babo: Verfahren, S. 311–313.

[46] Wald: Medicin, S. 364; ähnlich argumentierte auch Otto, der allerdings dann dafür plädierte, sowohl die Methode von Fresenius/Babo als auch die von Marsh anzuwenden (siehe auch Abschnitt 5.5): Otto: Anleitung 1856, S. 16; vgl. auch Fresenius/Babo: Verfahren, S. 308–313; vgl. für einen veröffentlichten Fall, in dem zuerst fälschlicherweise Antimon für Arsen

Wenn eine Methode nicht selektiv genug war, mussten verschiedene Reaktionen zur Absicherung des Ergebnisses angewandt werden. Als praktisches Beispiel hierfür kann der Fall gegen den Bauern Etienne Naurin aus Roussigny bei Paris von 1853 dienen.[47] Naurin hatte hohe Schulden bei dem Tagelöhner Lepinay, der in Roussigny bei der Witwe Chanteau und ihrer Familie als Kostgänger untergekommen war. Am 4. April 1853 sei Lepinay wie üblich abends von der Arbeit gekommen und habe auf dem Tisch zwei Suppenschüsseln vorgefunden, eine große für die Familie Chanteau, eine kleinere für sich. Zwar sei ihm ein merkwürdiger Geschmack aufgefallen, dennoch habe er seine Portion aufgegessen. Die Familie Chanteau sagte später aus, dass die Suppe aus der größeren Schüssel völlig normal geschmeckt habe. Lepinay habe hingegen schnell ein Brennen im Hals verspürt und musste sich in der folgenden Nacht mehrfach übergeben. Auch einige Katzen, die die Reste von Lepinays Suppe gegessen hätten, hätten sich in der Nacht übergeben. Von dem schlechten Zustand Lepinays und der Katzen alarmiert, habe die Enkelin der Witwe Chanteau Lepinays Suppenschüssel untersucht und am Boden derselben ein weißliches Pulver entdeckt. Lepinay überlebte die Nacht und der Topf wurde zur Polizei im nahegelegenen Limours gebracht, von wo er, wegen des Verdachts einer Vergiftung, nach Rambouillet gebracht wurde, um dort vom Arzt Cornille Girault und den beiden Apothekern Théophrite Louvard und Edouard Gobet untersucht zu werden.

Die drei Sachverständigen schrieben ein recht kurzes Gutachten.[48] Zur Untersuchung stand ihnen neben dem Pulver aus der Suppenschüssel das Erbrochene von Lepinay und mindestens eine der Katzen zur Verfügung, die sie selbst obduzierten und deren Eingeweide und Mageninhalt ebenfalls getestet wurde. Anstatt alle Vorbereitungen der Probe zu beschreiben erklärten sie lediglich, dass sie das organische Material nach der Methode von Flandin und Danger zerstörten, ohne ins Detail zu gehen. Sie wendeten auch nicht viele Tests an, sondern beließen es bei der Marsh'schen Probe, da Arsen als mögliches Gift vermutet wurde. Auch hier beschrieben sie nicht die genaue Durchführung, betonten aber, dass sie vor Personal des Gerichts demonstriert hatten, dass der Marsh'sche Apparat ohne Probe kein positives Ergebnis zeigte, die verwendeten Reagenzien also kein Arsen oder

---

gehalten wurde und Fresenius als Zweitgutachter auftrat Anonym (Hrsg.): Der Korneuburger Vergiftungs-Prozess (1857–1859). Dargestellt von einem praktischen Juristen, Wien 1860, für Fresenius' Gutachten insb. S. 192–216.

[47] Die Nachfolgende Darstellung des Falls basiert auf der Anklageschrift Le Procureur Général Impérial: Acte d'Accusation contre Etienne Antoine Naurin, Paris, le 30 Avril 1853, ADY, 2U 415.

[48] Cornille Girault/Théophrite Louvard/Edouard Gobet: Expertise dans l'affaire Naurin, Rambouillet, le 19 Avril 1853, ADY, 2U 415.

Antimon enthielten. Nachdem das gefundene Pulver in den Marsh'schen Apparat gegeben worden war, konnten sie mehrere Flecken metallischen Arsens sichtbar machen. Anders als die meisten Gutachten, die den Test an dieser Stelle beendeten, beließen sie es aber nicht dabei. Wie eigentlich in den Lehrbüchern empfohlen, führten sie zusätzliche Reaktionen aus, die absichern sollten, dass es sich bei der gefundenen Substanz wirklich um Arsen und nicht etwa um Antimon handelte. Sie gaben Schwefelsäure auf einige Flecken, die sich gelb verfärbten, was die Sachverständigen als gelbes Schwefelarsen bezeichneten. Andere Flecken wurden mit „sulfate de cuivre ammoniacal" (Tetraaminkupfersulfat) behandelt und verfärbten sich danach grün, was die Sachverständigen als Scheeles Grün (Kupfer(II)-arsenit) identifizierten. Schließlich wurde ein Teil der grünen Flecken mithilfe von Salpeter- und Salzsäure gelöst. Diese drei Reaktionen dienten lediglich der chemischen Absicherung des Ergebnisses, indem sie zeigen sollten, dass es sich bei der mithilfe der Marsh'schen Probe dargestellten Substanz nur um Arsen handeln konnte. Auf diese Weise konnten mögliche Fehler, die aus einer höheren oder wenigstens nicht perfekten Selektivität der Proben beruhten ausgeschlossen werden.

Der *Procureur Général Impérial* erklärte in seiner Anklageschrift vielleicht auch wegen dieser zusätzlichen Absicherungen, dass „la présence du poison fut constatée de la manière *la plus positive*".[49] Nachdem also geklärt war, dass wahrscheinlich gezielt versucht worden war, Lepinay zu vergiften, da nur seine Portion der Suppe vergiftet worden war, sei der Verdacht schnell auf Naurin gefallen, da dieser der einzige gewesen sei, der vom Tod Lepinays profitiert hätte. Naurin habe, wie oben gesagt, große Schulden bei Lepinay gehabt. Insgesamt beliefen diese sich auf 1.600 Francs, wobei er sich die letzten 700 Francs dieser Summe erst vor kurzem geliehen habe. Für diese 700 Francs habe entsprechend noch kein Schuldschein existiert. Naurin habe also versucht sich mit dem Tod Lepinays zumindest eines großen Teils seiner Schulden zu entledigen, da ohne Schuldschein mögliche Erben Lepinays keinen Anspruch auf die Summe gehabt oder sogar nicht einmal davon gewusst hätten. Hinzu kam, dass Naurin am Tage der Vergiftung bei der fast blinden Witwe Chanteau gewesen sei. „Il [Naurin] connaissait parfaitement la petite soupière que servait à Lepinay et il lui avait été facile d'y jeter le poison sans être vu."[50] Naurin habe also ein Motiv und die Gelegenheit gehabt. Außerdem habe ein Apotheker aus Limours ausgesagt, dass Naurin im Februar 1853 zweimal bei ihm Arsen gekauft habe. Nachdem er anfänglich das Verbrechen vehement abgestritten habe,

---

[49] Le Procureur Général Impérial: Acte d'Accusation contre Naurin, ADY, 2U 415, Hervorhebung MC.

[50] Ebd., Hinzufügung MC.

habe er konfrontiert mit den Beweisen der Anklage schließlich auch gestanden. Die Geschworenen waren zwar nicht einstimmig aber in der Mehrheit von Naurins Schuld überzeugt. Sie erklärten aber auch, dass es mildernde Umstände gegeben habe. Es ist nicht klar, woraus diese mildernden Umstände bestanden haben, wahrscheinlich bestanden sie aber darin, dass der Mord nicht erfolgreich gewesen war.[51] Genauso ist leider das Strafmaß nicht überliefert. Es is lediglich klar, dass die von den Geschworenen erkannten mildernden Umstände dafür gesorgt haben dürften, dass die Todesstrafe, die auf (versuchten) Giftmord nach den Artikeln 301 und 302 eigentlich stand, nicht verhängt wurde.

Ähnlich wie bei der Sensitivität blieben aber auch bei der Selektivität gewisse Einschränkungen dieser Bevorzugung möglichst selektiver Methoden bestehen. Wie in Abschnitt 3.2 bereits erläutert, galten diese Einschränkungen für Fälle, in denen kein konkreter Verdacht vorlag, welches Gift denn benutzt worden war. Franz Schneider erklärt zum Beispiel, dass es in Fällen mit konkretem Verdacht ausreiche, eine Probe nur auf diesen einen Stoff hin zu prüfen. Lediglich in Fällen, in denen kein spezielles Gift vermutet wurde, sollte ein allgemeiner Analysegang nötig sein:

> Soll bloss der Nachweis einer gewissen, vom Gerichte namhaft gemachten Substanz geliefert werden, so versteht es sich wohl von selbst, dass man die zur Analyse vorbereitete Lösung nur mit jenen Reagentien prüft, durch welche diese Substanz entdeckt und dargestellt werden kann. Lautet dagegen die Frage des Gerichtes unbestimmt und deutet sie bloss vermuthungsweise auf einen oder mehrere Körper hin, so muss auch die Untersuchung mehr allgemein gehalten werden.[52]

Auch Dragendorff erklärte, dass in solchen Fällen grundsätzlich die Methode vorzuziehen sei, „welche An- oder Abwesenheit möglichst vieler verschiedener schädlicher Stoffe wahrscheinlich machen kann." Und der Arzt Friedrich Wilhelm Böcker (1818–1861) erklärte auch dem chemisch nicht ausgebildetem Publikum seiner *Memoranda der gerichtlichen Medicin* (1854), dass eine solche allgemeine Untersuchung nach bestimmten Regeln ablaufe:

> Es können aber auch Fälle vorkommen, in welchen man zwar eine Vergiftung vermuthen, aber nicht wissen kann, welcher Stoff angewandt worden ist. Dies sind die Fälle, in welchen die Richter und selbst noch viele Aerzte glauben, der Chemiker stelle dann einige Versuche ins Blaue hinein an, und treffe es entweder von ungefähr, oder

---

[51] Cour d'Assises de Seine et Oise: Déclaration du Jury dans l'affaire Naurin, Versailles, 12. Mai 1853, ADY, 2U 415.

[52] Schneider: Chemie, S. 22.

nicht. Dieses Vorurtheil ist gänzlich unbegründet; der Chemiker besitzt Verfahrungs-
weisen, wodurch er auf gewisse Gruppen von Stoffen mit Gewissheit schliesst.[53]

Trennungsgänge und Vorproben basierten gerade auf eher wenig selektiven Proben. Mit ihrer Hilfe sollte die Gruppe von Stoffen, der das gesuchte Gift angehören
konnte, eingegrenzt werden. Und auch wenn sich in den für diese Arbeit ausgewerteten Akten wenig Fälle finden ließen, in denen die Voruntersuchung wirklich
keinen Verdacht auf das eingesetzte Gift lieferte, so war doch wenigstens Wurtz
davon überzeugt, dass eine solche Suche nach Unbekannten sehr häufig vorkäme:

> Dans cet exposé, nous nous placerons à un point de vue général, et, supposant que la
> justice n'ait donné aucune indication sur la nature du poison métallique, nous décrirons
> un procédé qui permette d'en découvrir un certain nombre. Nous ferons remarquer
> qu'une telle supposition n'est point gratuite. Il arrive tous les jours que l'instruction ne
> révèle aucun fait qui puisse guider l'expert dans la direction de ses recherches. Celui-ci
> se trouve placé en face de l'inconnu.[54]

Diese Strategie war in der zweiten Hälfte des 19. Jahrhunderts keine neue Idee.
Während aber ein systematischer Trennungsgang in der ersten Hälfte des 19. Jahrhunderts nur in einigen wenigen Lehrbüchern vorkam, wurde die Beschreibung eines
solchen in der zweiten Hälfte eher zur Regel.[55] Neu hingegen in der zweiten Hälfte
des 19. Jahrhunderts war die Forderung einiger Autoren, eine solche systematische
Untersuchung in allen Fällen forensischer Analyse zu fordern. Der Mediziner Paul
Brouardel (1837–1906), auf dessen Initiative maßgeblich die Gründung eines eigenen *Laboratoire de Toxicologie* zurückging, erklärte 1891 sogar, dass Ergebnisse
der Voruntersuchung gänzlich ignoriert werden sollten:

> La recherche d'un poison déterminé est naturellement plus facile et plus simple qu'un
> expertise générale. Toutefois, même dans ces cas spéciaux, il convient de pousser
> jusqu'au bout les méthodes générales, et de ne considérer les indications fournies par
> l'instruction ou par l'autopsie que comme de simples renseignement préliminaires.[56]

---

[53] Böcker: Memoranda, S. 290.

[54] Wurtz: Traité, Bd. 1, S. 661 f.

[55] Ohne an dieser Stelle eine erschöpfende Liste abgeben zu wollen, seien doch einige Beispiele genannt: Chapuis: Précis, S. 117–135; Friedrich Müller: Compendium der Staatsarzneikunde für Ärzte, Juristen, Studirende, Pharmaceuten und Geschworene, München 1855,
S. 272–286; Schürmayer: Lehrbuch, S. 239–242; Wurtz: Traité, Bd. 1, S. 662–668 (anorganische Analyse); ders.: Traité élémentaire de chimie médicale, Bd. 2, Paris 1864, S. 648–651
(organische Analyse).

[56] Paul Brouardel/J. Ogier: Le Laboratoire de Toxicologie. Paris 1891, S. 17 f.

Fresenius forderte auch schon in den 1850er Jahren, dass dem allgemeineren Analysegang in jedem Fall gefolgt werden sollte. Der Grund für Fresenius war offenbar, dass sie die Voruntersuchung irren konnte und die Autopsie nie eindeutig sein konnte, weshalb immer wenigstens auch chemisch ähnliche Stoffe ebenfalls gesucht oder ausgeschlossen werden mussten:

> Offenbar ist die Aufgabe [einer forensischen Analyse] um so leichter zu lösen, je specieller die Frage gestellt wird. Aber, auch wenn sie sich nur auf einen bestimmten Stoff, z. B. Arsenik, bezieht, der Chemiker handelt dann am vorsichtigsten, wenn er ein Verfahren einschlägt, das ihm nicht bloss die Auffindung des einen, vielleicht ohne triftige Gründe vermutheten, Giftes gestatten, sondern ihn auch über die Anwesenheit oder Abwesenheit anderer ähnlicher Gifte belehrt [...].[57]

Ob nun ein allgemeiner Trennungsgang immer oder nur dann zu befolgen war, wenn nicht klar war, nach welchem Gift gesucht werden sollte, waren sich die Autoren doch immer einig, dass es jeweils der eigene Trennungsgang war, der zu befolgen war. Tatsächlich unterschieden sich die Trennungsgänge auch wenig voneinander. Außer bei der organischen Analyse, bei der regelmäßig wenigstens auf Stas, meistens auch auf Otto verwiesen wurde, wurden aber selten die Quellen für den eigenen Trennungsgang dargestellt. Die allgemeinen Trennungsgänge waren hingegen durch „im Verlaufe der Zeit gewonnene Erfahrung"[58] vorgeschrieben. Trennungsgänge waren insofern eine Art kollektives Wissen der analytischen Chemie und zumindest teilweise von ihren Erstbeschreibern gelöst. In gewisser Weise ‚sprach' durch die Analyse (bei korrekter Anwendung) die Wissenschaft selbst und nicht der individuelle Sachverständige. Damit gewann die Analyse an Glaubwürdigkeit: sie war systematisch und planvoll und kein „empirisches Herumprobieren" oder „systemloses Reagiren".[59] Diese Systematik wurde gestützt durch den Einsatz bestimmter nicht selektiver Methoden, die gerade durch ihren Mangel an Selektivität die systematische Eingrenzung bestimmter Substanzen möglich machten.

Als Beispiel für die Anwendung eines solchen Trennungsgangs in der Praxis dient hier der Fall des Wirts Melchior Bauer und seiner Frau Anna Katharina aus Häslach (heute Walddorfhäslach bei Reutlingen). Das Ehepaar wurde 1879 angeklagt, Dorothea Jetter, die Halbschwester von Anna Bauer, mit Morphium

---

[57] Fresenius: Anleitung, S. 278; vgl. auch ähnlich S. 191 f.; Hinzufügung MC.

[58] Ernst Ludwig: Medicinische Chemie in Anwendung auf gerichtliche, Sanitätspolizeiliche und hygienische Untersuchungen sowie auf die Prüfung der Arzneipräparate. Ein Handbuch für Ärzte, Apotheker, Sanitätsbeamte und Studirende, Zweite Auflage, Wien / Leipzig 1895, S. 2.

[59] Ebd., S. 2.

umgebracht zu haben.[60] Auch hier ging der Fall aus von „zerrütteten Vermögens-verhältnissen", die 1877 dazu geführt hatten, dass der gesamte Besitz von Mel-chior Bauer zwangsversteigert werden musste.[61] Seine Ehefrau habe damals die Haushälfte, die sie bewohnten, aus den Schulden herausgekauft und hierfür eine Bürgschaft ihrer Halbschwester Dorothea Jetter in Anspruch genommen. Jetter zog auch 1878 bei den Eheleuten Bauer ein. Die finanzielle Lage der Bauers verbesserte sich allerdings nicht. Sie hatten Schwierigkeiten, die Raten aufzutreiben, die für das halbe Haus fällig waren, und als eine ihrer letzten Chancen sahen sie die Möglich-keit, einen Acker, der Jetter gehörte, zu verpfänden. Das Verhältnis zu Jetter war aber auch nicht ungetrübt. Sie habe gegenüber einem Bekannten erklärt, sie halte es bei den Angeklagte nicht mehr aus und wolle zu Johannes Nonnenmacher ziehen, den Schwiegersohn der Bauers und Besitzer der anderen Haushälfte. Ihr Vermögen wolle sie auch an diesen überschreiben, damit er sie versorge. Damit würde ihre Halbschwester, Anna Bauer, die eigentlich Jetters Vermögen als einzige lebende direkte Verwandte erben würde, de facto enterbt. Auf jeden Fall wollte Jetter trotz der Bürgschaft auch nach Möglichkeit verhindern, dass ihr Acker verpfändet wer-den würde. Das Ehepaar Bauer und das Ehepaar Nonnenmacher – also die Tocher und der Schwiegersohn der Bauers – führten ebenfalls kein gutes Verhältnis. Nach der Zusammenfassung des Oberstaatsanwalts:

> Das Verhältnis der Angeklagten zu ihrer Tochter Dorothea Nonnenmacher und deren Ehemann war schon zuvor ein sehr feindliches. Die Nonnenmacher hatte ihren Vater Melchior Bauer wegen thätlicher Mißhandlung und wegen Beleidigung bei dem Ober-amtsgerichte Tübingen vergklagt und es war dieser durch Erkenntniß dieser Gerichts-stelle […] hiewegen zu 3 Tagen Gefängniß verurteilt worden. Andererseits hatte die Angeklagte Ehefrau Bauer auf Bestrafung ihrer Tochter geklagt, weil sie von ihr […] beschimpft worden sein soll und mittels eines Besenstiels 15 Streiche auf den Kopf erhalten haben will. Endlich hatte auch Melchior Bauer auf Bestrafung seines Toch-termannes wegen Beleidigung bei dem Oberamtsgerichte geklagt.[62]

Verbunden mit der Tatsache, dass die beiden Familien nicht nur nebeneinander wohnten, sondern sich im Haus die Küche teilten, darf die Gesamtsituation also sicherlich als alles andere als harmonisch bezeichnet werden. Am 23. August 1879, so berichtete Dorothea Nonnenmacher später, habe sie in genau dieser gemeinsam

---

[60] Die Beschreibung des nachfolgenden Falls stützt sich auf die Anklageschrift: Der Ober-staatsanwalt: Anklageschrift gegen Melchior und Anna Katharina Bauer, Tübingen, 13. November 1878, LABW LB, E 332 Bü 37, Qu. 2; der Fall ist ebenfalls beschrieben wor-den in Waldhelm: Anklage, S. 130–147.

[61] Der Oberstaatsanwalt: Anklageschrift Bauer, LABW LB, E 332 Bü 37, Qu. 2, S. 2.

[62] Ebd., S. 6; Kürzung MC.

genutzten Küche ein Pfännchen Jetters genutzt, um morgens Kaffee für ihr 9 Jahre alts Kind zu machen, bevor dieses zur Schule musste. Sie hätte kurz die Küche verlassen, um ihr Kind anzuziehen, und als sie wiederkam, zunächst den Kaffee probiert. Dieser hätte einen „eigenthümlichen bitteren und scharfen Geschmack"[63] gehabt, so dass sie ihn nicht ihrem Kind gegeben, sondern weggeschüttet habe. Dorothea Nonnenmacher hatte hier schon den Verdacht, dass ihre Eltern in ihrer Abwesenheit etwas in den Kaffee gemischt hätten, da sie angenommen hätten, dass der Kaffee für Jetter bestimmt gewesen sei. Jetter habe von diesem Verdacht aber nichts wissen wollen. Am Abend des nächsten Tages habe sich Jetter selbst einen Kaffee gemacht. Wieder habe dieser eine kurze Zeit unbeaufsichtigt in der Küche gestanden und wieder habe Dorothea Nonnenmacher einen bitteren Geschmack bemerkt, der den Kaffee auch mit Milch und Zucker für sie ungenießbar gemacht habe. Jetter meinte jedoch „man dürfe nicht so heikel sein" und trank einen großen Becher.[64] Kurz danach habe sie aber über ein Brennen im Magen geklagt und sei ins Bett gegangen. Dorothea Nonnenmacher habe eine Viertelstunde später nach ihr gesehen. Jetter habe gestöhnt und schwer geatmet, wollte aber keine Medikamente nehmen, sondern verlangte, in Ruhe gelassen zu werden, sie sei müde. Auch später am Abend, bevor Frau Nonnenmacher selber ins Bett ging, habe sich der Zustand Jetters nicht verbessert. Es sei außerdem auffällig gewesen, dass Jetter, die sonst eher schnell gesprochen habe, die Bitte, man solle sie schlafen lassen „nur schwer herausbrachte und ihr Mund gelähmt schien".[65] Am nächsten Morgen gelang es dem Ehepaar Nonnenmacher nicht, Jetter zu wecken, sondern diese habe nur hin und wieder gezuckt und steife Glieder gehabt. Ein Arzt aus Walddorf wurde gerufen, der beschrieb, dass die Kranke kalten Schweiß und einen schwachen, unregelmäßigen Puls gehabt hätte und kurzatmig gewesen sei. Abends habe er wiederum nach ihr gesehen und den Zustand unverändert vorgefunden. Am frühen Morgen des 26. Augusts verstarb Dorothea Jetter.[66]

Nach der Aussage von Dorothea Nonnenmacher lag der Verdacht einer Vergiftung nahe. Die Leiche Jetters wurde obduziert und der Mageninhalt zur chemischen Analyse zum Tübinger Chemieprofessor Wilhelm Staedel (1843–1919) gebracht, der die Analyse zusammen mit dem Apotheker Mayer durchführte.[67] Staedel hielt in seinem Gutachten fest, dass es zum Zeitpunkt der Analyse keinen speziellen

---

[63] Ebd., S. 8.

[64] Ebd., S. 10.

[65] Ebd., S. 11.

[66] Ebd., S. 12 f.

[67] Wilhelm Staedel: Chemisches Gutachten im Fall Bauer, Tübingen, 4. September 1878, LABW LB, E 332 Bü 37, Qu. 49.

Verdacht auf ein bestimmtes Gift gegeben hätte, also „mußte an alle Gifte gedacht werden."[68] Staedel und Mayer teilten entsprechend den Mageninhalt in zwei Teile, um ihn einmal auf metallische Gifte, einmal auf organische Gifte, das heißt auf Alkaloide, zu untersuchen. Die Untersuchung auf metallische Gifte wurde nicht näher im Gutachten ausgeführt. Sie sei lediglich „nach dem gewöhnlichen Verfahren begonnen, jedoch sehr bald wieder aufgegeben" worden.[69] Nur das Ergebnis wurde festgehalten, dass nämlich sicher kein Kupfer, Blei, Quecksilber und Silber, sowie wahrscheinlich kein Arsen und kein Antimon in der Probe vorhanden sei.[70] Bei der Untersuchung auf Alkaloide verwies Staedel darauf, dass sie hierbei der fünften Auflage von Ottos *Anleitung* folgten. Die Probe wurde also mit Wasser vermischt und mit Äther (Diethylether) ausgeschüttelt. Die beiden entstehenden Phasen wurden getrennt und die wässrige Lösung wurde erwärmt, um den nicht ganz abgeschiedenen Äther zu entfernen. Die wässrige Lösung wurde daraufhin mit Natronlauge versetzt, worauf hin sich erst ein Niederschlag bildete, der sich bei der weiteren Zugabe von Natronlauge wieder löste. Mehrere Mal sei diese nun alkalische Flüssigkeit mit Äther ausgeschüttelt und auch wieder vom Äther befreit worden. Das Ergebnis vorwegnehmend, erklärte Staedel, dass in dieser wässrigen Phase nun alles Morphium enthalten sein sollte, wenn es denn anwesend wäre, während in den abgeschiedenen Ätherlösungen andere Alkaloide vorhanden sein konnten. Zum Nachweis des Morphiums im Speziellen gebe es zwei Möglichkeiten:

> 1) Man kann die alkalische Flüßigkeit mit Amylalkohol [d. h. 1-Pentanol] ausschütteln, hiedurch derselben Morphium entziehen und es dann aus der amylalkoholischen Lösung durch Verdunsten derselben abscheiden, 2) kann man das Morphium direct abscheiden.[71]

Staedel selbst habe den zweiten Weg gewählt, indem er und Mayer die Lösung mit Salmiakgeist (Ammoniakwasser) versetzten und zusammen mit konzentrierter Schwefelsäure 24 Stunden unter einer Glasglocke stehen ließen. Danach hätten sich „einige wenige, mit der Lupe erkennbare, äußerst kleine, mandelförmige

---

[68] Ebd., S. 1.

[69] Ebd., S. 2.

[70] Spekulativ darf angenommen werden, dass die Sachverständigen Schwefelwasserstoff durch die Probe leiteten und keinen Niederschlag feststellten. Ähnliche Schlüsse wurden jedenfalls auch im Fall Harte im Gutachten von Tronlarius auf Grundlage genau dieses Versuchs gezogen. Vgl. Abschnitt 3.2

[71] Staedel: Gutachten Bauer, LABW LB, E 332 Bü 37, Qu. 49, S. 3, Hinzufügung MC.

Kryställchen"[72] abgesetzt, die die Sachverständigen auf einem Filter sammelten, mit Wasser abwuschen und in verdünnter Salzsäure lösten. Staedel meinte, dass er aufgrund der geringen Menge der Lösung nur eine Reaktion auf Morphium durchführen könnte „und wählte dazu natürlich die weitaus charakteristischste".[73] Am Ende des relativ unselektiven Trennungsganges stand auch hier die selektive Reaktion, mit der die Identität der Substanz sicher nachgewiesen werden sollte. Er begann mit einem Blindversuch, in dem er etwas Iodsäure in Wasser löste, die Lösung mit der Salzsäure versetzte, in der er auch die aus der Probe gewonnenen Kristalle gelöst hatte, und mit Chloroform ausschüttelte. Das Chloroform blieb farblos. Wenn sich die Reaktion mit den in Salzsäure gelösten Kristallen statt der reinen Salzsäure anders verhielt, konnte dies also nur an den gewonnenen Kristallen liegen. Genau das geschah dann auch; im zweiten Versuch färbte sich das Chloroform „rosa bis rothviolett".[74] Laut Staedel war damit Morphium im Mageninhalt nachgewiesen, wenn auch nur sehr wenig. Aber auch dazu beeilte Staedel sich, eine Erklärung abzugeben: Morphium werde sowohl im lebenden als auch im verwesenden Körper zersetzt. Je länger also nach dem Tod mit der Analyse gewartet werde, desto weniger Morphium könne gefunden werden. Dass also überhaupt noch einige Tage nach dem Tod des Opfers in diesem Fall Morphium gefunden wurde, zeige also, dass es ursprünglich „eine nicht unerheblich Menge desselben"[75] gewesen sein müsse, die ihr gegeben worden war.

Nachdem also der Anklageschrift zufolge damit sicher gewesen sei, „daß der Tod der Jetter ausschließlich in Folge einer tödtlichen Gabe von Morphium erfolgt ist"[76], sei das Ehepaar Bauer sofort verdächtig gewesen. Sie hatten Zugang zum wahrscheinlich vergifteten Kaffee und sie profitierten von Jetters Tod. Das Testament war noch nicht geändert und Frau Bauer war die Alleinerbin ihrer Halbschwester. Dazu gehörte auch der Acker, den das Ehepaar Bauer verpfänden wollte. Bei einer Hausdurchsuchung sei in einer Kommode ein Couvert mit einem weißen Pulver gefunden worden, dass der Aufschrift nach Melchior Bauer aus einer Apotheke erhalten habe. Bei Befragungen nahegelegener Apotheken kam heraus, dass Bauer in einer Apotheke versucht hatte, ein Schlafpulver für eine etwa 80-jährige Frau zu kaufen. Der Apotheker habe ihm aber die Herausgabe ohne Rezept verweigert. Daraufhin habe er es in einer anderen Apotheke noch einmal versucht, diesmal aber erklärt, das Schlafpulver sei für ihn und er habe sein Rezept vergessen. Auch in

---

[72] Ebd., S. 3.

[73] Ebd., S. 3.

[74] Ebd., S. 4.

[75] Ebd., S. 4.

[76] Der Oberstaatsanwalt: Anklageschrift Bauer, LABW LB, E 332 Bü 37, Qu. 2, S. 14.

dieser Apotheke wollte der Apotheker im kein Pulver ohne Rezept geben, verwies ihn aber zu einem nahen Arzt, der ihm auch ein Rezept für Morphiumpulver ausgestellt habe, mit dem er sich dieses dann in der Apotheke besorgen konnte. Kurze Zeit später habe er sogar noch ein weiteres Mal Morphium gekauft.[77] Auffällig sei besonders der zweite Kauf gewesen, da er, in Anbetracht der Menge des Moprhiums, die er laut Rezept nehmen sollte, noch mehr Morphium hätte haben sollen als bei der Hausdurchsuchung gefunden worden war. Er selbst habe angegeben, das Morphium gegen Zahnschmerzen bekommen zu haben, was nicht der Grund war, den er dem Arzt genannt habe. Was das verschwundene Morphium anging, machte er zunächst widersprüchliche Aussagen zur verschriebenen Dosis und erklärte dann, dass Jetter ihm etwas von dem Morphium entwendet haben müsse.[78] Dass die Bauers während Jetters Krankheit nicht nach dieser gesehen hätten, Melchior Bauer hingegen aber sofort nach dem Tod versucht hatte, einen Totenschein zu erhalten und sich Geld zu leihen, mit der Ankündigung bald zu erben, ließ die Angelegenheit in den Augen der Geschworenen wohl nicht besser aussehen.[79] Beide wurden zum Tode verurteilt[80] aber schnell zu lebenslänglichem Zuchthaus begnadigt.[81]

In diesem Fall wurde also ein Trennungsgang begonnen, da es keine eindeutigen Hinweise gab, welches Gift genommen wurde. Das Gutachten ging aber nicht den vollständigen Trennungsgang durch, sondern beschränkte sich auf den erfolgreichen Fall. Ob mit den Ätherphasen noch Experimente angefertigt worden waren, oder weswegen ausgerechnet sofort nach Morphium gesucht wurde, wurde nicht erklärt. Wahrscheinlich war zum Zeitpunkt der Analyse das Morphiumpulver bereits gefunden worden, auch wenn sich dies in der Erzählung des Oberstaatsanwalts anders darstellte. Dennoch ermöglichte der Trennungsgang nicht nur die Suche nach Alkaloiden überhaupt, sondern war in diesem Fall auch die Möglichkeit mit Unsicherheiten umzugehen. Dies war auch das, was die Lehrbücher Trennungsgängen im Allgemeinen mindestens zusprachen.

Dass die Trennungsgänge in den Lehrbüchern sich kaum unterschieden und einige Autoren stark empfahlen, die systematische Untersuchung in allen Fällen anzuwenden, ist besonders interessant vor dem Hintergrund der in den deutschsprachigen Lehrbüchern demonstrierten Ablehnung von gesetzlich vorgegebenen, standardisierten Methoden. Kein einziges für diese Arbeit ausgewertetes Lehrbuch

---

[77] Ebd., S. 15–18.

[78] Ebd., S. 18–21.

[79] Ebd., S. 22–25.

[80] Schwurgerichtshof Tübingen: Urteil im Fall Bauer, Tübingen, 13. Januar 1879, LABW LB, E 332 Bü 37, Qu. 28.

[81] Begnadigung im Fall Bauer, 24. Januar 1879, LABW LB, E 332 Bü 37, Qu. 6.

forderte die Einführung solcher Normalmethoden. Fresenius hatte die Diskussion durch einen Artikel angestoßen, der gleichzeitig mit dem von ihm und von Babo vorgestellten Arsennachweis veröffentlicht wurde, der dann auch gleich als eine solche Standardmethode für die Suche nach Arsen vorgeschlagen wurde.[82] Fresenius' Argument war es, dass die Methodenwahl vor Gericht nicht mehr kritisiert werden könnte, wenn der Staat die anzuwendenden Methoden bereits vorgegeben hatte. Dem Gericht oblag nach dieser Idee dann nur noch die formale Prüfung, ob denn dem vorgeschriebenen Gang Folge geleistet worden sei. Der Sachverständige wäre hingegen befreit von kritischen Nachfragen und der Rechtfertigung seiner Wahl. Fresenius zeichnete dabei in gewisser Weise ein Schreckensbild vom Sachverständigen, der es vor Gericht niemand recht machen könnte:

> Wählt er [der Chemiker] eine der älteren Methoden [um Arsen nachzuweisen] und er findet kein Arsen, so wird es heissen, wie kann man eine solche Methode anwenden, da wir im Besitze weit genauerer und besserer sind; hätte man den Marsh'schen Apparat zu Hülfe genommen, so wäre wohl Arsen gefunden worden. Wählt er den Marsh'schen Apparat und er findet Arsen, so wird zweifelsohne des Beklagten Anwalt sagen: was hat man von diesen Resultaten zu halten, von Resultaten, die durch eine Methode gewonnen worden sind, bei der man sich auf alle mögliche Weise täuschen kann […]. Will der Chemiker endlich Allen genügen, theilt er seine Substanzen in so viel Theile, als es Methoden giebt, prüft er jede Parthie nach einer andern und er findet kein Arsen, so wird es heissen, Nichts natürlicher als dies, weiss doch der Anfänger, dass jede Reaction eine Empfindlichkeitsgrenze hat […].[83]

Zwei Argumente sprachen aus Sicht anderer Autoren dagegen. Erstens könnte kein Gesetz mit dem Fortschritt der analytischen Chemie mithalten. Jedes erlassene Gesetz würde also den Sachverständigen unter Umständen veraltete und damit ungenaue oder anderweitig schlechte Methoden anzuwenden. Schneider zum Beispiel erklärte:

> Mit den Fortschritten der Wissenschaft wechseln und ändern sich die analytischen Methoden; sind aber diese für den Gerichtschemiker durch ein Gesetz bestimmt, so kann es sehr leicht geschehen, dass die gerichtlichen Untersuchungen auf eine dem jeweiligen wissenschaftlichen Standpunkte nicht mehr entsprechende Weise geführt würden. Aus gleichem Grunde lassen sich auch nicht Schemen für die chemisch-gerichtlichen Untersuchungen […] geben, durch sie ginge häufig die Wahrheit zu Gunsten der Form verloren. Von unterrichteten Chemikern ist es zu erwarten, dass ihnen die besten analytischen Methoden bekannt und geläufig sein werden, und übertrifft eine

---

[82] Fresenius: Stellung; vgl. auch Abschnitt 3.3.
[83] Ebd., S. 283 f.; Hinzufügungen und Kürzungen MC.

Methode alle übrigen an Zuverlässigkeit, so wird sie auch ohne gesetzlicher Verfügung allgemeine Anwendung finden.[84]

Die Wahl der besten Methode werde also durch den einzelnen Sachverständigen garantiert, der „moralisch verpflichtet" sei, die beste Methode auszuwählen.[85] Im schlimmsten Fall stünden dann nach Schneider die gesetzliche und die moralische Verpflichtung im Konflikt miteinander. Im Sinne der Wahrheitsfindung könne es also nur geboten sein, den Sachverständigen die freie Wahl von Methoden zu lassen.

Das zweite Argument gegen standardisierte Methoden war, dass diese nicht erlaubten auf die Besonderheiten des Einzelfalles einzugehen. Schneider begann sein oben bereits zitierten Absatz gegen Normalmethoden auch direkt mit diesem Punkt:

> Unpraktisch ist es, Normalmethoden gesetzlich zu bestimmen, nach welchen die che-
> mische Untersuchung auszuführen sind, denn fast jeder specielle Fall, der zur che-
> mischen Analyse vorliegt, zeigt Eigenthümlichkeiten, die bei der Untersuchung nicht
> unbeachtet bleiben dürfen, auf welche aber in einer allgemeinen Norm nicht Rücksicht
> genommen werden kann.[86]

Andere Autoren, die sich zu Normalmethoden äußerten, brachten die gleichen Argumente wie Schneider.[87] Interessant ist aber, dass das zweite Argument es grundsätzlich ermöglicht hätte, dass die Autoren sich gegen Standards im Allgemeinen aussprechen würden. Auch ein in Lehrbüchern beschriebene Trennungsgang könnte nicht in der Lage sein, auf jeden Einzelfall angemessen zu reagieren. Der Fokus lag demnach vielleicht weniger auf Standards an sich, sondern vielmehr darauf, wer die Autorität hatte, diese Standards festzusetzen.[88] Standards sollten von der wissenschaftlichen oder disziplinären Gemeinschaft, nicht vom Staat gesetzt wer-

---

[84] Schneider: Chemie, S. 5; Kürzung MC.

[85] Ebd., S. 5.

[86] Ebd., S. 5.

[87] Vgl. z. B. Dragendorff: Ermittelung, S. III; Husemann: Handbuch, S. 173; im französisch-sprachigen Diskurs scheint diese Diskussionen keine Rolle gespielt zu haben. Der einzigen Verweis darauf findet sich in der französischen Übersetzung von Dragendorffs Lehrbuch: Dragendorff: Manuel, S. II, 9.

[88] Vgl. für Literatur zu Standards im Allgemeinen auch Stefan Timmermans/Steven Epstein: A World of Standards but not a Standard World: Toward a Sociology of Standards and Standardization, in: Annual Review of Sociology 36.1 (2010), S. 69–89; Richard Brown hat argumentiert, dass Standards des Experimentierens für moderne Wissenschaften gerade konstitutiv seien: Richard Harvey Brown: Modern Science: Insitutionalization of Knowledge and Rationalization of Power, in: The Sociological Quaterly 34.1 (1993), S. 153–168, hier S. 156; vgl. schließlich auch Carrier: Making, S. 267–269.

den. Das heißt insbesondere, Standards wurden von den Autoren von Lehrbüchern geprägt, die den Praktikern den Weg der Analyse erklärten und vorgaben. Zum Beispiel rechtfertigte Otto das Auslassen von Methoden im Vorwort der dritten Auflage seiner *Anleitung* folgendermaßen:

> Mehr noch als in den früheren Ausgaben habe ich mich in der vorliegenden Ausgabe gehütet, Denen, welche nach dem Buche arbeiten, die Wahl unter verschiedenen Methoden zu überlassen. Wer es besser weiss, als ich, bedarf des Buches nicht, wer es nicht besser weiss, den bringt die Wahl in Verlegenheit.[89]

Otto hatte also offenkundig keine Probleme damit, die Methodenwahl eben nicht seinen Lesern zu überlassen, sondern diese selbst zu treffen und damit zu standardisieren. Standards wurden nicht grundsätzlich abgelehnt. Sie sollten nur prinzipiell in der Lage bleiben, sich schnell zu ändern. Es ist ja gerade auch ein Argument dieser Arbeit, dass durch die Aushandlung und Abwägung von Werten Standards ermöglicht wurden, ohne explizit vorgeschrieben zu sein. Nicht zuletzt wurde es auch durch Standards möglich, in zweiten Gutachten die vorhergehenden Analysen zu kritisieren.

In der zweiten Hälfte des 19. Jahrhunderts änderte sich der Stellenwert der Selektivität einzeln betrachtet also nur wenig. Reaktionen mit höherer Selektivität waren charakteristischer und entsprechend besser als definitiver Nachweis geeignet als solche mit niedriger Selektivität. Eine niedrige Selektivität bedeutete immer auch eine gewisse Verwechslungsgefahr und die Gefahr von falsch positiven Ergebnissen. Dies galt grundsätzlich auch für Tests, die nur auf wenige andere Stoffe positiv reagierten, wie etwa die Marsh'sche Probe, die bei korrekter Anwendung im Grunde nur die Verwechslung mit Antimon ermöglichte. Und auch diese Verwechslung konnte im Grundsatz leicht ausgeschlossen werden, wie der obige Beispielfall gegen Naurin genauso zeigte, wie die schon in Abschnitt 3.2 angesprochenen Absicherungsreaktionen. In der Praxis war dies trotzdem nicht die Regel. Oft genug wurden sowohl in den deutschen Staaten als auch in Frankreich die metallischen Flecken der Marsh'schen Probe präsentiert und nicht weiter geprüft. Dies wird insbesondere in Abschnitt 5.6 wieder eine Rolle spielen, denn – wie dort argumentiert wird – war am Ende Überzeugungskraft das wichtige Kriterium der Methodenwahl und die konnte nicht nur durch sicherere oder genauere Methoden erreicht werden, sondern auch durch den Wert, der in dieser Arbeit als Anschaulichkeit bezeichnet wird.

Neben der Bevorzugung von besonders selektiven Tests zur Absicherung der Ergebnisse, stand die systematische Anwendung von relativ unselektiven Tests oder

---

[89] Friedrich Julius Otto/Robert Otto: Fr. Jul. Otto's Anleitung zur Ausmittelung der Gifte, 6. Aufl., Braunschweig 1884, S. XI.

Vorproben in Trennungsgängen zum Umgang mit Unsicherheit. Hier ging es nicht um die Unsicherheit, ob die An- oder Abwesenheit eines Stoffes durch einen spezifischen Test korrekt angezeigt wurde, sondern um die Unsicherheit, welcher Stoff überhaupt gesucht wurde. Die Lehrbuchautoren bemühten sich darzustellen, dass in solchen Fällen keinesfalls blind gesucht werden musste, sondern dass die Chemie eine systematische Möglichkeit hatte, mit diesem Problem umzugehen. Indem nach ganzen Stoffklassen gesucht wurde, konnten auch mehrere Stoffe auf einmal ausgeschlossen werden. Auch wenn Staedel in seinem Gutachten im Fall Bauer Details aussparte, so konnte anscheinend die Suche nach metallischen Giften sehr schnell beendet werden. Dies war möglich, indem er schnell einige mögliche Gifte völlig, Arsen und Antimon wenigstens wahrscheinlich ausschließen konnte. Der Stas-Otto-Trennungsgang, der unter alkalischen und sauren Bedingungen verschiedene Alkaloide jeweils löslich in Äther oder Wasser machte,[90] ermöglichte die gezielte Trennung dieser Stoffe und damit überhaupt erst sinnvolle Nachweisreaktionen im Kontext von forensischen Untersuchungen.

Lose mit der Diskussion um Trennungsgänge verbunden und damit Teil dieses Kapitels waren Fragen der Standardisierung. Während vom Staat vorgegebene Normalmethoden, wie Fresenius sie vorgeschlagen hatte, von allen deutschsprachigen Lehrbuchautoren abgelehnt wurde, legten sie doch Wert darauf, dass die Trennungsgänge allgemein befolgt wurden. Darin zeigt sich, dass die Gemeinschaft der forensischen Toxikologen keineswegs gegen Standardisierung im Allgemeinen war. Analytische Standards minimierten individuelle Fehler[91] und erhöhten durch die Demonstration von Systematik in der Suche nach unbekannten Stoffen die Glaubwürdigkeit. Die erfolgreiche Analyse war nicht von äußeren Faktoren abhängig, sondern – gegeben dass genug Probenmaterial vorhanden war – lag allein in den Händen der korrekt ausgeführten Analyse. Dies ging bei einigen Autoren so weit, dass sie empfahlen, vorherige Indizien ganz zu ignorieren und immer eine vollständige und systematische Analyse durchzuführen, statt nur bestimmte Stoffe zu suchen. Das Problem der Standardisierung, wie Fresenius sie vorschlug, scheint vielmehr gewesen zu sein, dass die wissenschaftliche Gemeinschaft hier die eigene Fähigkeit, sich selbst Standards zu setzen, hätte aufgeben müssen. Lehrbücher und widerstreitende Gutachten waren Mechanismen der Selbstregulation, während eine äußere Regulation eher die Autorität der Sachverständigen in wissenschaftlichen Fragen angegriffen hätte. Dies muss auch im Zusammenhang gesehen werden mit der Frage danach, was das Gericht, also Richter und Geschworene, eigentlich genau im Gutachten prüfen können sollten und ob sie nicht eigentlich an das Urteil der

---

[90] Vgl. Abschnitt 4.2.
[91] Vgl. dazu auch Abschnitt 5.3.

Sachverständigen in den relevanten Teilfragen gebunden sein sollten.[92] Eine ähnliche Diskussion ließ sich für Frankreich nicht feststellen. Das einzige ausgewertete Lehrbuch, dass hierzu Stellung bezieht, war die französische Übersetzung von Dragendroffs Lehrbuch und damit ein ursprünglich für den deutschsprachigen Diskurs geschriebenes Buch. Das heißt nicht, dass in Frankreich die Selbstregulation der forensischen Toxikologie nicht stattgefunden hätte; lediglich der Vorschlag, staatlich verordnete Normalmethoden einzuführen, war kein Teil der französischen Debatte. Dass Selbstregulation stattgefunden hat, zeigt sich in den Lehrbüchern, die auch in Frankreich Trennungsgänge als Standards darstellten, und beispielhaft auch am in Abschnitt 3.1 dargestellten Streit der Akademien um die korrekte Anwendung der Marsh'schen Probe, bei der es ja gerade um innergemeinschaftliche Standards der Anwendung ging.

5.3   Einfachheit – Kritik und die Individualisierung von Fehlern

In Bezug auf den Wert der Einfachheit, dass also Methoden möglichst wenig Fehler der Sachverständigen zulassen sollten, veränderte sich die Einstellung der Lehrbuchautoren über das 19. Jahrhundert hinweg wenig. Einfachheit blieb sowohl im deutsch- als auch im französischsprachigen Diskurs ein zwar diskutierter aber ein nachgeordneter Wert. Er wurde größtenteils benutzt, um Methoden gegeneinander abzuwägen, die sich ansonsten nur wenig in anderen Werten unterschieden. Der Wert der Einfachheit wurde auch in der Regel nicht explizit gerechtfertigt, sondern gewissermaßen als selbstverständlich vorausgesetzt, womit er der Sensitivität und auch der Selektivität ähnelte.

Wie schon in Abschnitt 3.3 bemerkt, war ein klares Beispiel für einen einfacheren Test, der sich aber zumindest in Frankreich und den deutschen Staaten nicht durchsetzen konnte[93], der Reinsch-Test. Das änderte sich auch nach 1848 nicht.[94]

---

[92] Vgl. dazu auch Abschnitt 4.1.

[93] Ein Hinweis, dass dies in England anders gewesen sei und dort der Reinsch-Test deutlich häufiger angewendet worden sei, findet sich bei Wald, der sich hierfür auf Alfred Swaine Taylor (1806–1880) berief: Wald: Medicin, S. 361; auch Burney beschrieb Taylor als „an early convert to the Reinsch process", wobei Taylor besonders die Einfachheit des Reinsch-Tests hervorgehoben habe, bis er dem Gericht im sog. Smethurst-Fall 1859 ein falsch positives Ergebnis wegen mit Arsen verunreinigtem Kupfer vorlegte. Vgl. Burney: Poison, S. 163–170, Zitat S. 164.

[94] vgl. z. B.Wald: Medicin, S. 359; nur Orfila bestand weiterhin darauf, dass der Reinsch-Test noch nicht einmal einfacher war: Orfila: Traité 1852, Bd. 1, S. 520 f.

Hinzu kam aber eine neue Abwägung, nämlich die zwischen der Marsh'schen Probe und der Methode von Fresenius und von Babo. Otto erklärte, dass die Marsh'sche Probe zwar einfacher und sensitiver, die Methode von Fresenius und Babo aber selektiver sei. Er empfahl keine der beiden Methoden exklusiv, sondern tatsächlich die Anwendung beider:

> *Das Verfahren von Marsh ist durch seine Einfachheit und Leichtausführbarkeit ausge-*
> *zeichnet, es erfordert weniger geübte und umsichtige Arbeiter als das Verfahren von*
> *Fresenius und Babo, man erhält durch dasselbe verschiedenartige äusserst charakte-*
> *ristische Anzeigen von dem Vorhandensein des Metalls und es gestattet die leichte und*
> *bequeme verschiedenartige weitere Untersuchung der erhaltenen Metallspiegel.* Das
> Verfahren von Fresenius und Babo steht aber darin über dem Verfahren von Marsh,
> dass bei demselben eine Verwechslung des Antimons mit Arsen ganz unmöglich ist.
> Bei dem Verfahren von Marsh tritt allerdings nicht alles vorhandene Arsen auf, wie
> wir später sehen werden, während das Verfahren von Fresenius und Babo alles vor-
> handene Arsen im reducirten Zustande giebt, aber es ist bei diesem kaum möglich, das
> Entweichen eines Theils des Metalls vollständig zu vermeiden. In dieser Beziehung
> möchten also beide Verfahren einander gleich stehen. Nach meinen Wahrnehmungen
> lassen sich sehr kleine Mengen von Arsen nach dem Verfahren von Marsh deutlicher
> und charakteristischer sichtbar machen, als nach dem Verfahren von Fresenius und
> Babo. In den allermeisten Fällen einer wirklichen Arsenvergiftung dürfte Material
> genug vorhanden sein, um beide Verfahren befolgen zu können.[95]

Otto erklärte also, dass die Marsh'sche Probe der Methode von Fresenius und Babo lediglich in seiner Einfachheit überlegen sei. In allen anderen für ihn relevanten Kriterien zog er Letztere vor. Diese Einschätzung wurde zwar von Fresenius' Sohn, Theodor Wilhelm Fresenius (1856–1936) stark kritisiert und auf Verschlechterun-gen und eine falsche Darstellung der Methode – insbesondere durch Otto selbst – zurückgeführt, das änderte aber nichts daran, dass die meisten Lehrbücher mit Otto übereinstimmten.[96] Otto jedenfalls empfahl am Ende die Anwendung beider Methoden, führte aber nicht aus, welche denn in den seiner Meinung nach seltenen Fällen anzuwenden sei, in denen nicht genug Material zur Verfügung stand. Dra-gendorff traf die Abwägung hingegen sehr deutlich zugunsten der in seinen Augen einfacheren Methode:

---

[95] Otto: Anleitung 1856, S. 16; Hervorhebung MC.

[96] Theodor Wilhelm Fresenius: Ueber die richtige Ausführung und die Empfindlichkeit der Fresenius-Babo'schen Methode zur Nachweisung des Arsens, in: Zeitschrift für Analytische Chemie 20 (1881), S. 522–537.

La conduite de l'opération [de Fresenius et Babo] est plus difficile que celle de l'appareil de Marsh. Le seul avantage réel du procédé, c'est que l'antimoine et l'étain ne se volatilisent pas dans ces conditions et ne troublent pas les réactions de l'arsenic.[97]

Für Dragendorff war die höhere Einfachheit der Marsh'schen Probe keineswegs ausgeglichen durch die höhere Selektivität der Methode von Fresenius und Babo. Orfila, der allerdings häufiger Methoden, die mit seinen eigenen konkurrierten, wegen ihrer angeblich höheren Komplexität angriff[98], sah dies ähnlich wie Dragendorff:

Personne ne s'avisera, je l'espère, de recourir au prodédé de MM. Frésenius et V. Babo, dont la complication surpasse tout ce que l'on avait imaginé en ce genre, et dont les avantages, quoi qu'en disent les auteurs, sont loin d'être tels qu'il les énoncent. […] C'est, à mon avis, mal servir la science que de la surcharger de méthodes d'une exécution longue, fastidieuse et inutile.[99]

Wie schon in dem Zitat Ottos am Beginn dieses Kapitels deutlich wurde, ging es bei der Einfachheit darum, Fehler zu vermeiden. Je einfacher ein Prozess war, desto weniger Erfahrung musste der Gutachter haben, um eine gute Analyse anzufertigen. Einfachheit sollte also dafür sorgen, dass der Gutachter als Person in den Hintergrund rückte. So erklärte auch Otto folgerichtig den Hauptzweck seiner Ausführungen zur Arsenbestimmung: „Die Untersuchung möglichst unabhängig zu machen von der Individualität der Untersuchenden, von dem Betrage der chemischen Kenntnisse des Untersuchenden, dies ist der Hauptzweck des Folgenden."[100] In der Praxis konnten Fehler aber nicht vermieden werden.

Ein einfacher Fall eines Fehlers war es, wenn die Sachverständigen gezielt nach der falschen Substanz suchten. Zum Beispiel wurde François Alexis Allais, Besenmacher aus Boissière (heute La Boissière-École bei Paris), 1865 angeklagt, sein sechs bis sieben Monate altes Kind mit „eau de Javelle" (Javelwasser) vergiftet zu haben.[101] Allais' Frau hatte im Oktober 1864 ihr zweites Kind geboren. Wie der Procureur Général Impérial in der Anklageschrift festhielt, sei sie schon während der Schwangerschaft das Opfer einer schlechten Behandlung durch ihren Ehemann gewesen. Dieser behauptete, das sie sei von einem anderen Mann geschwängert

---

[97] Dragendorff: Manuel, S. 70.

[98] Vgl. z. B. Orfila: Traité 1852, Bd. 1, S. 465, 520f.; sowie Abschnitt 3.3 dieser Arbeit; genau entgegengesetzt sahen dies aber z. B. für die in Abschnitt 3.1 bereits diskutierte Probenvorbereitung Tardieu/Roussin: Étude, S. 352.

[99] Orfila: Traité 1852, Bd. 1, S. 515; Kürzung MC.

[100] Otto: Anleitung 1856, S. 5.

[101] Le Procureur Général Impérial: Acte d'Accusation contre François Alexis Allais, Paris, 2. August 1865, ADY, 2U 515.

worden und habe eine Hass auf seine Frau und das Kind entwickelt. Ab Januar 1865 habe es Anzeichen gegeben, dass es dem Kind schlecht ging. Von ihm sei ein übler Geruch ausgegangen, sein Bauch sei aufgebläht gewesen, er habe andauernden Durst gehabt und wenn seine Mutter ihn gestillt habe, habe sie ein Brennen in der Brust gespürt. Außer einer Reizung des Darmtrakts gab es anscheinend keine Diagnose und auch keine Behandlung, zumindest wurde dies in der Anklageschrift nicht erwähnt. Im März 1865 habe Frau Allais ihren Ehemann mit einer Flasche angetroffen, die laut ihrer Aussage genau den gleichen Geruch verbreitet habe, wie er von dem Kind ausging. Er habe behauptet, es handele sich um Cidre, tatsächlich sei dies aber Javelwasser gewesen. Kurze Zeit später, am 29. März 1865, verstarb das Kind.

Die Obduktion ergab keine klare Todesursache. Auch eine erste chemische Analyse, die in Rambouillet durchgeführt wurde, fand kein Zeichen einer Vergiftung. Stattdessen erklärten die Sachverständigen fehlerhafte Ernährung oder mangelnde Sorgfalt zu wahrscheinlichsten Gründen für den Tod des Kindes.[102] Dieses Ergebnis widersprach den sonstigen Erkenntnissen der Voruntersuchung. Wie der Procureur Général Impérial ausführte, habe Frau Allais nämlich durchaus das Kind hinreichend ernährt und außerdem habe sie eine tiefe Zuneigung zu dem Kind gezeigt und habe stark unter der Krankheit und dem Tode ihres Kindes gelitten.[103] Also wurde ein zweites Gutachten angefordert, das diesmal aus Paris kommen sollte. Angefertigt wurde dieses Gutachten von Tardieu und Roussin, die zunächst einmal damit begannen, das beim Angeklagten gefundene Javelwasser zu untersuchen. Sie gingen hierbei nicht ins Detail erklärten aber: „L'analyse de ce liquide nous demontre qu'il est composé d'hypochlorit *de soude*, et non d'hypochlorite de potasse."[104] In diesem Fall sollte es sich bei dem Javelwasser also nicht um eine Kaliumhypochlorit-, sondern um eine Schwefelhypochlorit-Lösung handeln. Das war deshalb wichtig, weil die Sachverständigen aus Rambouillet nach Kalium gesucht hatten:

> Dans le but de rechercher la présence de la potasse dans les organes et d'en induire la présence de l'hypochlorite de potasse les experts de Rambouillet ont fait réagir le chlorure de platine qui ne leur a donné aucun résultat. Il ne pouvait en être autrement *puisqu'en réalité l'hypochlorite est à base de soude et non de potasse.*[105]

---

[102] César Louis Henry/Auguste Léon Dupond: Expertise dans l'affaire Allais, Rambouillet, 7. April 1865, ADY, 2U 515.

[103] Le Procureur Général Impérial: Acte d'Accusation contre Allais, ADY, 2U 515.

[104] Ambroise Tardieu/François-Zacharie Roussin: Expertise dans l'affaire Allais, Paris, 12. Juli 1865, ADY, 2U 515, Hervorhebung im Original.

[105] Ebd., Hervorhebung im Original.

Die ersten Sachverständigen hatten schlicht nach der falschen Substanz gesucht und diese dann auch folgerichtig nicht gefunden. Das negative Ergebnis der ersten Analyse hatte entsprechend bereits durch die Analyse des Javelwassers ihren Wert verloren. Tardieu und Roussin erklärten diesen Fehler damit, dass unter dem Handelsnamen Javelwasser zwar ursprünglich eine Kaliumhypochlorit-Lösung verkauft worden sei, das Kalium aber durch den steigenden Preis desselben immer häufiger mit Schwefel ersetzt würde, wodurch sich aber der allgemein bekannte Name Javelwasser nicht geändert hätte. Damit endeten aber noch nicht die Probleme des ersten Gutachtens. Die Sachverständigen aus Rambouillet hatten alle Reste der inneren Organe des Opfers in Alkohol aufbewahrt. Tardieu und Roussin erklärten nun, dass Alkohol „est de nature à détruire jusqu'aux dernières traces d'un hypochlorite".[106] Selbst wenn in den Organen also noch ein Hypochlorit vorhanden gewesen wäre, wäre es spätestens nach der Behandlung mit Alkohol nicht mehr möglich gewesen, dieses chemisch nachzuweisen. Dies kam zu den generellen Schwierigkeiten hinzu, Hypochlorite überhaupt nachzuweisen. Da es sich hierbei um ein Gift handele, das im Körper abgebaut werde, sei es besonders bei langsamen Vergiftungen wie im Fall Allais schon im besten Fall so gut wie unmöglich, ein Hypochlorit sicher nachzuweisen. Tardieu und Roussin mussten sich entsprechend darauf beschränken, festzustellen, dass die Symptome vor dem Tod einer Vergiftung mit Hypochlorit entsprachen. Außerdem sei der Geruch, der von dem Kind ausgegangen sei – den sie allerdings nur aus den Aktenbeschreibungen kennen konnten –, so charakteristisch für Hypochlorite, dass er allein schon „un des indices les plus certains" für eine Vergiftung mit Hypochloriten darstellte.[107]

Außer dem letzten Verweis auf den Geruch bestand der Wert dieses Gutachtens für die Anklage hauptsächlich darin, dass das erste Gutachten damit widerlegt wurde. Tardieu und Roussin brachten keine neuen positiven Belege für die Vergiftung. Sie relativierten lediglich die Aussage des ersten Gutachtens, das aus der Abwesenheit positiver Belege für eine Vergiftung gefolgert hatte, dass keine Vergiftung stattgefunden haben könnte. Tardieu und Roussin lieferten eine plausible Erklärung dafür, warum ein falsch negatives Ergebnis schon unter den besten Umständen zu erwarten gewesen sei, und untermauerten dies zusätzlich dadurch, dass sie den Sachverständigen aus Rambouillet auch noch handwerkliche Fehler nachwiesen. Diese hätten nicht nur nicht gewusst, wie schwierig es sei, Hypochlorite nachzuweisen, sondern hätten noch nicht einmal das mutmaßliche Gift analysiert, um abzusichern, nach welcher Substanz sie eigentlich hätten suchen sollen. Darüber hinaus hätten sie durch ihre Unwissenheit auch dafür gesorgt, dass nun mit

---

[106] Ebd.
[107] Ebd.

Sicherheit der Nachweis von Hypochloriten unmöglich gewesen sei, als sie versuchten, die Organe in Alkohol zu konservieren.

Auch wenn die Folgerung des Gutachtens von Tardieu und Roussin im Wesentlichen darin bestand, dass die Fakten einer Vergiftung nicht widersprachen, diese jedoch – abgesehen vom beschriebenen Geruch – nicht belegten, sprach der Procureur Général Impérial von den „constations si puissantes de la science", die für eine Vergiftung sprächen.[108] Die Geschworenen sprachen Allais schuldig, erklärten aber, dass es mildernde Umstände gegeben habe, die nicht näher ausgeführt wurden.[109] Es könnte sein, dass die mildernden Umstände darin bestanden, dass die Geschworenen nicht hinreichend von der Vergiftung überzeugt waren und sie so ein Todesurteil verhindern wollten. Auf Basis der Akten kann dies aber so nur Spekulation bleiben. Das Strafmaß ist nicht überliefert, aber aufgrund der mildernden Umstände, die die Geschworenen festgestellt haben, kann die Todesstrafe in diesem Fall nicht verhängt worden sein.

Fehler der Sachverständigen sorgten nicht nur für solche falsch negativen Ergebnisse, sondern auch für falsch positive. Als ein Beispiel hierfür dient der Fall von Elisabeth von Flandern, der 1852 vorgeworfen wurde, erfolglos versucht zu haben, ihren Ehemann, den Flaschner Johann Rudolph von Flandern, mit „Pflanzensäften" zu vergiften.[110] Von Anfang an, so erklärte der Staatsanwalt, habe die Ehe der Flanderns unter keinem guten Stern gestanden. Als sie sich kennenlernten habe die Angeklagte „in einem verrufenen Hause" gelebt und Bekannte hätten ihn daher vor ihr gewarnt.[111] Sie habe verschwenderisch gelebt, mehrfach sei sie ihm „entlaufen" und sie habe ihn auch mehrfach betrogen.[112] Als sie das vierte Mal weggelaufen sei und erklärt habe, dass sie die Absicht habe „sich durch Unzucht Geld zu verdienen", habe er sich darum bemüht, sich von ihr scheiden zu lassen. Dennoch habe er sie mit der Polizei „aus einem liederlichen Haus" holen lassen und habe sie zunächst

---

[108] Le Procureur Général Impérial: Acte d'Accusation contre Allais, ADY, 2U 515.

[109] Cour d'Assises de Seine et Oise: Déclaration du Jury dans l'affaire Allais, Versailles, 10. Januar 1866, ADY, 2U 515.

[110] Die Schilderung des Tathergangs stützt sich auf Staatsanwaltschaft: Anklage-Act gegen Elisabeth Regine Ehefrau des Flaschners Johann Rudulph von Flandern, Esslingen, 19. Oktober 1852, LABW LB, E 332 Bü 37, Qu. 2; der Fall wird ebenfalls beschrieben in Marcus B. Carrier: Presenting Chemical Practice in Court: Forensic Toxicology in Nineteenth-Century German States, in: Sarah Ehlers/Stefan Esselborn (Hrsg.): Evidence in Action between Science and Society, New York 2022, S. 42–59, S. 52–54.

[111] Staatsanwaltschaft: Anklageschrift Flandern, LABW LB, E 319 Bü 161, Qu. 5, S. 3.

[112] Ebd., S. 3.

wieder zu sich genommen.[113] Über mögliche Gründe dafür, dass die Angeklagt so oft weggelaufen war, schwieg der Staatsanwalt in der Anklageschrift.

Der Plan einer Scheidung, den Flandern zunächst verfolgt habe, wurde aber dann wieder von ihm fallengelassen. Die Angeklagte habe dann aber ein Verhältnis mit einem Geschäftspartner ihres Mannes, dem Flaschner Ferdinand Kleinknecht aus Ludwigsburg, begonnen. Vor Bekannten und ihrer Magd habe sie auch kein Geheimnis um dieses Verhältnis gemacht. Elisabeth von Flandern sei auch getrieben gewesen von einem gewissen Aberglauben. Sie habe sich die Karten legen lassen und dort erfahren, dass Flandern bald sterben und sie Kleinknecht heiraten würde, wie sie der Magd anvertraut habe. Kleinknecht hingegen sei ihr nicht treu gewesen und habe während des Verhältnisses zwei anderen Frauen erfolglos Heiratsanträge gemacht. Das habe sie zur Verzweiflung getrieben und sie habe in einigen Apotheken versucht Stincus marinus zu kaufen, also ein Pulver aus einer als Apothekerskink bekannten Echse. Dies sollte als Aphrodisiakum wirken und sie habe gehört, dass es außerdem dafür sorge, dass ein Mann „von der derjenigen, die es ihm geben, nicht mehr los könne".[114] Ohne Rezept bekam sie dies aber nicht in den Apotheken. Schließlich habe dann auch ihr Mann von dem Verhältnis erfahren, als er einen Brief seiner Frau an Kleinknecht gefunden habe, und habe nun erklärt, dass er wirklich die Scheidung einklagen wollte, womit sie einverstanden gewesen sei und woraufhin sie zu Verwandten gezogen sei.

Etwa einen Monat später sei ein unbekanntes Mädchen bei Flandern zu Hause gewesen und habe eine Schüssel Kartoffelgemüse geliefert, angeblich von Flanderns Schwiegermutter. Dies sei an sich nichts ungewöhnliches gewesen, denn seine Schwiegermutter habe den Flanderns öfter Essen geschickt und dies anscheinend auch nach dem Auszug ihrer Tochter fortgesetzt. Als die Magd jedoch das Geschirr zurückbringen wollte, hätte sich gezeigt, dass Flanderns Schwiegermutter das Essen nicht geschickt habe. Flandern habe direkt Verdacht geschöpft, dass seine Frau versuchte, ihn zu vergiften, und habe das Gemüse zur Polizei gebracht. Bei einer Untersuchung seien Pflanzenteile, also Blüten, Blätter und Wurzeln, des Wollkrauts gefunden worden. Wollkraut sei zwar ungefährlich, aber die Verwendung desselben für die Essenszubereitung an sich sei verdächtig gewesen, da dies nicht üblich sei. Die Angeklagte gestand auch, dass sie das Gemüse zubereitet und das Wollkraut hineingemischt habe, es aber für das tatsächlich giftige Bilsenkraut gehalten habe.

Der Vollständigkeit halber wurde das Gemüse dennoch auch chemisch untersucht. Da es um Pflanzengifte – also Alkaloide – ging, wandten die Sachverständigen in diesem ersten Gutachten den Trennungsgang nach Stas und Otto an und

---

[113] Ebd., S. 3.
[114] Ebd., S. 4.

erklärten, dass sie in dem Gemüse Coniin gefunden hätten, das giftige Alkaloid, das zum Beispiel in Geflecktem Schierling zu finden ist.[115] Dies griff der Staatsanwalt auch in seiner Anklageschrift auf, indem er erklärte, dass es wahrscheinlich sei, dass die Angeklagte neben dem ungiftigen Wollkraut „außerdem noch den Absud einer wirklich giftigen Pflanze unter die Speise mischte."[116] Er fügte allerdings direkt hinzu, dass es eigentlich nicht wichtig sei, ob auch noch Coniin im Gemüse war oder nicht, denn sie hatte ja wenigstens gestanden, das Wollkraut in der Absicht untergemischt zu haben, ihn umzubringen. Ob die verwendete Substanz tatsächlich dazu in der Lage war, wie es das Coniin gewesen wäre, oder nicht, wie es beim Wollkraut der Fall war, war nach dem Gesetz nicht relevant. Wichtig war lediglich, dass sie der Überzeugung war, eine giftige Substanz zu verwenden, und dass sie die Absicht hatte, ihrem Mann Schaden zuzufügen. Dies hielt den Verteidiger Flanderns aber nicht davon ab, das erste Gutachten an den Apotheker Haidlen in Stuttgart zu schicken und ihn um eine Prüfung des Gutachtens zu bitten. Haidlen führte keine eigene Untersuchung durch, sondern bewertete lediglich das erste Gutachten.

Die ersten Sachverständigen hatten das Gemüse ausgewaschen und es so von den in Wasser unlöslichen Stoffen getrennt. Nur die wässrige Lösung wurde weiter untersucht. Diese wurde eingedampft, mit Weingeist vermischt, abermals eingedampft, mit gebrannter Bittermandel versetzt und anschließend getrocknet. Die erhaltene Masse wurde mit ätherhaltigem Weingeist (Gemisch aus Ethanol und Diethylether) vermischt, filtriert und das Filtrat wiederum eingedampft.[117] Haidlen erklärte nun, dass sich aus diesen Handlungen klar ablesen lasse, dass die ersten Gutachter ein nicht flüchtiges Alkaloid gesucht hätten. Ansonsten hätten sie die Probe nicht mehrfach freistehend eingedampft, sondern dies in dichten Retorten gemacht, um das Entweichen eines flüchtigen Stoffes zu verhindern.[118] Nun hätten die ersten Sachverständigen nach diesem Prozedere einen Geruch nach Mäuseurin wahrgenommen, der, wie auch Haidlen angibt, in der Literatur mit Coniin in Verbindung gebracht wurde. Das Problem sah Haidlen nun darin, dass Coniin eben ein solches flüchtiges Alkaloid sei.[119] Entsprechend hielt er sich mit seinem Urteil nicht zurück:

---

[115] Franken/N. N.: Chemisches Gutachten im Fall Flandern, Stuttgart, 21. August 1852, LABW LB, E 319 Bü 161, Qu. 39.

[116] Staatsanwaltschaft: Anklageschrift Flandern, LABW LB, E 319 Bü 161, Qu. 5, S. 6 f.

[117] Franken/N. N.: Gutachten Flandern, 21. August 1852, LABW LB, E 319 Bü 161, Qu. 3

[118] Haidlen: Chemisches Gutachten im Fall Flandern, Stuttgart, 14. November 1852, LABW LB, E 319 Bü 161, Qu. 29.

[119] Otto diente Coniin auch gerade als Beispiel für flüchtige Alkaloide: Otto: Anleitung 1856, S. 89.

Diese Vermuthung [von der Anwesenheit des Coniins] kommt aber zu spät, denn wenn ja ein flüchtiges Alkaloid u. vermuthlich Coniin in dem Gemüse war, so war nichts geeigneter als die Versuche der Herren Experten dasselbe zum größten Theile in die Luft zu jagen, u. damit eine vollständige Untersuchung zu vereiteln [...].[120]

Selbst wenn Coniin im ursprünglich im Kartoffelgemüse gewesen sei, so sei es den ersten Sachverständigen unmöglich gewesen, dieses auch nachzuweisen. Der Geruch nach Mäuseurin, den sie anführten, sei deshalb genauso irrelevant wie alle folgenden Tests für Coniin. Dennoch kommentierte Haidlen auch das weitere Gutachten. Hiernach wurde nun etwa ein Drittel der erhaltenen Masse mit Wasser verdünnt und in einer Retorte destilliert. Dem Destillat wurde Gerbsäurelösung hinzugesetzt und es ergab sich keine Färbung. Hier kritisierte Haidlen zwar nicht den Versuch, allerdings mit klaren Worten den „überraschende[n] Schluß", dass dies die Anwesenheit eines Alkaloids beweise.[121] Laut ihm hätte bei der Anwesenheit von Alkaloiden die Zugabe von Gerbsäure einen weißen Niederschlag, wenigstens eine weiße Trübung ergeben müssen. „Wann also eine Flüssigkeit durch Zusatz von Gerbsäurelösung [...] gar nicht verändert wird, so folgt daraus die *Abwesenheit* eines Alkaloids."[122] Die ersten Sachverständigen hatten also nach der Interpretation Haidlens genau das Gegenteil von dem bewiesen, was sie behaupteten. Ähnlich ging es mit weiteren Behauptungen des ersten Gutachtens weiter: Dass die Lösung alkalisch reagierte, ließe sich leicht mit einer Ammoniakentwicklung erklären, die die ersten Sachverständigen selbst beschrieben; die Ammoniakentwicklung selbst könnte zwar durch eine Zersetzung von Coniin erklärt werden, dies sei aber keinesfalls zwingend. Abgesehen vom Geruch nach Mäuseurin blieben also nur Experimente übrig, die im besten Fall der These vom Vorhandensein des Coniins nicht widersprachen, im schlimmsten Fall – wie der Versuch mit Gerbsäurelösung – diese sogar widerlegten. Und das alles sei kein Wunder, da die Sachverständigen selbst mit ihrer Vorbereitung dafür gesorgt hätten, dass in ihrer Probe überhaupt kein Coniin mehr vorhanden sein konnte, selbst wenn es zu irgendeinem Zeitpunkt anwesend gewesen wäre.[123]

Als Nebenbemerkung fällt im direkten Vergleich mit dem Fall Allais oben die völlig unterschiedliche Bewertung des Geruchs auf. Während der Geruch nach Mäuseurin im Fall Flandern zwar von Haidlen als mögliches Kennzeichen für Coniin zugegeben wurde, dies aber durch die experimentellen Umstände folgenlos bliebe,

---

[120] Haidlen: Gutachten Flandern, 14. November 1852, LABW LB, E 319 Bü 161, Qu. 29, Hinzufügung MC.

[121] Ebd.

[122] Ebd., Auslassung MC; Hervorhebung im Original

[123] Ebd.

war es im Gutachten von Tardieu und Roussin der üble Geruch, der zu einem besonders starken Hinweis für Javelwasser erklärt wurde. Vom Kontext des Falles her gesehen ist dies auffällig, weil in beiden Fällen die Bedeutung des Geruchs dem Narrativ entsprach, dass die jeweilige Seite, die das Gutachten in Auftrag gegeben hatte, vor Gericht durchsetzen wollte. Im Fall Allais hatte das erste Gutachten den sonstigen Hinweisen widersprochen. Das zweite Gutachten stützte nun die gegenteilige Annahme besonders stark auf den Geruch, weil sie – wie sie selbst zugaben – keine andere Möglichkeit als die Bewertung des Geruchs hatten, um Javelwasser nachzuweisen. Im Fall Flandern versuchte der Verteidiger darauf zu beharren, dass die Angeklagte kein echtes Gift verwendet hatte, wahrscheinlich um ein milderes Urteil zu erreichen. Der Geruch nach Mäuseurin war – nach dem Gutachten von Haidlen – das einzige, was diesem Narrativ ernsthaft hätte widersprechen können, wenn er ähnlich stark eingeschätzt worden wäre wie im Fall Allais. Vom chemischen Kontext her gesehen gab es allerdings noch andere Unterschiede: im Fall Allais war der Nachweis von Javelwasser grundsätzlich schwierig, weshalb sich die Chemiker hier vielleicht mit einem schwächeren Beweis zufrieden geben mussten. Im Fall Flandern hingegen hätte bei korrekter Handhabung des Trennungsgangs Coniin durchaus direkter nachgewiesen werden können und entsprechend war hier wahrscheinlich der Geruch nicht hinreichend. Dennoch unterstreichen diese beiden Fälle zusammen noch einmal, dass der Kontext des Prozesses und auch des Auftraggebers sicherlich Einfluss hatte auf die Interpretation der Experimente.

Im Fall Flandern beantragte der Verteidiger, Haidlen in der Verhandlung als Zeugen zu laden.[124] Diesem Antrag gab das Gericht anscheinend nicht statt, denn Haidlen tauchte im Protokoll der Verhandlung nicht auf. Stattdessen bestellte das Gericht den Tübinger Professor für Chemie und Pharmazie Christian Gottlob Gmelin[125] (1792–1860), um in der Verhandlung auszusagen. Laut dem Protokoll erklärte dieser:

> Was die Sachverständigen in dem Kartoffel-Gemüse gefunden hätten, sei er nicht im Stande zu entscheiden. Coniin sei es nicht gewesen, dieses hätte sich jedenfalls bei der Behandlung des Rückstandes mit Bittermandel u. Weingeist-Aether verflüchtigt.[126]

---

[124] Fetzer: Brief des Verteidigers and das Schwurgericht Esslingen im Fall Flandern, Stuttgart, 16. November 1852, LABW LB, E 319 Bü 161, Qu. 28.

[125] Der Cousin des vielleicht bekannteren Heidelberger Chemikers Leopold Gmelin (1788–1853).

[126] Schwurgerichtshof Esslingen: Protokoll über de öffentliche Schwurgerichtssitzung in der Untersuchung gegen die des versuchten Mords angeklagte Elisabeth Regine von Flandern, Esslingen, 19. November 1852, LABW LB, E 319 Bü 161, Qu. 36, Beilage Nr. 3.

Gmelin stimmte hier also Haidlens erstem Punkt zu, dass nach dem Beginn der Analyse, die ersten Sachverständigen nicht mehr in der Lage gewesen seien, Coniin festzustellen, selbst wenn es anwesend gewesen wäre. Alle danach folgenden Schritte konnten entsprechend ignoriert werden. Der Richter fragte alle anwesenden Sachverständigen noch danach, ob eventuell beigemischtes Coniin einen schädlichen Effekt gehabt hätte, was sie einstimmig verneinten, da die Quantität zu gering gewesen sei.[127] Es ist unklar, wie Angaben über die Quantität eines nicht nachgewiesenen Stoffes gemacht werden konnten, aber hier ging es vermutlich eher darum zu unterstreichen, dass die Diskussion um Coniin einen Nebenschauplatz darstellte. Die Geschworenen erklärten die Angeklagte auch nicht für schuldig im Hinblick auf die Beimischung von Coniin, wohl aber in der Benutzung von Stoffen, die sie für giftig gehalten hatte.[128] Elisabeth Flandern wurde entsprechend zu zehn Jahren Zuchthaus verurteilt.[129]

Einfachheit stellte weiterhin einen eher untergeordneten Wert bei der Methodenwahl dar. Er wurde zwar durchaus in Betracht gezogen bei der Auswahl der empfohlenen Methoden, war am Ende aber nicht immer entscheidend. Eine besondere Rolle spielte Einfachheit dann, wenn andere Methoden als etwa gleich gut im besonders in Bezug auf ihre Sensitivität oder Selektivität eingeschätzt wurden. In diesen Fällen konnte Einfachheit entscheidend sein. Das Hauptziel der Einfachheit war es dabei, Fehler zu vermeiden. Besonders bei einer fehlenden Spezialausbildung für forensische Chemiker – die meisten Analysen wurden weiterhin von Apothekern durchgeführt – hielten es die Lehrbuchautoren für wichtig, dass die Analysen auch mit wenig Erfahrung durchgeführt werden konnten und möglichst wenig fehleranfällig waren. Am Ende – so muss die hier festgestellte Gewichtung der Werte wohl verstanden werden – sollte aber keinesfalls die Genauigkeit und damit auch ein Teil der Glaubwürdigkeit der Untersuchung der Einfachheit geopfert werden. Stattdessen gab es in der Praxis andere Mechanismen mit Fehlern umzugehen, nämlich insbesondere Gegengutachten.

Drei Aspekte sind dabei im Hinblick auf die hier dargestellten Fallbeispiele besonders interessant: Erstens war es zumindest in der Hauptverhandlung am Ende das Gericht, das einen zweiten Gutachter bestellte und insbesondere nicht die Verteidigung. Im Fall Flandern hatte der Verteidiger der Angeklagten zwar selbst ein Gegengutachten eingeholt, dieses dem Gericht geschickt, wo es auch in die Akten aufgenommen wurde, der Apotheker Haidlen selbst wurde aber gegen den Antrag der Verteidigung nicht einmal vorgeladen, um dieses Gegengutachten darzustellen.

---

[127] Ebd.

[128] Ebd., Beilage Nr. 4.

[129] Ebd., S. 19 f.

Es gab in diesem Fall zwar einen öffentlichen Dissens zwischen Sachverständigen, aber eben nicht zwischen Sachverständigen, die von den unterschiedlichen Parteien beauftragt waren. Dies galt strenggenommen auch im Fall Allais, wo noch während der Voruntersuchung ein zweites Gutachten beantragt wurde, weil – wie der Procureur Général Impérial selbst erklärte – das Ergebnis des ersten Gutachtens nicht zu der Interpretation der Anklage der sonstigen Hinweise passte. Auch hier gab es keine widerstreitenden Gutachten, die von unterschiedlichen Parteien in Auftrag gegeben wurden. In gewisser Weise wurden so Expertenstreitigkeiten und auch der Vorwurf von käuflichen Experten verhindert.[130]

Zweitens ist interessant, wer in den beschriebenen Fällen von den Gerichten bzw. der Voruntersuchung für die Gegengutachten beauftragt wurden. Im Fall Allais waren es Tardieu und Roussin, die nicht nur zusammen Lehrbücher über Vergiftungen geschrieben hatten, Tardieu war auch Professor für Pathologie in Paris. Sie waren also in der wissenschaftlichen Gemeinschaft keinesfalls einfach den ersten Sachverständigen gleichgestellt. Das gleiche galt im Fall Flandern, wo zwar mit Haidlen ein Apotheker das Gegengutachten für die Verteidigung erstellte, mit Gmelin aber eben kein Apotheker, sondern ein Professor für Chemie und Pharmazie vorgeladen wurde, um das Gutachten in der Verhandlung zu kommentieren. Die zweiten Gutachten funktionierten in diesem Sinne analog zu juristischen Instanzen, indem die höheren Instanzen in Person der Professoren die niedrigeren Instanzen in Person der Apotheker beurteilten und korrigierten.[131] Damit zeigte sich in der Praxis aber, dass die in Abschnitt 5.2 dargestellten Befürchtungen der Lehrbuchautoren in der Regel eben nicht bewahrheiteten. Auch wenn formal die Beurteilung der Gutachten in Form der freien Beweiswürdigung bei den Richtern und Geschworenen lag, regulierte sich praktisch die Gemeinschaft vor Gericht selbst, indem ihre internen Reputations- und Statussysteme Einfluss darauf hatten, wer in Zweifelsfällen die zweiten Gutachten schreiben sollte. Die Gerichte prüften praktisch die Gutachten eben nicht inhaltlich – so legen es zumindest die hier dargestellten Fälle nah –, sondern holten bei offen gebliebenen Fragen zweite Meinungen von höher gestellten Sachverständigen ein.

Drittens legten die Sachverständigen in ihren zweiten Meinungen normalerweise wert darauf, dass praktische Fehler begangen wurden. Es waren keine systematischen Fehler der Wissenschaft das Problem, sondern individuelle Fehler der ersten Sachverständigen. Während Erfolge also auch über die Betonung der Einfachheit für die forensische Chemie gewissermaßen vergemeinschaftet wurden, wurden

---

[130] Vgl. zu solchen Vorwürfen bereits im 19. Jahrhundert z. B.: Hamlin: Method, S. 490; sowie Mohr: Doctors, S. 128 f.

[131] Ein ähnliches Argument findet sich in Carrier: Chemical Practice.

Fehler individualisiert. Otto zum Beispiel verstand es gerade als das Ziel seiner *Anleitung*, dass der Erfolg der Analyse unabhängig sein sollte von dem individuellen Experimentator.[132] Auch die Trennungsgänge und die innergemeinschaftliche Standardisierungen, die in Abschnitt 5.2 beschrieben wurden, hatten genau dieses Ziel. Alle in den Fällen Allais und Flandern beschriebenen Fehler, waren hingegen Fehler der individuellen Sachverständigen; sie hatten sich eben nicht an die Standards gehalten beziehungsweise hatten falsche Schlüsse aus ihren Beobachtungen gezogen. Wenn über Werte wie Einfachheit Fehler ausgeschlossen werden sollten, bedeutete dies eben auch, dass dennoch gemachte Fehler nicht der Komplexität der Untersuchung vorgeworfen werden können. Über diese Form der Kritik konnte die Glaubwürdigkeit der ersten Sachverständigen deutlich angegriffen werden, ohne die Glaubwürdigkeit der wissenschaftlichen Sachverständigen als Ganzes infrage zu stellen.

5.4   Sparsamkeit – Die Ermöglichung von Kontrolle

Mit Sparsamkeit wird hier die Eigenschaft von analytischen Tests bezeichnet, möglichst wenig des Probenmaterials zu verbrauchen. Grundsätzlich blieben sparsamere Methoden bevorzugt. Chapuis zum Beispiel riet davon ab die Geruchsprobe für Arsen als Vorprobe zu nutzen, weil diese zu viel Material verbrauche.[133] Dragendorff erklärte, dass der Reinsch-Test und andere von ihm diskutierte und für schlecht befundene Tests auf Arsen „ne doivent être employés que lorsqu'on a beaucoup de matière à sa disposition".[134]

Auch für allgemeine Regeln war Sparsamkeit aus Sicht fast aller Lehrbuchautoren eine wünschenswerte Eigenschaft. Der Mediziner Friedrich Müller[135] (1823–1881) erklärte es sogar in seinem *Compendium der Staatsarzneikunde* (1855) zur „Pflicht" der Sachverständigen, „bei jedem einzelnen Versuch nur ein Minimum an Stoff zu verbrauchen."[136] Der am häufigsten genannte Grund war die Möglichkeit, dass eine zweite Meinung eingeholt und entsprechend ein zweites Gutachten angefertigt werden musste. So schrieb etwa der Wiener Chemiker Ernst Ludwig (1842–1915) in seiner *Medicinischen Chemie* (1895):

---

[132] Otto: Anleitung 1856, S. 5.

[133] Chapuis: Précis, S. 136.

[134] Dragendorff: Manuel, S. 70.

[135] Einigen vielleicht auch bekannt als Dichter unter dem Namen Müller von der Werra.

[136] Müller: Compendium, S. 262.

In der Regel soll der Gerichtschemiker nicht das gesammte Untersuchungsmateriale verarbeiten, sondern etwa die Hälfte oder doch einen nicht zu geringen Bruchtheil desselben reserviren und dem Gerichte zurückstellen, [...] so dass, wenn das Gericht aus irgend einem Grunde eine Ueberprüfung der ersten Untersuchung für nöthig hielte, ein zweiter von dem Gerichte bestellter Chemiker mit diesem Materiale die Untersuchung wiederholen könnte.[137]

In dieser Hinsicht änderte sich der Stellenwert der Sparsamkeit also nicht im Vergleich zur ersten Hälfte des 19. Jahrhunderts. Hinzu kam allerdings argumentative Verknüpfung zum allgemeinen Trennungsgang. Da es gerade die Hauptaufgabe von systematischen Analysegängen sein sollte, möglichst viele Stoffklassen in derselben Probe aufzufinden oder auszuschließen, ohne dabei die Suche nach anderen Stoffen zu erschweren, sollten solche Trennungsgänge sparsamer mit dem zur Verfügung stehenden Material umgehen als mehrere Tests auf spezifische Gifte. Dragendorff bezeichnete einen solchen Weg gerade wegen seiner Sparsamkeit als Ideal bei forensischen Untersuchungen:

Das Ideal für gerichtliche Chemie ist das, Methoden zu finden, die uns gestatten, aus Gemengen verschiedener Stoffe durch ein und dieselbe Operation möglichst viel Gifte abzutrennen und dabei die sonstig vorhandenen Stoffe soweit unversehrt zu lassen, dass das Material noch auf andere Gifte untersucht werden kann.[138]

Aus demselben Blickwinkel heraus argumentierte Ludwig, dass es dringend geboten sei, mit (unselektiven) Vorproben anzufangen, wenn nicht klar sei, nach welchem Stoff zu suchen war. Gerade diese Vorproben ermöglichten es, Material zu sparen.[139] Damit ergibt sich ein zusätzliches Argument, weswegen für einige Autoren Trennungsgänge nicht nur in den Fällen empfohlen wurden, in denen kein konkreter Verdacht auf ein spezifisches Gift bestand. Vorproben und allgemeine Trennungsgänge, die mit wenig selektiven Reaktionen starteten, gaben der forensischen Chemie nicht nur eine Systematik, die ihre Glaubwürdigkeit erhöhen sollte. Sie erlaubten es auch, Material zu sparen und damit ebenfalls ihre Nützlichkeit und vor allem auch ihre Überprüfbarkeit zu erhöhen. Auch wenn Otto anmerkte, dass sich ein solche Überprüfung hauptsächlich „auf die Durchsicht des Gutachtens und die Prüfung der demselben beigegebenen *Corpora delicti*" beschränke, so sollte

---

[137] Ludwig: Chemie, S. 141; vgl. auch: Dragendorff: Ermittelung, S. 3; Brouardel/Ogier: Laboratoire, S. 24; Chapuis: Précis, S. 80; sowie Legrand du Saulle/Berryer/Pouchet: Traité, S. 1405, 1418.

[138] Dragendorff: Ermittelung, S. 10.

[139] Ludwig: Chemie, S. 146–148

doch wenigstens grundsätzlich die Möglichkeit für die zweiten Sachverständigen bestehen, die Reaktionen selbst noch einmal durchzuführen.[140]

Sparsamkeit ermöglichte also eine praktische Kontrolle der Gutachten durch andere Praktiker. Dank Sparsamkeit war eine Prüfung nicht nur auf Grundlagen der Akten möglich. Eine solche formale Prüfung hätten bei gesetzlich festgesetzten Methoden – und dies war gerade eines der Argumente von Fresenius[141] – auch die Gerichte allein ohne spezifisches Fachwissen durchführen können. Insofern waren die forensischen Toxikologen nicht nur selber dafür verantwortlich, sich ihre eigenen Standards zu setzen, sondern kontrollierten auch ihre Einhaltung. Die Prüfung von Gutachten wurde zur Aufgabe der wissenschaftlichen Gemeinschaft und in gewisser Weise den Gerichten entzogen, indem Normalmethoden abgelehnt wurden und damit spezifisches Wissen um disziplinäre Standards zur Prüfung erforderlich war. Auch praktisches Wissen über die Durchführung der Analysen selbst war gefordert und durch Sparsamkeit ermöglicht, damit Analysen wenigstens in zweifelhaften Fällen wiederholt werden konnten. Dabei ist nach Otto nicht einmal klar, ob die neuen Sachverständigen oder die Gerichte darüber entschieden, ob die Analyse zu wiederholen war, wann also ein Fall für zweifelhaft genug gehalten wurde.

Sparsamkeit konnte argumentativ auch dafür genutzt werden, um Anforderungen der Gerichte aufzuweichen oder abzulehnen. Schneider sah zum Beispiel einen Zielkonflikt zwischen der Sparsamkeit und einer eventuellen Verpflichtung zur quantitativen Analyse. Ihm zufolge sei beides in Österreich vorgeschrieben gewesen. Vor einer sehr ausgiebigen Kritik der „freilich schon altersgrauen Instructionen", in denen „mehrere für die Ausmittlung von Vergiftungen höchst nutzbare Erfahrungen unbeachtet geblieben" seien[142], gab er unter anderem als dessen Inhalt wieder:

> Die Analyse soll nicht bloss ausmitteln, was für ein (Mineral-) Körper zugegen ist, sondern auch ob er in einer solchen Quantität gebraucht wurde, dass er auch wirklich die ihm zugeschriebenen Wirkungen hervorgebracht habe. Von den zu Untersuchung übergebenen Stoffen soll nie aller Vorrath verarbeitet, sondern jedesmal und von einer jeden Gattung ein Ueberrest gelassen werden, der an die Obrigkeit gut verwahrt und versiegelt einzusenden ist, damit es an Materiale zu einer zweiten Untersuchung, wenn sie nothwendig werden sollte, nicht fehle.[143]

Es war der hierin formulierte Zwang zur quantitativen Analyse den Schneider ablehnte, da dieser mit der Sparsamkeit in Widerspruch stünde. Neben mehreren

---

[140] Otto/Otto: Anleitung 1884, S. 11; Hervorhebung im Original.

[141] Fresenius: Stellung, S. 284–286.

[142] Schneider: Chemie, S. 9.

[143] Ebd., S. 9.

anderen Problemen, wie dem speziellen Geschick, das für eine quantitative Analyse nötig sei[144], hätte auch eine erfolgreich und korrekt durchgeführte quantitative Analyse in den meisten Fällen keinen Aussagewert. Quantitative Analysen seien nach Schneider nur dann von Aussagewert, wenn entweder sichergestellt werden könnte, dass alle „in der Substanz enthaltenen Stoffe vollkommen gleichmäßig vertheilt sind", oder wenn die gesamte Substanz der quantitativen Analyse unterworfen werden könnte.[145] Im zweiten Fall könne die Quantität eines Giftes direkt, im ersten Fall aus dem Anteil zum Gewicht der Gesamtmasse ermittelt werden. In forensischen Fällen habe man es aber – außer bei vergifteten Getränken oder anderen Flüssigkeiten – normalerweise gerade nicht mit Proben zu tun, in denen die Stoffe gleichmäßig verteilt gewesen seien. Daraus ergebe sich aber ein Konflikt mit der Sparsamkeit, weswegen die Instruktionen in dieser Form für die forensischen Chemiker nicht umsetzbar seien:

> Da nun die Untersuchung eines Theiles des ungleichartigen Gemenges [d. h. der Probe] kein wahres Bild von der Zusammensetzung des Ganzen gibt, das Ganze aber bei einer einzigen Untersuchung nicht verbraucht werden darf, weil es alsdann bei etwaigem Misslingen oder bei neu erhobenen Anständen an Materiale fehlte, um die Untersuchung fortzusetzen oder nach einer anderen Richtung aufzunehmen, so ergibt sich für sehr viele Fälle das Unausführbare quantitativer Bestimmungen bei gerichtlich chemischen Untersuchungen.[146]

Sparsamkeit war insofern einer der Faktoren, die diskutiert wurden, um die Selbstständigkeit der Sachverständigen in der Einschätzung, was die angemessenen Schritte bei der Analyse waren, zu stärken. Ähnlich wie bei der Diskussion um die Notwendigkeit der Anwesenheit von Gerichtspersonal bei der Analyse[147], ging es darum, die möglicherweise durch Gesetze eingeschränkten Entscheidungsfreiheiten der Sachverständigen auszuweiten und sie unabhängiger vom Gericht zu machen.[148]

---

[144] Ebd., S. 10.

[145] Ebd., S. 10.

[146] Ebd., S. 10; Hinzufügung MC. Schneider stand dabei der Sparsamkeit sehr positiv gegenüber, weshalb er hier auch besonders dafür plädierte den Zwang zur quantitativen Analyse abzuschaffen, nicht etwa auf Sparsamkeit zu verzichten. Vgl. ebd., S. 201.

[147] Vgl. für diese Diskussion in der ersten Hälfte des 19. Jahrhunderts Abschnitt 2.1.

[148] Die Lehrbuchautoren waren sich dabei einig, dass die Anwesenheit von Gerichtspersonal bei den Analysen eigentlich nur störend und auf keinen Fall für irgendeine Seite hilfreich sein könne. Vgl. Brach: Lehrbuch, S. 386; Husemann: Handbuch, S. 113; Otto: Anleitung 1856, S. 58; Otto/Otto: Anleitung 1884, S. 4; Schürmayer: Lehrbuch, S. 19 f.; Dragendorff: Manuel, S. 2 f.

Sparsamkeit hatte also prozedurale und professionelle Anreize. Immer war sie wünschenswert, teilweise wurde sie gesetzlich vorgeschrieben oder in den spezifischen Anforderungen an die Sachverständigen bei der Beauftragung zur Analyse formuliert. Gleichzeitig wurde sie gefördert durch Entwicklungen der analytischen Chemie. Einerseits sind hier die Trennungsgänge zu nennen, auf die die Autoren bestanden und die die analytische Chemie im Laufe des 19. Jahrhunderts stärker systematisierte. Zweitens war es aber auch die steigende Sensitivität der Methoden – bei allen Problemen, die sie sonst mit sich bringen konnte[149] –, die Sparsamkeit ermöglichte. Der Ausgleich zwischen Sensitivität und Sparsamkeit war es dann auch, was aus Sicht der Autoren die Grenzen den Sparsamkeit definieren musste. Niemals sollte Sparsamkeit dazu führen, dass die Sicherheit des Ergebnisses darunter leiden würde. Der Mediziner Ignaz Schürmayer (1802–1881) schränkte in seinem *Lehrbuch der gerichtlichen Medicin* (1854) seine Forderung, dass „nie der ganze Vorrath auf einmal zur Untersuchung verwendet werde", dadurch ein, dass das „Quantum ausreicht".[150] Auch Ludwig erklärte, dass die Sparsamkeit Grenzen in der zur Verfügung stehenden Menge der zu analysierenden Probe hatte. Nach Ludwig sollte aber in diesem Fall letztlich das Gericht entscheiden, ob mehr von dem Probenmaterial als vorgesehen verbraucht werden durfte:

> Wenn die Menge des Untersuchungsobjectes jedoch so gering ist, dass sie eben ausreicht und eine Verkürzung des Untersuchungsmateriales die Sicherheit des Resultates zu beeinträchtigen droht, dann muss bei dem Gerichte um die Erlaubniss zur Verwendung des gesammten Materiales angesucht werden.[151]

In Abschnitt 3.4 ist entgegengesetzt dazu erläutert worden, dass Flandin die Meinung vertreten hatte, dass in einigen Fällen der sparsame Einsatz die Genauigkeit der Analysen sogar erhöhen konnte. Die Position vertrat in den hier untersuchten Lehrbüchern keiner der Autoren in der zweiten Hälfte des 19. Jahrhunderts. Der einzige, der überhaupt auf diese Position einging war Orfila, der dies in seinen üblichen harschen Worten ablehnte:

> À propos de la *quantité* de matière suspecte sur laquelle on doit agir dans les expertises médico-légales, je ne saurais m'élever avec assez de force contre le précepte absurde mis en avant par MM. Flandin et Danger, savoir qu'il y a plus d'avantage à opérer sur une petite proportion de matière suspecte (foie, intestins, etc., par exemple), que sur une plus grande quantité. Il est évident pour tout le monde qu'on a plus de chances de retirer de l'arsenic, du cuivre, du plomb, etc., en traitant 100 grammes d'un foie à

---

[149] Vgl. die Abschnitt 3.1 und 5.1.

[150] Schürmayer: Lehrbuch, S. 239; vgl. auch Dragendorff: Manuel, S. 5.

[151] Ludwig: Chemie, S. 141.

peine empoisonné qu'en opérant sur 25 grammes de cet organe, si l'on suit le même procédé. Quelque naïve que fût l'assertion de ces messieurs, j'ai pourtant cru devoir la réduire à néant [...], parce qu'il était à craindre que des personnes, peu versées dans les expertises toxicologiques, ne fussent séduites et mystifiées par l'assurance et l'aplomb inimaginables avec lesquels elle avait été proclamée.[152]

Orfila sah die Gefahr in der von Flandin aufgestellten Behauptung darin, dass schlechte Analytiker seinem Rat folgen konnten. Die professionellen Standards, die Flandin im schlimmsten Fall hiermit setzen konnte, entsprachen nicht Orfilas Ideal.[153] Für ihn war klar, dass unter der Nutzung einer geringeren Menge Materials immer die Genauigkeit der Analyse leiden musste. Es musste immer einer Abwägung stattfinden zwischen der Zuverlässigkeit der einzelnen Tests, die zu einem großen Teil von der Sensitivität dieser Tests abhing, und der Möglichkeit, Material zu sparen. Auch wenn Orfila sich ansonsten nicht klar zur Sparsamkeit äußerte, so legen diese Äußerungen doch nah, dass er eine ähnliche Position vertrat wie die weiter oben wiedergegebenen: Sensitivität legte letztlich die Grenze der Sparsamkeit fest. Eine höhere Sensitivität erhöhte auch die Möglichkeiten der Sparsamkeit, da mit weniger Material die Nachweisgrenze erreicht werden konnte, aber sie legte auch die Mindestmenge fest, die gebraucht wurde, um ein sicheres Ergebnis zu erlangen. Damit wurden strenge Vorschriften angreifbar, die darauf bestanden, immer nur ein Drittel, eine Hälfte oder ähnliche Mengen der Proben zu verbrauchen.

Das hinderte allerdings zumindest einige forensische Toxikologen ihrerseits keineswegs daran, solche pauschalen Regeln selbst aufzustellen, wenn auch normalerweise mit dem Verweis darauf, dass dies den Umständen nach auch möglich sein müsste. So empfahl Otto: „Kann es irgend geschehen, so verwendet man nicht die ganze Menge der gegebenen Substanz zur Untersuchung, sondern nur einen Theil derselben, etwa ein Drittel."[154] Völlig ohne Einschränkungen erklärte aber zum Beispiel Chapuis zu einer der ersten Handlungen der Sachverständigen: „il [c.-à -d. l'expert] ouvre les récipients et met de côté [...] environ la moitié des substances pour servir, si cela est nécessaire, à une contre-expertise."[155] Es ging also auch hier weniger um die Ablehnung von Standards im Allgemeinen, sondern darum, dass die Standards von der Gemeinschaft selbst gesetzt werden sollten. Nach der oben

---

[152] Mathieu Orfila: Traité de Toxicologie, 5. Aufl., Bd. 2, Paris 1852, S. 929; Hervorhebung im Original.

[153] Hinter dem Angriff standen sicherlich auch persönliche und professionelle Animositäten zwischen Orfila und Flandin, die schon beim Streit der beiden *Académies* eine Rolle gespielt haben. Vgl. Abschnitt 3.3, sowie Bertomeu-Sánchez: Sense, S. 225–228.

[154] Otto/Otto: Anleitung 1884, S. 11.

[155] Chapuis: Précis, S. 80; Hinzufügung MC.

zitierten Empfehlung Ottos lag letztlich auch die Entscheidung, ob es möglich war, sparsam mit dem Material umzugehen, im Ermessen des Sachverständigen, nicht des Gerichts.

Schließlich konnte Sparsamkeit ein zusätzliches Argument sein, um Standardisierung und die Einschränkung der Methodenwahl in den Lehrbüchern zu rechtfertigen. Wie in Abschnitt 5.2 bereits zitiert worden ist, war Otto der Meinung, dass sein Lehrbuch insbesondere wenig erfahrenen Sachverständigen die Wahl der Methoden vereinfachen oder gar abnehmen sollte.[156] Mohr rechtfertigte sich in seinem Lehrbuch ebenfalls, dass er nur eine bestimmte Auswahl von Reaktionen erläutere. Er erklärt sogar den Versuch, eine vollständige Übersicht über die analytischen Methoden geben zu wollen, zum Nachteil anderer Werke und begründete dies insbesondere auch durch die damit nahegelegte Verschwendung von Material:

> Die überall so sehr gesuchte Vollständigkeit ist bei diesen Arbeiten [d. h. toxikologischen Lehrbüchern] geradezu im Nachtheil. Der Unerfahrene verbraucht die kleine Menge Substanz, die ihm zu Gebote steht, zu einer Menge von Reactionen, die bei der im Allgemeinen sehr grossen Verdünnung theilweise gar nicht anschlagen und dadurch eine Unsicherheit zurücklassen, während der Versuch, wenn er mit dem entschieden besten Mittel wäre angestellt worden, zu einem sicheren Resultate geführt haben würde. Es liegt deshalb im Plane der vorliegenden Arbeit nicht mit der Geschichte aller Methoden anzufangen, sondern sogleich die jetzt als die beste und entscheidendste anerkannte voranzustellen und ihr die Hauptentscheidung zu überlassen, dagegen von den übrigen Methoden nur ausnahmsweise Bericht zu erstatten.[157]

Es ist schwierig ein aussagekräftiges Praxisbeispiel für den Einsatz sparsamer Methoden zu finden, da Sparsamkeit zwar eine Rolle spielte, aber selten in den Gutachten explizit für die Methodenwahl thematisiert wurde. Allerdings gab es in Gutachten durchaus Nebenbemerkungen darüber, dass nicht die gesamte Probe verbraucht wurde, zumindest in den deutschen Staaten.[158] In Frankreich habe ich solche Randbemerkungen nicht gefunden, es zeigen aber andere Praktiken, dass auch hier Probenmaterial nicht verwendet wurde. Insbesondere die Fälle, in denen zweite Meinungen eingeholt wurde, zeigen, dass in der Regel – soweit möglich – Probenmaterial aufgehoben wurde.[159] Schließlich gab es mindestens einen

---

[156] Vgl. Otto/Otto: Anleitung 1884, S. XI.

[157] Mohr: Toxicologie, S. 9; Hinzufügung MC.

[158] Vgl. z. B. Kemper: Chemisches Gutachten im Fall eines unerlaubten Giftverkaufs, Osnabrück, 4. August 1856, Niedersächsisches Landesarchiv, Abteilung Osnabrück (NLA OS), Rep 335 Nr. 9179, S. 104 f.

[159] Vgl. z. B. Haidlen: Gutachten Flandern, 14. November 1852, LABW LB, E 319 Bü 161, Qu. 29; sowie Tardieu/Roussin: Expertise Allais, 12. Juli 1865 ADY, 2U 515.

überlieferten Fall aus den deutschen Staaten, in dem das Gericht explizit anordnete, dass nicht das gesamte Probenmaterial für die Analyse verbraucht werden sollte.[160] Der Stellenwert der Sparsamkeit zeigt sich vermutlich besser in dieser Häufung und in der Regelmäßigkeit bei einer breiteren Betrachtung über mehrere Gutachten hinweg, als es ein einzelner Beispielfall könnte.

Die Sparsamkeit blieb ein wichtiger Wert, da er direkt von der materiellen Basis der forensischen Toxikologie abhing. Die Proben waren in Vergiftungsfällen von sich aus in ihrer Menge beschränkter als viele andere Objekte chemischer Analyse. Das galt sowohl für aus den Leichen der Opfer entnommenen Proben als auch für die Analyse der möglichen vergifteten Nahrungsmittel oder bei den mutmaßlichen Täter*innen gefundenen Gifte. Dies veränderte sich auch in der zweiten Hälfte des 19. Jahrhunderts nicht. Was sich veränderte waren aber Möglichkeiten der Methoden. Immer sensitivere Methoden stellten die Toxikologen nicht nur vor Herausforderungen, wie sie in Abschnitt 5.1 dargestellt sind, sondern ermöglichten auch den sparsameren Einsatz von Probenmaterial. Damit wurden auch zweite Meinungen anderer forensischer Toxikologen zusätzlich vereinfacht, indem diese neuen Sachverständigen in immer mehr Fällen nicht nur das ursprüngliche Gutachten auf Schlüssigkeit überprüfen, sondern auch selbst bestätigende oder widersprechende Versuche durchführen konnten. Daraus ergaben sich – wie in Abschnitt 5.3 bereits angesprochen – auch bessere Möglichkeiten für die Gemeinschaft, sich selbst zu regulieren, und die forensische Toxikologe de facto zu standardisieren. Auch wenn Sparsamkeit in der Praxis höchstens in Nebenbemerkungen thematisiert wurde, spielte sie so eine unterstützende Rolle bei der Standardisierung und Stabilisierung der analytischen Praktiken im forensischen Kontext.

5.5   Redundanz – Absicherung und Überzeugung

Mit dem Begriff der Redundanz werden hier Empfehlungen beschrieben, möglichst viele oder gar alle möglichen analytischen Methoden anzuwenden. Der Rat zur Redundanz als Praxis der Absicherung von analytischen Ergebnissen findet sich in der zweiten Hälfte des 19. Jahrhunderts deutlich seltener als in der ersten Hälfte. In einigen der Fälle, in denen über Redundanz gesprochen wurde, stand er aber immer noch in Konkurrenz zur Sparsamkeit. Otto war etwa der Ansicht, dass zwar die aussagekräftigsten, oder charakteristischsten Reaktionen immer zuerst angewendet werden sollten, „ist aber Material hinreichend vorhanden, so begnüge man sich mit

---

[160] Vgl. Obergericht Hameln: Auftrag an V. Sertürner zur Anfertigung eines chemischen Gutachtens im Fall Fricke, Hameln, 4. Dezember 1870, NLA HA Hann. 71 C Nr. 125, S. 50 f.

diesen nicht."[161] Als Begründung zitierte er lediglich ein Motto, das er dem schwedischen Chemiker Torbern Bergmann zuschrieb. Hiernach genügten zwar in der Regel einige wenige, gut ausgewählte Methoden, zu viele Tests schadeten aber nicht, da sie sich gegenseitig stützen würden: „Dum res permittunt circumstantes, superflua, si placet, non nocent, quum unum alterum firmet, sed plerumque pauca, rite selecta, scopo sufficiunt."[162] Aus dieser Überlegung heraus kann auch seine oben bereits erwähnte Empfehlung, bei der Suche nach Arsen, sowohl die Marsh'sche Probe als auch das Verfahren von Fresenius und von Babo anzuwenden, leicht verstanden werden.[163]

Ähnlich erklärten Tardieu und Roussin, dass im Falle von einem konkreten Verdacht oder einer begründeten Vermutung des Sachverständigen, die Suche zuerst nach einem bestimmten Gift begonnen werden sollte. Wenn diese Suche erfolgreich sei, könne auf den systematischen Trennungsgang verzichtet werden, allerdings müsse das Ergebnis abgesichert werden. Dies sollte auch mit möglichst unterschiedlichen Methoden geschehen: „S'il [c–à -d. l'expert] acquiert de la sorte la confirmation de ses prévisions, il n'aura plus d'autre soin que de mettre cette découverte en lumière par les épreuves *les plus variées et les plus contradictoires*".[164]

Insgesamt spielte Redundanz zur Absicherung der Ergebnisse allerdings im deutschsprachigen Diskurs eine deutlich stärkere Rolle als im französischsprachigen. Außer bei Tardieu und Roussin ist sie als allgemeine Regel in den hier ausgewerteten Lehrbüchern nicht zu finden. Hingegen wird sie in einigen deutschsprachigen Lehrbüchern zu einer festen Regel erhoben. Wald zum Beispiel legte großen Wert darauf, dass Arsen mit Schwefelwasserstoff ausgefällt werden konnte, der gelbe Niederschlag alleine aber keinesfalls als Beleg für Arsen ausreiche. Vier Eigenschaften müssten geprüft werden. Erstens müsse der Niederschlag unlöslich sein in Wasser, Alkohol, Äther (Diethylether) und Säuren außer in konzentrierter Salpetersäure oder Königswasser. Zweitens sollte es hingegen löslich und farblos sein in Ätzammoniak (Ammoniakwasser bzw. Salmiakgeist), kaustischem Kali (Kaliumhydroxid) und Natron. Drittens sollte nach der Methode von Fresenius und von Babo der Niederschlag zu einem Arsenspiegel reduziert werden. Und viertens sollte der Niederschlag mit Salpetersäure und Salzsäure erhitzt und anschließend eingedampft werden. Der Rückstand sollte in destilliertem Wasser gelöst und anschließend mit

---

[161] Otto/Otto: Anleitung 1884, S. 12.

[162] Ebd., S. 12.

[163] Otto: Anleitung 1856, S. 16; ähnlich kann vielleicht auch Orfila verstanden werden, der nach einer recht harschen Kritik am Reinsch-Test zumindest erklärte, dass es wohl nicht schaden würde, diese zusätzlich zu seinen bevorzugten Verfahren anzuwenden. Man dürfe sich nur nicht zu sehr darauf verlassen. Vgl. Orfila: Traité 1852, Bd. 1, S. 521.

[164] Tardieu/Roussin: Étude, S. 74; Hinzufügung und Hervorhebung MC.

salpetersaurem Silberammoniak (eine ammoniakalische Silbernitrat-Lösung) einen
roten Niederschlag bilden. Der Punkt für die Redundanz war nun bei Wald, dass
keiner dieser Tests allein ausreichend war:

> Nur wo zwei oder mehr von diesen Reactionen gemacht worden, darf man den gelben
> Niederschlag für Schwefelarsen ausgeben; schlagen sie fehl, so enthielt die Untersu-
> chungsflüssigkeit kein Arsenik; andererseits giebt es keinen Körper, der die genannten
> Eigenschaften in derselben Weise zeigt. Die Toxikologen stellen mit Recht die Regel
> auf, daß jeder Einwand, welchen man gegen die eine oder die andere Reaction auf Arse-
> nik etwa erhebt, durch die nächstfolgende ebenfalls zutreffende widerlegt wird.[165]

Die Reaktionen kontrollierten und bestärkten sich also gegenseitig in dem Sinne,
dass jede einzelne zwar auch mit anderen Stoffen zu beobachten sei, das Zusam-
menfallen von mindestens zwei aber jeden anderen Stoff außer Arsen ausschloss.
Unklar blieb aber zunächst, wer genau gegen die Reaktionen Einwände erheben
könnte. Einerseits könnten damit die Toxikologen selbst gemeint gewesen sein. Sie
selbst könnten Einwände gegen schlecht durchgeführte Analysen erheben, womit
Redundanz auch hier hauptsächlich dazu diente die Sicherheit und die Genauigkeit
zu erhöhen. Dies war auch sicherlich der Fall. Die Toxikologen waren aber nicht die
einzigen, die Einwände erheben konnten, sondern am Ende musste in Strafprozes-
sen das Gericht überzeugt werden. Hier lag eine Verknüpfung vor zum Problem der
Präsentation der chemischen Analysen für ein chemisch nicht gebildetes Publikum,
das auf Grundlage der Analysen zu einer Entscheidung kommen musste. Dies wird
ersichtlich daraus, dass Wald direkt an die Regel eine Anekdote anschloss, nachdem in einem englischen Fall einem Verteidiger selbst die Sicherheit aus Redundanz
nicht ausreichte:

> In einem Criminalprozeß [...] wurde von dem Vertheidiger gegen [Alfred Swaine]
> Taylor der Einwand gemacht, daß es möglicher Weise eine solche Mischung von
> Substanzen geben möchte, die alle Reactionen auf Arsenik, *einzeln gemacht*, liefern
> könne. Das ist indeß offenbar eine chemische Unmöglichkeit.[166]

Auf einen solchen unberechtigten Einwand mussten die Sachverständigen nicht
praktisch reagieren. Es liegt aber im Kontext der dieser kurzen Anekdote nahe,
auch bei der direkt vorangegangen Rede von „Einwänden" Verteidiger oder Richter
als Urheber zu verstehen. Dann ging es aber bei der Redundanz nicht ausschließlich
um die Reduzierung von Unsicherheiten, indem sich die verschiedenen Methoden

---

[165] Wald: Medicin, S. 357.

[166] Ebd., S. 357 f.; Hervorhebung im Original, Hinzufügung MC.

gegenseitig absicherten, sondern auch um die Bekämpfung von Zweifeln der chemischen Laien vor Gericht.

In Abschnitt 4.1 ist bereits besprochen worden, dass der Diskurs um Laien[167] im öffentlichen Prozess in den deutschsprachigen Lehrbüchern ausgiebig geführt worden ist. Die potentielle Möglichkeit, dass chemische Laien einem Sachverständigen nicht folgen würden, stellte aus Sicht der Lehrbuchautoren eine große Gefahr für die Glaubwürdigkeit der Wissenschaft im Allgemeinen dar, musste also möglichst unterbunden werden. Nach Wald sollte dies zumindest dadurch geschehen, dass wenigstens den seiner Ansicht nach ernstzunehmenden Bedenken präventiv begegnet werden sollte. Im Fall von Arsen hieß das, den gelben Niederschlag, der sich mit Schwefelwasserstoff bildete, in redundanter Form mit den genannten Reaktionen zusätzlich zu bestätigen.

Direkter als Wald stellte Schneider Redundanz in den Kontext mit der Überzeugungskraft gegenüber Laien und setzte sie dabei auch in Bezug zur Anschaulichkeit[168]:

> Ist es nicht möglich, die nachzuweisenden Stoffe in Formen darzustellen, wie sie im gewöhnlichen Leben vorzukommen pflegen und daher allgemein erkennbar sind, so muss die Substanz mit *allen* charakteristischen Reagentien geprüft und ausdrücklich hervorgehoben werden, auf welche Reactionen der Chemiker seine Angaben von der Anwesenheit eines Stoffes stützt, und durch welche Eigenschaften sich der Körper von allen übrigen ihm verwandten oder in ihrer Wirkung ähnlichen unterscheidet. Nur dadurch wird sein Gutachten erschöpfend und zugleich jenen Zweifeln und Einwürfen begegnet, welche von Seite des Gerichtes oder der Rechtsanwälte erhoben werden könnten.[169]

Bei Schneider gab es also keinen Zweifel daran von wem die Bedenken formuliert wurden, auf die Redundanz reagieren sollte. Nicht andere Sachverständige würden ein Vorgehen kritisieren, dass nicht redundant war, sondern das Gericht und Rechtsanwälte. In diesem Sinne erhöhte also Redundanz nicht nur die Sicherheit

---

[167] Es sei an dieser Stelle noch einmal daran erinnert, dass die Kluft zwischen Experten und Laien im Fall der Geschworenen sicherlich nicht immer so groß war, wie die Lehrbuchautoren es sich vorstellten oder es zumindest darstellten. In Abschnitt 4.1 ist schon angesprochen worden, dass die Geschworenen sich aus einer eher gebildeteren Schicht rekrutierten. Eine grundlose Ablehnung der chemischen Gutachten, die hier befürchtet wurde, hat in den hier analysierten Fällen nie stattgefunden.

[168] Vgl. Abschnitt 5.6

[169] Schneider: Chemie, S. 6.

von Methoden, sondern vermied auch kritische Fragen beziehungsweise lieferte Antworten auf solche kritischen Fragen.[170]

Aber nicht nur mit Anschaulichkeit wurde Sparsamkeit in Verbindung gebracht. Wie schon in Abschnitt 3.5 besprochen, bestand grundsätzlich eine Spannung zwischen Sparsamkeit und Redundanz. Der Einsatz von mehr Methoden bedeutete normalerweise auch die Verwendung von mehr Material. Otto wurde eingangs bereits dahingehend zitiert, dass er zur Bedingung für Redundanz erklärte, dass genug Material vorhanden war.[171] Und auch Tardieu und Roussin erklärten, dass nur eine bestimmte Menge für solche Bestätigungsreaktionen verwendet werden sollte.[172] Im Zweifelsfall überwog also die Sparsamkeit, was insofern nicht überraschend ist, als diese – wie in Abschnitt 5.4 besprochen – teilweise gesetzlich vorgegeben, immer aber stark empfohlen wurde. Der einzige, der eine Gegenposition dazu vertrat, war Ludwig, der zur Redundanz schrieb:

> Ganz besonderes Gewicht ist darauf zu legen, dass das abgeschiedene Gift möglichst vielen, ja *allen* charakteristischen Reactionen unterzogen werde, damit über dessen chemische Natur nicht der leiseste Zweifel bleibe. Es genügt keineswegs, im Marsh'schen Apparat einen Metallspiegel darzustellen, um ihn, wenn er das Aussehen des Arsens besitzt, für einen Arsenspiegel zu erklären. Damit die Aussage mit einer für eine gerichtliche Untersuchung genügenden Sicherheit erfolgen darf, müsste dieser Spiegel noch einer Anzahl von wichtigen und beweisenden Reactionen unterzogen werden, welche für das Arsen absolut charakteristisch sind. Erst nach dem Zusammentreffen aller dieser Reactionen hätte die Aussage ihre Berechtigung. Für die Anstellung dieser Identitäts-Reactionen soll ja nicht an Material gespart werden, es wäre thöricht, diese Reactionen nicht mit aller Vollständigkeit auszuführen, um einen Theil des abgeschiedenen Giftes zu sparen und dem Gerichte vorlegen zu können; vielmehr müsste das letzter bei unzureichendem Materiale lieber unterbleiben.[173]

Auch im Hinblick auf die Redundanz plädierte also Ludwig dafür, auf keinen Fall Sicherheit für Sparsamkeit zu opfern. In diesem Sinn ist er bereits in Abschnitt 5.4 schon zitiert worden. Damit nahm er aber im Diskurs eine Außenseiterposition ein. Kein anderer Autor plädierte in dieser Vehemenz dafür, auf Sparsamkeit zu verzichten, um Redundanz zu verwirklichen. Anders als in der ersten Hälfte des 19. Jahrhunderts galt das auch für den französischen Diskurs. Eine starke Gegenüberstellung der beiden Werte, wie sie dort stattgefunden hatte, lässt sich für die zweite Hälfte des 19. Jahrhunderts nicht feststellen.

---

[170] Vgl. dazu auch Carrier: Value(s), S. 47 f.

[171] Otto/Otto: Anleitung 1884, S. 12.

[172] Tardieu/Roussin: Étude, S. 74.

[173] Ludwig: Chemie, S. 143 f.; Hervorhebung im Original.

In der Praxis ließen sich keine Fälle finden, die tatsächlich alle möglichen Reaktionen durchgeführt hätten. Wohl aber wandten die Sachverständigen zur Absicherung ihrer Ergebnisse zwei oder mehr Methoden an, womit sie vielleicht einen Kompromiss zwischen den sich widersprechenden Werten der Sparsamkeit und der Redundanz herstellen wollten. Beispiele für solche Fälle werden auch an anderer Stelle dieser Arbeit genannt.[174] Ein kurzer Beispielfall soll dennoch hier kurz dargestellt werden. Es handelt sich um den Fall der Arbeiterin Marie Julienne Le Péchoux aus Bonnières-sur-Seine bei Paris, die 1874 angeklagt wurde, ihre neugeborene Tochter wenige Tage nach der Geburt mit Schwefelsäure vergiftet zu haben.[175] Dem Procureur Général zufolge sei das ursprünglich gesunde Kind nur drei Tage nach der Geburt plötzlich verstorben. Der herbeigerufene Arzt meinte bei der Feststellung des Todes, eindeutige Zeichen für eine Vergiftung bemerkt zu haben, die aber in der Anklageschrift nicht näher ausgeführt wurden. Entsprechend wurde sofort eine Obduktion und eine chemische Untersuchung eingeleitet. Insbesondere sollten die inneren Organe des Opfers und ein Trinkgefäß aus Weißblech, aus dem das Kind getrunken haben soll, untersucht werden.

Die beiden Sachverständigen, der Arzt Alexandre Stephane Bonneau und der Apotheker Victor Eugène Grave, begannen damit, die Organe des Kindes zu begutachten. Alle Organe trügen die optischen Zeichen, mit einer ätzenden Flüssigkeit in Kontakt gekommen zu sein. Und schon nach dieser optischen und oberflächlichen Untersuchung erklärten die beiden:

> Nous ne pouvons dissimuler que ce premier examen, nous en fait présumer aussitôt une intoxication par une corps puissamment corrosif et nous avons pensé que ce corps devait être l'acide sulfurique. Lui seul pouvait produire de pareils désordres et donner cet aspect aux débris que nous avons sous les yeux.[176]

Dieser Befund sollte nun also nur noch mithilfe der chemischen Analyse abgesichert werden. Zu diesem Zweck nutzten sie ein Teil der Zunge des Opfers. Lackmuspapier färbte sie rot, was darauf hinwies, dass hier noch immer Säure zu finden war. Sie wurde mit destilliertem Wasser abgewaschen, die Flüssigkeit wurde filtriert und und das Filtrat wurde „traité par les réactifs caractéristique de l'acide sulfu-

---

[174] Vgl. zum Beispiel den Fall Fricke in Abschnitt 5.6.1 oder im gewissen Maße auch den Fall Perrot in Abschnitt 5.6.2 Vgl. außerdem Carrier: Value(s), S. 48.

[175] Le Procureur Général: Acte d'Accusation contre fille Le Péchoux, Paris, 20. Mai 1874, ADY, 2U 579.

[176] Alexandre Stéphane Bonneau/Victor Eugène Grave: Expertise dans l'affaire Le Péchoux, Mantes, 4. Mai 1874, ADY, 2U 579.

rique."[177] Mit Bariumnitrat wurde ein weißer Niederschlag von Bariumsulfat und mit Eisennitrat ein ebenfalls weißer Niederschlag von Eisensulfat ausgefällt. Beide Verbindungen wurden über ihre Löslichkeit in Salpeter- und Salzsäure identifiziert, wobei sich Bariumsulfat nicht in den beiden Säuren lösen ließ, Eisensulfat hingegen schon. Diese beiden Reaktionen zeigten für die Sachverständigen eindeutig, dass es sich nur um Schwefelsäure handeln konnte. Die restlichen Organe wurden ebenfalls gewaschen und die Reaktionen wurden mit dem so erhaltenen Wasser noch einmal wiederholt. Auch hier zeigten sich dieselben Reaktionen. Es wurden von den Sachverständigen auch Gegenversuche angestellt, indem sichergestellt wurde, dass sowohl Silbernitrat keinen Niederschlag bildete, was auf Salzsäure hingewiesen hätte, als auch dass die Zugabe von Schwefelsäure und Kupfer keine glänzenden Dämpfe („vapeurs rutilantes") freisetzten, was auf Salpetersäure hingewiesen hätte.[178] Damit war also mithilfe von zwei Reaktionen freie Schwefelsäure in den zu untersuchenden Organen nachgewiesen und mit anderen zwei Reaktionen andere mögliche Säuren ausgeschlossen worden.

Dabei beließen es die Sachverständigen aber nicht. Wie sie ausführten bilde Schwefelsäure bei Kontakt mit „substances animales" Sulfide und schweflige Säure, die es nun ebenfalls zu suchen galt.[179] Sie gaben die übrigen Organteile in konzentrierten Alkohol und filtrierten die Flüssigkeit. Sie neutralisierten die Flüssigkeit mit Natron und dampften sie dann zur Trocknung ein. Den Rückstand vermischten sie mit Kaliumnitrat und erhitzten das Produkt in einem Schmelztiegel. Dadurch sollte alle zurückgebliebene organische Materie zerstört werden und die Sulfide zu Sulfaten reagieren. Nachdem das Produkt in destilliertem Wasser gelöst, mit Salpetersäure zum Kochen gebracht und wiederum filtriert worden war, wurde wieder mit Hilfe von Bariumnitrat ein Niederschlag ausgefällt, den die Sachverständigen wieder als Bariumsulfat identifizierten. Damit war also Schwefelsäure auch indirekt anhand von Abbauprodukten nachgewiesen worden. Mit dem Trinkgefäß wurden genau die gleichen Versuche wiederholt und auch hier zeigte sich Schwefelsäure. Insgesamt schlossen die Sachverständigen: „Les organes sont fortement imprégnés d'acide sulfurique, libre ou combiné aux tissus. Cet acide a déterminé des lésions terrible, et par suite la mort de l'enfant; Le gobelet de fer blanc a contenu de l'acide sulfurique".[180] Obwohl dies schon der Schluss gewesen war, den sie nach der Untersuchung der Organe verkündeten, war es ihnen (und vermutlich auch dem Gericht) wichtig, das Ergebnis durch chemische Analyse abzusichern. Anders als es zum

---

[177] Ebd.
[178] Ebd.
[179] Ebd.
[180] Ebd.

Beispiel im Fall Häfele in Abschnitt 3.2 der Fall gewesen war, gab es inzwischen gute analytische Methoden, um dieses Ziel zu erreichen. Sie wiesen Schwefelsäure dabei in zwei verschiedenen Formen nach. Einmal benutzten sie zwei Fällungsreaktionen, um Schwefelsäure in freier Form nachzuweisen, das heißt also Schwefelsäure, die noch nicht mit organischen Substanzen reagiert hatte. Zusätzlich dazu wiesen sie auch Schwefelsäure nach, die bereits reagiert hatte, indem die aus den Reaktionen hervorgegangenen Sulfide zunächst in einer anderen Reaktion zu Sulfaten reagierten und diese dann nachgewiesen wurden. Durch diese mehreren Reaktionen wurde also versucht, die Sicherheit jeder einzelnen zu erhöhen.

Der Procureur Général führte in seiner Anklageschrift weiter aus, dass Marie Le Péchoux ungewollt schwanger gewesen sei und auch vor dem Mord bereits versucht hatte, sich Mittel für eine Abtreibung zu besorgen.[181] Sie habe versucht, die Schwangerschaft zu gegenüber ihren Eltern und ihrem Arbeitgeber zu verheimlichen und keinerlei Vorbereitungen getroffen und sich überhaupt geweigert, die Konsequenzen der Schwangerschaft zu tragen. Dass sie allein Verantwortung zu tragen gehabt habe und über den Vater des Kindes kein Wort in der Anklageschrift verloren wurde, ist dabei natürlich kein Zufall, sondern Teil der sozialen Realität des 19. Jahrhunderts. Watson hat für englische Giftmorde bereits gezeigt, dass die Anzahl von Giftmorden an illegitimen Kindern dann am höchsten war, als die Verantwortung für die Kinder allein auf den Schultern der Mütter lastete, und zurückging, als Männer zur finanziellen Unterstützung ihrer illegitimen Kinder gezwungen wurden.[182] Aus den Vorwürfen des Procureur Général wird mehr als deutlich, dass Péchoux in diesem Fall die ganze Verantwortung für die ungewollte Schwangerschaft zu tragen hatte und versucht hatte, sich durch den Mord an ihrer Tochter dieser Verantwortung zu entziehen. Die Geschworenen waren überzeugt genug, um die Angeklagte schuldig zu sprechen, aber nicht überzeugt genug, um das Gericht die Todesstrafen verhängen zu lassen, indem sie mildernde Umstände in dem Fall erkannten.[183]

Redundanz wurde besonders im deutschsprachigen Diskurs als ein wichtiger Wert zur Absicherung der analytischen Ergebnisse verstanden. In mehreren Lehrbüchern wurde sie zur festen Regel erhoben. Es ging dabei den Lehrbuchautoren in der Rechtfertigung der Redundanz aber nicht nur um die Verbesserung der analytischen Ergebnisse, sondern die juristische Überzeugungskraft und vor allem die Vermeidung kritischer Fragen spielte bei vielen Lehrbuchautoren eine explizite Rolle. Besonders deutlich wurde dies bei Schneider, der Redundanz nur dann empfahl,

---

[181] Le Procureur Général: Acte d'Accusation contre Le Péchoux, ADY, 2U 579

[182] Watson: Poisoned Lives, S. 82 f.

[183] Cour d'Assises de Seine et Oise: Déclaration du Jury dans l'affaire Le Péchoux, Versailles, 25. Juli 1874, ADY, 2U 579.

wenn keine anschauliche Methode im Sinne von Abschnitt 5.6.2 zur Verfügung stand. Redundanz nahm im deutschsprachigen Diskurs also eine wichtige Rolle ein in der Diskussion darum, wie frei die Gerichte – und damit chemische Laien – bei der Beurteilung der Gutachten sein sollten. Dabei war ein Problem der Redundanz, dass sie im Widerspruch mit der Sparsamkeit stand. Der Einsatz mehrerer verschiedener Methoden zur Analyse der gleichen Probe, hätte es den Experten schwer gemacht, Material zu sparen. Dies trug sicherlich auch dazu bei, dass Sparsamkeit trotz seiner herausgehobenen Rolle im deutschsprachigen Lehrbuchdiskurs in der Praxis eine deutlich untergeordnete Rolle spielte. Ich habe keinen Fall gefunden, in dem tatsächlich *alle* relevanten Methoden mit dem gleichen Probenmaterial durchgeführt wurden, wie es einige der Lehrbuchautoren forderten. Es kam vor, dass mehrere Reaktionen zur Absicherung der Ergebnisse eingesetzt wurden, wie zum Beispiel im Fall von Marie Le Péchoux veranschaulicht wurde, aber es wurde eben eine Auswahl von Methoden getroffen. Neben dem Konflikt mit der Sparsamkeit kann dieser untergeordnete Stellenwert in der Praxis auch damit erklärt werden, dass die im nächsten Kapitel betrachtete Anschaulichkeit ebenfalls im deutschsprachigen Diskurs mit dem Laienproblem und der Stellung der Sachverständigen vor Gericht verknüpft wurde. Ähnlich wie die Redundanz ermöglichten es anschauliche Methoden, kritische Fragen und Zweifel des Gerichts an der Sicherheit der chemischen Analyse zu vermeiden beziehungsweise diesen zu begegnen.

5.6   Anschaulichkeit – Der „Schlussstein des Beweises"

Wie schon in Abschnitt 3.6 ist dieses Kapitel noch einmal in zwei Unterkapitel geteilt. Unter dem Wert der Anschaulichkeit im Allgemeinen wird hier die Eigenschaft von Tests verstanden, dass sie besonders durch ihren visuellen Charakter in der Lage sein sollten, auch chemische Laien leicht zu überzeugen. Im Abschnitt 5.6.1 werden hierfür Vergleichsreaktionen diskutiert. Während der Diskurs hierzu auch in der zweiten Hälfte des 19. Jahrhunderts eine untergeordnete Rolle spielte, wird gezeigt werden, dass Vergleichsproben zumindest in Einzelfällen durchaus eine argumentative Rolle zur Überzeugung von Laien spielen konnte. Im Abschnitt 5.6.2 wird der Hauptdiskurs zur Anschaulichkeit behandelt, nämlich die Wahl der Darstellungsform der giftigen Substanz.

5.6.1   Vergleichsproben – Identität durch Vergleich

Vergleichsreaktionen wurden – wie in der ersten Hälfte des 19. Jahrhunderts – in den Lehrbüchern normalerweise zur Absicherung der chemischen Praxis diskutiert.[184] Ähnlich wie bei der Redundanz wurde also zur Begründung von Vergleichsproben angeführt, dass die Sachverständigen sich durch Vergleichsproben bereits selbst kontrollieren konnten und mussten. Bei Schürmayer heißt es zum Beispiel in seiner Erläuterung verschiedener Vorproben:

> Den mit diesen Reagentien angestellten Versuchen müssen *Gegenversuche* an die Seite gestellt werden, zu welchem Zwecke man mit dem muthmasslichen Gifte Stoffe vermischt, die den zu untersuchenden ähnlich sind. Diese Mischung prüft man ebenfalls durch Reagentien und vergleicht die Ergebnisse beider Arten der Versuche, welche dann, wenn sie einen bestimmten Schluss zulassen sollen, mit einander übereinstimmen müssen.[185]

Nach Schürmayer sollten also erst die Gegenversuche mit einer Substanz bekannter Zusammensetzung überhaupt einen Schluss zulassen. Dies ist insofern eine interessante Einschränkung, weil sie verdeutlicht, dass Vergleichsproben dieser Art zwar mit dem Anspruch vertreten wurden, dass die Sicherheit der Analysen insgesamt erhöht wurden, sie aber in der Art wie Schürmayer sie hier beschrieb tatsächlich nur falsch negative Ergebnisse ausschließen konnten. Die Vergleichsproben sollten ja das Gift beziehungsweise die Stoffklasse enthalten, nach denen gesucht wurde. Richtig durchgeführt konnten Vergleichsproben also auch nur ein positives Ergebnis liefern. Damit war aber strenggenommen der einzig zulässige Schluss einer Analyse ein positiver Befund, denn nur bei Übereinstimmung war ja nach Schürmayer ein Schluss aus der Analyse zu ziehen. Und auch was falsch negative Ergebnisse anging, kontrollierten Vergleichsproben keineswegs alle möglichen Fehlerquellen. Lediglich das experimentelle Geschick des Sachverständigen wurde auf diese Weise kontrolliert. Sie konnte lediglich einen experimentellen Fehler nachweisen, nämlich dann, wenn die Vergleichsprobe negativ ausfiel. Da die gesuchte Substanz aber bekannterweise in der Vergleichsprobe vorhanden sein sollte, musste beim Experiment selbst ein Fehler gemacht worden sein.

Das galt mit umgekehrtem Vorzeichen auch für Vergleichsproben, die kein Gift enthalten sollten. Hier ging es dann um die Vermeidung von falsch positiven Ergebnissen. Otto zum Beispiel empfahl die Anwendung einer solchen, machte von ihr

---

[184] Vgl. Abschnitt 3.6.1.

[185] Schürmayer: Lehrbuch, S. 241; Hervorhebung im Original.

aber keineswegs die ganze Validität eines Schlusses abhängig wie Schürmayer es getan hatte:

> Gegenversuche zu machen, versäume man nie; sie geben zu erkennen, ob man zweckentsprechend gearbeitet habe. Es gewährt in manchen Fällen grosse Beruhigung, neben der Untersuchung die Untersuchung einer nicht vergifteten ähnlichen Substanz parallel gehen zu lassen, unter Anwendung derselben Materialien, Reagentien u. s. w.[186]

Bei Otto dienten Vergleichsproben also lediglich zur eigenen Absicherung. Er empfahl die Anwendung zwar deutlich, maß ihr aber nicht annähernd so viel Bedeutung bei wie Schürmayer. Die Gegenversuche hatten so also hauptsächlich die Funktion der eigenen Kontrolle und nicht der Demonstration für das Gericht.

Ähnlich verhielt es sich auch im französischem Diskurs. Eugène Ritter (1837–1884), Professor für *chimie médicale* an der medizinischen Fakultät in Nancy und in Straßburg und hier vor allem relevant als Übersetzer von Dragendorffs Lehrbuch ins Französische, fügte eine Empfehlung für einen Blindversuch in seine Übersetzung ein. Dragendorffs allgemeinen Empfehlungen zum Ablauf der Analyse fügte er folgenden Punkt hinzu:

> Le chimiste fera bien de traiter un morceau de foie d'un animal tué à la boucherie par tous les réactifs qu'il emploiera; il se sert de la même quantité de réactifs dans l'essai définitif, et *acquiert ainsi une certitude absolue*. C'est ce que l'on nomme une expertise à blanc.[187]

Nach Ritter war die Vergleichsreaktion also eine Möglichkeit, absolute Sicherheit über das Ergebnis zu erzielen. Insofern stand er der Haltung Schürmayers nahe. Allerdings erklärte er wie Otto die Vergleichsreaktion nicht zur absoluten Regel. Sie gehörte für ihn anscheinend zur optimalen Vorgehensweise der chemischen Analyse, aber sie war seiner Meinung nach nicht notwendig, um überhaupt ein Gutachten abgeben zu können.

Orfila vertrat wie so häufig eine deutlich andere Position. Wie bei anderen Verfahren, die er nicht selbst zuerst empfohlen hatte, warnte er auch bei den Vergleichsreaktionen davor, diese überzubewerten. In den allermeisten Fällen lieferten sie nicht die versprochene Sicherheit und seien auch grundsätzlich unnötig, da das verwendete Gift auch ohne diese leicht erkannt werden könne. Die Fälle, in denen er Vergleichsreaktionen für nützlich hält, beschränkten sich auf solche, in denen der Sachverständige vielleicht nicht so viel von der Toxikologie verstand wie es nötig wäre. In solchen Fällen könnten Vergleichsproben nützlich sein, um sicherzustellen,

---

[186] Otto/Otto: Anleitung 1884, S. 12.

[187] Dragendorff: Manuel, S. 13; Hervorhebung MC.

dass der Sachverständige erstens die Reaktionen richtig durchführe und zweitens die Kennzeichen, die die Präsenz eines Giftes anzeigen sollten, auch erkenne:

> Plusieurs auteurs conseillent [...] de préparer une liqueur analogue, et de faire comparativement et simultanément les mêmes expériences sur l'une et sur l'autre. Cette contre-épreuve est évidemment inutile lorsque la liqueur suspecte se comporte avec les agents chimiques, de manière à la faire facilement reconnaître; mais elle peut être fort utile, dans certains cas, surtout si le médecin, chargé de faire les recherches, a négligé l'étude de la *toxicologie*. Quoi qu'il en soit, il peut arriver que les expériences dont je parle ne fournissent point des résultats absolument semblables, lors même que la liqueur que l'on a préparée contient le même poison que celle qui a produit l'empoisonnement; en effet, cette dernière peut être beaucoup plus affaiblie que l'autre, et présenter dès lors avec les réactifs des phénomènes différents; il peut y avoir dans le liquide, outre le poison dont on croit avoir reconnu la nature, quelques substances étrangères qui modifient nécessairement les résultats, etc. J'ai cru devoir signaler cette source d'erreur pour que le médecin n'attache pas à quelques-unes de ces expériences comparatives plus d'importance qu'elle n'en méritent.[188]

Bei Orfila verlor die Vergleichsprobe also jeglichen Aussage- oder Demonstrationswert. Alles was sie leisten konnte war – im Sinne eines Modellversuchs –, fehlende Erfahrung der Sachverständigen auszugleichen. Sie waren seiner Ansicht nach also nicht nur nicht notwendig für sinnvolle Schlussfolgerungen der Gutachten, sondern noch nicht einmal hinreichend. Sie konnten sogar selbst zu einer neuen Fehlerquelle werden, da sie eine bestimmte Reaktion nur unter optimalen Bedingungen zeigte und Störfaktoren nicht berücksichtigen konnten. Orfila befürchtete also, dass sie eher zu mehr falsch negativen Ergebnissen führen würden, weil sie bei den schlecht ausgebildeten Sachverständigen falsche Erwartungen an die zu erwartenden Reaktionen in der Probe wecken würden.

Bei allen ihren unterschiedlichen Bewertungen der Vergleichsproben hatten aber doch alle Autoren gemeinsam, dass diese lediglich der Absicherung der Analysen durch den Sachverständigen selbst dienen sollten. Haltungen wie sie in der ersten Hälfte des 19. Jahrhunderts Harmand de Montgarny oder Buchner vertraten fanden sich in diesen späteren Lehrbüchern nicht mehr.[189] Den Vergleichsproben wurde also in den Lehrbüchern keine höhere Überzeugungskraft für das Gericht zugemessen, indem sie die Identität eines Stoffes auf eine besondere Weise veranschaulichten. Dies hieß aber keinesfalls, dass in gewissen Einzelfällen Vergleichsproben in der Praxis nicht genau diese Rolle spielen konnten.

---

[188] Orfila: Traité 1852, Bd. 2, S. 930; Hervorhebung im Original, Kürzung MC.
[189] Vgl. Abschnitt 3.6.1

Als ein deutscher Fall, der vielleicht besonders eindrücklich zeigt, dass Vergleichsproben in der Praxis sehr wohl eine Rolle spielten, kann der Fall von Dorothee Fricke und dem Färbergesellen Bernhard Pilz dienen. Die beiden waren 1871 angeklagt, den Schreiber Georg Fricke, den Ehemann von Dorothee Christine Fricke, in Springe bei Hannover mit „chromsaurem Kali" (Kaliumchromat) vergiftet zu haben.[190] Dorothee Christine Fricke und ihr Mann seien seit 1848 verheiratet gewesen und hätten sechs Kinder gehabt. Wie üblich und wenig überraschend wurde in der Anklageschrift betont, dass diese Ehe aber wenigstens 1870 nicht mehr glücklich gewesen sei. Georg Fricke habe zum Trinken geneigt und außerdem einen „anscheinend nicht immer grundlosen" Verdacht gehabt, dass seine Frau ihm untreu gewesen wäre.[191] Der Färbergeselle Pilz aus Annaberg in Sachsen wohnte bei den Frickes als Kostgänger und arbeitete in verschiedenen Färbereien in Springe und wie die Anklageschrift oben schon andeutete, hatten er und Dorothee Fricke in dieser Zeit ein Verhältnis miteinander begonnen.

Ende September 1870 erkrankte Georg Fricke an „Erbrechen verbunden mit Durchfall" über mehrere Tage.[192] Der Zustand des Kranken verschlechterte sich schnell. Er klagte bei seinem Arzt über Magen- und Unterleibsschmerzen. Sein Arzt diagnostiziere „epidemische Brechruhr"[193] (Cholera). Am Abend des 2. Oktober 1870 verstarb Fricke. Da kein Verdacht einer Vergiftung vorlag, wurde Fricke einige Tage später ohne Obduktion beerdigt. Kurz nach dem Tod von Georg Fricke schrieb Bernhard Pilz seinen Eltern, berichtete ihnen von seiner Beziehung zur Witwe Fricke und erklärte „entweder komme er mit seiner treuen Christine – der Witwe Fricke –, die er niemals verlassen werde, zu ihnen, oder er gehe fort."[194] Der Posamentier Karl Pilz, der Vater des Angeklagten, war mit der Beziehung seines Sohnes nicht einverstanden. Noch einmal schrieb Bernhard Pilz seinem Vater und bat ihn um seine Billigung, was durch einen Zusatz zum Brief von der Witwe Fricke bekräftigt wurde. Ihre Kinder hingegen schrieben ebenfalls nach Annaberg und baten Pilz' Vater „persönlich nach Springe zu reisen, um seinen Sohn aus dem mißfälligen Verhältnisse herauszureißen und fortzunehmen."[195] Mit genau diesem Ziel reiste Karl Pilz im November 1870 nach Springe. Fricke wollte verhindern, dass Pilz'

---

[190] Kron-Oberanwaltschaft Celle: Anklageschrift gegen die Witwe Fricke und Bernhard Pilz, Celle, 30. März 1871, NLA HA, Hann. 71 C Nr. 127, S. 2–15; vgl. auch Carrier: Making, S. 271–274.

[191] Kron-Oberanwaltschaft Celle: Anklageschrift Fricke/Pilz, NLA HA, Hann. 71 C Nr. 127, S. 2.

[192] Ebd., S. 3.

[193] Ebd., S. 3.

[194] Ebd., S. 3.

[195] Ebd., S. 4.

Vater diesen mitnehmen würde und beschuldigte daraufhin Bernhard Pilz, ihren Ehemann getötet zu haben:

> Da er [Karl Pilz] seinen Sohn von dort [Springe] nehmen wollte, so müsse sie [Dorothee Fricke] ihm eröffnen, daß derselbe allein den verstorbenen Fricke auf der Seele habe. Wenn er seinen Sohne dort lasse, wolle sie schweigen, wenn nicht, gehe sie morgen zum Gerichte und zeige es an.[196]

Womit Dorothee Fricke wohl nicht gerechnet hatte, war, dass Karl Pilz seinen Sohn direkt selbst zur Polizei in Springe brachte, sie anzeigte und seinen Sohn vernehmen ließ. Dieser gestand auch sofort, dass er Dorothee Fricke dabei geholfen habe, ihren Mann zu vergiften. Sie habe sich oft bei ihm über ihren Mann beklagt. Sie hätte nicht mehr mit diesem zusammen sein wollen und habe erklärt, dass sie entweder weglaufen oder ihren Mann vergiften und anschließend Pilz heiraten wollte. Zu diesem Zwecke sollte dieser ihr Gift aus der Färberei mitbringen. Er habe sich absolut dagegen gesträubt und habe nichts damit zu tun haben gewollt. Ende September habe sie aber ein Stück chromsaures Kali gefunden, das er „zufälliger Weise"[197] von der Arbeit mitgebracht habe, und dieses ihrem Mann in den Kaffee gemischt. Damit hätten die Symptome des Mannes auch begonnen. Sie bat ihn nun, noch mehr von dem Gift zu besorgen, was Pilz dann auch tat. Bevor Georg Fricke erkrankt war, hätte Pilz auch nicht gewusst, dass chromsaures Kali giftig sei, und er selbst habe dem Opfer auch niemals Gift gegeben. Dorothee Fricke allein habe ihrem Mann das Gift in Getränke, Speisen und auch Medikamente gemischt. Dorothee Fricke bestritt beständig, ihren Mann vergiftet zu haben, weswegen auch die Anklageschrift sich komplett auf die Schilderung von Pilz stützte.

Nach Pilz' Geständnis wurde Georg Frickes Leichnam exhumiert und obduziert. Bei der Obduktion fanden die herangezogenen Ärzte, der Obergerichtsphysikus Dr. Thilo und sein Gehilfe Dr. Friedrich, keine eindeutige Todesursachen.[198] Proben der Leiche – nämlich die Leber, der Magen inklusive Inhalt, sowie der Darm – wurden zur chemischen Untersuchung nach Hameln in die Apotheke von Viktor Sertürner[199] (1834–1887) gebracht. Das organische Material in den Proben wurde

---

[196] Ebd., S. 4; Hinzufügungen MC.

[197] Ebd., S. 8.

[198] Thilo u. a.: Sektionsprotokoll der exhumierten Leiche in der Untersuchungssache Fricke, Hameln, 3. Dezember 1870, NLA HA, Hann. 71 C Nr. 125, S. 39–44, S. 43 f.

[199] Der Sohn von Friedrich Sertürner (1783–1841), der 1804 als erster Morphin isolierte (vgl. Abschnitt 4.2). Viktor übernahm nach dem Tod des Vaters dessen Apotheke in Hameln. Vgl. Christoph Friedrich: Sertürner, Friedrich Wilhelm, in: Neue Deutsche Biographie, 24 (2010), 271–273 [Online-Version], URL: https://www.deutsche-biographie.de/pnd118613421.html#ndbcontent (besucht am 03.11.2021).

von Sertürner zunächst in mehreren Schritten zerstört. Er suchte zwar hauptsächlich nach Chrom, ging aber dennoch einem systematischen Trennungsgang nach, bei dem er der Reihe nach Kupfer, Quecksilber, Blei, Bismuth, Antimon, Zinn und Arsen ausschloss.[200] Am Ende des Trennungsganges erhielt Sertürner eine grünlich gelb gefärbte Schmelze, die er in Wasser löste. Die resultierende „schwarz gelblich grün" gefärbte Lösung wurde filtriert und dem Filtrat wurde Salzsäure zugesetzt. Aus einer angeschlossenen Reaktion mit Farbwechsel schloss Sertürner schon sicher, dass Chrom in der Probe vorhanden sein müsse:

> Die Flüssigkeit war nun gelblich gefärbt und klar geblieben. Sie wurde mit Alkohol gemischt und gekocht. Die gelbe Farbe ging in eine bläuliche über. Der Alkohol hatte die Chromsäure zu Chromoxyd reducirt und die Gegenwart des Chroms war zwingend.[201]

Auch wenn Sertürner an dieser Stelle schon davon überzeugt war, Chrom gefunden zu haben, nutzte er noch zwei Reaktionen, um sein Ergebnis zu bestätigen. Er nutzte einen Teil des dargestellten (mutmaßlichen) Chromoxids, um selbst daraus chromsaures Kali darzustellen. Dieses brachte er dann in Lösung und fällte mit salpetersaurem Silber (Silbernitrat) einen rothen Niederschlag von „chromsaurem Silberoxyd" (Silberchromat) und mit Blei einen gelben Niederschlag von „chromsaurem Bleioxyd" (Bleichromat) aus.[202] An anderer Stelle habe ich die Verwendung von drei Tests – dem Nachweis über Chromoxid und die beiden Fällungsreaktionen zur Absicherung – mit der Redundanz in Verbindung gebracht.[203] Dieser Interpretation soll hier auch nicht widersprochen, sie soll lediglich erweitert werden. In einem zweiten Gutachten führte Sertürner nämlich zumindest die beiden Fällungsreaktionen noch einmal aus und zwar mit reinem chromsaurem Kali. Hierfür verwendete er aber nicht irgendwelches chromsaures Kali, sondern eine Probe, die ihm der Untersuchungsrichter aus der Färberei, in der Pilz zum Tatzeitpunkt gearbeitet hatte, besorgt hatte.[204] In diesem Fall handelte es sich also wieder um eine erklärende Abkürzung, wie Hartmut von Sass es bezeichnet hatte.[205] Durch den Vergleich zwischen den gleichen Fällungsreaktionen mit dem reinen und dem in

---

[200] Viktor Sertürner: Gutachten in der Untersuchungssache Fricke, Hameln, 8. Februar 1871, NLA HA, Hann. 71 C Nr. 125, S. 435–461, S. 443–453.

[201] Ebd., S. 454f.

[202] Ebd., S. 460.

[203] Carrier: Value(s), S. 48.

[204] Viktor Sertürner: Gutachten in der Untersuchungssache Fricke, Hameln, 14. Februar 1871, NLA HA, Hann. 71 C Nr. 125, S. 429–432, S. 432.

[205] Sass: Vergleiche(n), S. 41f.; vgl. auch; Carrier: Making, S. 274f.; sowie Abschnitt 3.6.1.

der Leiche gefundenen Kaliumchromat wurde den Laien vor Gericht chemischer Kontext geliefert. In beiden Fällen lagen die Lösungen mit den ausgefällten farbigen Niederschlägen den Akten bei und konnten so von Richtern und Geschworenen mit eigenen Augen verglichen werden.[206] Der Vergleich ging in diesem speziellen Fall aber noch weiter, denn chemisch gab es keinen Grund, Kaliumchromat zu verwenden, das genau vom ehemaligen Arbeitsplatz von Pilz stammte. Diese Wahl verstärkte lediglich den Identitätsanspruch des Vergleichs. Die beiden Vergleichsgegenstände waren sich nicht nur ähnlich, sie waren bis hin zum Ursprungsort identisch. Dass dieser spezielle Vergleich vom Untersuchungsrichter eingefordert worden war, zeigt auch, dass, selbst wenn die Lehrbuchautoren oder die praktischen Sachverständigen Vergleichsreaktionen eher am Rande behandelten, die Gerichte selbst (oder zumindest die Anklage) diese zumindest in bestimmten Einzelfällen für wichtig hielten, um sich zu überzeugen.

Die Geschworenen waren zumindest von der Vergiftung und auch von Pilz' Schilderung der Ereignisse aus der Anklageschrift überzeugt. Dorothee Fricke wurde wegen Mordes zum Tode durch Enthauptung verurteilt.[207] Die Strafe wurde aber nicht vollstreckt, sondern wurde durch Begnadigung in eine lebenslängliche Gefängnisstrafe umgewandelt.[208] Nach mehreren Gnadengesuchen wurde sie 1892 begnadigt und aus dem Gefängnis entlassen.[209] Pilz wurde zu einer siebenjährigen Zuchthausstrafe verurteilt, die er vollständig absaß.[210]

Auch ein ähnlich Fall aus Frankreich zeigt, dass solche Vergleiche immer dann eine besondere Rolle spielten, wenn durch die chemische Analyse argumentativ eine engere Verbindung zwischen dem eingesetzten Gift und demjenigen im Besitz der Verdächtigen hergestellt werden sollte. Dem Fabrikarbeiter François Josph Van-Coppenolle aus Corbeil (heute Teil der Gemeinde Corbeil-Essonnes bei Paris) wurde

---

[206] Sertürner: Gutachten Fricke, 8. Februar, NLA HA, Hann. 71 C Nr. 125, S. 460 f.; ders.: Gutachten Kruse, 14. Februar 1871, NLA HA, Hann. 71 C Nr. 125, S. 432.

[207] Schwurgericht Hannover: Urteil des Schwurgerichts Hannover gegen die Witwe Fricke, Hannover, 7. Juni 1871, NLA HA, Hann. 71 C Nr. 127, S. 38 f., S. 39.

[208] Wilhelm I.: Begnadigungsurkunde zur Umwandlung der Todesstrafe in eine lebenslängliche Gefängnisstrafe für die Witwe Fricke, Berlin, 20. September 1871, NLA HA, Hann. 71 C Nr. 127, S. 58.

[209] Wilhelm II.: Begnadigungsurkunde zur Freilassung der Witwe Fricke, Berlin, 8. Dezember 1892, NLA HA, Hann. 71 C Nr. 127, S. 170.

[210] Schwurgericht Hannover: Urteil des Schwurgerichts Hannover gegen Bernhard Pilz, Hannover, 7. Juni 1871, NLA HA, Hann. 71 C Nr. 127, S. 40 f., S. 41; N. N.: Entlassungsurkunde für Bernhard Pilz, 7. Juni 1878, NLA HA, Hann. 71 C Nr. 127, S. 95.

1855 vorgeworfen, versucht zu haben, seine Frau zu vergiften.[211] Er war angezeigt worden – „par la rumeur publique" –, seiner Frau giftige Substanzen ins Essen gemischt zu haben, „qui avaient provoqué les plus graves désordres."[212] Dem Untersuchungsrichter gegenüber gab die Ehefrau an, dass am Tage der versuchten Vergiftung Brotsuppe zum Abendessen vorbereitet habe, als ihr Mann von der Arbeit nach Hause gekommen sei. Sie habe auch selbst Suppe auf zwei Teller verteilt und für sich und ihren Mann bereitgestellt, habe dann allerdings das Zimmer für andere Haushaltstätigkeiten verlassen. Als sie wiederkam und von der Suppe aß, habe sie einen merkwürdigen Geschmack wahrgenommen, den ihr Mann auf schlechtes Brot geschoben habe. Vier Löffel habe sie probiert, sei sich dann sicher gewesen, dass ihr Mann sie vergiften wolle und habe dann versucht, sich erstens ihren Mund zu säubern und das Gift loszuwerden und zweitens herauszufinden, was er ihrer Suppe hinzugesetzt hatte:

> À la quatrième [cuillère], la femme Van-Coppenolle s'écria: „Je suis empoisonnée!" Ayant aussitôt essuyé l'intérieur de sa bouche avec un mouchoir, elle examina avec attention la panade qui restait sur son assiette et aperçut du cambouis mêlé de parcelles de limaille de cuivre.[213]

Van-Coppenolle habe sofort versucht, ihre Wahrnehmung von Schmierfett als „bête noire" wegzuerklären, und habe anschließend den Inhalt der beiden Teller aus dem Fenster geschüttet.[214] Sie habe ihm nicht geglaubt und sich sofort bei ihrer Mutter und einem Arzt Hilfe gesucht, insbesondere in Form eines Brechmittels. Durch die ärztliche Behandlung habe sich ihr Zustand nach einigen Stunden starker Schmerzen und „violents vomissements" – wobei der Procureur Général Impérial nicht ausführte, ob diese durch die Vergiftung oder das Brechmittel verursacht wurden – verbessert.

Van-Coppenolle habe der Anklageschrift zufolge eine „énergie sauvage", was sich insbesondere daran zeige, dass dieser seine Beteiligung am Juniaufstand 1848 nicht leugne, für die er mit 21 Monaten Deportation bestraft worden war.[215] Im Juniaufstand hatten sich insbesondere die Arbeiter von Paris gegen die Schließung der nach der Februarrevolution eingerichteten Nationalwerkstätten, der *Commission du travail* und damit gegen die Abschaffung oder wenigstens die Einschränkung des

---

[211] Die folgende Schilderung des Falles bezieht sich auf Le Procureur Général Impérial: Acte d'Accusation contre Van-Coppenolle, Paris, 15. Oktober 1855, ADY, 2U 441.

[212] Ebd.

[213] Ebd.

[214] Ebd.

[215] Ebd.

verkürzt so genannten „Rechts auf Arbeit" der Frühphase der französischen Revolution von 1848 gerichtet. Der blutig niedergeschlagene Aufstand forderte etwa 4000 Todesopfer und stellte politisch den Bruch einer instabilen Koalition von gemäßigten Republikanern bis hin zu Sozialisten dar. Unter der so genannten „Parti de l'Ordre" ging das bürgerliche Lager in einem Schulterschluss zwischen Republikanern, Legitimisten, Orleanisten und Bonapartisten siegreich hervor. Die Ordnungspartei stellte dann auch die absolute Mehrheit der verfassungsgebenden Versammlung, auf der die konservativ ausgerichtete Verfassung der kurzlebigen Zweiten Republik beschlossen wurde.[216] Zum Zeitpunkt der Verhandlung 1855 war die Zweite Republik nach dem Staatsstreich ihres einzigen Staatspräsidenten Louis Napoléon (1808–1873), der seit 1852 als Kaiser Napoléon III. das Zweite Kaiserreich regierte, schon wieder vorüber. Die Erinnerungen der überproportional bürgerlich besetzten[217] Jury in der Nähe von Paris gaben trotzdem dieser kurzen Darstellung der Vorstrafe als Beweis für den schlechten Charakter des Angeklagten vermutlich mehr Kraft, als es dieser recht kurze Satz vielleicht zunächst vermuten lässt.

Auf der Suche nach dem möglichen Gift durchsuchten die Behörden auch die Fabrik in Essonnes, in der Van-Coppenolle als Vorarbeiter angestellt war, und fanden „dans le cabinet habituellement occupé par Van-Coppenolle"[218] mehrere Stücke oxidiertes Kupfer. Außerdem wurde an mehreren Orten in der Fabrik Schmieröl gefunden, das auf die Beschreibung von Frau Van-Coppenolle passte. Diese beiden Substanzen wurden zusammen mit dem Taschentuch, das Frau Van-Coppenolle benutzt hatte, um sich den Mund zu säubern, und das inzwischen grüne Flecken zeigte, an den Chemiker Jean Louis Lassaigne (1800–1859) zur chemischen Analyse geschickt.[219] Lassaigne begann mit der Untersuchung des Schmieröls, das er als dunkel grünlich, zähflüssig und stark nach ranzigem Öl riechend beschrieb. Wenn es auf einem Papier verrieben wurde, seien mehrere kleine metallisch glänzende

---

[216] Willibald Steinmetz: Europa im 19. Jahrhundert (Neue Fischer Weltgeschichte), Frankfurt a. M. 2019, S. 337–339; Marx interpretiert den Juniaufstand als endgültige Trennung der Zweckallianz zwischen Bürgertum und Proletariat als bestätigendes Beispiel für seine Theorie der Klassenkämpfe: „[D]ie wirkliche Geburtsstätte der bürgerlichen Republik, es ist nicht der *Februarsieg*, es ist die *Juniniederlage* [der Arbeiter]." Vgl. Karl Marx: Die Klassenkämpfe in Frankreich 1848 bis 1850, in: Martin Hundt/Hans-Jürgen Bochinski/ Heidi Wolf (Hrsg.): Karl Marx / Friedrich Engels: Werke, Artikel, Entwürfe Juli 1849 bis Juni 1851 (MEGA, Abteilung 1, Bd. 10), Berlin/DDR 1977, S. 119–196, S. 137; Hervorhebungen im Original, Hinzufügung MC.

[217] Vgl. Abschnitt 2.1.

[218] Le Procureur Général Impérial: Acte d'Accusation contre Van-Coppenolle, ADY, 2U 441.

[219] Jean Louis Lassaigne: Expertise dans l'affaire Van-Coppenolle, Paris, 13. August 1855, ADY, 2U 441.

Stücke wahrnehmbar gewesen. Ein Geschmack habe sich nicht sofort gezeigt, nach einigen Minuten aber habe es einen scharfen, zusammenziehenden Geschmack gehabt. Dies alles passte grob zur Beschreibung von Frau Van-Coppenolle, wie sie in der Anklageschrift wiedergegeben wurde.

Das Schmieröl wurde von Lassaigne mit Äther (Diethylether; „éther sulfurique") versetzt, der sich Smaragdgrün („beau vert d'émeraude") verfärbte.[220] Zurück blieb ein glänzendes, metallisches Pulver, dass eine bronzegelbe („jaune de bronze") gehabt habe.[221] Dieses Pulver behandelte Lassaigne mit Salpetersäure, wobei es zu einer Freisetzung von Stockstoffdioxid („deutoxyde d'azote") gekommen sei. Die Lösung habe sich blau gefärbt und ein weißes Pulver ausgefällt, das Lassaigne sofort als Zinndioxid („bioxyde d'étain") erkannt habe.[222] Die Lösung wurde zur Trocknung eingedampft und aus dem Rückstand konnten mit einem Stabmagneten einige Eisenpartikel getrennt werden. Der Rest wurde mit Schwefelsäure behandelt, in Wasser gelöst und mit weiterer Schwefelsäure angesäuert. Ein Strom Schwefelwasserstoff, der durch die Lösung geleitet wurde, fällte Kupfersulfid aus, das abfiltriert wurde. Das Filtrat wurde, nachdem der Überschuss Schwefelsäure durch Eindampfen entfernt wurde, mit Natriumcarbonatlösung (Soda) versetzt, woraufhin sich ein weißer Niederschlag bildete, den Lassaigne als Zinkcarbonat gemischt mit einer kleinen Menge Eisenoxid identifizierte. Es handelte sich bei dem Metall also um eine Legierung aus Kupfer, Zinn und Zink und damit um Messing. Die am Anfang der Versuche zurückgebliebene Ätherlösung wurde außerdem noch mit einem negativen Resultat auf Arsen untersucht.

Das Metallstück wurde in der Folge auch sofort als Messing identifiziert und lediglich genutzt, um eine genaue quantitative Analyse der Zusammensetzung durchzuführen. Die Flecken auf dem Taschentuch von Frau Van-Coppenolle wurden zunächst mit der Lupe untersucht, wobei Lassaigne „plusieurs de petites particules brillantes jaunâtres" feststellte, die denen in der ersten Flüssigkeit sehr ähnlich seien.[223] Lassaigne schnitt die Flecken aus dem Taschentuch heraus und legte die Stücke des Taschentuchs in Äther, der sich schnell schwach smaragdgrün gefärbt habe und wieder habe sich ein metallisches, gelbes Pulver abgesetzt. Er führte mit diesem Pulver genau dieselben Versuche durch, die bereits oben beschrieben wurden und erhielt genau die gleichen Ergebnisse. „Cette uniformité dans l'aspect physique et les caractères chimique de ces taches du mouchoir avec cette dernière substance

[220] Lassaigne: Expertise Van-Coppenolle, ADY, 2U 441.

[221] Ebd.

[222] Ebd.

[223] Ebd.

etablit positivement qu'elles avaient été formées par une matière identique."[224] Um ganz sicherzugehen, behandelte Lassaigne außerdem die Flecken auf dem Taschentuch mit einer Lösung aus rotem Blutlaugensalz (Kaliumhexacyanidoferrat(III); „la solution de cyanure de fer et de potassium"), woraufhin sich diese rot färbten.[225] Er produzierte dann zum Vergleich auf einem weißen Stück Stoff ähnliche Flecken, die genau die gleiche Reaktion zeigten.

Wie im Fall Fricke ging der Anspruch dieser Vergleiche weiter als nur die Absicherung der Ergebnisse. Es ging nicht darum zu zeigen, dass Lassaigne sauber gearbeitet hatte. Es ging darum, die Identität des potentiellen und des tatsächlich eingesetzten Gifts festzustellen und vor allem plausibel zu machen. Damit stand für die Anklage fest, dass François Van-Coppenolle einen schlechten Charakter und sowohl Zugriff auf die Tatwaffe als auch Gelegenheit hatte. In der Darstellung des Procureur Général Impérial fehlte nun noch das Motiv. Dies war insofern einfach zu finden, als der Van-Coppenolle seiner Frau einige Zeit vorher gebeichtet hatte, sie mit einer Frau Buché – der Vorname wird in der Anklageschrift nicht genannt – betrogen zu haben. Frau Van-Coppenolle habe seiner neuen Leidenschaft im Weg gestanden und er wollte Buché nach dem Tod seiner Frau heiraten.[226] Die Geschworenen waren auch überzeugt und sprachen Van-Coppenolle schuldig, erkannten aber wieder – wohl wegen dem nicht erfolgreich durchgeführten Mord – mildernde Umstände. Das Strafmaß ist nicht überliefert.[227]

Vergleichsreaktionen als positive Beweise spielten im theoretischen Diskurs eine untergeordnete Rolle. Vergleichsreaktionen wurden in der Form von Blindversuchen empfohlen, um Fehler auszuschließen, die Fälle Fricke und Van-Coppenolle zeigten aber einen völlig anderen Einsatz des Vergleichs. Hier ging es darum, positiv zu beweisen, dass der in einem Körper oder in einer Probe gefundene Stoff mit einem Stoff identisch war, der bei den jeweiligen Angeklagten gefunden worden war. Mit solchen Reaktionen kam die chemische Analyse so nah wie nur möglich an die Feststellung eine subjektiven Tatbestands heran. Während sich die Aussagen der forensischen Toxikologie im Allgemeinen auf den objektiven Tatbestand beschränkten, das heißt auf die Frage, ob ein Verbrechen begangen worden war, ermöglichte die Vergleichsreaktion dieser Form Rückschlüsse auf mögliche Täter*innen. Zumindest würde der Kreis möglicher Täter*innen durch die Feststellung der Identität bestimmter Produkte deutlich reduziert. Im Fall Van-Coppenolle suggerierte der

---

[224] Ebd.

[225] Ebd.

[226] Le Procureur Général Impérial: Acte d'Accusation contre Van-Coppenolle, ADY, 2U 441.

[227] Cour d'Assises de Seine et Oise: Déclaration du Jury dans l'affaire Van-Coppenolle, Versailles, 8. November 1855, ADY, 2U 441.

Vergleich zumindest, dass als Täter*in nur eine Person infrage kommen könnte, die Zugriff auf genau dieses Schmieröl genau dieser Fabrik hatte. Genauso verhielt es sich im Fall Fricke, wobei hier die Identität der Stoffe wenigstens die Beihilfe von Pilz nahelegte. Die Gutachten äußerten sich in beiden Fällen nicht dazu, ob Produkte, die sich in anderen Fabriken finden ließen, sich nicht genauso verhalten würden. In beiden Fällen von der Voruntersuchung mit den Vergleichsgegenständen versorgt, bestand der Zweck der Vergleichsproben eindeutig darin, die Narrative der sich entwickelnden Anklagen zu unterstützen. Besonders deutlich wurde dies im Fall Fricke, in dem der Sachverständige die Vergleichsprobe erst erhalten hat, nachdem er bereits die erste Analyse durchgeführt hatte. Bei korrekter Durchführung der ersten Analyse gab es an dieser Stelle fast kein Risiko mehr, dass der Vergleich mit irgendwelchem Kaliumchromat negativ ausfallen würde. Vergleiche dieser Form erweiterten die Möglichkeiten und den Nutzen der Anschaulichkeit. Während der Wert von Reduktionsproben besonders darin lag, die Materialität der Mordwaffe (wieder-)herzustellen[228], plausibilisierte der Vergleich mindestens, dass die mutmaßlichen Täter*innen Zugriff auf diese Mordwaffe hatten.

5.6.2 Reduktionsproben – Der Primat der reinen Substanz

Ganz anders als mit den Vergleichsproben verhielt es sich mit den Reduktionsproben, durch die Metallgifte – und diese waren weiterhin in der Regel die verwendeten Gifte – in Formen dargestellt werden sollten, in denen sie von Richtern, Geschworenen und anderen chemischen Laien vor Gericht leicht erkannt werden konnten. Wie in Abschnitt 5.5 bereits zitiert, verstand Schneider zum Beispiel den Einsatz redundanter Methoden lediglich als Behelfslösung, falls solche anschaulichen Methoden nicht zur Verfügung standen. Er ging sogar so weit in dieser Bevorzugung von anschaulichen Methoden einen grundsätzlichen Unterschied zwischen analytischen Chemikern auf der einen und forensischen Chemikern auf der anderen Seite zu sehen:

> Während der analytische Chemiker insbesondere solche Formbestimmungen der Körper auswählt, welche entweder durch ihr charakteristisches chemisches Verhalten besonders ausgezeichnet sind, oder welche die Menge der Substanz aufs Genaueste zu bestimmen gestatten, muss der Gerichts-Chemiker seinen Substanzen jene Formen

---

[228] Vgl. dazu die Abschnitte 3.6.2 und 5.6.2, sowie Burney: Poison, S. 78–115; Carrier: Making, S. 269–271.

vorzüglich zu geben bemüht sein, nach welchen die Körper von Jedermann leicht erkannt und von ähnlichen unterschieden werden können.[229]

Der Grund für diese Differenzierung und unterschiedliche Methodenwahl lag für Schneider im Publikum der Demonstration. Der forensische Toxikologe müsse seine Schlussfolgerung Laien präsentieren und diese überzeugen. Anders als die Redundanz[230] diente Anschaulichkeit bei Schneider aber keineswegs zur Erhöhung der Sicherheit der Ergebnisse. Er führte die zitierte Überlegung nämlich mit dem Beispiel der Ermittlung einer Kupferanalyse weiter. Darin sollte statt einer sehr eindeutigen Farbreaktion die Darstellung von elementarem Kupfer gewählt werden und zwar mit dem einzigen Grund, dass dieses elementare Kupfer für Laien besser erkennbar und die Ergebnisse auch nicht leicht durch Rechtsanwälte anfechtbar waren:

> Handelt es sich z. B. um die Ausmittlung einer Kupfervergiftung oder um den Nachweis eines Kupfergehaltes in Nahrungsmitteln u. dgl., so wird der Richter und mit ihm alle Laien unstreitig von der wirklichen Anwesenheit dieses Metalles *viel bestimmter überzeugt werden*, wenn dasselbe durch Fällung mittelst Eisen in seinem elementaren Zustande dargestellt wird, wo es *durch seine kupferrothe Farbe von dem gemeinsten Mann gekannt ist*, als wenn es in überschüssigem Ammoniak aufgelöst, die tief blaue Färbung erzeugt, an welcher der Chemiker bei qualitativen Analysen die Gegenwart des Kupfers entdeckt. Ja, ein in chemischen Lehrsätzen nicht unbewanderter Rechtsanwalt kann das Bedenken erheben, ob denn wirklich diese blaue Färbung durch Kupfer und nicht durch ein anderes Metall, z. B. durch Nickel, verursacht wurde, wodurch dann der Gerichtschemiker gezwungen wäre, durch alle übrigen Reactionen nachzuweisen, dass die fragliche Substanz wirklich Kupfer enthalte.[231]

Was die Darstellung des Giftes in seiner elementaren (metallischen) Form zu einem besonderen Beweismittel machte, war nicht, dass die analytischen Chemiker selbst dies besonders überzeugend gefunden hätten. Dass diese Form der Präsentation besonders sicher wäre, wie es in der ersten Hälfte des 19. Jahrhunderts noch oft besonders im deutschsprachigen Diskurs betont wurde, kam nur noch vereinzelt in den Lehrbüchern vor. Nicht eindeutig in dieser Hinsicht war Fresenius, der davon sprach, dass die Darstellung des metallischen Arsens „den Schlussstein des Beweises von der Anwesenheit des Arsens liefern soll".[232] Otto gab der Darstellung von

---

[229] Schneider: Chemie, S. 5.

[230] Vgl. Abschnitt 5.5

[231] Schneider: Chemie, S. 5 f., Hervorhebungen MC; Hier wird auch noch einmal deutlich, dass Schneider Redundanz fast schon als Verlegenheitslösung und nicht als optimales Vorgehen verstand.

[232] Fresenius: Anleitung, S. 286.

metallischem Arsen eine doppelte Bedeutung, indem diese erstens so auszuführen sei, dass eine Verwechslung mit anderen Metallen ausgeschlossen werden könnte und die metallische Form zweitens „mit der grössten Sicherheit als solches erkannt" werden könne.[233] Auch wenn Otto Laien an dieser Stelle nicht erwähnte, so liegt der Verdacht nahe, dass diese mit dem zweiten Punkt gemeint gewesen sind. Dennoch betonte er auch, dass es über die reine Anschauung noch eine chemische Sicherheit gäbe, die andere Darstellungsformen nicht liefern könnten.

Das Argument, die Reduktionsproben eine größere chemische Sicherheit des Giftnachweises liefern konnten, verschwand also nicht aus dem Diskurs, es nahm aber eine untergeordnete Rolle ein. In einer späteren Auflage seines Lehrbuches sprach Otto zum Beispiel auch explizit davon, dass am Ende der Richter in der Lage sein sollte, das Gift zu erkennen: „Kann es geschehen, und in der Regel ist dies möglich, so fügt man dem Berichte Beweismittel (*Corpora delicti*) bei, Präparate, an denen der Richter das Vorhandensein und die Natur des Giftes zu erkennen im Stande ist."[234] Über die Form dieser Präparate sollte in der Regel der Chemiker entscheiden, aber sowohl für seine Beispiele des Quecksilbers als auch beim Kupfer lief es auch bei Otto darauf hinaus, dass „das Metall dem Richter bekannter ist" als andere Formen der Darstellung.[235] Brach hielt es für das „grösste Verdienst" der Chemie für das Rechtssystem, dass sie in der Lage sei, Gifte „unzweifelhaft *in Substanz* darzustellen".[236] Und auch Dragendorff sah die Hauptaufgabe der Darstellungsform darin, das Gericht zu überzeugen:

> Da es darauf ankommt, *der Oberbehörde und auch dem Richter die gefundenen Resultate möglichst wahrscheinlich zu machen*, so ist es wünschenswerth (und in Russland u. a. Ländern sogar gesetzlich bestimmt), dass der Expert mit seinem Protokoll Proben des gefundenen Giftes (sogenannte Corpus delicti [sic]) vorlege. Die Form dieser muss so gewählt sein, dass *wo möglich auch der Laie sie als das erkennen kann*, wofür man sie ausgiebt.[237]

Ludwig war, wie oben in Abschnitt 5.5 zitiert, der Ansicht, dass es gerade nicht reiche, nur eine noch so anschauliche Reaktion durchzuführen. Er war hingegen der Meinung, dass Sicherheit nur durch Redundanz hergestellt werden könne. Trotzdem ignorierte auch er nicht die Überzeugungskraft anschaulicher Methoden. Bei der Wahl der Darstellungsform, in der das Gift letztlich dem Gericht vorgelegt

---

[233] Otto: Anleitung 1856, S. 16.

[234] Ebd., S. 5; Hervorhebung im Original.

[235] Ebd., S. 5 f.; Zitat S. 5.

[236] Brach: Lehrbuch, S. 379, Hervorhebung MC.

[237] Dragendorff: Ermittelung, S. 3, Hervorhebung MC; vgl. auch ders.: Manuel, S. 3.

werden sollte, erklärte auch er die Erkennbarkeit durch Laien und damit die Überzeugungskraft zum obersten Kriterium:

> Da es gebräuchlich ist, dem Gerichte wenigstens einen Theil des aus den Untersuchungsobjecten dargestellten Giftes als Beweismittel mit dem Gutachten vorzulegen, *so soll die Form gewählt werden, welche auch einem Laien bekannt ist*; so z. B. wird man Kupfer und Blei als Metalle dem Gerichte abliefern, weil deren Eigenschaften Jedermann bekannt sind, während so manche mit sehr charakteristischen Eigenschaften begabte Verbindungen dieser Metalle dem gewöhnlichen Publikum ganz fremd sind. […].[238]

Diese besondere Betonung der Anschaulichkeit im deutschsprachigen Diskurs wird insbesondere dann erklärlich, wenn sie mit dem in Abschnitt 4.1 angesprochenen Diskurs über die Bedrohung der chemischen Autorität durch Laien in Verbindung gebracht wird. Die Vorstellung, dass letztlich chemisch nicht ausgebildete Laien über die Annahme oder Ablehnung der Gutachten und der chemischen Beweismittel entschieden, wurde verstärkt durch die Rechtsreformen zur Mitte des 19. Jahrhunderts, die nicht nur die Anzahl der Laien erhöhte, sondern auch die Gefahr bot, chemische Expertise öffentlich in einem schlechten Licht darzustellen. Besonders vor diesem Hintergrund stellte sich für die Lehrbuchautoren auch stärker das Problem, dass chemische Gutachten nicht nur sicher, sondern auch für sich überzeugend und damit weniger angreifbar sein sollten.[239] Die chemische Analyse war in diesem Sinne nicht (nur) ein Problem der praktischen Chemie, sondern auch ein didaktisches Problem.[240]

Im französischen Theoriediskurs spielte Anschaulichkeit eine vergleichsweise deutlich geringere Rolle. Legrand de Saulle erklärte zwar: „Sans doute, chaque fois que cela est possible, il faut s'attacher, avant tout, à découvrir, à noter, à *mettre sous*

---

[238] Ludwig: Chemie, S. 143, Hervorhebung und Kürzung MC.

[239] Vgl. dazu auch Carrier: Making, S. 264–266.

[240] Auch außerhalb des Gerichtssaals wurde ein solcher didaktischer Wert von Demonstrationsversuchen genutzt. Neben dem offensichtlichem Beispiel der Toxikologievorlesung berichtet Bertomeu-Sánchez von Diskussionen in französischen Salons über die Lafarge-Affäre. Ein Apotheker versuchte hier durch die öffentliche Demonstration der Versuche im Salon, Lafarge-Sympanthisant*innen von Orfilas Ergebnissen zu überzeugen. Im übertragenden Sinne wurden so die Salonbesucher*innen zu Geschworenen in dieser Nachstellung der Experimente. Vgl. José Ramón Bertomeu-Sánchez: Classrooms, Salons, Academies, and Courts: Mateu Orfila (1787–1853) and Nineteenth-Century French Toxicology, in: Ambix 61.2 (2014), S. 162–186, hier S. 170; Vgl. grundlegend zu öffentlichen Demonstrationsversuchen auch Steven Shapin/Simon Schaffer: Leviathan and the Air-Pump. Hobbes, Boyle, and the Experimental Life, Princeton 2011.

les yeux du jury la substance toxique, le poison extrait du cadavre."[241] Er schränkte aber gleich ein, dass diese Darstellung keinesfalls als notwendiges Kriterium missverstanden werden sollte. Legrand warnte also vor falsch negativen Ergebnissen, die die Erwartung der Richter oder der Geschworenen, das Gift an sich präsentiert zu bekommen, enttäuschen konnten. Tardieu hingegen betonte, dass die anschauliche Darstellung des Gifts nicht hinreichend sei. Stattdessen bedürfe es der Medizin als Ganzes, die die chemische Analyse erst im Kontext der Symptome interpretieren könnte:

> Enfin il est un dernier ordre de preuves, une dernière voie de recherches qui, pour beaucoup de personnes, semble l'emporter sur toutes les autres, et qui cependant ne saurait les rendre inutiles, c'est la découverte et la démonstration de l'agent vénéneux lui-même. Extraire le poison des organes de la victime et le montrer avec ses caractères palpables, c'est beaucoup sans doute, quelquefois c'est l'évidence même; en réalité cependant cela ne suffit pas, si l'on ne peut rattacher la présence du poison aux symptômes observés pendant la vie et aux lésions constatées sur le cadavre.[242]

Andererseits war ihm die Überzeugungskraft anschaulicher Methoden ähnlich wie Ludwig deutlich bewusst. Wenn die chemische Analyse erfolgreich war, sollte sie zuerst danach streben, das reduzierte Metall darzustellen. Alle anderen Tests seien nicht in der Lage zu überzeugen:

> Vainement pour l'arsenic, eût-il [c.-à -d. l'expert] obtenu l'arsénite de cuivre, le sulfure jaune d'arsenic, l'arséniate d'argent si caractéristique, etc.; pour le cuivre, le précipité marron que détermine le prussiate jaune, la couleur bleue que développe l'ammoniaque, etc.; pour le mercure, les divers dépôts colorés fournis par la potasse, l'acide sulfhydrique, l'iodure de potassium, etc., on eût fait peu de cas de ces réactions péremptoires: *il fallait exhiber le métal lui-même ou renoncer à convaincre.*[243]

In der Praxis blieb die Marsh'sche Probe – inklusive ihrer Modifikationen – das eindeutigste Beispiel für anschauliche Methoden und sie blieb über das ganze 19. Jahrhundert hinweg de facto der Standard für die Suche nach Arsen im forensischen Kontext. Im Jahr 1855 wurde die Bäuerin Victorine Perrot aus Athis-Mons bei Paris angeklagt, ihren Ehemann, Jean Noel Perrot, vergiftet zu haben.[244] Am 30. Dezember 1854 habe Jean Perrot mit seiner Familie – seiner Frau, seinem Sohn und seinen auf dem gleichen Hof lebenden Schwiegereltern – gefrühstückt und

---

[241] Legrand du Saulle/Berryer/Pouchet: Traité, S. 1158; Hervorhebung MC.

[242] Tardieu/Roussin: Étude, S. 8.

[243] Ebd., S. 121; Hinzufügung und Hervorhebung MC.

[244] Le Procureur Général Impérial: Acte d'Accusation contre veuve Perrot et autres, Paris, 17. August 1855, ADY, 2U 442.

sei anschließend aufs Feld gegangen. Als er gegen Mittag auf dem Feld wiederum von dem gleichen Brei gegessen habe, den er bereits zum Frühstück hatte, habe er angefangen, sich heftig zu erbrechen. Diese Symptome seien auch am nächsten Tag nicht besser gewesen und der Sohn des Opfers sei in den nahegelegenen Ort Longjumeau geschickt worden, um dort einen Arzt aufzusuchen. Dieser habe dem Sohn Medizin mitgegeben, die Jean Perrot stündlich gegeben werden sollte, und habe versprochen, am nächsten Tag nach Athis-Mons zu kommen, um nach Perrot zu sehen. Der Sohn habe – so der Procureur Général Impérial – die Medizin seiner Mutter übergeben, die ihrem Mann statt der verordneten Menge über den Tag verteilt nur zwei Löffel von der Medizin gegeben habe. Dennoch fand der Arzt, als er am nächsten Tag nach Perrot sah, dass sich dessen Zustand verbessert habe. Diese Verbesserung war allerdings nur von kurzer Dauer, denn in der Nacht vom 2. auf den 3. Januar 1855 starb Perrot.

Nach dem plötzlichen Tod von Jean Perrot fiel der Verdacht schnell auf seine Ehefrau, die eine Affäre mit dem auf dem Hof der Perrots angestellten Fuhrmann Henri Desnoyers gehabt habe. Dies sei in der Gemeinde so weit bekannt gewesen, dass nicht nur der Vater der Angeklagten – gegen ihren vehementen Protest – Desnoyers Geld dafür geboten hatte, den Hof zu verlassen, sondern Jean Perrot im Ort auch „Jean le Martyre" genannt worden sei.[245] Während der Voruntersuchung ergab sich auch der Verdacht, dass im Sommer 1854 Victorine Perrot von Desnoyers schwanger gewesen sei, und dieses Kind abgetrieben worden war. In diesem Zusammenhang wurde auch Anklage gegen zwei Kräuterhändler*innen und die Mutter der Angeklagten erhoben, die sie bei der Abtreibung unterstützt haben sollten. Die beiden Kräuterhändler*innen sollen einen Trank gemischt haben, der die Abtreibung einleitete, die Mutter soll für die Abtreibung bezahlt haben. Die Geschworenen erklärten die Angeklagten aber in diesen Punkten für unschuldig.[246] Unabhängig davon, ob genug Beweise vorhanden waren, die Abtreibung nachzuweisen, wird dieses Narrativ aber dazu gedient haben, den Charakter der Angeklagten als besonders schlecht darzustellen.

Es wurde wegen des Verdachts der Vergiftung jedenfalls eine Untersuchung eingeleitet und die Leiche von Jean Perrot wurde obduziert. Wie üblich in solchen Verfahren wurden die inneren Organe zur chemischen Analyse geschickt, diesmal an den Chemiker Jean Baptiste Chevallier und den oben im Fall Van-Coppenolle schon benannten Lassaigne.[247] Neben den inneren Organen wurde den

---

[245] Le Procureur Général Impérial: Acte d'Accusation contre Van-Coppenolle, ADY, 2U 442.

[246] Cour d'Assises de Seine et Oise: Déclaration du Jury dans l'affaire Perrot et autres, Versailles, 14. November 1855, ADY, 2U 442.

[247] Chevallier/Lassaigne: Expertise Perrot, ADY, 2U 442.

Sachverständigen außerdem ein Paket mit einem weißen Pulver geschickt, dass während einer Hausdurchsuchung in einer Kommode von Victorine Perrot gefunden worden war. Die Sachverständigen begannen mit der Untersuchung des Magens, den sie zuerst mit destilliertem Wasser wuschen. Nach mehreren Minuten habe sich aus dem Magen eine weißes, kristallines Pulver gelöst, das sie trockneten. Dieses Pulver wurde auf glühende Kohlen geworfen, woraufhin die Sachverständigen einen Geruch nach Knoblauch wahrnahmen. In kochendem Wasser gelöst und mit Schwefelwasserstoff versetzt, produzierte das Pulver einen gelben Niederschlag, der löslich war in Ammoniak. Zu diesem Zeitpunkt hielten die Sachverständigen bereits fest, dass sie sich sicher waren, dass es sich bei dem gefunden Pulver um Arsen handeln müsse: „L'ensemble de ces divers caractères chimiques dénote que cette *matière pulvérulent séparée de l'estomac par le simple lavage a l'eau froide était de l'acides arsénieux*".[248]

Die Analyse wurde mit den festen Bestandteilen des Magens fortgesetzt, die in kleinere Stücke geschnitten und mit Schwefel- und Salpetersäure behandelt wurden, um sie von organischen Substanzen zu befreien. Nach dem Eindampfen wurde der Rückstand in destilliertem Wasser gelöst und die resultierende gelbe Flüssigkeit gefiltert. Die Hälfte des Filtrats wurde daraufhin in einen Marsh'schen Apparat gegeben und die üblichen Arsenflecken zeigten sich bei der Verbrennung des Gases. Die andere Hälfte des Filtrats wurde ebenfalls in den Marsh'schen Apparat gegeben, diesmal wurde aber nicht das entweichende Gas angezündet, sondern das Gas durch eine Glasröhre geleitet, die erhitzt wurde und in der sich ein Ring von reduziertem Arsen zeigte. Sowohl die Flecken als auch der Ring wurden dem Gutachten beigelegt. Genauso verfuhren die Sachverständigen mit der Leber, dem Darm, der Lunge, dem Herz, der Milz, der Niere und von diversen Organen entnommenem Blut. In allen diesen Untersuchungen erhielten die Sachverständigen Arsenflecken, -ringe oder beides.

Zwei Aspekte sind besonders interessant an diesem Gutachten. Erstens waren die Sachverständigen durch Experimente bereits davon überzeugt, dass es sich um Arsen handelte, bevor sie die Marsh'sche Probe anwendeten. Sie waren also offensichtlich der Meinung, dass von dem Standpunkt der chemischen Analyse die Marsh'sche Probe nicht mehr notwendig war, um von der Anwesenheit von Arsen überzeugt zu sein. Dennoch führten sie sie durch und zwar nicht nur mit den anderen Organen, sondern als erstes mit dem Magen, in dem sie bereits Arsen nachgewiesen hatten. Zweitens führten sie bei den anderen Organen keinen der Versuche durch, der sie beim Magen von der Anwesenheit von Arsen überzeugt hatte. Dies kann auf zwei Arten erklärt werden. Einerseits kann die angenommene und zu erwartende

---

[248] Ebd., Hervorhebung im Original.

Konzentration von Arsen in den anderen Organen nicht hoch genug gewesen sein, um die gleichen Versuche durchzuführen, die mit einem weißen Pulver – mutmaßlich weißes Arsen – durchgeführt werden konnten. Hier wäre dann die höhere Sensitivität der Marsh'schen Probe notwendig gewesen. Verstärkend kam aber andererseits möglicherweise hinzu, dass es zu diesem Zeitpunkt nicht mehr darum ging, dass die Experten sich selbst von der Anwesenheit von Arsen überzeugten. Sie waren sich schließlich schon nach den ersten Versuchen mit dem Magen sicher, dass dies der Fall war. Vielmehr ging es bei diesen Versuchen nur noch um die Überzeugung des Gerichts. Und hierfür war die Marsh'sche Probe vielleicht besser geeignet als alle anderen Nachweise. Dies wird untermauert dadurch, dass bei den ersten Flecken die Sachverständigen noch mit Salpetersäure und Silbernitrat absicherten, dass es sich nicht etwa um Antimon handelte. Diese Absicherung wurde bei keinem weiteren Versuch wiederholt. Stattdessen wurden alle dargestellten Arsenflecken und -ringe nummeriert und dem Gutachten beigelegt.

Ebenfalls untersucht wurde das bei Vicotrine Perrot gefundene Pulver. Interessanterweise nutzten hier die Sachverständigen nicht die Marsh'sche Probe, sondern die oben beschriebenen Versuche, die sie auch mit dem im Magen gefundenen Pulver durchführten. Sie waren jedenfalls auch hier davon überzeugt, dass es sich um Arsen handelte. Der einzige Versuch, der kein Arsen fand, war die Untersuchung der Erde vom Friedhof, auf dem Jean Perrot kurzzeitig begraben worden war.[249] Victorine Perrot stritt zuerst ab, je Arsen besessen zu haben, eine Nachbarin sagte aber aus, ihr Rattengift aus Arsen gegeben zu haben, als Perrot sie darum gebeten habe.[250] Perrot wurde von den Geschworenen für schuldig befunden, ihren Ehemann umgebracht zu haben. Das Strafmaß ist zwar nicht überliefert, die Geschworenen erkannten aber wieder mildernde Umstände in dem Fall, es kann also nicht die Todesstrafe verhängt worden sein.[251]

Ein deutscher Fall, der die Bevorzugung der Marsh'schen Probe noch einmal verdeutlicht, ist der Fall der Brüder Konrad und Friedrich Kruse aus Horn (heute Horn-Bad Meinberg) bei Detmold.[252] Die beiden waren 1883 angeklagt, ihre Mutter vergiftet zu haben. Der Vater der beiden hatte in Horn eine Gastwirtschaft betrieben. Als dieser 1879 verstarb, hatte zunächst der älteste Sohn Konrad, später sein jüngerer Bruder das Geschäft übernommen, bis ihre Mutter 1881 die Gastwirtschaft gegen

---

[249] Zur mehr oder weniger systematischen Untersuchung der Friedhofserde bei Exhumierungen in Frankreich vgl. Abschnitt 5.1.

[250] Le Procureur Général Impérial: Acte d'Accusation contre Van-Coppenolle, ADY, 2U 442.

[251] Cour d'Assises de Seine et Oise: Déclaration Perrot, ADY, 2U 442.

[252] Die folgende Darstellung des Falles bezieht sich auf Der Erste Staatsanwalt: Anklageschrift gegen die Gebrüder Kruse, Detmold, 12. Februar 1883, LAV NRW OWL, D21 B Nr. 466, S. 193–199.

den Willen der beiden Brüder an ihren Schwager, Adolf Haberbeck, verpachtete. Im Laufe des Jahres 1882 starb die Schwester von Frau Kruse und sie wollte sich mit dem nun verwitweten Haberbeck verheiraten. Dies war der Hintergrund, weswegen das Erbe des verstorbenen ersten Mannes nun zwischen den Kindern aus erster Ehe und der Mutter aufgeteilt werden sollte; die Anklageschrift sprach von dabei von einer „Schichtung".[253] Ohne auf die Details einzugehen, lief dies darauf hinaus, dass die beiden Brüder Kruse im Falle des Todes der Mutter deutlich mehr erben würden als sie so von der Teilung erhalten würden. Der Termin für die Schichtung war für den 10. Oktober 1882 angesetzt. Zu diesem Termin kam es nie, denn am Abend des 8. Oktober verstarb Frau Kruse plötzlich, wobei der behandelnde Arzt zunächst einen Herzinfarkt diagnostizierte. Die Leiche wurde zunächst ohne Obduktion begraben.

Einige Tage später sei in Horn das Gerücht umgegangen, dass die beiden Brüder an dem Tod der Mutter beteiligt gewesen seien. Mehrfach habe Konrad Kruse bei einem Händler versucht, Rattengift oder speziell Arsen zu kaufen. Er habe ihm viel Geld geboten, ihm Getränke ausgegeben und andere kleinere Geschenke gemacht, aber nie klar geantwortet, wozu er das Arsen benutzen wollte. Der Händler habe ihm zwar kein Arsen verkauft, aber Konrad Kruse habe ihm kurz vor dem Tod der Mutter gesagt, dass er es auch nicht mehr brauche, da er jetzt „das Rechte" habe.[254] Außerdem berichtete ein Wirt aus dem nahen Veldrom (heute ebenfalls Horn-Bad Meinberg), dass Konrad Kruse in einer Unterhaltung mit ihm erklärt hätte, er und sein Bruder versuchten, die Teilung des Erbes hinauszuzögern. Er habe dabei geäußert: „Eher passiert vielleicht noch etwas anderes."[255] Der Wirt gab an, er habe die Worte so verstanden, dass die beiden Brüder dafür sorgen wollten, dass ihrer Mutter vorher etwas zustieße. Schließlich ließ es die beiden Brüder sicherlich auch nicht im besten Licht erscheinen, dass sie kurz nach dem Tod der Mutter in dem Wirtshaus in Veldrom waren, feierten und anderen Gästen Bier ausgaben. Dabei hätten sie erklärt: *„unsere* Trauerzeit ist aus und Haberbeck seine geht jetzt an."[256] Friedrich Kruse seinerseits wurde nicht wegen des Mords direkt, sondern wegen Beihilfe angeklagt, da er es war, der sich erfolgreich Arsen in Form von Rattengift besorgt hatte. Der Erste Staatsanwalt ging davon aus, dass Friedrich seinem Bruder das Arsen gegeben und dieser dann ihre Mutter vergiftet hatte.[257]

---

[253] Ebd., S. 194.

[254] Ebd. S. 196 f., Zitat S. 197.

[255] Ebd., S. 197.

[256] Ebd., S. 197 f., Zitat S. 198; Hervorhebung im Original.

[257] Ebd., S. 198.

Alle diese Verdachtsmomente genügten, um die Leiche von Frau Kruse zu exhumieren und untersuchen zu lassen. Zwei Sachverständige fertigten hierzu unabhängig voneinander Gutachten an. Der erste, ein Apotheker aus Detmold namens Otto Wessel, war direkt vom Gericht beauftragt worden, ein Gutachten zu erstellen. Wessel begann mit der Untersuchung der Speiseröhre, des Magens, des Mageninhalts und des Zwölffingerdarms. Die Organe wurden zunächst äußerlich untersucht, ob sich zum Beispiel weiße Körner finden ließen, was nicht der Fall war.[258] Er bereitete dann die Probe auf die Untersuchung nach Arsen vor, indem er mithilfe von Kaliumchlorat („chlorsaures Kali") und Salzsäure begann, das organische Material in der Probe zu zerstören.[259] Das Produkt wurde filtriert, erhitzt und ein Strom Schwefelwasserstoffgas wurde fast zwei volle Tage durch die Lösung geleitet. Es fiel ein gelber Niederschlag aus, wobei Wessel durch die Farbe direkt Gold, Kupfer, Quecksilber und Blei als mögliche Gifte ausschloss, da diese braun und schwarz ausgefällt würden. Der Niederschlag wurde abfiltriert, ausgewaschen und mit Ammoniumhydrogensulfid („Schwefelwasserstoff-Ammoniak") gelöst, eingedampft, mit Salpetersäure behandelt, wieder eingedampft und schließlich mit Kohlensäure und Natriumnitrat vermischt und erhitzt.[260] Nach Wessel war nun alle organische Materie sicher zerstört. Falls Arsen in der Probe vorhanden gewesen war, wäre dies nun als Natriumarsenit („arsensaures Natron") gebunden.[261] Eine Schmelze des Produkts wurde in destilliertem Wasser gelöst. Antimon, so Wessel, hätte sich nicht in Wasser gelöst. Daraus dass sich die Schmelze völlig in Wasser löste und sich kein Rückstand zeigte, schloss Wessel, dass kein Antimon in der Probe vorhanden sein konnte. Nachdem die Lösung noch mit Schwefelsäure behandelt worden war, wurde die Probe in den „Reductionsapparat von Berzelius-Marsh" gegeben.[262] Auch hier wurde das Gas nicht am Ende angezündet, sondern durch eine Glasröhre geleitet, die dabei erhitzt wurde. Wessel beendete dieses erste Gutachten mit dem Ergebnis: „Es hatten sich [...] auf verschiedenen Stellen in der Glasröhre metallisch glänzende Anflüge gebildet, die nur Arsen-Metall sein können."[263] Bei der Untersuchung der anderen Organe wandte Wessel genau das gleiche Verfahren an, so dass er für die Beschreibung der Vorbereitung lediglich auf seine erste Untersuchung des Magens

---

[258] Otto Wessel: Gutachten über die Untersuchung der Speiseröhre, des Magens, des Mageninhalts und des Zwölffingerdarms in der Untersuchungssache Kruse, Detmold, 22. November 1882, LAV NRW OWL, D21 B Nr. 466, S. 62–64, S. 62.

[259] Ebd., S. 63.

[260] Ebd., S. 63 f.

[261] Ebd., S. 64.

[262] Ebd., S. 64.

[263] Ebd., S. 64.

verwies.[264] Stattdessen ging er gleich dazu über, dass er mithilfe der Marsh'schen Probe auch hier einen Arsenspiegel in der Glasröhre erzeugt hatte.[265] Eine auf den ersten Blick andere Methode wandte er bei der Untersuchung von Erbrochenem des Opfers an. Dabei handelte es sich aber dem Prinzip nach ebenfalls um eine vereinfachte Form der Marsh'schen Probe. Wessel gab die Probe in ein Behältnis mit Schwefelsäure und Zink, zündete aber das entstandene Gas nicht an. Stattdessen klemmte er an die Öffnung des Glases einen Papierstreifen ein, den er mit Silbernitratlösung bestrichen hatte. Genau wie im Marsh'schen Apparat entstand bei der Mischung von Schwefelsäure, Zink und einer arsenhaltigen Probe Arsenwasserstoff. Statt diesen aber zu metallischem Arsen zu reduzieren, färbte dieser die Silbernitratlösung und damit den Papierstreifen schwarzbraun. Im Fall Kruse trat dies ein, und Wessel schloss daraus, dass Arsen in der Probe gewesen sein muss.[266]

Der zweite Gutachter im Fall Kruse, ein Apotheker aus Horn namens Carl Betzler, schaltete sich selbst in die Ermittlungen ein, indem er „aus wissenschaftlichem Interesse" selbst um die Erlaubnis bat, eine chemische Analyse durchführen zu dürfen.[267] Anders als Wessel stand ihm nur ein Stück vom Magen und etwas Mageninhalt zur Analyse zur Verfügung. Er begann mit der Untersuchung des Mageninhalts. Zur Vorbereitung der Probe begann Betzler mit dem gleichen Verfahren zur Zerstörung des organischen Materials wie Wessel, brach dies aber direkt nach der Zugabe von Kaliumchlorat und Salzsäure ab. Statt mit der Auflösung des organischen Materials fortzufahren, filtrierte er das Ergebnis und gab das Filtrat in den Marsh'schen Apparat. Seiner Ansicht nach würden nämlich „einige Autoren", deren Namen er leider nicht nannte, diese Vorbereitung für hinreichend halten, wenn eine Probe ausschließlich auf Arsen getestet werden sollte. Tatsächlich schaffte er es mit dieser Methode „deutliche Arsenflecken" auf einer Porzellanschale darzustellen. Er hatte dabei allerdings das Problem, dass – wahrscheinlich wegen der unvollständigen Zerstörung des organischen Materials – die Probe heftig aufschäumte, was ihm die Durchführung der Probe erschwerte. Sein anfangs geäußertes wissenschaftliches Interesse scheint genau an dieser beschleunigten und simplifizierten Probenvorbereitung für die Marsh'sche Probe bestanden zu haben und er kam nach

---

[264] Ders.: Gutachten über die Untersuchung der Leber, Milz, Niere, Harnblase und des Dünn- und Dickdarms in der Untersuchungssache Kruse, Detmold, 14. Dezember 1882, LAV NRW OWL, D21 B Nr. 466, S. 104f., S. 104.

[265] Wessel: Gutachten Kruse, Leber etc., 14. Dezember 1882, LAV NRW OWL, D21 B Nr. 466, S. 105.

[266] Otto Wessel: Gutachten über die Untersuchung des Erbrochenen in der Untersuchungssache Kruse, Detmold 22. November 1882, LAV NRW OWL, D21 B Nr. 466, S. 65f.

[267] Carl Betzler: Gutachten in der Untersuchungssache Kruse, Horn/Lippe, 20. Dezember 1882, LAV NRW OWL, D21 B Nr. 466, S. 110–116, S. 110.

seinen Erfahrung zu dem Schluss, dass dieses Verfahren „entschieden zu verwerfen" sei.[268] Er setzte anschließend die Zerstörung des Materials nach genau dem gleichen Verfahren fort, wie es Wessel in seinem Gutachten schon beschrieben hatte. Und auch diese Probe gab er in einen Marsh'schen Apparat, wo er sowohl in der Glasröhre, durch die das Gas geleitet wurde, als auch auf einer Porzellanschale, die über die Gasflamme am Ende gehalten wurde, einen „deutlich wahrnehmbare[n] Spiegel von metallische[m] Arsen" darstellte.[269] Er behandelte auch einige der Flecken mit Natriumhypochloritlösung, um in dieser Lösung lösliche Arsenflecken von in dieser Lösung unlöslichen Antimonflecken zu unterscheiden. Die Flecken waren löslich und er folgerte daraus, dass „somit bis zur Evidenz der Beweis geliefert [ist], daß obiger Spiegel und desgleichen Flecken metallisches Arsen sind."[270] Das Stück des Magens wollte er auf dieselbe Weise untersuchen, bereitete die Probe vor. Dabei zersprang ihm aber ein Tiegel, wodurch die Probe verloren ging wurde und für die Marsh'sche Probe unbrauchbar wurde. Stattdessen nahm er bei dem Unfall einen starken Geruch nach Knoblauch wahr, der ihm dann in diesem Fall ausreichte, um die Anwesenheit des Arsens auch im Stück des Magens für „unzweifelhaft erwiesen" zu erklären.[271]

Insgesamt führten zwei Experten also sechs Tests auf Arsen durch. Fünfmal davon – zwei der drei Untersuchungen von Wessel und alle drei Untersuchungen von Betzler – war es die Marsh'sche Probe in einer seiner Modifikationen. Abgesehen von Betzlers erster Untersuchung, bei der im Gutachten nicht klar vom Berzelius-Marsh-Apparat die Rede war, handelte es sich den Beschreibungen nach sogar um die gleiche Modifikation: Die Vielzahl der Tests hatten also keineswegs einen redundanten Charakter, in der Form, wie Redundanz in den Abschnitten 3.5 und 5.5 gemeint war. Sie sicherten nicht wechselseitig ihre Schwächen ab; es war nur mehrfach der gleiche Versuch. Sicherlich spricht es für die Genauigkeit und die chemische Qualität der Probe – das heißt für ihre Sensitivität und so weiter –, wenn die Sachverständigen sich fast ausnahmslos auf die Marsh'sche Probe verließen. Dies war aber im Hinblick auf die Empfehlungen der Lehrbücher sicher nicht der einzige Zweck. Es ging darum, dem Gericht das materielle Gift, das *Corpus delicti*, wie das metallische Arsen in diesem Fall von Betzler auch explizit bezeichnet wurde[272], vorzulegen. Es ging eben nicht nur um die beste Analyse, sondern darum, dem Gericht ein überzeugendes Beweismittel und im besten Fall

---

[268] Ebd., S. 112.

[269] Ebd., S. 114.

[270] Ebd., S. 114f., Zitat S. 115.

[271] Ebd., S. 115f., Zitat S. 116.

[272] Betzler: Gutachten Kruse, 20. Dezember 1882, S. 116.

die materielle Tatwaffe in Form des reduzierten, metallischen Gifts vorzulegen, um zu überzeugen. In diesem Fall waren die Geschworenen offensichtlich davon überzeugt, dass eine Vergiftung stattgefunden hatte und folgten dem Ersten Staatsanwalt auch zumindest teilweise in der Frage nach dem Täter. Konrad Kruse wurde wegen Mordes zum Tode verurteilt, Friedrich Kruse wurde freigesprochen.[273]

Die Anschaulichkeit durch Reduktion blieb auch in der zweiten Hälfte des 19. Jahrhunderts ein wichtiger Wert. Was sich allerdings veränderte war die Art der Begründung für diese herausgehobene Stellung. Während die Lehrbuchautoren in der ersten Hälfte des 19. Jahrhunderts – wie in Abschnitt 3.6.2 beschrieben – darauf bestanden, dass es sich bei den Reduktionsproben um die analytisch sichereren oder genauesten Methoden handelte, legte der deutschsprachige Lehrbuchdiskurs nach 1848 mehr Wert darauf, dass es sich über die überzeugenderen Methoden handelte. Verknüpft wurde dies im deutschsprachigen Diskurs mit der professionellen Neuorientierung der Sachverständigen im neuen Strafprozess. Die freie Beweiswürdigung erlaubte den Gerichten zwar, den Gutachten der Sachverständigen mehr Gewicht zuzumessen als dies in den eher starren Beweisregeln des Inquisitionsprozesses möglich gewesen war. Das bedeutete aber – zumindest in den Augen der Lehrbuchautoren – anscheinend auch, dass die Gerichte mehr Freiheiten darin hatten, wissenschaftliche Gutachten zu ignorieren oder ihren Inhalt willkürlich zu verwerfen. Das Problem wurde in den Augen der Autoren durch die Einführung der Geschworenengerichte verstärkt, da hierdurch noch mehr Laien in das Verfahren integriert werden mussten, die von den Gutachten überzeugt werden mussten. Schließlich war durch die neue Öffentlichkeit der Prozesse in solchen Fällen aus Sicht der Autoren auch der Ruf der Toxikologie selbst in Gefahr. Ähnlich wie Redundanz[274] reagierte die Anschaulichkeit der Methoden nach 1848 auf diese im Theoriediskurs wahrgenommenen Risiken. In Frankreich war diese Seite des Diskurses deutlich weniger ausgeprägt, auch wenn auch die französischen Autoren die durch Anschaulichkeit erreichte höhere Überzeugungskraft der Reduktionsproben und der Präsentation des reduzierten Metallgiftes als *Corpus delicti* beziehungsweise *pièce de conviction* durchaus wahrnahmen. In der Praxis änderte die Verschiebung der Begründungsstrategie dabei anscheinend wenig. Für Metallgifte und allen voran Arsen blieben Reduktionsproben das Mittel der Wahl. Insofern änderte sich die Rechtfertigung für die Praxis, nicht die Praxis selbst.

---

[273] Fürstliches Landgericht Detmold: Protokoll über de öffentliche Schwurgerichtssitzung in der Untersuchung gegen die Gebrüder Kruse, Detmold, 9. März 1883, LAV NRW OWL, D21, Nr. 466, S. 159–299, S. 297.

[274] Vgl. Abschnitt 5.5.

5.7 Zwischenfazit

Ziel dieses Kapitels war es, die Entwicklungen und die Veränderungen der Werte zur Methodenwahl nach 1848 zu identifizieren und darzustellen. 1848 als Scharnier der Gliederung wurde dabei aus zwei Gründen gewählt, wie bereits in Kapitel 4 dargestellt wurde. Erstens sorgten die Reformen des Strafprozesses in den deutschen Staaten nach 1848 dafür, dass sich die Strafprozesse in Frankreich und wenigstens den meisten deutschen Staaten auf der Ebene der Rechtsnormen deutlich ähnlicher waren, als es vor 1848 der Fall gewesen war. Zweitens professionalisierte sich die analytische Chemie deutlich. Obwohl die meisten in den forensischen Analysen eingesetzten Reagenzien und chemischen Methoden vor 1848 bekannt waren, sorgten die Lehrbücher von Fresenius für eine weitergehende Standardisierung, insbesondere der Trennungsgänge der anorganischen Chemie, als es bis dahin der Fall gewesen war. Über die ebenfalls von Fresenius in der zweiten Hälfte des 19. Jahrhunderts neugegründete Zeitschrift für Analytische Chemie professionalisierte sich das Fach ebenso wie durch die Gründung von Laboratorien, die sich der praktischen Anwendung der chemischen Analyse verschrieben, sei es für die Lebensmittelüberwachung oder für die aufstrebende chemische Industrie in Form von Reinheitsprüfungen.

Trotz dieses Hintergrunds blieben die ausschlaggebenden Werte der Methodenwahl fast schon überraschend konstant. Wie in Abschnitt 5.1 gezeigt worden ist, konnten zwar immer sensitivere Methoden zu Problemen wie falsch positiver Erkennung führen, dies stellte aber zu keinem Zeitpunkt den Wert sensitiver Methoden an sich in Frage. Vielmehr integrierten die forensischen Toxikologen Praktiken, die zwar nicht unbedingt dem Stand der Wissenschaft entsprachen, aber der Beruhigung möglicher Bedenken vor Gericht dienten. Obwohl sich die Lehrbuchautoren in den deutschen Staaten und in Frankreich zum Beispiel einig waren, dass es nicht vorkommen konnte, dass giftige Stoffe aus der Friedhofserde posthum in die begrabene Leiche eindringen und nach einer Exhumierung fälschlich für verabreichte Gifte gehalten werden konnten, wurden insbesondere in Frankreich mehr oder weniger regelmäßig Analysen der Friedhofserde durchgeführt. Die Gerichte forderten diese Proben zwar mindestens teilweise sicher selbst ein, indem sie den Sachverständigen die Erde zur Analyse vorlegten, die Sachverständigen erklärten aber zu keinem Zeitpunkt, dass eine solche Analyse nicht notwendig sei. Auch wenn sie dem Stand der Wissenschaft und der Lehrbücher nach nicht notwendig war, so schadete sie doch der eigentlichen forensischen Analyse nicht und diente im besten Fall dazu, unbegründeten Zweifeln des Gerichts von vornherein entgegenzuwirken.

Auch beim Wert der Selektivität änderte sich wenig. In Abschnitt 5.2 ging es darum, dass weniger selektive Vorproben durch die mehr oder weniger standardisierten Trennungsgänge allerdings eine größere Rolle spielen sollten. Einigen französisch- und deutschsprachigen Lehrbuchautoren zufolge war bei jeder forensischen Analyse eine vollständige Analyse vonnöten, wobei sich der Sachverständige keinesfalls auf einen Verdacht verlassen durfte. Vielmehr sollte eine Probe in einem vollständigen Trennungsgang auf alle möglichen Stoffe untersucht werden und entsprechend sollten die angewandten Methoden wenig selektiv beginnen und im Laufe der Analyse immer selektiver werden. Unselektive Methoden dienten anfangs dazu, Stoffklassen auszuschließen und die Suche nach dem Gift zu einzugrenzen; selektive Versuche sollten dann am Ende das Ergebnis, dass genau ein spezieller Stoff für die Vergiftung verantwortlich war, absichern und diesen unzweifelhaft identifizieren. Auch die Autoren, die nicht in jedem Fall auf einen solchen vollständigen Trennungsgang bestanden, waren der Ansicht, dass eine solche Analyse mindestens dann noch durchgeführt werden müsste, wenn sich der ursprüngliche Verdacht als falsch herausgestellt hatte.

In Abschnitt 5.3 ging es darum, dass Einfachheit – genau wie in der ersten Hälfte des 19. Jahrhunderts – eine Rolle bei der Methodenwahl spielen sollte, aber eher eine untergeordnete Stellung einnahm. Das Ziel von Einfachheit war es, Fehler in der forensischen Praxis zu vermeiden. Dies war den Lehrbuchautoren auch deshalb wichtig, weil in vielen Fällen die hinzugezogenen Apotheker oder Ärzte relativ wenig Erfahrung in forensischen Analysen hatten beziehungsweise das Gesetz zumindest nicht sicherstellte, dass erfahrene forensische Praktiker hinzugezogen werden mussten. Es gab Apotheker, die häufiger zu chemischen Analysen hinzugezogen wurden, und entsprechende Praxiserfahrung hatten – alleine Roussin wurde ja zum Beispiel in den vorherigen Kapiteln in zwei der hier dargestellten Fälle hinzugezogen[275] –, nach den Gesetzen konnten aber sowohl in Frankreich als auch in den deutschen Staaten auch eher in der Praxis unerfahrenere Sachverständige hinzugezogen werden. Der Sachverstand wurde ihnen durch ihr Amt oder ihren Beruf unterstellt, nicht durch ihre Prozesserfahrung. Sicherlich konnten auch erfahrene Sachverständige Fehler begehen, das Risiko wurde aber so in den Augen der Lehrbuchautoren erhöht, und sie erklärten hiermit, die Bevorzugung einfacherer Methoden in ihren Darstellungen. Fehler in der Praxis kamen aber auch weiterhin vor. Insofern ging es in diesem Kapitel auch darum, wie mit Fehlern praktisch umgegangen wurde. Die Standardlösung war das Gegengutachten, das in der Regel von Sachverständigen höherer wissenschaftlicher Reputation – das heißt zum Beispiel Professoren oder (im französischen Fall) aus Paris kommend – angefertigt wurde. Wissenschaftliche Autorität konnte auf diese Weise auch entscheidend sein bei der Einschätzung juristischer Fälle.

---

[275] Vgl. Abschnitt 5.1 und 5.3.

Wie in Abschnitt 5.4 dargestellt worden ist, war Sparsamkeit zwar ein Wert, der zwar weiterhin eine große Rolle spielte, da er direkt von den Materiellen Verhältnissen der juristischen Fälle abhing, aber gleichzeitig in der Praxis wenig reflektiert wurde. Die Lehrbuchautoren betonten die Wichtigkeit der Sparsamkeit, die Gerichte ordneten Sparsamkeit an, in den Gutachten wird wenigstens teilweise erwähnt, dass ein Teil der Probe nicht verwendet wurden, und die Sparsamkeit war auch die grundsätzliche Voraussetzung für die Möglichkeit der oben erwähnten Gegengutachten. Dennoch wurde Sparsamkeit in den Gutachten nicht als Grund für eine Entscheidung für oder gegen eine bestimmte Methode angeführt. Dies hing sicherlich auch mit der zunehmenden Sensitivität zusammen, die es ohnehin ermöglichte, sparsamer zu arbeiten.

Die Redundanz behielt – wie in Abschnitt 5.5 gezeigt – ihre wichtige Position im Theoriediskurs zur Absicherung von Ergebnissen. Die Anwendung vieler verschiedener Methoden sollte insbesondere falsch positive Ergebnisse ausschließen können. Nur wenn mehrere Methoden das gleiche Ergebnis zeigten, könnten die möglichen Fehlerquellen jeder einzelnen Methode ausgeschlossen werden. Hinzu kam besonders im deutschsprachigen Diskurs eine Skepsis gegenüber der Kompetenz und der naturwissenschaftlichen Verständigkeit insbesondere der Geschworenen verbunden mit den unterstellten Motiven der Verteidiger, Zweifel an den Gutachten zu säen. Redundanz sollte den mutmaßlich naturwissenschaftlich ungebildeten Geschworenen – ebenso wie den Richtern und Anwälten – Sicherheit vermitteln, ohne dass diese die genauen Umstände jeder einzelnen Methode verstehen mussten. Gleichzeitig sollten Strategien der Verteidiger, die Gutachten unglaubwürdig zu machen, so ins Leere laufen. Ein ähnlicher Diskurs ließ sich für die französischen Autoren nicht feststellen; hier blieb der theoretische Nutzen der Redundanz auf die Erhöhung der experimentellen Sicherheit beschränkt. Praktisch wurde Redundanz aber weder in Frankreich noch in den deutschen Staaten konsequent angewendet; in den meisten Fällen verließen sich die Sachverständigen auf eine oder wenige Methoden des Nachweises. Dies galt insbesondere für Fälle mutmaßlicher Arsenvergiftung, in denen die Marsh'sche Probe fast exklusiv angewandt wurde.

Ähnlich verhielt es sich mit der Anschaulichkeit, um die es in Abschnitt 5.6 ging. Sowohl im deutschen als auch im französischsprachigen Theoriediskurs änderten sich die Begründungen für die Bevorzugung anschaulicher Methoden. Während in der ersten Hälfte des 19. Jahrhunderts sowohl Vergleiche als auch Reduktionsproben hauptsächlich wegen ihrer höheren Sicherheit empfohlen wurden[276], fand sich diese Begründung in der zweiten Hälfte des 19. Jahrhunderts fast nur noch für Vergleichsproben. Vergleichsproben sollten nach dieser Logik

---

[276] Vgl. Abschnitt 3.6.

Fehler vermeiden, da sie durch Blindversuche experimentelle Fehler ausschließen konnten. Wie in Kapitel 5.6.1 aber auch gezeigt worden ist, ging die Praxis der Vergleichsproben in ihren Ansprüchen deutlich weiter. Vergleichsproben mit bei den Verdächtigen gefundenen Stoffen oder wenigstens mit Stoffen, zu denen die Verdächtigen Zugang hatten, beanspruchten eine sicherere Aussage über die Identität der Stoffe machen zu können, beziehungsweise machten eine solche stärkere Aussage wenigstens plausibel. In Bezug auf Reduktionsproben, um die es in Abschnitt 5.6.2 ging, trat eine angenommene höhere Sicherheit dieser Experimente besonders im deutschsprachigen Theoriediskurs fast vollständig in den Hintergrund. Die Bevorzugung solcher Methoden wurde fast ausschließlich dadurch begründet, dass diese Laien besser überzeugten als andere Methoden. Anders als bei der Redundanz oder den Vergleichsproben geschah dies aber nicht dadurch, dass die Sicherheit der Ergebnisse auch in irgendeiner Form tatsächlich oder zumindest in der Wahrnehmung der Lehrbuchautoren selbst erhöht wurde. Alles was erhöht wurde, war die Möglichkeit für die Geschworenen oder die Richter, die gesuchte Substanz mit eigenen Augen und selbst ohne chemische Kenntnisse zu erkennen. Im deutschen Theoriediskurs gingen einige Autoren so weit, Redundanz nur dann zu empfehlen oder für nötig zu halten, wenn anschauliche Methoden nicht zur Verfügung standen.

Neben den verschiedenen Werten gab es auch Diskursstränge die über die Werte hinweg diskutiert wurden. Insbesondere im deutschsprachigen Theoriediskurs ging es zu einem großen Teil um Fragen der Überzeugungskraft und vor allem der Autorität der forensischen Toxikologie vor Gericht. Das in der Wahrnehmung der deutschsprachigen Autoren bestehende Hauptproblem war, dass mit den Rechtsreformen von 1848 wissenschaftliche Gutachten zwar grundsätzlich mehr Gewicht bekommen konnten und vor Gericht an Wichtigkeit zunahmen, sie aber gleichzeitig fürchteten, die Kontrolle über die Einschätzung der Gutachten durch die freie Beweiswürdigung zu verlieren. Vom Staat vorgegebene Standardmethoden wurden immer wieder in den Lehrbüchern thematisiert und grundsätzlich abgelehnt. Stattdessen wurden durch die Darstellung von Trennungsgängen und die Vorauswahl der Methoden durch die Lehrbuchautoren aber de facto selbst Versuche einer Standardisierung vorgenommen, wie sich zum Beispiel in Abschnitt 5.2 zeigte. Der wichtige Unterschied war es, dass diese Standards von der wissenschaftlichen Gemeinschaft selbst und nicht vom Staat gesetzt wurden. Damit war aber auch die Gemeinschaft selbst für die Einhaltung ihrer eigenen Standards zuständig, womit die Prüfung der Gutachten den Gerichten auf einer gewissen Ebene entzogen wurde. Es war ihnen nicht möglich, ein Gutachten mit der Beschreibung vorgeschriebener Methoden zu vergleichen, um auch ohne andere Sachverständige die Qualität der Gutachten beurteilen zu können. Stattdessen mussten im Zweifelsfall andere Sachverständige hinzugezogen werden, um Gegengutachten zu erstellen, worum es in Abschnitt 5.3

ging. Durch die Auswahl der Gegengutachter zeigte sich, dass wissenschaftliche Reputation für eine höhere Glaubwürdigkeit vor Gericht sorgen konnte. Die Sachverständigen wurden in gewisser Weise also nicht vom Gericht geprüft oder reguliert, sondern von der wissenschaftlichen Gemeinschaft. In Frankreich gab es in der Theorie diese ausgeprägte Diskussion nicht. Das heißt aber nicht, dass dort keine Standardisierung durch die Gemeinschaft stattgefunden hätte. Tatsächlich hatten sich die wissenschaftlichen Akademien bereits in der ersten Hälfte des 19. Jahrhunderts damit befasst und selbst Empfehlungen entworfen, wie in Abschnitt 3 auch dargestellt worden ist. Der Unterschied war, dass erstens in Frankreich anscheinend keine ernsthaften Forderungen für die Einführung von staatlich vorgegebenen Normalmethoden aufgekommen waren und dass zweitens mit den Akademien national agierende wissenschaftliche Organisationen bestanden, die für die Gemeinschaft Standards unabhängig vom Staat setzen konnten.

Ebenfalls mit der Suche nach Autorität und Glaubwürdigkeit verknüpft, waren Teile der dargestellten Diskussion um Redundanz (Abschnitt 5.5) und Anschaulichkeit (Abschnitt 5.6). Besonders im deutschsprachigen Diskurs wurden diesen beiden Werten in der Methodenwahl explizit auch ein großes Gewicht gegeben, um Gerichte und besonders die entscheidenden Laien vor Gericht zu überzeugen. Eine tatsächliche oder wenigstens wahrgenommene Erhöhung der Sicherheit von analytischen Ergebnissen trat dabei besonders im Fall der Anschaulichkeit in den Hintergrund. Fast schon wichtiger als *sichere* Ergebnisse zu liefern – so müssen zumindest einige der Lehrbuchautoren wohl verstanden werden – war es, *überzeugende* Ergebnisse zu präsentieren. Wie ich an anderer Stelle argumentiert habe[277], dienten Methoden in diesem Sinne als rhetorische Hilfsmittel, die besonders dazu dienten, den für diese Gelegenheiten besser ausgebildeten Verteidigern im freien Vortrag während des öffentlichen Prozesses nicht unterlegen zu sein. Auch hierbei ging es um die Verteidigung von Glaubwürdigkeit und Autorität vor Gericht. Einen ähnlichen offenen Diskurs, wie Autorität gegenüber den Gerichten eingefordert und verteidigt werden kann, gab es in Frankreich nicht, auch nicht als der napoleonische Strafprozess eingeführt wurde. Insgesamt wurden die Geschworenen und die Laien vor Gericht anscheinend weniger als ein Problem betrachtet, das in den Lehrbüchern behandelt werden musste. Ein naheliegender Grund hierfür könnte sein, dass schon während der Französischen Revolution viel weitergehende Veränderungen im Strafprozess vorgenommen worden waren.[278] Insofern konnten die Lehrbuchautoren den neuen napoleonischen Strafprozess eher als Rückkehr zu vielen Prinzipien des alten Verfahrens und vor allem auch wieder als Einschränkung der Geschwo-

---

[277] Vgl. Carrier: Making, S. 266–277.
[278] Vgl. Abschnitt 2.1.

renen verstanden und dies auch befürwortet haben. Dies änderte allerdings in der Praxis nichts. Auch wenn die französischen Autoren weniger Skepsis gegenüber öffentlichen Geschworenenprozessen und chemischen Laien vor Gericht äußerten, nutzten sie letztlich dieselben Praktiken, die mehr dazu dienten, zu überzeugen, als (nur) dazu, den wissenschaftlichen Standards zu genügen. Dies galt zum Beispiel sowohl bei der Wahl anschaulicher Methoden als auch bei der zusätzlichen – in Abschnitt 5.1 dargestellten – und nach eigenem Bekunden nicht unbedingt nötigen Untersuchung der Friedhofserde bei der Untersuchung von exhumierten Leichen.

Fazit

6

Ziel dieser Arbeit war es, die Werte, die die Methodenwahl der forensischen Toxikologie im 19. Jahrhundert leiteten, empirisch zu bestimmen und zu beschreiben. Unter *Werten* wurden dabei im Anschluss an Kuhn und andere bestimmte Kriterien verstanden, mit denen die Qualität von Methoden beurteilt werden können.[1] Diese Kriterien – so die theoretische Ausgangshypothese dieser Arbeit – sind abhängig vom spezifischen historischen Kontext und entsprechend veränderbar und werden letztlich durch die wissenschaftliche Gemeinschaft beziehungsweise durch die am Diskurs beteiligten Gemeinschaften und Interessensgruppen gesetzt. Dabei bleiben die Werte aber keineswegs starr in ihrer Auslegung, sondern können unterschiedlich gewichtet werden, so dass unterschiedliche Akteure durch die Anwendung derselben Werte zu unterschiedlichen Ergebnissen über die Qualität von Methoden gelangen können. Methodenwahl ist grundsätzlich also nicht beliebig, denn sie folgt bestimmten ausgehandelten und auch rationalen Kriterien, sie ist aber auch nicht streng durch die Gemeinschaft festgelegt, denn jede Wahl hätte auch gut begründet anders stattfinden können.

Untersucht wurden die Werte am Beispiel von chemischen Methoden in der forensischen Toxikologie im 19. Jahrhundert im deutsch-französischen Vergleich. Analytisch-chemische Methoden im forensischen Bereich mussten dabei nicht nur den Werten der analytischen Chemie[2], sondern auch den Werten der Rechtsprozesse entsprechen. Sie mussten nicht nur genaue und zuverlässige chemische Analysen darstellen, sie mussten auch überzeugende Beweise sein, und wenigstens aus der Sicht der forensischen Toxikologen folgte dies nicht direkt. Als Quellen der Analyse

---

[1] Vgl. für eine grundlegendere Darstellung Abschnitt 1.2.

[2] Vgl. zu den Entwicklungen der analytischen Chemie im 19. Jahrhundert die Abschnitt 2.2 und 4.2.

M. B. Carrier, *Der Wert von Methoden*,
https://doi.org/10.1007/978-3-658-41633-1_6

dienten insbesondere die Lehrbücher der forensischen Toxikologie und Gutachten, die in einzelnen Giftmordprozessen abgegeben worden waren.

Ein erstes Ergebnis dieser Arbeit ist, dass die einzelnen Werte über das 19. Jahrhundert relativ stabil blieben und sich im deutschen und im französischen Diskurs nur wenig unterschieden. An anderer Stelle hatte ich die wenigstens implizit angenommen[3], dass sich die Werte in den deutschen Staaten durch tiefgreifende Reformen im Strafprozess[4] grundlegend gewandelt haben könnten und insbesondere der Wert der Anschaulichkeit erst nach diesen Reformen eine größere Rolle gespielt haben könnte. Tatsächlich war diese Hypothese auch der ursprüngliche Grund für die Gliederung dieser Arbeit gewesen, so dass der direkte Einfluss dieser Reformen deutlich werden würde. Stattdessen zeigten sich in der Analyse die gleichen Werte vor und nach den Reformen, so dass die Gliederung nun statt der erwarteten Diskontinuität gerade eine Kontinuität impliziert.

Wie aber im Laufe der Arbeit dargestellt worden ist, bedeutet diese Kontinuität nicht, dass die Werte unabhängig vom Strafprozess gewesen wären. Es bedeutet aber, dass die Strafprozessreformen keineswegs die prägende Rolle gespielt haben, wie es auch der deutsche Diskurs um 1848 nahegelegt hatte. Während die forensischen Toxikologen in den Lehrbüchern die Anpassungen und die besondere Betonung des Wertes der Anschaulichkeit mit eben diesen Prozessreformen in Verbindung brachten, wurden damit eher Entwicklungen fortgesetzt, die bereits in der ersten Hälfte des 19. Jahrhunderts begonnen hatten. Dazu passt, dass sich ähnliche Tendenzen in Frankreich ebenfalls finden lassen, obwohl dort entsprechend einschneidende Prozessreformen um 1848 nicht stattfanden und auch Auswirkungen des Rechtssystems nicht im gleichen Maße in den Lehrbüchern diskutiert wurden. Auch wenn einige deutschsprachige Autoren der Ansicht waren, dass sich um 1848 mit der Einführung der Geschworenengerichte die Situation vor Gericht deutlich verändert hätte, so mussten auch vorher die Sachverständigen schon mit chemischen Laien vor Gericht umgehen, nämlich Richtern und Anwälten. Entsprechend entwickelten die forensischen Toxikologen in der zweiten Hälfte des 19. Jahrhunderts auch keine genuin neuen Strategien, sondern hielten über das 19. Jahrhundert hinweg an den gleichen Werten zur Methodenwahl fest.

Bei diesen Werten, die weiter unten noch einmal ausführlich dargestellt werden, handelte es sich um Sensitivität, Selektivität, Einfachheit, Sparsamkeit, Redundanz und Anschaulichkeit. Statt einer durch die Rechtsreformen induzierten Veränderung, stellten sich die einzelnen Werte als sehr stabil dar. Was sich hingegen änderte

---

[3] Vgl. Carrier: Value(s).
[4] Vgl. die Abschnitt 2.1 und 4.1.

waren Begründungen für die Beachtung bestimmter Werte, insbesondere für die Anschaulichkeit im deutschsprachigen Diskurs. Es war diese Änderung der Argumentation, die bei der früheren isolierten Analyse der Werte im deutschsprachigen Diskurs in der zweiten Hälfte des 19. Jahrhunderts die ursprünglich angenommene Diskontinuität suggerierte. Auch wenn sich damit eine der Ausgangshypothesen nicht bestätigt hat, lenkte sie den Blick doch auf eine klare Veränderung des Selbstverständnisses der Sachverständigen und der Begründungszusammenhänge für die Methodenwahl. Im Folgenden werden die einzelnen Werte noch einmal kurz zusammengefasst.

Sensitivität

Unter dem Wert der Sensitivität wurden in dieser Arbeit die Lehrbuchempfehlungen und die Praktiken verstanden, nach denen Methoden zu bevorzugen waren, die möglichst geringe Konzentrationen von bestimmten Stoffen oder Stoffklassen nachweisen konnten.[5] Sensitivität wurde dabei wenig diskutiert, sondern eher als selbstverständlich vorausgesetzt. Sie spielte daher hauptsächlich dann eine Rolle, wenn verschiedene Methoden direkt miteinander verglichen wurden. Das beste Beispiel hierfür stellten wohl die verschiedenen Proben auf Arsen dar. Weder der Reinsch-Test noch das Verfahren von Fresenius und Babo konnten die Marsh'sche Probe in einer ihrer Modifikationen als Test auf Arsen ersetzen. Das lag an der guten Übereinstimmung der Marsh'schen Probe mit mehreren der hier festgestellten Werten[6], aber eben auch an ihrer höheren Sensitivität.

Probleme einer höheren Sensitivität wurden dabei aber durchaus auch diskutiert. Eine höhere Sensitivität erhöhte das Risiko, besonders kleine Mengen einer Substanz nachzuweisen und dies fälschlich für einen Hinweis oder gar einen Beweis für eine stattgefundene Vergiftung zu halten. Kleine Mengen verschiedener Substanzen konnten aber theoretisch auch zufällig vorhanden sein, natürlich im Körper vorkommen oder sogar vor dem Tod als unschädliche Medikamente eingenommen worden sein. Ein Beispiel für einen solchen Diskurs war insbesondere die Diskussion um *arsenic normale*, also um die ausgerechnet von Orfila popularisierte Idee, dass eine gewisse natürliche Menge Arsen insbesondere in menschlichen Knochen vorkäme. Solche Vorstellungen konnten die Glaubwürdigkeit jedes Arsennachweises infrage stellen. Obwohl die innerwissenschaftliche Diskussion um *arsenic normale* zwischen 1839 und 1841 schnell beendet war, lebte sie in den Lehrbüchern weiter, insofern als die Lehrbuchautoren es noch immer für nötig hielten mit möglichen falschen Vorstellungen – insbesondere von juristischen Akteuren – umzugehen.

---

[5] Vgl. die Abschnitt 3.1 und 5.1.
[6] Vgl. auch Carrier: Value(s), S. 53f.

Arsenic normale wurde nicht als ernsthafte Möglichkeit diskutiert, sondern die Nichtexistenz desselben wurde nur immer wieder aufs Neue bestärkt. Ähnlich verhielt es sich mit Arsen, das möglicherweise in der Friedhofserde vorhanden sein, in zunächst begrabene und exhumierte Leichen eindringen und schließlich die Ergebnisse der Analyse verfälschen könnte. Während diese Möglichkeit in der ersten Hälfte des 19. Jahrhunderts in Frankreich durchaus ernsthaft diskutiert wurde, waren sich die Lehrbuchautoren in der zweiten Hälfte des 19. Jahrhunderts einig, dass dies nicht möglich sei. Dennoch hielten es viele erstens für nötig, diese Sicherheit immer wieder zu betonen. Zweitens war es zumindest in Frankreich teilweise Praxis, die Friedhofserde bei exhumierten Leichen ebenfalls zu testen und dies scheint auch von den Gerichten eingefordert worden zu sein.

Sensitivität war also einerseits die Voraussetzung dafür, überhaupt Aussagen über das Vorhandensein möglicherweise sehr geringer Konzentrationen von Giftstoffen machen zu können. Gleichzeitig verstärkte Sensitivität das Problem, dass nicht immer klar war, was diese geringen Konzentrationen im Hinblick auf mögliche Vergiftungen eigentlich aussagten. Eine Lösung war es, offensiv mit falschen Vorstellungen umzugehen, das heißt – wie oben gesagt – immer wieder darauf zu bestehen, dass es zum Beispiel kein *arsenic normale* gebe und solche Fehler bei den Analysen ausgeschlossen seien, oder aus innerwissenschaftlicher Sicht unnötige Analysen – wie die Analyse von Friedhofserde – durchzuführen, um möglichen Bedenken zu begegnen. Dabei wird bereits deutlich, dass einige der Lösungen nicht (mehr) auf innerhalb der forensischen Toxikologie diskutierte Probleme reagierten. Stattdessen ging es um angenommene falsche Vorstellungen oder mögliche Bedenken der chemischen Laien. Durch die Durchführung der im Verständnis der forensischen Toxikologen unnötigen Analysen der Friedhofserde wurde nicht wirklich ein Problem möglicher falsch positiver Ergebnisse gelöst. Es wurde lediglich eine Quelle für mögliche Bedenken und Skepsis beseitigt, die die forensischen Toxikologen den chemischen Laien vor Gericht unterstellten.

Eine genauere Aussage zum Ausschluss von falsch positiven Ergebnissen hätte theoretisch mittels quantitativen Analysen getroffen werden können und in der zweiten Hälfte des 19. Jahrhunderts wurde dies auch von vielen Lehrbüchern empfohlen und teilweise in der Praxis durch Gerichte eingefordert. Praktisch blieben aber quantitative Analysen im 19. Jahrhundert die Ausnahme in forensischen Untersuchungen. Dies hatte teilweise gute Gründe, denn auch hier war der Aussagewert der Analysen umstritten. Es gab keine hinreichend gute Theorien darüber, wie einzelne Gifte im Körper aufgenommen wurden, so dass das Ergebnis einer quantitativen Analyse medizinisch nicht einfach einzuordnen war.

Insgesamt legen der hohe Stellenwert der Sensitivität und der Umgang mit möglichen Fehlerquellen, die durch eine höhere Sensitivität hervorgerufen war, nahe, dass die wissenschaftliche Gemeinschaft sich mehr Sorgen um falsch negative als um falsch positive Tests in den Analysen der einzelnen Sachverständigen machte. Ausnahmen waren einige französische Lehrbuchautoren in der ersten Hälfte des 19. Jahrhunderts, die allerdings dann schnell die Glaubwürdigkeit der forensisch-chemischen Analysen insgesamt infrage stellten und so im Diskurs eher eine Randposition einnahmen.

Selektivität

Unter dem Wert der Selektivität wurden die Teile des Lehrbuchdiskurses und die Praktiken zusammengefasst, nach denen in der Regel Methoden bevorzugt werden sollten, die auf möglichst wenige Stoffe oder Stoffklassen positiv reagierten.[7] Je höher die Selektivität einer Methode, desto weniger wahrscheinlich waren falsch positive Ergebnisse durch andere Stoffe, auf die ein Test ebenfalls positiv reagierte. Ähnlich wie Sensitivität wurde Selektivität eher als selbstverständlich vorausgesetzt und nicht breit diskutiert. Aussagen, dass ein bestimmtes Gift für eine Vergiftung genutzt worden war, waren nur möglich, wenn ein Test auch nur sehr sicher auf genau dieses Gift schließen ließ, also sehr selektiv war.

Ein Beispiel für diesen Wert in der Praxis stellte wieder die Marsh'sche Probe dar. Anders als insbesondere der Reinsch-Test reagierte die Marsh'sche Probe lediglich auf Arsen und Antimon, während der Reinsch-Test auf mehrere verschiedene Metalle positiv reagierte. Auch wenn – wie Reinsch erklärte – die Ergebnisse für verschiedene Metalle leicht zu unterscheiden seien, war das Risiko einer Verwechslung doch eher gegeben als bei der Marsh'schen Probe, weswegen – zumindest laut den Lehrbuchautoren in den deutschen Staaten und in Frankreich – die letztere deutlich zu bevorzugen sei.

Die grundsätzliche Bevorzugung selektiverer Methoden bestand durchgängig im 19. Jahrhundert, zumindest dann, wenn es einen klaren Verdacht über das mutmaßlich eingesetzte Gift gab. Wenn aber ein solcher Verdacht nicht vorlag, waren es gerade die weniger selektiven Tests, die zunächst dazu dienen sollten, die Suche nach einem möglichen Mordgift einzugrenzen und zu systematisieren. In der ersten Hälfte des 19. Jahrhunderts bestanden diese Tests hauptsächlich aus mehr oder weniger systematisch eingesetzten Vorproben, in der zweiten Hälfte des 19. Jahrhunderts zunehmend aus systematisierten Trennungsgängen, nach dem Vorbild von Fresenius für anorganische und nach dem Stas-Otto-Trennungsgang für organische Gifte. Die Vorproben und die Trennungsgänge machten die chemische Analyse grundsätzlich unabhängiger von einem schon vor der Analyse bestehenden Verdacht. Deshalb waren einige der Lehrbuchautoren in der zweiten Hälfte des 19. Jahrhunderts der

---

[7] Vgl. die Abschnitt 3.2 und 5.2.

Ansicht, dass systematische Trennungsgänge auch dann eingesetzt werden sollten, wenn ein Verdacht über das eingesetzte Gift existierte. Die chemische Analyse konnte so zumindest theoretisch unabhängiger vom Rest der Ermittlungen werden.

Eine höhere Selektivität konnte aber im Extremfall auch dann ein Problem darstellen, wenn ein konkreter Verdacht vorlag. Fresenius und Babo kritisierten die Marsh'sche Probe gerade auch dafür, dass sie nicht in der Lage sei, Arsen in jeglicher Form, das heißt in jeder möglicherweise vorliegenden Verbindung nachzuweisen. Ihr eigenes Verfahren korrigierte dies durch die vorherige Ausfällung von Arsen in Form von Schwefelarsen, das dann nachgewiesen werden konnte. Auf diese Weise – so argumentierten sie – wurde Arsen immer nachgewiesen, egal in welcher Verbindung es vorher in der Probe vorhanden gewesen war. Gleichzeitig sollte ihr Verfahren die Verwechslung mit Antimon gänzlich ausschließen. Dass sich ihr Verfahren nicht in Gänze durchsetzen konnte, hing unter anderem mit der geringeren Sensitivität und der geringeren Einfachheit zusammen, die andere Lehrbuchautoren dieser Methode attestierten. Das Ausfällen von Arsen in der Form von Schwefelarsen, das dann mithilfe des Marsh'schen Apparats geprüft wurde allerdings, zeigte sich durchaus häufig in der Praxis.

Einfachheit

Unter dem Wert der Einfachheit wurden Empfehlungen und Praktiken zum Einsatz von Methoden zusammengefasst, nach denen möglichst wenige praktische Fehler beim Einsatz von Methoden gemacht werden können sollten.[8] Die einzelnen Sachverständigen sollten also möglichst wenig Gelegenheit haben, Fehler bei der Durchführung der einzelnen Methoden zu machen.

Obwohl Einfachheit durchgehend eher ein untergeordneter Wert blieb, hatte er doch Einfluss insbesondere auf die Entwicklung von Methoden. Die Marsh'sche Probe etwa setzte voraus, dass vor ihrer Durchführung möglichst alles organische Material in einer Probe zerstört wurde. Diskussionen in der ersten Hälfte des 19. Jahrhunderts um die Wahl des besten und insbesondere einfachsten Verfahrens zum Erreichen dieses Ziels, spielten besonders in Frankreich eine große Rolle. Gleichzeitig wurden schnell Modifikationen der Marsh'schen Probe veröffentlicht, die unter anderem zum Ziel hatten, die Einfachheit derselben zu erhöhen und fehlerhafte Durchführungen, wie sie etwa bei der Lafarge-Affäre noch eine große Rolle gespielt hatten, zu minimieren. Auch bei der Abwägung zwischen verschiedenen Methoden wurde Einfachheit durchaus in Betracht gezogen. So war es unter anderem ein Kritikpunkt an dem Verfahren von Fresenius und Babo, dass diese komplizierter sei als die Marsh'sche Probe. Genau an solchen Abwägungen zeigte sich aber auch

---

[8] Vgl. die Abschnitt 3.3 und 5.3.

der begrenzte Stellenwert der Einfachheit, denn der Reinsch-Test, der unbestritten einfacher war als die Marsh'sche Probe, wurde trotzdem gerade nicht bevorzugt. Die andere Möglichkeit, Fehlerquellen zu minimieren, war die Normierung des Verhaltens der Sachverständigen. Neben immer wiederkehrenden Aufforderungen zum sauberen Arbeiten und des Einsatzes von möglichst reinen Reagenzien dienten hierzu in der Praxis insbesondere zweite Gutachten, die in Zweifelsfällen eingeholt wurden. Auch wenn sich die Lehrbuchautoren in den deutschen Staaten stark gegen die Einführung staatlich vorgegebener Standardmethoden aussprachen, für die lediglich Fresenius plädiert hatte, lehnten sie keineswegs Standards ab. Dies galt auch in Frankreich. Diskussionen um Standardmethoden finden sich zwar nicht in den Lehrbüchern, aber mit den Akademien existierten wissenschaftliche Einrichtungen, die diese Standards national empfehlen und durchsetzen konnten. Standards sollten also von der wissenschaftlichen Gemeinschaft selbst gesetzt und kontrolliert werden und nicht vom Staat. Zweite Gutachten ermöglichten es, fehlerhafte Durchführung von Verfahren zu kritisieren, ohne Autorität in der Beurteilung der Gutachten an die Gerichte abzugeben. Erfolgreiche Analysen wurden so auf den Stand der Wissenschaft und damit auf den Erfolg der gesamten Gemeinschaft zurückgeführt, während Fehler individualisiert wurden. Gutachten konnten so kritisiert werden, ohne die Glaubwürdigkeit der forensischen Toxikologie insgesamt infrage zu stellen. Nicht die analytischen Methoden waren unglaubwürdig oder fehlerbehaftet, sondern einzelne Sachverständige.

Sparsamkeit
Mit dem Wert der Sparsamkeit wurden hier Lehrbuchempfehlungen und Praktiken zusammengefasst, nach denen möglichst wenig an Probenmaterial bei den Untersuchungen verwendet werden sollte.[9] Analytische Methoden, insbesondere die zur Feststellung eines anorganischen Gifts, waren nicht zerstörungsfrei und gleichzeitig war das zur Analyse zur Verfügung stehende Material stark begrenzt. Sparsamkeit hing also direkt mit den materiellen Umständen und Beschränkungen der forensischen Praxis zusammen. Theoretisch konnte eine Leiche zwar in den meisten Fällen exhumiert und in gewissem Umfang neues Probenmaterial beschafft werden, damit war aber das Risiko einer möglichen Quelle von Zweifeln der Analyse verbunden, wie weiter oben beim Abschnitt zur Sensitivität bereits ausgeführt wurde. Besonders einige französische Autoren in der ersten Hälfte des 19. Jahrhunderts verwiesen auf die Möglichkeit, dass Gift nachträglich in die begrabene Leiche eingedrungen sein könnte und der chemischen Analyse deshalb weniger zu trauen sei. Exhumierungen sollten also nach Möglichkeit vermieden werden.

---

[9] Vgl. die Abschnitt 3.4 und 5.4.

Das hieß aber, dass mit dem Probenmaterial sparsam umgegangen werden musste, denn es musste theoretisch für eine vollständige Untersuchung nach allen möglichen Giften ausreichen. Damit passte Sparsamkeit sehr gut mit dem Streben nach einer höheren Sensitivität der analytischen Methoden zusammen. Sensitivere Methoden erlaubten es, niedrigere Konzentrationen an Gift nachzuweisen und entsprechend weniger Probenmaterial zu verwenden und trotzdem ein vertrauenswürdiges (positives) Ergebnis zu erhalten. Auch die Entwicklung von systematischen Trennungsgängen passte sehr gut mit Sparsamkeit zusammen, da es diese Trennungsgänge ermöglichten in demselben Teil der Probe nach mehreren verschiedenen Giften zu suchen, ohne die Qualität jedes einzelnen Test zu gefährden.

Sparsamkeit wurde aber auch von den Gerichten und der wissenschaftlichen Gemeinschaft deshalb eingefordert, weil sie in einem bestimmten Sinne die (Selbst-)Regulation der Sachverständigen in der Form von zweiten Gutachten ermöglichte. Auch wenn sich einige zweite Meinungen darauf beschränkten, die ersten Gutachten zu kommentieren und lediglich zu prüfen, ob die darin dokumentierten Methoden und Beobachtungen die jeweiligen Schlüsse rechtfertigten, war doch oft auch eine eigene Analyse Teil der zweiten Gutachten. Hierin wurden die Ergebnisse des ersten Gutachtens dann praktisch entweder bestätigt oder widerlegt. Dies war aber nur dann möglich, wenn genügend Probenmaterial zur Verfügung stand, um eine solche zweite Analyse durchzuführen. Insofern hing Sparsamkeit also auch direkt mit der Möglichkeit zur Kontrolle von Gutachten zusammen.

In der Praxis kam Sparsamkeit explizit in den Gutachten allerdings kaum vor. Zwar wurde teilweise erwähnt, dass etwa nur ein Teil der Probe benutzt worden war, bei der Begründung der Wahl von bestimmten Methoden, wurde Sparsamkeit aber in den Gutachten nicht reflektiert. Sparsamkeit war zwar notwendig und durchaus relevant, gerade weil sie mit den materiellen Gegebenheiten eines spezifischen Falls direkt zusammenhing, sie konnte aber auch dazu führen, die Glaubwürdigkeit von Methoden einzuschränken. Auch hierauf bezogen sich, Lehrbuchautoren, wenn sie – besonders im Zusammenhang mit der weiter unten behandelten Redundanz – darauf verwiesen, dass Sparsamkeit ihre Grenze dann erreichen müsste, wenn die Genauigkeit der Analyse unter ihr leiden würde. Auch wenn die Entwicklungen der analytischen Chemie mit immer sensitiveren Tests und Trennungsgängen eine höhere Sparsamkeit erlaubten, sollte die Sicherheit der Analysen auf keinen Fall aufs Spiel gesetzt werden. Eine besondere Betonung der Sparsamkeit in den Gutachten barg insofern vielleicht das Risiko, bei den chemischen Laien Zweifel an der Analyse zu säen.

Redundanz

Unter dem Wert der Redundanz wurden in dieser Arbeit Lehrbuchempfehlungen und analytische Praktiken verstanden, die darauf abzielten, nicht nur eine Methode zur Feststellung der Anwesenheit eines Giftes anzuwenden. Stattdessen sollten möglichst viele verschiedene – einigen Lehrbuchautoren zufolge sogar alle möglichen – Methoden angewandt werden.[10] Von dem Standpunkt der analytischen Chemie aus betrachtet, ging es bei Redundanz darum, möglichst viele Fehlerquellen und damit insbesondere falsch positive Ergebnisse auszuschließen. Nur wenn mehrere Analysen dasselbe positive Ergebnis zeigten, sollte auf das Vorhandensein eines Gifts sicher geschlossen werden können.

Verknüpft wurde dies im deutschsprachigen Diskurs in der zweiten Hälfte des 19. Jahrhunderts mit einer starken Skepsis gegenüber den Geschworenen beziehungsweise der naturwissenschaftlichen Grundkenntnisse der Geschworenen. Auch wenn sich – ähnlich wie in Frankreich[11] – de facto die Geschworenen aus dem (Bildungs-)Bürgertum rekrutierten, also eine höhere Bildung unter den Geschworenen im Vergleich zur Gesamtbevölkerung mindestens überrepräsentiert war,[12] so bedeutete dies erstens nicht immer eine naturwissenschaftliche Bildung und zweitens war eine solche Bildung keineswegs Voraussetzung für das Geschworenenamt. Die deutschsprachigen forensischen Toxikologen waren jedenfalls der Meinung, keinerlei naturwissenschaftliche Grundkenntnisse bei den Geschworenen voraussetzen zu sollen. Insbesondere in Kombination mit Anwälten, die – entweder in eigener Unverständigkeit oder in dem Versuch einen Vorteil für ihre Klient*innen zu erreichen – danach streben würden, die toxikologischen Gutachten in Zweifel zu ziehen, verstanden die forensischen Toxikologen einen Teil ihrer Aufgabe auch darin, auf jeglichen möglichen Zweifel möglichst im Voraus zu reagieren. Weiter oben war im Zusammenhang mit der Sensitivität bereits auf Praktiken, wie die Analyse von Friedhofserde, verwiesen worden, die lediglich der Vermeidung solcher Zweifel dienten und die nach dem in den Lehrbüchern dargestellten wissenschaftlichen Konsens nicht nötig für eine sichere Analyse waren. Die Redundanz als Wert sollte ebenfalls nicht nur die Sicherheit der Analysen, sondern auch die rhetorische Glaubwürdigkeit erhöhen. Auch deshalb spielte sie im Theoriediskurs des 19. Jahrhunderts eine so wichtige Rolle.

Redundanz stand dabei in direkter Konkurrenz mit der Sparsamkeit. Die Anwendung möglichst vieler Methoden beanspruchte mehr Probenmaterial als unbedingt nötig. Aus der Sicht der Lehrbuchautoren war klar, dass in diesem Fall die Red-

---

[10] Vgl. die Abschnitte 3.5 und 5.5.

[11] Vgl. Abschnitt 2.1.

[12] Vgl. Abschnitt 4.1.

undanz den Vorzug erhalten sollte. Sparsamkeit sollte – wie oben erwähnt – nie die Sicherheit der Analysen aufs Spiel setzen und aus Sicht der Lehrbuchautoren geschah genau das, wenn auf die Anwendung redundanter Methoden verzichtet wurde. In der Praxis spielte Redundanz aber allerhöchstens eine untergeordnete Rolle. Es kam durchaus vor, dass verschiedene Methoden zur Absicherung angewandt wurden, dies war aber keineswegs die Regel, insbesondere nicht für Arsen, das über das gesamte 19. Jahrhundert hinweg das am meisten eingesetzte Mordgift blieb. Das Problem der rhetorischen Glaubwürdigkeit blieb im deutschsprachigen Theoriediskurs aber bestehen und hatte einen Einfluss auf den Wert der Anschaulichkeit in der zweiten Hälfte des 19. Jahrhunderts.

Anschaulichkeit 1 – der explizite Vergleich
Unter Anschaulichkeit im Allgemeinen wurden in dieser Arbeiten verschiedene Empfehlungen und Praktiken verstanden, die darauf abzielten, Ergebnisse der Analyse sichtbar und insbesondere für chemische Laien leicht verständlich zu machen.[13] Zwei verschiedene Arten zur Herstellung von Anschaulichkeit wurden hier unterschieden: die Anwendung von Vergleichsproben zur Absicherung und Darstellung von Ergebnissen und die Darstellung der giftigen Substanz an sich durch Reduktionsproben. Die expliziten Vergleiche wurden teilweise im Theoriediskurs in der ersten Hälfte des 19. Jahrhunderts behandelt, spielten aber hauptsächlich in der Praxis eine Rolle.[14] Vergleiche dienten dabei besonders in der Form von Blindproben zur Absicherung der Ergebnisse. Hierbei wurde einerseits empfohlen, Vergleichslösungen einzusetzen, die das mutmaßlich gesuchte Gift nicht enthielten. Sollte hier der Test positiv ausfallen, so war das positive Ergebnis sicher auf einen Fehler zurückzuführen und musste wiederholt werden. Andererseits gab es die Möglichkeit, Vergleichslösungen zu verwenden, die gerade das mutmaßlich gesuchte Gift enthielten. Hier galt umgekehrt, dass die Vergleichslösung zeigte, wenn ein negatives Ergebnis nicht sicher war.

Im expliziten Vergleich hatten die forensischen Toxikologen in der Praxis aber nicht nur die Möglichkeit zu zeigen, dass sich die analysierte Substanz genauso wie eine bekannte Vergleichslösung verhielt. Auch der Vergleich zweier unbekannter Substanzen war möglich. Die Behauptung einer Identität der beiden Substanzen wurde dadurch deutlich verstärkt. Dieses Verfahren spielte in den Lehrbüchern so gut wie keine Rolle, wurde aber praktisch insbesondere in der zweiten Hälfte des 19. Jahrhunderts angewandt, um in der Leiche oder im Essen gefundenes mutmaßliches Gift mit den Giften zu vergleichen, zu denen die Angeklagten Zugang hatten.

---

[13] Vgl. die Abschnitt 3.6 und 5.6.
[14] Vgl. die Abschnitt 3.6.1 und 5.6.1.

Damit verschwamm praktisch die Grenze zwischen objektivem und subjektivem Tatbestand. Während die forensische Analyse eigentlich dazu dienen sollte, den objektiven Tatbestand darzustellen, suggerierte sie durch den Vergleich eine Zuordnung des Verbrechens zu einem spezifischen Gift, zu dem die Angeklagten Zugang hatten.

Explizite Vergleiche in beiden Formen hatte ich hier den „erklärenden Abkürzungen" nach Sass zugeordnet.[15] Damit ist gemeint, dass diese Vergleiche durch die Sichtbarmachung der gleichen oder eben unterschiedlichen Reaktionen den chemischen Laien das Verständnis erleichtern sollten. Es waren eben keine chemischen Kenntnisse nötig, um zu sehen, dass sich eine Vergleichslösung mit Arsen zum Beispiel genauso verhielt wie die Probe. Es waren ebenfalls keine chemischen Kenntnisse nötig, um daraus zu schließen, dass dies wahrscheinlich bedeutete, dass in der Probe ebenfalls Arsen vorhanden war. Dies war es, was sich die forensischen Toxikologen zunutze machten, um Zweifel zu beseitigen.

Anschaulichkeit 2 – Reduktionsproben
Die zweite Form der Anschaulichkeit, die ich hier besprochen habe, war die Bevorzugung von Reduktionsproben in der Analyse von Metallgiften.[16] Reduktionsproben hatten aus Sicht der forensischen Toxikologen den Vorteil, das gesuchte Gift in Substanz darzustellen. Damit kam die forensische Analyse den klassischen Beweismitteln in anderen Gewaltverbrechen so nah wie möglich, indem sie dem Gericht das Pendant zur klassischen Tatwaffe direkt präsentieren konnte. Was in anderen Fällen der blutige Dolch war, war in Giftmordprozessen das extrahierte, isolierte und in elementarer Form dargestellte Metallgift.[17]

Im Gegensatz zu den expliziten Vergleichen spielte dieser Teil der Anschaulichkeit nicht nur in der Praxis eine wichtige Rolle, sondern auch im Theoriediskurs. Dabei veränderte sich besonders im deutschsprachigen Diskurs die Begründung für diese Praxis deutlich. Während in der ersten Hälfte des 19. Jahrhunderts großer Wert darauf gelegt wurde, dass Reduktionsproben die genaueren, das heißt sensitiveren und selektiveren Methoden seien, fand sich diese Argumentation selten in der zweiten Hälfte des 19. Jahrhunderts. Vielmehr wurde die Anschaulichkeit dieser Form dann in Verbindung gebracht mit der allgemeinen Skepsis gegenüber Geschworenen und chemischen Laien. Die Präsentation des Metallgiftes sollte den Geschworenen das Verständnis der Analyse vereinfachen und sie letztlich überzeugen. Dies wurde von einigen Autoren entsprechend auch als Alternativstrategie zur Redundanz und

---

[15] Sass: Vergleiche(n), S. 41f.
[16] Vgl. die Abschnitt 3.6.2 und 5.6.2.
[17] Vgl. hierzu auch Burney: Poison, S. 78–115.

gar als entscheidender Unterschied zwischen analytischer Chemie im Allgemeinen und der forensischen Praxis im Besonderen verstanden.

In Frankreich spielte eine solche starke Skepsis gegenüber den Geschworenengerichten keine Rolle im Theoriediskurs. Das bedeutete aber nicht, dass hier die Praxis nicht auf Reduktionsproben zurückgegriffen hätte. Vielmehr fand sich in der zweiten Hälfte des 19. Jahrhunderts nur noch selten eine theoretische Begründung für ihre Bevorzugung.

Glaubwürdigkeit als Ziel

Zusammenfassend lässt sich sagen, dass das oberste Ziel der forensischen Toxikologie die Herstellung und die Aufrechterhaltung von Glaubwürdigkeit war. Methodenwahl war letztlich auf dieses Ziel hin ausgerichtet. Dies sollte einerseits dadurch erreicht werden, dass Methoden im Verständnis der analytischen Chemie tatsächlich sicher und Fehler unwahrscheinlich waren. Glaubwürdigkeit fiel insofern mit dem Ziel der Suche nach einer wie auch immer gearteten Wahrheit zusammen. Andererseits sollte Glaubwürdigkeit auch gerade dadurch erreicht werden, dass analytische Praktiken dahingehend ausgewählt wurden, dass sie für chemische Laien besonders überzeugend wirkten. Fehlende naturwissenschaftliche Grundkenntnisse der Geschworenen waren besonders für die deutschsprachigen Lehrbuchautoren das große Problem des reformierten Strafprozesses. Chemische Analyse war insofern mindestens genauso ein rhetorisches und didaktisches wie ein wissenschaftliches Problem.

Das vorrangige Interesse der forensischen Toxikologen galt dabei nicht einem allgemeinen Erkenntnisgewinn, sondern der spezifischen Anwendung von chemischem Wissen auf konkrete Einzelfälle. Es ging um Nützlichkeit der Chemie im öffentlichen Kontext, womit sich die forensische Toxikologie nicht nur in die Tradition der Rechtsmedizin, sondern in gewisser Weise auch in die der „nützlichen Wissenschaften" stellte, womit vornehmlich technische Wissenschaften – wie Agraroder Bergwerkswissenschaften – gemeint sind, die spätestens ab dem 18. Jahrhundert Ministerien in ihren Entscheidungen berieten oder für diese Gutachten anfertigten.[18] Auch wenn die forensische Toxikologie keine wissenschaftliche Politikberatung in diesem Sinne betrieb, so richtete sie doch ihre Methodenwahl an den Interessen des Staates beziehungsweise des Rechtssystems aus und machte sich in diesem Sinne nützlich.

---

[18] Vgl. hierfür vor allem Ursula Klein: Nützliches Wissen. Die Erfindung der Technikwissenschaften, Göttingen 2016; sowie dies.: Technoscience in History. Prussia, 1750–1850, Cambridge, MA 2020.

Mit der Nützlichkeit verbunden war dabei auch der Anspruch einer gewissen Autorität. Justus Liebig zum Beispiel nutzte – neben den industriellen Anwendungen der Chemie und anderen Beispielen – eben auch die forensische Toxikologie, um sowohl im ersten seiner *Chemischen Briefe* als auch im *Zustand der Chemie in Preußen* die Nützlichkeit eines chemischen Grundverständnisses zu betonen. Zur chemischen Analyse schrieb er nämlich:

> Ein Mann ist nach dem Genusse einer Speise mit allen Zeichen der Vergiftung gestorben; die Sprache der Erscheinungen [der giftigen Substanz], welche dem Chemiker geläufig ist, sagt ihm, der Mann sei an Arsenik oder an Sublimat gestorben.[19]

Auch wenn in diesem kurzen Beispiel anscheinend bereits ohne die Chemie offensichtlich ist, dass das Opfer „mit allen Zeichen der Vergiftung gestorben ist", so ist es nach Liebig doch erst die chemische Analyse, die Klarheit über das angewandte Gift geben kann. Chemie spielte, so Liebigs größeres Argument, in so vielen Bereichen des öffentlichen Lebens eine so wichtige Rolle, dass die in seinen Augen defizitäre naturwissenschaftliche Grundbildung in den Schulen der deutschen Staaten dringend reformiert werden musste, um dieser zunehmenden Bedeutung der Naturwissenschaften Rechnung zu tragen. Die forensische Toxikologie war bei Liebig in diesem Sinne nur eines von vielen Beispielen, die die Nützlichkeit der Chemie unterstreichen sollten, aber es war eben ein Beispiel, das er durchaus für geeignet hielt, um zu diesem Bild beizutragen. Aus der Sicht der forensischen Toxikologen passt hierzu auch die Behauptung, der Fortschritt der forensischen Toxikologie habe dazu beigetragen, die Zahl der Giftmorde im Laufe des 19. Jahrhunderts zu reduzieren. So erklärte Mohr:

> Man kann es [...] wohl den Fortschritten der chemischen Toxicologie zuschreiben, dass Vergiftungen seltener geworden sind. Die Fälle, in welchen sich ein Verbrecher durch die Leichtigkeit der Entdeckung und die Wahrscheinlichkeit der Strafe hat abschrecken lassen seine Absicht auszuführen, kommen natürlich zu Niemandes Kenntniss. Somit ist die Verminderung der Giftmorde schon ein wesentlicher Gewinn, den die Menschheit der fortgeschrittenen Wissenschaft verdankt [...].[20]

Schließlich ist es durchaus auch relevant, wofür genau die forensischen Toxikologen Glaubwürdigkeit und damit Autorität vor Gericht für sich reklamierten. Es ging in dieser Arbeit durchgängig um chemische Methoden, um in den Gutachten

---

[19] Justus Liebig: Chemische Briefe, Leipzig / Heidelberg 1865, S. 7; Hinzufügung MC; diese Stelle findet sich fast wortgleich in ders.: Ueber das Studium der Naturwissenschaften und über den Zustand der Chemie in Preußen, Braunschweig 1840, S. 22.

[20] Mohr: Toxicologie, S. 2.

beschriebene Laborpraktiken und höchstens am Rande um chemische Theorie. Dies liegt auch daran, dass die forensischen Toxikologen selbst Theorie[21] sowohl aus den Gutachten als auch aus den Lehrbüchern so gut wie immer ausklammerten. Dies war durchaus kalkuliert, denn wie Schneider es in seinem Vorwort ausdrückte:

> Es liegt in der Natur des Gegenstandes, dass in einem Buche, welche ausschliessend judiciellen Zwecken dient, jede theoretische Schulansicht ausgeschlossen ist. [...] Wenn der Vertreter des Rechtes Aufschlüsse von Sachkundigen fordert, so richtet er seine Frage nicht so sehr an die Person des Sachverständigen, als an die Wissenschaft, die letzterer vertritt, man soll daher nicht sein subjectives Meinen statt der objectiven Erkenntniss geben.[22]

Die Diskussion um Theorie hätte also mögliche innerwissenschaftliche Streitigkeiten in den Vordergrund rücken können; die Diskussion unbestrittener empirischer Phänomene hingegen, ließ die Chemie als Wissenschaft einiger aussehen, als sie es in der Mitte des 19. Jahrhunderts auf theoretischer Ebene war.[23] Einigkeit untermauerte aus Sicht der forensischen Toxikologen die Glaubwürdigkeit der chemischen Methoden und entsprechend sollten theoretische Einlassungen vermieden werden.[24]

Wie mithilfe des Konzepts der Werte noch einmal gezeigt werden konnte, ist naturwissenschaftliche Expertise auch in so genannten *hard sciences*, wie der Chemie, nicht eine einfache Anwendung der wissenschaftlichen Laborarbeit auf praktische und spezifische Fragen. Vielmehr sind Anpassungsprozesse an den Anwendungskontext nötig, die eben diese spezifischen Fragen erst beantwortbar machen. Diese Prozesse sind notwendig für erfolgreiche Expertise, müssen aber reflektiert,

---

[21] Damit ist an dieser Stelle durchaus ein sehr breiter Begriff von „Theorie" gemeint, wie ihn Alan Rocke unter anderem für die Chemie des 19. Jahrhunderts skizziert hat. Der Punkt ist, dass sich die forensischen Toxikologen komplett auf empirische Beschreibung und Deutung beschränkten, ohne theoretische Erklärungen für ihre Deutungen zu liefern. Vgl. Alan J. Rocke: What Did „Theory" Mean to Nineteenth-Century Chemists?, in: Foundations of Chemistry 15.2 (2013), S. 145–156; sowie ders.: Ideas in chemistry: The pure and the impure, in: Isis 109.3 (2018); Unbestritten bleibt dabei von meiner Seite übrigens die grundsätzliche Theoriebeladenheit der chemischen Analyse. Es geht hier vielmehr um das Selbstverständnis und die Selbstbeschreibung der forensischen Toxikologen. Vgl. für eine Darstellung verschiedener Konzeptionen der Theoriebeladenheit Martin Carrier: Wissenschaftstheorie zur Einführung (Zur Einführung, 317), Hamburg 2006, S. 55–94.

[22] Schneider: Chemie, o. S. im Vorwort; vgl. außerdem ähnlich Johannes Friedreich: Handbuch der gerichtsärztlichen Praxis, Bd. 1, Regensburg 1843, S. IV.

[23] Vgl. z. B. Chang: Water, S. 133–201.

[24] Dass es in der Praxis auch durchaus Uneinigkeit geben konnte zeigte nicht zuletzt der Streit der französischen Akademien um die richtige Anwendung der Marsh'schen Probe. Dennoch war hier die Einigkeit in der Regel durchaus höher als in theoretischen Fragen. Vgl. 3.1.

begleitet und kommuniziert werden. Der in der Einleitung beschriebene Fall von fehlerhaften Haaranalysen zeigt eben auch, wie schmal der Grat zwischen Anschaulichkeit und akzeptabler didaktischer Verkürzung auf der einen Seite und unehrlicher Suggestion von Gewissheit auf der anderen sein kann.[25] Die Wissenschaftsforschung der Expertise sollte meines Erachtens gerade auch durch die Beschreibung von erfolgreichen Anpassungsprozessen in der Praxis ‚guter' wissenschaftlicher Expertise dazu beitragen, diese Unterschiede deutlich und nachvollziehbar zu machen.

---

[25] Ähnlich verhält es sich mit dem gezielten Einsatz von Gegenexpertise zur Vermeidung von unliebsamen politischen Entscheidungen. Vgl. dazu insbesondere Naomi Oreskes/Erik Conway: Merchants of Doubt: How a Handful of Scientists Obscured the Truth On Issues from Tobacco Smoke to Global Warming, New York / London 2011.

Quellen- und Literaturverzeichnis

Quellenverzeichnis

Archivquellen

Anonym: Rechnung für die Hinrichtung von Katharina Maier, ohne Datum, LABW LB, D 70 Bü 27.

Begnadigung im Fall Bauer, 24. Januar 1879, LABW LB, E 332 Bü 37, Qu. 6.

Betzler, Carl: Gutachten in der Untersuchungssache Kruse, Horn/Lippe, 20. Dezember 1882, LAV NRW OWL, D21 B Nr. 466, S. 110–116.

Bonneau, Alexandre Stéphane und Victor Eugène Grave: Expertise dans l'affaire Le Péchoux, Mantes, 4. Mai 1874, ADY, 2U 579.

Chevallier, Jean Baptiste und Jean Louis Lassaigne: Expertise dans l'affaire Perrot, Paris, 30. März 1855, ADY, 2U 442.

Cour d'Assises de Seine et Oise: Déclaration du Jury dans l'affaire Allais, Versailles, 10. Januar 1866, ADY, 2U 515.

Ders.: Déclaration du Jury dans l'affaire Guérin, Versailles, 24. April 1868, ADY, 2U 531.

Ders.: Déclaration du Jury dans l'affaire Le Péchoux, Versailles, 25. Juli 1874, ADY, 2U 579.

Ders.: Déclaration du Jury dans l'affaire Naurin, Versailles, 12. Mai 1853, ADY, 2U 415.

Ders.: Déclaration du Jury dans l'affaire Perrot et autres, Versailles, 14. November 1855, ADY, 2U 442.

Ders.: Déclaration du Jury dans l'affaire Van-Coppenolle, Versailles, 8. November 1855, ADY, 2U 441.

Der Erste Staatsanwalt: Anklageschrift gegen die Gebrüder Kruse, Detmold, 12. Februar 1883, LAV NRW OWL, D21 B Nr. 466, S. 193–199.

Der Oberstaatsanwalt: Anklageschrift gegen Melchior und Anna Katharina Bauer, Tübingen, 13. November 1878, LABW LB, E 332 Bü 37, Qu. 2.

Eble, Dominik: Abschrift des Sektionsberichts in der Untersuchungssache Maier, Merklingen, 4. Juni 1809, LABW LB, D 70 Bü 27.

Ders.: Judicum Medicum im Fall Maier, Weil der Stadt, 9. Juni 1809, LABW LB, D 70 Bü 27.

Eble, Dominik und A. Halz: Chemisches Gutachten im Fall Maier, Weil der Stadt, 9. Juni
1809, LABW LB, D 70 Bü 27.

Fetzer: Brief des Verteidigers and das Schwurgericht Esslingen im Fall Flandern, Stuttgart,
16. November 1852, LABW LB, E 319 Bü 161, Qu. 28.

Franken und N. N.: Chemisches Gutachten im Fall Flandern, Stuttgart, 21. August 1852,
LABW LB, E 319 Bü 161, Qu. 39.

Fürstliches Landgericht Detmold: Protokoll über de öffentliche Schwurgerichtssitzung in der
Untersuchung gegen die Gebrüder Kruse, Detmold, 9. März 1883, LAV NRW OWL, D21,
Nr. 466, S. 159–299.

Gerichtshof Tübingen: Urteil der 1. Instanz im Fall Häfele vom 7. November 1848, LABW
LB, E 331 Bü 100, Qu. 62.

Ders.: Urteil der 2. Instanz im Fall Häfele vom 28 März 1849, LABW LB, E 331 Bü 100, Qu.
85.

Girault, Cornille, Théophrite Louvard und Edouard Gobet: Expertise dans l'affaire Naurin,
Rambouillet, le 19 Avril 1853, ADY, 2U 415.

Godart, Auguste und Louis Bréchot: Chemisches Gutachten im Fall Pitra, Pontoise, 9. März
1828, ADY, 2U 187.

Haidlen: Chemisches Gutachten im Fall Flandern, Stuttgart, 14. November1852, LABW LB,
E 319 Bü 161, Qu. 29.

Henry, César Louis und Auguste Léon Dupond: Expertise dans l'affaire Allais, Rambouillet,
7. April 1865, ADY, 2U 515.

Kemper: Chemisches Gutachten im Fall eines unerlaubten Giftverkaufs, Osnabrück, 4. August
1856, NLA OS, Rep 335 Nr. 9179, S. 104 f.

König Wilhelm I. von Württemberg: Begnadigung Margarethe Häfele vom 6.4.1849, LABW
LB, E 331 Bü 100, Qu. 85.

Königlich Großbritannisch-Hannoversche Justiz-Canzley: Brief an das Königliche Cabinetts-
Ministerium Hannover vom 12. Juli 1816, NLA HA, Hann. 26a, Nr. 7530/3, S. 3 f.

Dies.: Species facti cum voto im Fall Hilmering vom 14. Juni 1816, NLA HA, Hann. 26a, Nr.
7530/3, S. 11–135.

Königliches Cabinetts-Ministerium Hannover: Brief an die Justiz-Canzley vom 18. Juli 1816,
NLA HA, Hann. 26a, Nr. 7530/3, S. 5 f.

Dass.: Brief an die Justiz-Canzley vom 25. Juli 1816, NLA HA, Hann. 26a, Nr. 7530/3, S. 7–9.

Dass.: Brief an die Justiz-Canzley vom 6. Juli 1816, NLA HA, Hann. 26a, Nr. 7530/3, S. 1.

Königreich Hannover: Verordnung vom 15. Januar 1798, NLA HA, Hann. 74 Fallingostel,
Nr. 1318.

Dass.: Verordnung vom 22. April 1774, NLA HA, Hann. 26a, Nr. 45.

Kron-Oberanwaltschaft Celle: Anklageschrift gegen die Witwe Fricke und Bernhard Pilz,
Celle, 30. März 1871, NLA HA, Hann. 71 C Nr. 127, S. 2–15.

Lassaigne, Jean Louis: Expertise dans l'affaire Van-Coppenolle, Paris, 13. August 1855, ADY,
2U 441.

Le Cour d'Assise de Seine et Oise: Arrêt contre Charles Christophe Hervé, ADY, 2U 180.

Ders.: Arrêt contre Louis Demollière, ADY, 2U 178.

Le Cour de Cassation, Paris: Extrait des Minutes, Charles Christophe Hervé, ADY, 2U 180.

Le Procureur du Roi: Acte d'accusation contre Charles Christophe Hervé, ADY, 2U 180.

Le Procureur Général: Acte d'Accusation contre André Mongison, ADY, 2U 123.

Le Procureur Général: Acte d'Accusation contre femme Guérin et Fournier, Paris, 21. März 1868, ADY, 2U 531.

Ders.: Acte d'Accusation contre fille Le Péchoux, Paris, 20. Mai 1874, ADY, 2U 579.

Ders.: Acte d'Accusation contre Louis Demollière dit Noirot et Thérese Desplaces femme Demollière, Paris, 21. Dezember 1826, ADY, 2U 178.

Ders.: Acte d'Accusation contre Marie Catherine Desportes, ADY, 2U 123.

Ders.: Acte d'Accusation Rosalie Gabrielle Jallaguier veuve Pitra, Paris, ohne Datum [1828], ADY, 2U 187.

Le Procureur Général Impérial: Acte d'Accusation contre Etienne Antoine Naurin, Paris, le 30 Avril 1853, ADY, 2U 415.

Ders.: Acte d'Accusation contre François Alexis Allais, Paris, 2. August 1865, ADY, 2U 515.

Ders.: Acte d'Accusation contre Van-Coppenolle, Paris, 15. Oktober 1855, ADY, 2U 441.

Ders.: Acte d'Accusation contre veuve Perrot et autres, Paris, 17. August 1855, ADY, 2U 442.

Maier, Katharina: Geständnis, Merklingen, 4. Juni 1809, LABW LB, D 70 Bü 27.

Medicinal Departement Württemberg: Obergutachten im Fall Maier, 14. Juli 1809, LABW LB, D 70 Bü 27.

Medizinische Fakultät Göttingen: Chemisches Gutachten im Fall Büsing, Göttingen, 10. Juni 1848, NLA HA, Hann. 72 Alfeld, Nr. 115, S. 64–80.

Dies.: Chemisches Gutachten im Fall Büsing, Göttingen, 3. Mai 1848, NLA HA, Hann. 72 Alfeld, Nr. 115, S. 126–128.

Dies.: Chemisches Gutachten im Fall Büsing, Göttingen, 4. April 1848, NLA HA, Hann. 72 Alfeld, Nr. 115, S. 64–80.

N. N.: Chemisches Gutachten im Fall Ruthardt, Stuttgart, 13. Mai 1844, LABW LB, E 319 Bü 159–160, Qu. 7.

Ders.: Entlassungsurkunde für Bernhard Pilz, 7. Juni 1878, NLA HA, Hann. 71 C Nr. 127, S. 95.

Ders.: Expertise dans le cas Hervé, ADY, 2U 180.

Ders.: Gutachten im Prozess gegen Johann Leonhard Beck, Langenburg, 20. Juni 1854, LABW LB, E341 I Bü 97, Qu. 30.

Oberamt Leonberg: Abschrift der Zeugenaussagen im Fall Maier, Merklingen, 5. Juni 1809, LABW LB D 70 Bü 27.

Oberamtsarzt Krauß: Gerichtsärztliches Gutachten im Fall Häfele, inkl. Chemischer Analyse, Tübingen, 26. Mai 1848, LABW LB, E 331 Bü 100, Qu. 26.

Oberamtsgericht Neckarsulm: Urteil gegen Maria Thekla Brüger, Neckarsulm, 11. November 1840, LABW LB, E 319 Bü 158, Qu. 67.

Obergericht Hameln: Auftrag an V. Sertürner zur Anfertigung eines chemischen Gutachtens im Fall Fricke, Hameln, 4. Dezember 1870, NLA HA Hann. 71 C Nr. 125, S. 50 f.

Orfila, Mathieu und Jean Pierre Barruel: Chemisches Gutachten im Fall Pitra, Pontoise, 3. April 1828, ADY, 2U 187.

Reinhard: Anzeige an das Königliche Criminal-Amt, Wrisbergholzen, 15. März 1848, NLA HA, Hann. 72 Alfeld, Nr. 115, S. 2 f.

Roussin, François-Zachharie und Georges Bergeron: Expertise dans l'affaire Guérin et Fournier, ohne Datum, ADY, 2U 531.

Schelling, Hermann von: Brief des preußischen Justizministeriums and das Oberlandesgericht und die Oberstaatanwaltschaft Celle: „Die in Strafsachen wegen Giftmordes zur Feststellung des objektiven Tatbestandes erforderliche chemische Untersuchung einzelner Leichenteile", Berlin, 12. Juni 1890, NLA HA, Hann. 173 Acc. 30/87, Nr. 600.

Schwurgericht Hannover: Urteil des Schwurgerichts Hannover gegen Bernhard Pilz, Hannover, 7. Juni 1871, NLA HA, Hann. 71 C Nr. 127, S. 40 f.

Dass.: Urteil des Schwurgerichts Hannover gegen die Witwe Fricke, Hannover, 7. Juni 1871, NLA HA, Hann. 71 C Nr. 127, S. 38 f.

Schwurgerichtshof Esslingen: Protokoll über de öffentliche Schwurgerichtssitzung in der Untersuchung gegen die des versuchten Mords angeklagte Elisabeth Regine von Flandern, Esslingen, 19. November 1852, LABW LB, E 319 Bü 161, Qu. 36.

Schwurgerichtshof Tübingen: Urteil im Fall Bauer, Tübingen, 13. Januar 1879, LABW LB, E 332 Bü 37, Qu. 28.

Sertürner, Viktor: Gutachten in der Untersuchungssache Fricke, Hameln, 8. Februar 1871, NLA HA, Hann. 71 C Nr. 125, S. 435–461.

Ders.: Gutachten in der Untersuchungssache Fricke, Hameln, 14. Februar 1871, NLA HA, Hann. 71 C Nr. 125, S. 429–432.

Staatsanwaltschaft: Anklage-Act gegen Elisabeth Regine Ehefrau des Flaschners Johann Rudulph von Flandern, Esslingen, 19. Oktober 1852, LABW LB, E 332 Bü 37, Qu. 2.

Dies.: Anklageschrift im Fall Häfele, Tübingen, 9. August 1848, LABW LB, E 331 Bü 100, Qu. 46.

Staedel, Wilhelm: Chemisches Gutachten im Fall Bauer, Tübingen, 4. September 1878, LABW LB, E 332 Bü 37, Qu. 49.

Tardieu, Ambroise und François-Zacharie Roussin: Expertise dans l'affaire Allais, Paris, 12. Juli 1865, ADY, 2U 515.

Thilo u. a.: Sektionsprotokoll der exhumierten Leiche in der Untersuchungssache Fricke, Hameln, 3. Dezember 1870, NLA HA, Hann. 71 C Nr. 125, S. 39–44.

Tronlarius, F.: Gutachten in der Ermittlungssache Harte, Detmold 1844, LAV NRW OWL, L86 Nr. 2020/20, S. 96–105.

Vimache und Gallot: Expertise dans l'affaire Demollière, Étampes, 17. Mai 1826, ADY, 2U 178.

Vrackel, Wilhelm und Mayer: Chemisches Gutachten im Fall Brüger, Neckarsulm, 8. März 1840, LABW LB, E 319 Bü 158, Qu. 11.

Wessel, Otto: Gutachten über die Untersuchung der Leber, Milz, Niere, Harnblase und des Dünn- und Dickdarms in der Untersuchungssache Kruse, Detmold, 14. Dezember 1882, LAV NRW OWL, D21 B Nr. 466, S. 104f.

Ders.: Gutachten über die Untersuchung der Speiseröhre, des Magens, des Mageninhalts und des Zwölffingerdarms in der Untersuchungssache Kruse, Detmold, 22. November 1882, LAV NRW OWL, D21 B Nr. 466, S. 62–64.

Ders.: Gutachten über die Untersuchung des Erbrochenen in der Untersuchungssache Kruse, Detmold 22. November 1882, LAV NRW OWL, D21 B Nr. 466, S. 65 f.

Wilhelm I.: Begnadigungsurkunde zur Umwandlung der Todesstrafe in eine lebenslängliche Gefängnisstrafe für die Witwe Fricke, Berlin, 20. September 1871, NLA HA, Hann. 71 C Nr. 127, S. 58.

Wilhelm II.: Begnadigungsurkunde zur Freilassung der Witwe Fricke, Berlin, 8. Dezember 1892, NLA HA, Hann. 71 C Nr. 127, S. 170.

gedruckte Quellen

Anonym (Hrsg.): Der Korneuburger Vergiftungs-Prozess (1857–1859). Dargestellt von einem praktischen Juristen, Wien 1860.

Ders.: Ueber die Auffindung und Erkennung organischer Basen in Vergiftungsf ällen, in: Annalen der Chemie und Pharmacie 84.3 (1852), S. 379–385.

Bergmann, Carl: Lehrbuch der *Medicina Forensis* für Juristen, Braunschweig 1846.

Berzelius, Jöns Jakob: Jahres-Bericht über die Fortschritte der physischen Wissenschaften. Eingereicht an die schwedische Akademie der Wissesnchaften am 31. März 1837, hrsg. v. Friedrich Wöhler, Tübingen 1838.

Ders.: Observations de Berzélius sur les méthodes de Paton, Marsh et Simon pour découvrir l'arsenic, in: Journal de pharmacie et des sciences accessoires 24 (1838), S. 179–182.

Ders.: Paton's, Marsh's und Simon's Methoden, Arsenik zu entdecken, nebst Bermerkungen von Berzelius, in: Annalen der Physik 42 (1837), S. 159–162.

Böcker, Friedrich Wilhelm: Memoranda der gerichtlichen Medicin mit besonderer Berücksichtigung der neuern Deutschen, Preussischen und Rheinischen Gesetzgebung, Iserlohn / Elberfeld 1854.

Brach, Bernhard: Lehrbuch der gerichtlichen Medicin, 2. Aufl., Köln 1850.

Briand, Joseph, Ernest Chaudé und Henri-Fançois Gaultier de Claubry: Manuel Complet de Médecine Légale, Paris 1846.

Brouardel, Paul und J. Ogier: Le Laboratoire de Toxicologie. Paris 1891.

Buchner, Andreas: Toxikologie. Ein Handbuch für Aerzte und Apothker, so wie auch für Polizei- und Kriminal-Beamte, Nürnberg 1827.

Casper, Johann Ludwig: Practisches Handbuch der gerichtlichen Medicin. Zweiter Band, Berlin 1860.

Chapuis, Adolphe: Précis de Toxicologie, Paris 1882.

Ders.: Précis de Toxicologie, 2. Aufl., Paris 1889.

Chevallier, Alphonse und Jules Barse: Manuel Pratique de l'Appareil de Marsh, Paris 1843.

Danger, Ferdinand Philippe und Charles Flandin: De l'arsenic, suivi d'une instruction propre à servir de guide aux experts dans les cas d'empoisonnement, Paris 1841.

Daniels, Gottfried (Hrsg.): Code D'Instruction Criminelle, Köln 1811.

Devergie, Alphonse: Médecine léglae, théorique et pratique, Bd. 1, Brüssel 1837.

Dragendorff, Georg: Die gerichtlich-chemische Ermittelung von Giften in Nahrungsmitteln, Luftgemischen, Speiseresten, Körpertheilen etc. St. Petersburg 1868.

Ders.: Manuel de Toxicologie, Paris 1874.

Finger, Joseph: Die Beurtheilung der Körperverletzung bei dem öffentlichen und mündlichen Strafverfahren. Zum Gebrauche für Aerzte und Richter, Wien 1852.

Flandin, Charles: Traité des poisons, ou Toxicologie appliquée à la médecine légale, à la physiologie et à la thérapeutique, Bd. 1, Paris 1846.

Fodéré, François-Emmanuel: Traité de Médecine Légale et d'Hygiène publique, Bd. 4, Paris 1813.

Fresenius, Carl Remigius: Anleitung zur Qualitativen Chemischen Analyse, 9. Aufl., Braunschweig 1856.

Fresenius, Carl Remigius: Ueber die Stellung des Chemikers bei gerichtlich-chemischen Untersuchungen und über die Anforderungen, welche von Seiten des Richters an ihn gemacht werden können, in: Justus Liebigs Annalen der Chemie 49 (1844), S. 275–286.

Fresenius, Carl Remigius und Lambert von Babo: Ueber ein neues, unter allen Umständen sicheres Verfahren zur Ausmittelung und quantitativen Bestimmung des Arsens bei Vergiftungsfällen, in: Justus Liebigs Annalen der Chemie 49 (1844), S. 287–313.

Fresenius, Heinrich: Zur Erinnerung an R. Fresenius, in: Zeitschrift für Analytische Chemie 36 (1897), S. III–XVIII.

Fresenius, Theodor Wilhelm: Ueber die richtie Ausführung und die Empfindlichkeit der Fresenius-Babo'schen Methode zur Nachweisung des Arsens, in: Zeitschrift für Analytische Chemie 20 (1881), S. 522–537.

Friedreich, Johannes: Handbuch der gerichtsärztlichen Praxis, Bd. 1, Regensburg 1843.

Ders.: Handbuch der gerichtsärztlichen Praxis, Bd. 2, Regensburg 1844.

Gesetz, betreffend die Zusätze zu der Verordnung vom 3. Januar 1849 über die Einführung des mündlichen und öffentlichen Verfahrens mit Geschworenen in Untersuchungssachen. Vom 3. Mai 1852, in: Gesetz-Sammlung für die Königlichen Preußischen Staaten 1852, Berlin 1852, S. 209–247.

Guérin de Mamers, Honoré: Nouvelle Toxicologie, ou Traité des Poisons, et de l'Empoisonnement, Paris 1826.

Häberlin, Carl Franz Wolff Jérôme (Hrsg.): Sammlung der neuen deutschen Strafprozessordnungen, Greifswald 1852.

Hahnemann, Samuel: Ueber die Arsenikvergiftung, ihre Hülfe und gerichtliche Ausmittelung, Leipzig 1786.

Harmand de Montgarny, Tite: Essai de Toxicologie, considérée d'une manière générale, Paris 1818.

Henke, Adolph: Lehrbuch der gerichtlichen Medicin, Berlin 1812.

Hotz, Johann Heinrich: Leitfaden für Geschworne, Zürich 1853.

Husemann, Theodor: Handbuch der Toxikologie, Berlin 1862.

Kühn, Otto Bernhard: Praktische Chemie für Staatsärzte. Erster Teil: Praktische Anweisung, die in gerichtlichen Fällen vorkommenden chemischen Untersuchungen anzustellen, Leipzig 1829.

L'Empire Français (Hrsg.): Code Pénal de l'Empire Français, Paris 1810.

Lavoisier, Antoine Laurent: Traité élémentaire de chimie, présenté dans un ordre nouveau et d'après les découvertes modernes, Paris 1789.

Lavoisier, Antoine Laurent u. a.: Méthode de nomenclature chimique, Paris 1787.

Legrand du Saulle, Henri, Georges Berryer und Gabriel Pouchet: Traité de Médecine Légale, de Jurisprudence Médicale et de Toxicologie, Paris 1886.

Liebig, Justus: [Addition à la méthode de Marsh], in: Journal de pharmacie et des sciences accessoires 23 (1837), S. 567–570.

Ders.: [Zusatz zur Marshschen Probe], in: Annalen der Pharmacie 23.2 (1837), S. 223–227.

Ders.: Chemische Briefe, Leipzig / Heidelberg 1865.

Ders.: Ueber das Studium der Naturwissenschaften und über den Zustand der Chemie in Preußen, Braunschweig 1840.

Ders.: Ueber einen neuen Apparat zur Analyse organischer Körper, und die Zusammensetzung einiger organischer Substanzen, in: Annalen der Physik 21 (1831), S. 1–47.

Ludwig, Ernst: Medicinische Chemie in Anwendung auf gerichtliche, Sanitätspolizeiliche und hygienische Untersuchungen sowie auf die Prüfung der Arzneipr äparate. Ein Handbuch für Ärzte, Apotheker, Sanitätsbeamte und Studirende, Zweite Auflage, Wien / Leipzig 1895.

Lutaud, Auguste: Manuel de Médecine Légale et Jurisprudence Médicale, Paris 1877.

Marsh, James: Account of a method of separating small quantities of Arsenic from Substances with which it may be mixed, in: The Edinburgh New Philosophical Journal 21 (1836), S. 229–236.

Ders.: Beschreibung eines neuen Verfahrens, um kleine Quantitäten Arsenik von den Substanzen abzuscheiden, womit er gemischt ist, in: Annalen der Pharmacie 23.2 (1837), S. 207–216.

Ders.: Description d'un nouveau procédé pour séparer de petites quantités d'arsenic des substances avec lesquelles il est mélangé, in: Journal de pharmacie et des sciences accessoires 23 (1837), S. 553–562.

Marx, Karl: Das Kapital. Kritik der politischen Ökonomie, Bd. 1: Der Produktionsprozess des Kapitals, Nachdruck nach der 4. Aufl., Berlin/DDR 1971.

Mitterbacher, Julius (Hrsg.): Die Strafproceßordnung für die im Reichsrate vertretenen Königreiche und Länder der österreichisch-ungarischen Monarchie vom 23. Mai 1873 und deren Einführungsgesetz. Mit Kommentar, Wien 1882.

Mohr, Friedrich: [Addition à la méthode de Marsh], in: Journal de pharmacie et des sciences accessoires 23 (1837), S. 562–567.

Ders.: [Zusatz zur Marshschen Probe], in: Annalen der Pharmacie 23.2 (1837), S. 217–223.

Ders.: Chemische Toxicologie. Anleitung zur chemischen Ermittelung der Gifte, Braunschweig 1874.

Müller, Friedrich: Compendium der Staatsarzneikunde für Ärzte, Juristen, Studirende, Pharmaceuten und Geschworene, München 1855.

Müller, Johann Valentin: Entwurf der gerichtlichen Arzneywissenschaft nach juristischen und medizinischen Grundsätzen für Geistliche, Rechtsgelehrte und Aerzte, Dritter Band, Frankfurt a. M. 1800.

Orfila, Mathieu: Traité de Poisons tirés des règnes minéral, végétal et animal, ou Toxicologie Générale, Bd. 2, Teil 2, Paris 1815.

Ders.: Traité de Toxicologie, 4. Aufl., Bd. 1, Paris 1843.

Ders.: Traité de Toxicologie, 4. Aufl., Bd. 2, Paris 1843.

Ders.: Traité de Toxicologie, 5. Aufl., Bd. 1, Paris 1852.

Ders.: Traité de Toxicologie, 5. Aufl., Bd. 2, Paris 1852.

Otto, Friedrich Julius: Anleitung zur Ausmittelung der Gifte. Ein Leitfaden bei gerichtlichchemischen Untersuchungen, Braunschweig 1856.

Otto, Friedrich Julius und Robert Otto: Fr. Jul. Otto's Anleitung zur Ausmittelung der Gifte, 6. Aufl., Braunschweig 1884.

Picardi, Nicola und Alessandro Giuliani (Hrsg.): Code Louis. T. II: Ordonnance Criminelle, 1670 (Testi e documenti per la storia des processo), Mailand 1996.

Reinsch, Hugo: Ueber das Verhalten des metallischen Kupfers zu einigen Metalll ösungen, in: Journal für Praktische Chemie 24.1 (1841), S. 244–250.

Remer, Wilhelm Hermann Georg: Lehrbuch der polizeilich-gerichtlichen Chemie, 2. Aufl., Helmstädt 1812.

Roose, Theodor Georg August: Grundriss medizinisch-gerichtlicher Vorlesungen, Frankfurt a. M. 1802.

Rose, Valentin: Ueber das zweckmäßigste Verfahren, um bei Vergiftungen mit Arsenik letzern aufzufinden und darzustellen, in: Journal für die Chemie und Physik 2 (1806), S. 665–671.

Schneider, Franz: Die Gerichtliche Chemie für Gerichtsaerzte und Juristen, Wien 1852.

Schneider, Peter Joseph: Ueber die Gifte in medicinisch-gerichtlicher und medicinischpolizeylicher Rücksicht, 2. Aufl., Tübingen 1821.

Schürmayer, Ignaz Heinrich: Lehrbuch der Gerichtlichen Medicin. Mit Berücksichtigung der neueren Gesetzgebung des In- und Auslandes, insbesondere des Verfahrens bei Schwurgerichten, 2. Aufl., Erlangen 1854.

Siebold, Eduard Caspar Jacob von: Lehrbuch der gerichtlichen Medicin, Berlin 1847.

Stas, Jean-Servais: Recherches médico-légales sur la nicotine, suivies de quelques considérations sur la manière générale de déceler les alcalis organiques dans le cas d'empoisonnement, in: Bulletin de l'Académie Royale de Médecine de Belgique 11 (1851), S. 202–310.

Strafprozessordnung für das Königreich Hannover vom 8. November 1850, Hannover 1851.

Sundelin, Paul (Hrsg.): Sammlung der neuern deutschen Gesetze über Gerichtsverfassung und Strafverfahren, Berlin 1861.

Tardieu, Ambroise und François-Zacharie Roussin: Étude médico-légale et clinique sur l'empoisonnement, Paris 1867.

Thinus, F.: Note sur l'emploi de la méthode de James Marsh, dans un cas de médecine légale, in: Journal de pharmacie et des sciences accessoires 24 (1838), S. 500–503.

Verordnung über die Einführung des mündlichen und öffentlichen Verfahrens mit Geschworenen in Untersuchungssachen. Vom 3. Januar 1849, in: Gesetz-Sammlung für die Königlichen Preußischen Staaten 1849, Berlin 1849, S. 14–47.

Wald, Hermann: Gerichtliche Medicin. Ein Handbuch für Gerichtsärzte und Juristen, Bd. 1, Leipzig 1858.

Wurtz, Charles Adolphe: Traité élémentaire de chimie médicale, Bd. 1, Paris 1864.

Ders.: Traité élémentaire de chimie médicale, Bd. 2, Paris 1864.

Zoepfl, Heinrich (Hrsg.): Die Peinliche Gerichtsordnung Kaiser Karl's V. nebst der Bamberger und der Brandenburger Halsgerichtsordnung, Leipzig / Heidelberg 1876.

Literaturverzeichnis

Anonym: FBI Testimony on Microscopic Hair Analysis Contained Errors in at Least 90 Percent of Cases in Ongoing Review. 26 of 28 FBI Analysts Provided Testimony or Reports with Errors, Pressemitteilungen des FBIs, 2015, URL: www.fbi.gov/news/pressrel/pressreleases/fbi-testimony-on-microscopic-hair-analysis-contained-errors-in-at-least-90-percent-of-cases-in-ongoing-review (besucht am 19. 05. 2015).

Ders.: FBI/DOJ Microscopic Hair Comparison Analysis Review, Pressemitteilungen des FBI, 2015, URL: www.fbi.gov/about-us/lab/scientific-analysis/fbi-doj-microscopic-hair-comparison-analysis-review (besucht am 19. 05. 2015).

Ders.: „Phantom-Mörderin" ist ein Phantom, Spiegel Online, 27, März 2009, URL: http://www.spiegel.de/panorama/justiz/ermittlungspanne-phantom-moerderin-ist-ein-phantom-a-615969. html (besucht am 27. 09. 2018).

Ders.: Skandal erschüttert FBI: Haaranalysen lagen meist daneben, Zeit Online, Apr. 2015, URL: www.zeit.de/news/2015-04/20/kriminalitaet-fbi-lieferte-jahrzehntelang-falsche-forensische-analysen-20084608 (besucht am 19. 05. 2015).

Arnold, David: Toxic Histories. Poison and Pollution in Modern India, Cambridge 2016.

Bahnsen, Ulrich u. a.: Um ein Haar, Die Zeit, 17. Apr. 2015, URL: www.zeit.de/2015/17/dna-haaranalyse-forensik-gutachten (besucht am 19. 05. 2015).

Baker, Alan: Simplicity, in: Edward N. Zalta (Hrsg.): The Stanford Encyclopedia of Philosophy, https://plato.stanford.edu/archives/win2016/entries/simplicity/, 2016, (besucht am 08. 02. 2021).

Baldauf, Dieter: Die Folter. Eine deutsche Rechtsgeschichte, Köln 2004.

Balogh, Elemér: Die Verdachtsstrafe in Deutschland im 19. Jahrhundert (Rechtsgeschichte und Rechtsgeschehen – Kleine Schriften, 20), Münster 2009.

Becker, Peter: Dem Täter auf der Spur. Eine Geschichte der Kriminalistik, Darmstadt 2005.

Bertomeu Sánchez, José Ramón: Arsenic in France. The Cultures of Poison During the First Half of the Nineteenth Century, in: Lissa Roberts und Simon Werrett (Hrsg.): Compound Histories. Materials, Governance and Production, 1760–1840, Leiden / Boston 2018, S. 131–158.

Bertomeu-Sánchez, José Ramón: Chemistry, microscopy and smell: bloodstains and nineteenth-century legal medicine, in: Annals of Science 72.4 (2015), S. 490–516.

Ders.: Classrooms, Salons, Academies, and Courts: Mateu Orfila (1787–1853) and Nineteenth-Century French Toxicology, in: Ambix 61.2 (2014), S. 162–186.

Ders.: La verdad sobre el caso Larfage. Ciencia, justicia y ley durante el siglo XIX, Barcelona 2015.

Ders.: Sense and Sensitivity. Mateu Orfila, the Marsh Test and the Lafarge Affaire, in: José Ramón Bertomeu-Sánchez und Agustí Nieto-Galan (Hrsg.): Chemistry, Medicine, and Crime. Mateu J.B. Orfila (1787–1853) and His Times, Sagamora Beach 2006, S. 207–242.

Bertomeu-Sánchez, José Ramón und Ximo Guillem-Llobat: Following Poisons in Society and Culture (1800-2000): A Review of Current Literature, in: Actes d'Historia De La Ciència I De La Tècnica 9 (2016), S. 9–36.

Bertomeu-Sánchez, José Ramón und Agustí Nieto-Galan (Hrsg.): Chemistry, Medicine, and Crime. Mateu J.B. Orfila (1787–1853) and His Times, Sagamora Beach, MA 2006.

Biddle, Justin B.: Inductive Risk, Epistemic Risk, and Overdiagnosis of Disease, in: Perspectives on Science 24.2 (2016), S. 192–205.

Blasius, Dirk: Der Kampf um die Geschworenengerichte im Vormärz, in: Hans-Ulrich Wehler (Hrsg.): Sozialgeschichte heute. Festschrift für Hans Rosenberg zum 70. Geburtstag, Göttingen 1974, S. 148–162.

Bloch, Marc: Pour une histoire comparée des sociétés européennes (1928), in: Mélanges historiques, Bd. 1, Paris 1963, S. 16–40.

Böschen, Stefan: Wissensgesellschaft, in: Marianne Sommer, Staffan Müller-Wille und Carsten Reinhardt (Hrsg.): Handbuch Wissenschaftsgeschichte, Stuttgart 2017, S. 324–332.

Brock, William H.: Justus von Liebig: The Chemical Gatekeeper, Cambridge, UK 1997.

Ders.: The Fontana History of Chemistry, London 1992.

Ders.: The Measure of All Things. A History of Analytical Chemistry, in: Ambix 66 (2019), S. 82.

Brown, Richard Harvey: Modern Science: Insitutionalization of Knowledge and Rationalization of Power, in: The Sociological Quaterly 34.1 (1993), S. 153–168.

Brückweh, Kerstin u. a. (Hrsg.): Engineering Society. The Role of the Human and Social Sciences in Modern Societies, 1880–1980, New York 2012.

Bundesanwaltschaft: Bundesanwaltschaft übernimmt Ermittlungen wegen des Mordanschlags auf zwei Polizisten in Heilbronn sowie der bundesweiten Mordserie zum Nachteil von acht türkischstämmigen und einem griechischen Opfer. Presserklärung des Generalbundesanwalts vom 11.11.2011, Nov. 2011, URL: http://www.generalbundesanwalt.de/de/showpress.php?themenid=13&newsid=417 (besucht am 27. 09. 2018).

Burney, Ian: Bones of Contention. Mateu Orfila, Normal Arsenic and British Toxicology, in: José Ramón Bertomeu-Sanchez und Agustí Nieto-Galan (Hrsg.): Chemistry, Medicine, and Crime. Mateu J.B. Orfila (1787–1853) and His Times, Sagamora Beach 2006, S. 243–259.

Ders.: Poison, Detection and the Victorian Imagination, Manchester, New York 2012.

Burney, Ian und Christopher Hamlin (Hrsg.): Global Forensic Cultures. Making Fact and Justice in the Modern Era, Baltimore 2019.

Burney, Ian, David A. Kirby und Neil Pemberton (Hrsg.): Forensic Cultures (Special Issue von: Studies in History and Philosophy of Science Part C: Studies in History and Philosophy of Biological and Biomedical Sciences 44.1), 2013, S. 1–118.

Dies.: Introducing ‚Forensic Cultures', in: Studies in History and Philosophy of Science Part C: Studies in History and Philosophy of Biological and Biomedical Sciences 44.1 (2013), S. 1–3.

Burney, Ian und Neil Pemberton: Murder and the making of English CSI, Baltimore 2016.

Carrier, Marcus B.: Geschlechternormen und Expertise. Geschlechterkonstruktionen in psychiatrischen Gutachten im Deutschen Kaiserreich 1871–1914, in: NTM Zeitschrift für Geschichte der Wissenschaften, Technik und Medizin 25.2 (2017), S. 211–236.

Carrier, Marcus B.: Presenting Chemical Practice in Court: Forensic Toxicology in Nineteenth-Century German States, in: Sarah Ehlers und Stefan Esselborn (Hrsg.): Evidence in Action between Science and Society, New York 2022, S. 42–59.

Ders.: The Making of Evident Expertise: Transforming Chemical Analytical Methods into Judicial Evidence, in: NTM Zeitschrift für Geschichte der Wissenschaften, Technik und Medizin 29.3 (2021), S. 261–284.

Ders.: The Value(s) of Methods in the Courtroom: Values for Method Selection in Forensic Toxicology in Germany in the Second Half of the Nineteenth Century, in: Ian A. Burney und Christopher Hamlin (Hrsg.): Global Forensic Cultures. Making Fact and Justice in the Modern Era, Baltimore 2019, S. 37–59.

Carrier, Martin: Nikolaus Kopernikus, München 2001.

Ders.: Wissenschaftstheorie zur Einführung (Zur Einführung, 317), Hamburg 2006.

Cartwright, Nancy: How the Laws of Physics Lie, Oxford 1983.

Chang, Hasok: Is Water H2O? Evidence, Pluralism and Realism (Boston Studies in the Philosophy of Science), Dordrecht 2012.

Chauvaud, Frédéric: Les experts du crime. La médecine légale en France au XIXe siècle, Paris 2000.

Chauvaud, Frédéric und Laurence Dumoulin: Experts et expertise judiciaire. France, XIXe et XXe siècles, Rennes 2003.

Clark, Michael und Catherine Crawford (Hrsg.): Legal Medicine in History, New York 1994.

Cole, Simon A. und Rachel Dioso-Villa: CSI and its effects: Media, juries, and the burden of proof, in: New Eingland Law Review 41 (2007), S. 701–735.

Coley, Noel G.: Forensic Chemistry in 19th-Century Britain, in: Endeavour 22.4 (1998), S. 143–147.

Crawford, Catherine: Legalizing Medicine: Early Modern Legal Systems and the Growth of Medico-Legal Knowledge, in: Michael Clark und Catherine Crawford (Hrsg.): Legal Medicine in History, New York 1994, S. 89–116.

Daston, Lorraine: The Moral Economy of Science, in: Osiris 10 (1995), S. 3–24.

Daston, Lorraine und Peter Galison: Objektivität, Frankfurt a. M. 2007.

Donovan, James M.: Juries and the Transformation of Criminal Justice in France in the Nineteenth & Twentieth Centuries, Chapel Hill 2010.

Dulski, Thomas: The Measure of All Things. A History of Chemical Analysis, St. Petersburg, Florida 2018.

Dumoulin, Laurence: L'expert dans la justice. De la genèse d'une figure à ses usages, Paris 2007.

Eulner, Hans-Heinz: Die Entwicklung der medizinischen Spezialfächer an den Universitäten des deutschen Sprachgebietes, Stuttgart 1970.

Formella, Eckhard: Rechtsbruch und Rechtsdurchsetzung im Herzogtum Holstein um die Mitte des 19. Jahrhunderts. Ein Beitrag zum Verhältnis von Kriminalität, Gesellschaft und Staat, Neumünster 1985.

Foucault, Michel: Archäologie des Wissens, 19. Aufl. (Suhrkamp-Taschenbuch Wissenschaft 356), Frankfurt am Main 2020.

Friedrich, Christoph: Sertürner, Friedrich Wilhelm, in: Neue Deutsche Biographie, 24 (2010), 271273 [Online-Version], URL: https://www.deutsche-biographie.de/pnd118613421. html#ndbcontent (besucht am 03. 11. 2021).

Galassi, Silviana: Kriminologie im Deutschen Kaiserreich. Geschichte einer gebrochenen Verwissenschaftlichung (Pallas Athene. Beiträge zur Universitäts und Wissenschaftsgeschichte, 9), Stuttgart 2004.

Germann, Urs: Psychiatrie und Strafjustiz. Entstehung, Praxis und Ausdifferenzierung der forensischen Psychiatrie in der deutschsprachigen Schweiz 1850–1950, Zürich 2004.

Gettier, Edmund L.: Is Justified True Belief Knowledge?, in: Analysis 23.6 (1963), S. 121–123.

Gmür, Rudolf und Andreas Roth: Grundriss der deutschen Rechtsgeschichte, 14. Aufl. (Academia Iuris), München 2014.

Golan, Tal: Laws of Men and Laws of Nature. The History of Scientific Expert Testimony in England and America, Cambridge, MA / London 2004.

Grave, Johannes: Vergleichen als Praxis. Vorüberlegungen zu einer praxistheoretisch orientierten Untersuchung von Vergleichen, in: Angelika Epple und Walter Erhart (Hrsg.): Die Welt beobachten. Praktiken des Vergleichens, Frankfurt a. M. / New York 2015, S. 133–159.

Gros, Leo: Das Making-of eines Analytikers, in: Nachrichten aus der Chemie 66.12 (2018), S. 1178–1181.

Habermas, Rebekka: Diebe vor Gericht. Die Entstehung der modernen Rechtsordnung im 19. Jahrhundert, Frankfurt / New York 2008.

Hamlin, Christopher: A Science of Impurity: Water Analysis in Nineteenth Century Britain, Bristol 1990.

Ders.: Forensic Cultures in Historical Perspective: Technologies of Witness, Testimony, Judgment (and Justice?), in: Studies in History and Philosophy of Science Part C: Studies in History and Philosophy of Biological and Biomedical Sciences 44.1 (2013), S. 4–15.

Hamlin, Christopher: Introduction: Forensic Facts, the Guts of Rights, in: Ian Burney und Christopher Hamlin (Hrsg.): Global Forensic Cultures. Making Fact and Justice in the Modern Era, Baltimore 2019, S. 1–33.

Hamlin, Christopher: Scientific Method and Expert Witnessing: Victorian Perspectives on a Modern Problem, in: Social Studies of Science 16.3 (1986), S. 485–513.

Harding, Sandra: Geschlecht des Wissens. Frauen denken die Wissenschaft neu, Frankfurt a. M. 1991.

Heilbron, John Lewis: The Affair of the Countess Görlitz, in: Proceedings of the American Philosophical Society 138.2 (1994), S. 284–316.

Heintz, Bettina: „Wir leben im Zeitalter der Vergleichung." Perspektiven einer Soziologie des Vergleichs, in: Zeitschrift für Soziologie 45.5 (2016), S. 305–323.

Hierholzer, Vera: Nahrung nach Norm. Regulierung von Nahrungsmittelqualität in der Industrialisierung 1871–1914, Göttingen 2010.

Hodenberg, Christina von: Die Partei der Unparteiischen. Der Liberalismus der preußischen Richterschaft 1815–1848/49, Göttingen 1996.

Homburg, Ernst: The Rise of Analytical Chemistry and its Consequences for the Development of the German Chemical Profession (1780–1860), in: Ambix 46.1 (1999), S. 1–32.

Hsu, Spencer S.: Convicted defendants left uninformed of forensic flaws found by Justice Dpt. The Washington Post, 16. Apr. 2012, URL: http://www.washingtonpost.com/local/crime/convicted-defendants-left-uninformed-of-forensic-flaws-found-by-justice-dept/2012/04/16/gIQAWTcgMT_story.html (besucht am 30. 10. 2018).

Ders.: FBI Admits Flaws in Hair Analysis Over Decades, The Washington Post, 18. Apr. 2015, URL: http://www.washingtonpost.com/local/crime/fbi-overstated-forensic-hair-matches-in-nearly-all-criminal-trials-for-decades/2015/04/18/39c8d8c6-e515-11e4-b510-962fcfabc310_story.html (besucht am 30. 10. 2018).

Kaelble, Hartmut: Der historische Vergleich: Eine Einführung zum 19. und 20. Jahrhundert, Frankfurt a. M. 1999.

Kirchhelle, Claas: Toxic Tales – Recent Histories of Pollution, Poisoning, and Pesticides (ca. 1800–2010), in: NTM Zeitschrift für Geschichte der Wissenschaften, Technik und Medizin 26.2 (2018), S. 213–229.

Klein, Ursula: Nützliches Wissen. Die Erfindung der Technikwissenschaften, Göttingen 2016.

Dies.: Technoscience in History. Prussia, 1750–1850, Cambridge, MA 2020.

Koch, Arnd: Die gescheiterte Reform des reformierten Strafprozesses. Liberale Prozessrechtslehre zwischen Paulskirche und Reichsgründung, in: Zeitschrift für Internationale Strafrechtsdogmatik 4.10 (2009), S. 542–548.

Kuhn, Thomas S.: Objectivity, Value Judgment, and Theory Choice, in: The Essential Tension: Selected Studies in Scientific Tradition and Change, Chicago 1977, S. 320–339.

Ders.: The Structure of Scientific Revolutions, 4. Auflage, Chicago 2012.

Lakatos, Imre: Falsification and the Methodology of Scientific Research Programmes, in: Imre Lakatos und Alan Musgrave (Hrsg.): Criticism and the Growth of Knowledge, Cambridge 1970, S. 91–195.

Langbein, John H.: Torture and the Law of Proof. Europe and England in the Ancien Régime, Chicago / London 2006.

Lemke-Küch, Harald: Der Laienrichter – überlebtes Symbol oder Garant der Wahrheitsfindung?, Frankfurt a. M. 2014.

Lipphardt, Veronika: Vertane Chancen? Die aktuelle politische Debatte um Erweiterte DNA-Analysen in Ermittlungsverfahren, in: Berichte zur Wissenschaftsgeschichte 41.3 (2018), S. 279–301.

Longino, Helen E.: Gender, Politics, and the Theoretical Virtues, in: Synthese 104 (1995), S. 383–397.

Lundgreen, Peter: Engineering education in Europe and the U.S.A., 1750–1930: The rise to dominance of school culture and the engineering professions, in: Annals of Science 47.1 (1990), S. 33–75.

Lynch, Michael u. a.: Truth Machine. The Contentious History of DNA Fingerprinting, Chicago 2008.

Maier, Helmut: Chemiker im „Dritten Reich". Die Deutsche Chemische Gesellschaft und der Verein Deutscher Chemiker im NS-Herrschaftsapparat, Weinheim 2015.

Marx, Karl: Die Klassenkämpfe in Frankreich 1848 bis 1850, in: Martin Hundt, Hans-Jürgen Bochinski und Heidi Wolf (Hrsg.): Karl Marx / Friedrich Engels: Werke, Artikel, Entwürfe Juli 1849 bis Juni 1851 (MEGA, Abteilung 1, Bd. 10), Berlin/DDR 1977, S. 119–196.

McClive, Cathy: Blood and Expertise: The Trials of the Female Medical Expert in the Ancien-Régime Courtroom, in: Bulletin of the History of Medicine 82.1 (2008), S. 86–108.

McMullin, Ernan: Values in Science, in: PSA: Proceedings of the Biennial Meeting of the Philosophy of Science Association 2 (1982), S. 3–28.

Meißner, Carl Wilhelm Friedrich: Ueber ein neues Pflanzenalkali (Alkaloid), in: Journal für Chemie und Physik 25 (1819), S. 379–381.

Merton, Robert K.: The Normative Structure of Science, in: The Sociology of Science. Theoretical and Empirical Investigations, Chicago / London 1973, S. 267–278.

Mohr, James C.: Doctors and the Law. Medical Jurisprudence in Nineteenth-Century America, Baltimore 1993.

Mucchielli, Laurent (Hrsg.): Histoire de la Criminologie Française, Paris 1994.

Müller, Christian: Verbrechensbekämpfung im Anstaltsstaat. Psychiatrie, Kriminologie und Strafrechtsreform in Deutschland 1871–1933 (Kritische Studien zur Geschichtswissenschaft, 160), Göttingen 2004.

Nievergelt, Oliver: Tagungsbericht: Epistemische Tugenden – zur Geschichte und Gegenwart eines Konzepts, 17.10.2013-18.10.2013, Zürich, in: H-Soz-Kult, 06.02.2014, URL: https://www.hsozkult.de/conferencereport/id/tagungsberichte-5223 (besucht am 22. 10. 2018).

Oreskes, Naomi und Erik Conway: Merchants of Doubt: How a Handful of Scientists Obscured the Truth On Issues from Tobacco Smoke to Global Warming, New York / London 2011.

Poppen, Enno: Die Geschichte des Sachverständigenbeweises im Strafprozeß des deutschsprachigen Raumes (Göttinger Studien zur Rechtsgeschichte, 16), Göttingen 1984.

Poth, Susanne: Carl Remigius Fresenius (1818–1897). Wegbereiter der analytischen Chemie, Stuttgart 2006.

Raphael, Lutz: Die Verwissenschaftlichung des Sozialen als methodische und konzeptionelle Herausforderung für eine Sozialgeschichte des 20. Jahrhunderts, in: Geschichte und Gesellschaft 22 (1996), S. 165–193.

Reinhardt, Carsten: Expertise in Methods, Methods of Expertise, in: Martin Carrier und Alfred Nordmann (Hrsg.): Science in the Context of Application, Dordrecht u. a. 2011, S. 143–159.

Ders.: Shifting and rearranging. Physical methods and the transformation of modern chemistry, Sagamora Beach 2006.

Reinhardt, Carsten und Anthony S. Travis: Heinrich Caro and the Creation of Modern Chemical Industry, Dordrecht 2000.

Robert, Georges: Le premier médecin du roi, in: Histoire des sciences médicales 32.4 (1998), S. 373–378.

Robert, Philippe und Laurent Mucchielli (Hrsg.): Crime et sécurité, l'état des savoirs, Paris 2002.

Roberts, Lissa: The death of the sensuous chemist: The ‚new' chemistry and the transformation of sensuous technology, in: Studies in History and Philosophy of Science Part A 26.4 (1995), S. 503–529.

Rocke, Alan J.: Ideas in chemistry: The pure and the impure, in: Isis 109.3 (2018).

Ders.: What Did „Theory" Mean to Nineteenth-Century Chemists?, in: Foundations of Chemistry 15.2 (2013), S. 145–156.

Rowe, Michael: The Napoleonic Legacy in the Rhineland and the Politics of Reform in Restoration Prussia, in: David Laven und Lucy Riall (Hrsg.): Napoleon's Legacy. Problems of Government in Restoration Europe, Oxford/London 2000, S. 129–150.

Royer, Jean-Pierre u. a.: Histoire de la justice en France du XVIII siècle à nos jours, 5. Auflage, Paris 2016.

Rückert, Sabine: Irrtum mit Methode, Die Zeit, 17. Apr. 2015, URL: www.zeit.de/2015/17/unschuldsprojekt-fehlurteil-justiz-usa (besucht am 19. 05. 2015).

Rudner, Richard: The Scientist Qua Scientist Makes Value Judgments, in: Philosophy of Science 20.1 (1953), S. 1–6.

Sarasin, Philipp: Diskursanalyse, in: Marianne Sommer, Staffan Müller-Wille und Carsten Reinhardt (Hrsg.): Handbuch Wissenschaftsgeschichte, Stuttgart 2017, S. 45–54.

Sass, Hartmut von: Vergleiche(n). Ein hermeneutischer Rund- und Sinkflug, in: Andreas Mauz und Hartmut von Sass (Hrsg.): Hermeneutik des Vergleichs. Strukturen, Anwendungen und Grenzen komparativer Verfahren, Würzburg 2011, S. 25–47.

Schickore, Jutta: About Method: Experimenters, Snake Venom, and the History of Writing Scientifically, Chicago 2017.

Seefelder, Matthias: Opium. Eine Kulturgeschichte, Frankfurt a. M. 1987.

Shapin, Steven und Simon Schaffer: Leviathan and the Air-Pump. Hobbes, Boyle, and the Experimental Life, Princeton 2011.

Sharafi, Mitra: The Imperial Serologist and Punitive Self-Harm: Bloodstains and Legal Pluralism in British India, in: Christopher Hamlin und Ian Burney (Hrsg.): Global Forensic Cultures. Making Fact and Justice in the Modern Era, Baltimore 2019, S. 60–85.

Simon, Jonathan: Naming and toxicity: A history of strychnine, in: Studies in History and Philosophy of Science Part C: Studies in History and Philosophy of Biological and Biomedical Sciences 30.4 (1999), S. 505–525.

Smith, Steven M., Marc W. Patry und Veronica Stinson: But What is the CSI Effect? How Crime Dramas Influence People's Beliefs About Forensic Evidence, in: The Canadian Journal of Police & Security Services 5.3/4 (2007), S. 187–195.

Spencer, John R.: The Codification of Criminal Procedure, in: James Chalmers, Fiona Leverick und Lindsay Farmer (Hrsg.): Essays in Criminal Law in Honour of Sir Gerald Gordon, Edinburgh 2010, S. 305–325.

Stehr, Nico: Arbeit, Eigentum und Wissen. Zur Theorie von Wissensgesellschaften, Frankfurt a. M. 1994.

Steinmetz, Willibald: Begegnungen vor Gericht. Eine Sozial- und Kulturgeschichte des englischen Arbeitsrechts (1850–1925), München 2002.

Ders.: Europa im 19. Jahrhundert (Neue Fischer Weltgeschichte), Frankfurt a. M. 2019.

Suay-Matallana, Ignacio: Between chemistry, medicine and leisure: Antonio Casares and the study of mineral waters and Spanish spas in the nineteenth century, in: Annals of Science 73.3 (2016), S. 289–302.

Szabadváry, Ferenc: Geschichte der Analytischen Chemie, Braunschweig 1966.

Szöllösi-Janze, Margit: Wissensgesellschaft in Deutschland: Überlegungen zur Neubestimmung der deutschen Zeitgeschichte über Verwissenschaftlichungsprozesse, in: Geschichte und Gesellschaft 30 (2004), S. 277–313.

Thäle, Brigitte: Die Verdachtsstrafe in der kriminalwissenschaftlichen Literatur des 18. und 19. Jahrhunderts, Frankfurt a. M. 1993.

The Innocence Project: Santae Tribble, URL: www.innocenceproject.org/cases-false-imprisonment/santae-tribble (besucht am 19. 05. 2015).

Timmermans, Stefan und Steven Epstein: A World of Standards but not a Standard World: Toward a Sociology of Standards and Standardization, in: Annual Review of Sociology 36.1 (2010), S. 69–89.

Tomic, Sacha: Alkaloids and Crime in Early Nineteenth-Century France, in: José Ramón Bertomeu-Sánchez und Agustí Nieto-Galan (Hrsg.): Chemistry, Medicine, and Crime. Mateu J.B. Orfila (1787–1853) and His Times, Sagamora Beach 2006, S. 261–292.

Ders.: Aux origines de la chimie organique : Méthodes et pratiques des pharmaciens et des chimistes (1785–1835), Rennes 2010.

Uhl, Karsten: Das „verbrecherische Weib". Geschlecht, Verbrechen und Strafen im kriminologischen Diskurs 1800–1945 (Geschlecht – Kultur – Gesellschaft, 11), Münster / Hamburg / London 2003.

Vogt, Ragnar: FBI lieferte jahrzehntelang falsche Haaranalysen, Zeit Online, Apr. 2015, URL: www.zeit.de/gesellschaft/zeitgeschehen/2015-04/usa-rechtsmedizin-fbi-justizskandal (besucht am 19. 05. 2015).

Waldhelm, Eva-Kristin: Anklage Mord – Vergiftungsfälle im Königreich Württemberg: Forensisch-toxikologische Nachweisverfahren in Giftmordprozessen unter Berücksichtigung strafrechtlicher Bestimmungen und sozialer Aspekte. Diss. Braunschweig 2013, URL: http://www.digibib.tu-bs.de/?docid=00054615 (besucht am 05. 06. 2020).

Watson, Katherine D.: Forensic Medicine in Western Society: A History, New York 2011.

Dies.: Medical and Chemical Expertise in English Trials for Criminal Poisoning, 1750–1914, in: Medical History 50 (2006), S. 373–390.

Dies.: Poisoned Lives. English Poisoners and their Victims, London / New York 2004.

Wehler, Hans-Ulrich: Deutsche Gesellschaftsgeschichte. Dritter Band: Von der „Deutschen Doppelrevolution" bis zum Beginn des Ersten Weltkrieges 1849–1914, München 2008.

Weingart, Peter: Die Stunde der Wahrheit? Zum Verhältnis der Wissenschaft zu Politik, Wirtschaft und Medien in de Wissensgesellschaft, Weilerswist 2001.

Wennig, Robert: Back to the Roots of Modern Analytical Toxicology: Jean Servais Stas and the Bocarmé Murder Case, in: Drug Testing and Analysis 1 (2009), S. 153–155.

Wesel, Uwe: Geschichte des Rechts von den Frühformen bis zum Vertrag von Maastricht, München 1997.

Wetzell, Richard F: Inventing the Criminal. A History of German Criminlogy, 1880–1945, Chapel Hill / London 2000.

Whorton, James C.: The Arsenic Century. How Victorian Britain was Poisoned at Home, Work, and Play, Oxford 2010.

Zagzebski, Linda: Knowledge and the Motive for Truth, in: Matthais Steup, John Turri und Ernest Sosa (Hrsg.): Contemporary Debates in Expistemology, Zweite Auf, Hoboken, NJ 2014, S. 140–145.

ZEIT Geschichte 01/18: Mörder und Gendarm. Die Geschichte der Kriminalität von 1500 bis heute.

Printed in the United States
by Baker & Taylor Publisher Services